陈明达全集

【第八卷】

《营造法式》论稿

陈明达　著

浙江摄影出版社

图书在版编目（CIP）数据

陈明达全集. 第八卷，《营造法式》论稿 / 陈明达著. -- 杭州 : 浙江摄影出版社，2023.1
ISBN 978-7-5514-3729-5

Ⅰ. ①陈… Ⅱ. ①陈… Ⅲ. ①陈明达（1914-1997）－全集②建筑史－中国－宋代③《营造法式》－建筑设计－研究 Ⅳ. ①TU-52②TU-092.44③TU206

中国版本图书馆CIP数据核字(2022)第207121号

第八卷　目录

《营造法式》《清式营造则例》《营造法原》名词对照检索及简释

从《营造法式》看北宋的力学成就[①]

中国是世界文明发达最早的国家之一。中国古代的科学技术，在世界上曾居于领先地位。我国古代的建筑也反映着科学技术的光辉成就。古代建筑主要采用由梁和柱组成的骨架式木构架。这种木构架在结构体系上是独树一帜的。这种结构体系，到唐、宋时期已发展到较高的阶段。我们从遗留的实物，如唐代的五台山佛光寺、宋代的太原晋祠圣母殿和辽代的应县木塔等木构建筑，都可看到在结构布置、结构体系、联结构造、构件尺度和艺术造型等方面均达到了相当高的水平，显示出我国古代建筑工匠不仅对木结构具有丰富的实践经验，而且具有一定的力学知识。

我国古代建筑技术成就虽多，但文献记载却很少。现存的专门著作只有一部北宋中期的《营造法式》（以下简称《法式》）。《法式》是由政府主管工程的将作监李诫主持编修的，完成于北宋元符三年（公元 1100 年）。内容包括房屋建筑的设计、施工、材料和工料定额等各个方面，性质上有点像现在的设计、施工规范和工料定额手册。尤其值得重视的是对房屋建筑设计记载有一套比较完整的“以材为祖”的方法，这对研究我国古代建筑的设计技术和力学成就都具有重要的意义。

本文的目的，主要是想通过对《法式》设计方法（以下称“‘以材为祖’设计方法”）及其有关数据的分析研究，评价北宋在材料力学方面达到的水平。

---

① 此文系作者与杜拱辰先生合写，原载《建筑学报》1977 年第 1 期；后收录于《陈明达古建筑与雕塑史论》（文物出版社，1998 年），由杜拱辰审阅修订；此次编入全集，除按当今规范调整补充注释外，还对原刊本的排印讹误做了必要修改。
杜拱辰（1915—2015 年），江苏宜兴人，结构力学专家，中国土木工程学会第四届常务理事。1938 年毕业于交通大学土木工程系，曾任西南建筑公司设计部主任、中国建筑科学研究院教授级高级工程师。

一、“以材为祖”设计方法的介绍

（一）“以材为祖”设计方法

《法式》房屋设计的方法是：“凡构屋之制：皆以材为祖，材有八等，度屋之大小因而用之……各以其材之广分为十五分，以十分为其厚，凡屋宇之高深，名物之短长，曲直举折之势，规矩绳墨之宜，皆以所用材之分以为制度焉。”[①] 这一段的大意是：凡设计和建造房屋，都要以“材”为依据。“材”有八个等级，按房屋的种类和规模大小来取用。如果把“材”的高度分作十五份，则宽度就是十份，凡是房屋建筑的各种尺度、构件的尺度、屋面的坡度以及方圆曲直的尺度等，都是以所用材等的“分”为“制度”的。所谓“制度”，是指“规定”，就是说各种尺度都有规定，都规定为所用材份的倍数。这些规定都列在各种构件的专门条文中，本文将在下节中予以介绍。

关于八个材等的截面尺寸以及怎样“度屋之大小因而用之”的具体规定如表 1[②]：

表 1　八个材等的尺寸和使用范围

材等	宽 × 高（寸）	份值（寸）	使用说明
第一等	6×9	0.60	殿身 9 ～ 11 间用之
第二等	5.5×8.25	0.55	殿身 5 ～ 7 间用之
第三等	5×7.5	0.50	殿身 3 ～ 5 间或厅堂 7 间用之
第四等	4.8×7.2	0.48	殿 3 间、厅堂 5 间用之
第五等	4.4×6.6	0.44	殿小 3 间、厅堂大 3 间用之
第六等	4×6	0.40	亭榭或小厅堂皆用之

[①] 李诫:《营造法式（陈明达点注本）》第一册卷四《大木作制度一・材》，浙江摄影出版社，2020，第 73 ～ 75 页。引文中“用材之分”的“分”，作者按其词意在正文中写作“份”，即“材份制”之“份”。基于类似的考虑，梁思成《营造法式注释》中，将此“分”写作“分°”。

[②] 本书中列表甚多，有一点需要说明，按现在的学术规范，列表之第一行为表头，一般须有栏目名称，而作者写作时尚无这一规范要求，因此，本书各表之表头有些填写了栏目名称，有些则为空白。今整理者为保存历史原貌，未作补阙。特此说明。

续表

材等	宽×高（寸）	份值（寸）	使用说明
第七等	3.5×5.25	0.35	小殿和亭榭等用之
第八等	3×4.5	0.30	殿内藻井或小亭榭用之

为了说明这一方法的具体运用，现在举开间分别为七间和三间的厅堂建筑的椽子和檩条来做例子。按表1的规定，七间用三等材，三间用五等材，份值分别为0.5寸和0.44寸。按照椽子和檩条的规定份数，就可以求出实际尺寸如表2：

表2　七间和三间厅堂建筑椽子和檩条的尺寸

	材份（份）	七间		三间	
		份值（寸）	尺寸	份值（寸）	尺寸
椽子水平长	150	0.5	75寸=7.5尺	0.44	66寸=6.6尺
椽子直径	8	0.5	4寸	0.44	3.52寸
檩条长度	300	0.5	150寸=15尺	0.44	132寸=13.2尺
檩条直径	21	0.5	10.5寸	0.44	9.24寸

由表可见两种构件都有各自的跨高比，椽子为18.75，檩条为14.29。两座建筑的椽子是几何相似的，尺度的比例等于所用材的份值之比，七间为三间的1.14倍。两座建筑的檩条也有同样的关系。由于檩条长度与开间宽度相等，房屋的进深是椽子水平长度的倍数，所以两座建筑的“间”也是几何相似的，成正比的。

从以上叙述可以看到，材既是八种规格的结构方木，又是建筑和结构设计中运用的八种模数，而份则为其分模。因此，采用这一方法设计的各类建筑，标准化程度很高，从构件到整座建筑都是规格化、定型化的。

（二）各种结构构件尺度的规定

《法式》采用的木结构承重构件有椽子、檩条、大梁、斗栱结构件等。为简化起见，本文只叙述椽子、檩条和大梁三种主要构件尺度的规定：

1. 对檩条长度和直径的规定

檩条的长度是“长随间广”[①]，亦即等于房屋的开间宽度。在布置斗栱时，《法式》举例：“假如心间用一丈五尺，则次间用一丈之类。”[②]按六等材折算，则开间分别为375份和250份。据小木作制度中列举的门窗尺寸推算的厅堂以下房屋的开间多为300份。因此，檩条长度，殿堂为250份至375份；厅堂和其他建筑为250份至300份。

檩条（《法式》称为“槫”）采用圆木直径的规定是“若殿阁槫径一材一栔或加材一倍，厅堂槫径加材三分至一栔，余屋槫径加材一分至二分”[③]（栔高等于六份）。上列规定折算成份数的数值列于表3：

表3　椽子、檩条长度和直径的规定*

	椽子（份）			檩条（份）	
	间距	平长	直径	长度	直径
殿堂	19～18 22.5～23.75	125～150	9～10	250～375	21或30
厅堂	17～16 20.0～21.25	125～150	7～8	250～300	18～21
其他	16～15 18.75～20.0	125～150	6～7	250～300	16～17

* 间距有新的发现，参阅陈明达《营造法式大木作制度研究》之第一章第五节“椽及檐出”（详见本书第六卷）。

2. 对椽子长度和直径的规定

椽子长度的规定是“用椽之制：椽每架平不过六尺，若殿阁或加五寸至一尺五寸”[④]。按六等材折算，椽子水平长度不超过150份。殿阁可以再加12.5份至37.5份，最长可达187.5份（椽架平长不仅用以表达椽子长度，还作为梁长度的标准，如四椽梁、

① 李诫：《营造法式（陈明达点注本）》第一册卷五《大木作制度二·栋》，第107页。

② 李诫：《营造法式（陈明达点注本）》第一册卷四《大木作制度一·总铺作次序》，第89～90页。

③ 李诫：《营造法式（陈明达点注本）》第一册卷五《大木作制度二·栋》，第107页。

④ 李诫：《营造法式（陈明达点注本）》第一册卷五《大木作制度二·椽》，第110页。

六椽梁等，但每椽长度以 150 份为限。这里所说的可以加长到 162.5 份至 187.5 份，是指椽子的长度，不作为梁长的标准）。此外，根据古建筑进深和开间的习惯比例，椽平长最多不超过檩长的一半。因此，椽子平长一般不超过 150 份，可以小到 125 份或更小。

椽子也采用圆木，其直径的规定为："若殿阁或加五寸至一尺五寸，径九分至十分，若厅堂椽径七分至八分，余屋径六分至七分。"[①] 各类房屋建筑的椽子间距、水平长度和直径的份数详见表 3。

3. 各种大梁截面尺寸的规定

梁都规定用矩形截面，"凡梁之大小，各随其广分为三分，以二分为厚"[②]，即高宽比为 3∶2。殿堂建筑各种梁的截面份数详见表 9。

从以上叙述可以看到，各种构件长度都有大小两个规定的数值。这表明各类建筑的尺度都有一定的灵活性，容许在一个规定范围内变动，以满足不同使用的需要。同样，构件截面尺寸也有一个与跨度变化相适应的规定变化范围。

二、对"以材为祖"设计方法的分析

《法式》对"以材为祖"设计方法的叙述，既有明确的设计原则，又有具体的规定。但是对这一方法的设计意图，要求达到的目的，制定方法的依据，数据的来源等，都没有说明。因此，需要通过对设计方法中有关结构方面的四个问题来进行分析推断。

（一）对矩形截面高宽比 3∶2 的分析

"材"和梁均规定采用矩形截面，高宽比严格规定为 3∶2。既然作为硬性规定而没有灵活余地，必定有其依据，而不是仅凭经验。矩形截面方料是从圆木中锯出的。从经济出发，有必要考虑该采用什么高宽比才能从圆木中锯出一根抗弯强度最大的方料。这是一个求极值的问题。根据材料力学的计算，对直径为 d 的圆木［插图一］，理

[①] 李诫:《营造法式（陈明达点注本）》第一册卷五《大木作制度二·椽》，第 110 页。

[②] 李诫:《营造法式（陈明达点注本）》第一册卷五《大木作制度二·梁》，第 97 页。

论最强截面的宽度 b 为$\frac{d}{\sqrt{3}}$，高度 h 为$\sqrt{\frac{2}{3}}\,d$，高宽比为$\sqrt{2}$: 1。以下通过计算来对比 3 : 2 截面与理论最强截面的差别。当直径相同时，按上述两种比例锯出截面的宽度、高度、截面模量（$S=\frac{1}{6}bh^2$），以及截面模量比值等数据列于表 4。

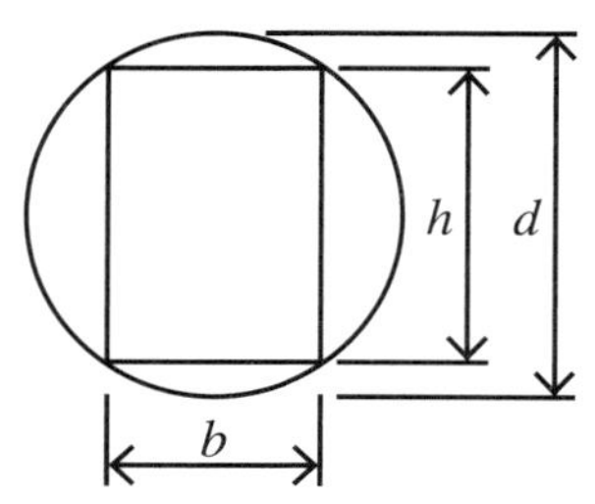

插图一　圆木与锯出矩形截面

表 4　截面模量比较

高宽（比）	b	h	$S=\frac{1}{6}bh^2$	S 比值
$\sqrt{2}$: 1	$0.5774d$	$0.8165d$	$0.06415d^3$	100%
3 : 2	$0.5547d$	$0.8321d$	$0.06400d^3$	99.77%
2 : 1	$0.4172d$	$0.8944d$	$0.05962d^3$	92.94%

由表可见，和理论最强截面相比，3 : 2 截面的 S 值仅偏低 0.23%，在实用上几乎具有同样的强度。因此，可以认为采用 3 : 2 比例从圆木中锯出的矩形截面既是最强截面，又是整数比值，便于记忆和应用，是非常理想的。

（二）对“材有八等”的分析

“材有八等”的分等依据是什么？对宽度 3～6 寸范围内的矩形方料，有必要分成几种标准规格，这是容易理解的。在宽度方向以半寸作为分等的差距也是恰当的。但是令人不解的是按半寸分等，在 3～6 寸之间本应分成七等，为什么《法式》不分七等而分八等？如若为了凑足八等，为什么是在 4～5 寸之间，而不是在 5～6 寸之间增加一个等级，而且是采用 4.4 和 4.8 寸而不选用 4.2 和 4.6 寸或其他数值呢？这些问题，按宽度方向等差分级的原则都是难以回答的。

《法式》在材的应用方面，曾提到：“若副阶并殿挟屋，材分减殿身一等。”[①] 这一规定为我们提供了材等是按强度原则划分的线索。因为副阶是殿身的外围部分，开间和殿身完全相同，椽长和屋面荷重也基本相同，容许材减一等意味着在结构上要求相邻

[①] 李诫：《营造法式（陈明达点注本）》第一册卷四《大木作制度一・材》，第 74 页。

材等的截面强度相差不宜过大，而且差距应该比较均匀，以避免替代时造成浪费或强度不够的情况。现在试按强度的原则来分析材等。由于第七、第八等材并非主要结构材，因此，只计算在宽度 4～6 寸范围内，按强度成等比级数分成六个等级的理论截面。

设 b、h 和 S 分别代表“材”的截面宽度、高度和截面模量，并用注脚 1、2、3、4、5、6 分别代表六个材等，则：

$$S_1=\frac{1}{6}b_1h_1^2=\frac{1}{6}b_1(1.5b_1)^2=\frac{2.25}{6}b_1^3$$

$$S_6=\frac{1}{6}b_6h_6^2=\frac{2.25}{6}b_6^3$$

一等材与六等材截面模量之比：

$$\frac{S_1}{S_6}=\left(\frac{b_1}{b_6}\right)^3=\left(\frac{6}{4}\right)^3=3.375$$

按等比级数分等，相邻两等 S 值之比应为 $(3.375)^{\frac{1}{5}}=1.275$，而相邻两等的截面宽度之比则应为 $(1.275)^{\frac{1}{3}}=1.0845$

按这一比例求得的六个截面宽度和高度尺寸的理论值为：

第六等　$b_6=4.00$ 寸　$h_6=6.00$ 寸

第五等　$b_5=1.0845b_6=4.34$ 寸　$h_5=6.51$ 寸

第四等　$b_4=(1.0845)^2b_6=4.70$ 寸　$h_4=7.05$ 寸

第三等　$b_3=(1.0845)^3b_6=5.10$ 寸　$h_3=7.65$ 寸

第二等　$b_2=(1.0845)^4b_6=5.53$ 寸　$h_2=8.29$ 寸

第一等　$b_1=(1.0845)^5b_6=6.00$ 寸　$h_1=9.00$ 寸

六个材等的宽度和高度除第一等和第六等为整数外，其他都比较零碎。《法式》对数字取值的习惯，一般是尽量取用整数和避免零数，当需要取几位数字时，最后一位多用双数或五而少用其他单数。这样做显然是为了少用零星数值和减少数字位数，以便应用和记忆。参照这些惯例进行调整取舍，得出的恰好就是《法式》规定的数值（见表 1）。八个材等的截面模量及其相邻的比值列于表 5：

表 5 《法式》规定的八个材等的 S 值及其比值

材等	$b \times h$（寸）	$S=\frac{1}{6}bh^2$（寸³）	S_{n-1}/S_n
第一等	6.00×9.00	81.00	
第二等	5.50×8.25	62.39	81.00/62.39=1.30
第三等	5.00×7.50	46.88	62.39/46.88=1.33
第四等	4.80×7.20	41.47	46.88/41.47=1.13
第五等	4.40×6.60	31.94	41.47/31.94=1.30
第六等	4.00×6.00	24.00	31.94/24.00=1.33
第七等	3.50×5.25	16.08	24.00/16.08=1.49
第八等	3.00×4.50	10.13	16.08/10.13=1.59

由表 5 可见，一等至六等材相邻 S 的比值，除一个为 1.13 外，其他均为 1.30 或 1.33，和理论值 1.275 比较接近。至于七等和八等材，虽则比值达到 1.49～1. 59，但如前所述并非主要结构材，所以无损于划分原则的科学性。

以上分析提供的数据，证明“材有八等”的份等是按强度划分的。第一等至第六等主要结构材、相邻材等既有一定的强度差别，又有比较均匀的比值。当代替大一级材等时，增加的应力最多不超过$\frac{1}{3}$，可以满足容许“材分减殿身一等”的要求。这种按强度的份等，在截面宽度上，除两个材等外，都是按半寸分等，应用和记忆都很方便，是非常合理的。

（三）对“皆以所用材之分以为制度”的分析

如前所述，各种尺度“皆以所用材之分以为制度焉”的意思，是指各种尺度都是以所用材的“分”作为单位，其数值则用份数来规定。为什么不直接采用尺寸而采用材“分”，这个原则在结构上的实质是什么？从强度的角度来进行分析。

由于按照这个原则设计的每一类房屋建筑的“间”和各种构件的尺度，都各有规定的份数，所以，采用不同材等所建造的规模大小不同的每一类房屋的“间”是几何相似的、成正比例的；同样，每一种构件的尺度也都是几何相似的、成正比例的（见表2所举的例子）。各种构件承受的荷载也有同样的比例关系。根据结构相似理论，可以证明，这种几何相似构件在使用荷载下的应力是完全相等的。下面以檩条为例来进行验证。

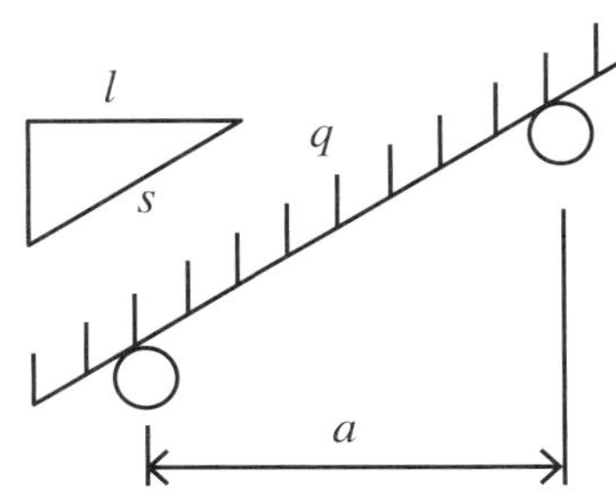

插图二　屋面均布荷载、斜长与水平投影之比和檩条间距

设有规模大小不同的两座殿堂建筑，第一座用 m 等材，第二座用 n 等材，其份值分别为 u 和 v，比值 $\frac{u}{v}=\lambda$。两座建筑屋面均布荷载均为 q（按斜面积计），屋面斜长与水平投影之比均为 s［插图二］。檩条的水平间距、长度和直径的规定份数分别用 α、β 和 γ 表示，则两座建筑檩条的尺度、荷载有如表6所列的比例关系。

表6　两座建筑檩条的尺度和荷载比值

	第一座	第二座	比值
材等	m	n	
份值	u	v	$u=\lambda v$
檩条水平中距 a	$a_m=\alpha u$	$a_n=\alpha v$	$a_m=\lambda a_n$
檩条跨度 l	$l_m=\beta u$	$l_n=\beta v$	$l_m=\lambda l_n$
檩条直径 d	$d_m=\gamma u$	$d_n=\gamma v$	$d_m=\lambda d_n$
线性均布荷载 $w=saq$	$w_m=sauq$	$w_n=savq$	$w_m=\lambda w_n$

檩条的跨中弯矩 $M=\frac{1}{8}wl^2$，截面模量 $S=\frac{1}{32}\pi d^3$，跨中截面的纤维应力：

$$\sigma=\frac{M}{S}=\frac{4wl^2}{\pi d^3}$$

将表6中所列的比值 $l_m=\lambda l_n$ 等代入，即可求出采用 m 和 n 等材檩条的应力 σ_m 和 σ_n 有下列的关系：

$$\sigma_m=\frac{4w_m l_m^2}{\pi d_m^3}=\frac{4(\lambda w_n)(\lambda l_n)^2}{\pi(\lambda d_n)^3}=\frac{4w_n l_n^2}{\pi d_n^3}=\sigma_n$$

这就证明，两座建筑尽管由于采用了两种材等，两根槫条的间距、跨度、直径和荷载都不同，但两者于使用荷载下的弯曲应力是相等的。同样，也可以证明对采用不同材等的每一种梁（承受集中荷载）的弯曲应力也都是相等的。以上分析表明，按这个原则设计的规模不同的每一类建筑的槫条是等应力的，每一种大梁也是等应力的。但是，槫条与大梁的应力是否相等的问题并没有解决，所以只是等应力构件的设计原则。

这个原则对制定结构设计方法非常重要。有了等应力构件的设计原则，只要进一步通过计算，定出各种构件截面尺度的具体份数，就有可能使得所规定的每类建筑的梁、槫、椽等构件，都具有大体相同的安全度（或应力），亦即达到设计等安全度房屋建筑结构的目的。

此外，这个设计原则，由于采用了固定份数、变动份值的方法，还起到了大大减少规定数据的效果。例如，对殿堂建筑的槫条，如果长度和直径都用尺寸表达，则五种规模大小不同房屋（采用的五种材详见表 1）就需要规定二十个数据，而且数值非常零碎，采用份数后，长度和直径都各有两个规定数据就够了（详见表 3），而且都是整数，应用和记忆都很方便。这也可能是各种尺度都采用材份而不直接用尺和寸的一个原因。

（四）对椽子、槫条和大梁应力的核算

《法式》对各类建筑屋面和屋脊的具体做法，瓦材的规格、间距和搭盖长度，柴栈厚度或竹笆、苇箔层数，泥土和石灰用量等都有详细的规定。按宋尺每尺为 32 厘米、宋斤为 0.6 公斤折算，根据《法式》用料规定算出的屋盖自重（按斜面计）最大值为：

殿堂建筑　每平方米 400 公斤

厅堂建筑　每平方米 280 公斤

其他建筑　每平方米 200 公斤

屋脊重量比较大，脊槫负担的荷载比其他槫条增加 50% 左右。屋面斜长与水平投影之比，殿堂取 1∶2，厅堂及其他取 1∶1。采用上列荷载和各种构件尺度的规定份数（取用容许变动范围的两个上下限数值，大截面对应于大跨度，小截面对应于小跨度），

算出的各类建筑的椽子、檩条和大梁于屋面恒载作用下的弯曲应力，分别列于表 7、表 8 和表 9。厅堂建筑各种大梁的应力情况与殿堂的大体相同，故从略。

表 7　各类建筑椽子的弯曲应力 *

	殿堂		厅堂		其他	
椽子间距（份）	22.5	23.75	20	21.25	18.75	20
椽子水平跨度（份）	125	150	125	150	125	150
椽子直径（份）	9	10	7	8	6	7
椽子跨径比	13.9	15.0	17.9	18.8	20.8	21.4
弯曲应力（公斤 / 厘米 ^{2}）	29.5	32.7	35.7	36.6	38.0	36.8

* 1. 椽子的轴向力忽略未计。

2. 殿堂建筑的椽子水平跨度取用 187.5 份时的弯曲应力为 51 公斤 / 厘米 ^{2}。

表 8　各类建筑檩条的弯曲应力 *

	殿堂		厅堂		其他	
椽子水平距（份）	125	150	125	150	125	150
檩条跨度（份）	250	375	250	300	250	300
檩条直径（份）	21	30	18	21	16	17
檩条跨径比	11.9	12.5	13.9	14.3	15.6	17.7
弯曲应力（公斤 / 厘米 ^{2}）	51.5	47.7	52.4	57.1	53.2	76.6

* 椽、檩自重忽略未计。

表 9　殿堂建筑各种大梁的弯曲应力 *

	椽平长（份）	檩条长（份）	梁高 × 宽（份）	支座反力（p）	应力（公斤 / 厘米 ^{2}）
平梁	125	250	30 × 20	0.75	46.8
	150	375	36 × 24	0.75	58.4

续表

	椽平长（份）	槫条长（份）	梁高 × 宽（份）	支座反力（p）	应力（公斤 / 厘米^2）
三椽梁	125	250	30 × 20	1.17	73.0
	150	375	42 × 28	1.17	57.3
四椽梁	150	375	45 × 30	1.75	69.7
五椽梁	150	375	45 × 30	2.1	83.8
六椽梁	150	375	60 × 40	2.75	46.4
八椽梁	150	375	60 × 40	3.75	63.2

*1. p 为一根槫条承担的屋面重量。

2. 椽、槫和梁自重忽略未计。

在上述计算结果中，有两个问题要加以说明：一个是大梁的应力比槫、椽的高，另一个是椽、槫的应力波动小而梁的应力波动大。前者是由于材质的原因，古代习惯梁多选用优质木料，而槫、椽等则可用次料，所以梁的容许应力应该高一些。同时，椽、槫容易受潮损坏，从耐久性考虑，也应该用较低的应力。梁的应力波动较大，是由于梁的截面高度以“材”和栔（高六份）作为单位，增减幅度较大而引起的。

从应力核算结果，首先，可以看到按每种构件长度与截面规定上限和下限计算的弯曲应力，都比较接近。如殿堂建筑椽子的应力为 29.5 公斤 / 厘米^2 和 32.7 公斤 / 厘米^2，槫条为 51.5 公斤 / 厘米^2 和 47.7 公斤 / 厘米^2，厅堂和其他建筑的情况也大体相同。梁的应力虽有出入，但差别仍在容许范围之内。表明对应于长度变化的截面变动上下限的份数，都规定得比较准确、恰当。其次是各类房屋每一种构件的应力都比较接近，椽子多在 35 公斤 / 厘米^2 左右，槫条多在 50 公斤 / 厘米^2 左右，大梁多在 50～70 公斤 / 厘米^2 之间，个别达到 80 公斤 / 厘米^2。从数值上看，各种构件之间的应力有一定出入，但是，由于用料优劣不同，从允许应力来看还是比较合理的，各种构件具有比较接近的安全度。如包括风雪荷载和构件自重在内，各种构件的弯曲应力，为现代木结构设计允许应力的 $\frac{1}{2}$～$\frac{2}{3}$，安全系数比现代木结构高半倍到一倍。

应力核算表明，《法式》对各种构件截面份数的规定都是合理的。

（五）几点结论

通过上述有关结构方面的四个问题的分析和核算，可得出以下几点初步结论：

1. 对“材”和梁规定采用的 3∶2 矩形截面，在实用上可以认为是从圆木中锯出的最强的抗弯矩形截面。

2. “材有八等”是按强度成等比级数划分的等级，当代替高一等材时，构件应力的增加不超过三分之一。

3. 各种尺度“皆以所用材之分以为制度焉”，是等应力构件的设计原则。由于采用份数而不直接用尺和寸，还起到减少规定数据和精简方法的效果。

4. 应力核算结果表明，《法式》对各种构件的份数，都规定得比较合适。按规定份数设计的椽、槫和大梁等构件，都具有比较接近的安全度，基本上达到了设计等安全度建筑结构的目的。

以上结论证明，“以材为祖”的方法是一个按强度控制结构设计的科学方法。由于对构件尺度都有具体规定，不仅有利于建筑标准化，而且避免了复杂的结构计算，方法简单、实用。

现在，我们不禁要问，北宋时期怎么能制定出如此科学的设计方法？如果说是凭经验，像“材有八等”的分等、等应力构件的设计原则，以及各种构件截面份数的制定等，几乎都不可能从感性认识直接得来，而只有上升到理论的高度，通过必要的计算才能求得。巧合的情况也是有的，但是一系列数据的巧合几乎是不可能的。看来合乎逻辑的结论是，北宋的工匠已经初步掌握了梁的强度计算方法，并能进行一些必要的计算，从而制定了这个“以材为祖”的设计方法。

三、对北宋在材料力学方面成就的评价

由于《法式》对结构设计要求达到的目的、设计方法和数据的来源都未作说明，同时，也没有其他历史文献的直接记载，因此，在作出北宋时代已经初步掌握梁的强

度计算理论的结论之前，还要进行一些必要的探讨。

北宋是我国历史上对科学技术贡献很大的一个时代。北宋结束了五代十国的分裂局面，重建统一的封建国家，社会经济得到很大的发展，农业、手工业，特别是矿冶业大大地超过了唐代。随着生产的需要，科学技术也得到有力的发展。我国对世界科学技术发展有重大影响的四大发明，其中火药、指南针和印刷术三项，就是在北宋完成的。我国古代科技重要著作中的《梦溪笔谈》和《营造法式》也都是在北宋完成的。《法式》全书三千五百五十五条中，就有三千二百七十二条“系自来工作相传，并是经久可以行用之法”[①]，都是工匠实践经验的总结。这都有力地证明了北宋时期重视实践，重视科学实验。

《法式》虽无科学实验的记载，但却有非经实验不可能得出的一些严格数据。如砖、瓦、石等材料的容重是：“石：每方一尺，重一百四十三斤七两五钱……砖，八十七斤八两……瓦，九十斤六两二钱五分。”[②] 按石（石灰石）每立方米重2640公斤折算，则砖为每立方米1620公斤，瓦为每立方米1665公斤，瓦比砖重3%，和现代手工砖瓦重量非常符合。材料称量的精度要达到斤、两、钱、分，亦即斤以下三位小数，即使是现代的磅秤，也难以达到。显然，这是大量实测精确数据的理论平均值。这就表明了不仅进行实验，而且有较高的测试技术水平。其实在房屋建筑方面，史料上是早有科学实验记载的。公元221年为魏文帝曹丕建造的凌云台，就有“先称平众木轻重，然后造构，乃无锱铢相负揭。台虽高峻，常随风摇动，而终无倾倒之理”[③] 的记载。从先称量每根木料重量然后施工来看，显然是经过精确设计计算、要求比较严格的一幢悬臂式实验性建筑。

北宋时期的数学水平比较高，要制定梁的抗弯强度计算方法是没有问题的。《法式》对施工就规定取用“圆：径七，其围二十有二。方：一百，其斜一百四十有一”[④] 等，亦即取用$\pi=\frac{22}{7}$和$\sqrt{2}=1.41$等。对工匠来说，是要求很高的。

---

① 李诫:《营造法式（陈明达点注本）》第一册序目《营造法式看详·总诸作看详》，第42页。
② 李诫:《营造法式（陈明达点注本）》第二册卷十六《壕寨功限·总杂功》，第117页。
③ 余嘉锡:《世说新语笺疏·巧艺第二十一》，中华书局，1983，第715页。
④ 李诫:《营造法式（陈明达点注本）》第一册序目《营造法式看详·取径围》，第22页。

北宋时代既有重视科学实验的学风，又有一定的试验技术水平和数学水平，进行木梁抗弯强度试验是具备条件的。通过实验求出抗弯强度和梁截面的高度、宽度之间的关系，初步建立梁的抗弯强度计算方法是完全可能的。

由于缺少直接记载，要对北宋的抗弯强度计算方法，在材料力学方面可能达到的水平，作出恰当的评价是比较困难的，而只能对最低限度应该达到的水平作出估计。

要对矩形截面高宽比作出 3 : 2 的规定和按强度划分材等，用现代术语表达，应知道：

矩形截面的截面模量 = cbh^2

要总结出“皆以所用材之分以为制度焉”这样高度概括的规律，以达到设计等应力构件的目的，还应该知道弯矩和荷载（均布与集中）、跨度之间的一些关系，以及圆形截面的截面模量 = kd^3。至于系数 c 和 k 的数值，根据现有资料，还难以判断。好在这些数值在制定截面高宽比、材等划分和等应力构件设计原则时，在计算中都通过比例关系而抵消，并不直接影响结果。至于各种截面尺度份数的制定，则可以通过计算和个别试验相结合的方法来解决。

北宋在梁的抗弯强度计算方面的成就，和欧洲相比，在时间上大约要早六个世纪。欧洲是一直到公元 17 世纪上半叶，才由意大利的伽利略通过悬臂梁试验，得出矩形梁的抗弯强度与截面宽度成一次方、高度成二次方的比例关系。用现代术语讲，他求得的矩形截面的截面模量为 $\frac{1}{2}bh^2$，在数值上比正确值大三倍。至于应力分布图形、中和轴位置等理论问题，是在他之后大约又经过两个世纪才逐步解决的。

北宋时期，尽管由于受到历史条件的限制，还不可能掌握完整的抗弯强度计算理论，但是能巧妙地通过比例关系，达到正确运用理论解决设计中的实际问题，这也显示了我国古代劳动人民的高度智慧以及理论联系实际的优良作风。

（原载《建筑学报》1977 年第 1 期）

附　录

以上所作的各项结语，尽管有足够的科学依据和一定的说服力，但毕竟是从《法式》规定数据出发，运用材料力学和结构力学方法分析得来，而不是来自历史文献的直接记载，因此只能是一种推断和可能性。其真实性尚有待于继续寻找古建文献资料和进一步的分析研究来予以证实。

本文系“文化大革命”期间撰写，现仅删除首尾部分受时代影响的少量非技术性词句，其余未作改动。

杜拱辰

1998 年春

“抄”？“杪”？

建筑工业出版社所出版的关于古代建筑的书刊，常常将“栱”误为“拱”，这当然是校对的疏忽。近来忽然又出现了将“抄”误为“杪”。我正在想：大概是因为改正“木”旁误为“提手”旁的错误，竟将“抄拱”两字均改为“木”旁，于是使原来正确的“抄”错改成“杪”了。顷得读清华大学《建筑史论文集》第六辑，才明白这改变的原因。我以为此字在无确实可靠的证据时，仍应保持用“抄”，不必改变。这是因为现时通行的《营造法式》是商务印书馆据陶本缩小影印的，而陶本是经过许多老一辈校勘专家认真校核，经过四五年才定下来的定本，可信赖的程度较高。其次，此字无论作“抄”或“杪”，均属用字的问题，暂时还不能肯定是否与词义有关。且已习用了六十年，轻易改变反招致混乱。

试看论文集改“抄”的理由：他假定“把‘杪’字误抄作‘抄’字，要比把‘抄’字误抄作‘杪’字的可能性大得多……知道‘杪’字的少，知道‘抄’字的多”。这些都是纯主观的设想！又说“杪，树梢的意思……把华栱出跳叫做出杪。这样的称呼，大概是因为树梢和华栱头（对一跳来说）都有尽端的缘故吧”[1]。这也是主观的顾名思义。建筑构件有“尽端”的很多，何以均不见冠以“杪”字，而仅将华栱名为“杪栱”？所以这尽端之义是不足以作为定论的。（附带指出，这段引文中的“出抄”，是论文作者的臆造，无论《营造法式》原书或其他论述中，从来没有这个名称。）

从构件名称的字义去考订正确的写法，未尝不是一种研究方法，但也不能全凭主

[1] 徐伯安、郭黛姮：《宋〈营造法式〉术语汇释——壕寨、石作、大木作制度部分》，载《建筑史论文集》第六辑，清华大学出版社，1984，第 49 页。

观。看《营造法式》卷四《栱》篇："一曰华栱（或谓之抄栱，又谓之卷头，亦谓之跳头）。"[①] 只列举了华栱的三个别名，未加阐释，无从明其本义。同卷《飞昂》篇"上昂"条下说，上昂"如五铺作单抄上用者，自栌枓[②] 心出第一跳华栱心长……"[③]，以下六、七、八铺作各一条，共四条都是在一条中使用了"抄""跳""栱"三个名称，从文字上看，三个名称应各有其涵义。华栱是足材骑槽栱，跳是华栱挑出长度的名称，抄是什么意思，在此处字面上还无从解释。再看卷四《总铺作次序》篇中有："五铺作一抄一昂……七铺作两抄两昂及六铺作一抄两昂，或两抄一昂……八铺作两抄三昂……"[④] 这几条和上面关于上昂的引文有一个共同点，即"抄""昂"联列。全书中用"抄"这个名称时也多是与"昂"相关，例如"双抄双下昂"，从来不写成"双卷头双下昂"。如何理解，现在只有从字义上去探索了。

查《康熙字典》"抄"字："初交切，与钞同义，取也……又《广韵》略取也……"[⑤] 现今口语中也常常用"抄起"，强调"拿起来"。可知"抄"是以动词作名词用，借以表明华栱的功能。再查"昂"："五周切，……举也……"[⑥] 又是一个动词用作名词。"抄"是略取，"昂"是举起，都是据其功能命名的。"抄""昂"联用，其故在此。足见"抄"本为"提手"旁不误。如此解释，至少比以"尽端"而命名"杪"要合理。但我认为在没有更确切有力的证明前，这仅仅是我个人的解释，尚不能作为结论。

我说这没有更确切有力的证明，也并不是完全没有证明，而是已经有一个不很有力的证明，如下：

《营造法式》卷三十一，列举了四个殿堂草架侧样（横断面图），每个图都详细注明了所用铺作的组合方式。其中五铺作单槽一图，注明副阶"里转出一跳"[⑦]，副阶外转

[①] 李诫：《营造法式（陈明达点注本）》第一册卷四《大木作制度一·栱》，第 76 页。

[②] 枓：《营造法式》中将"斗栱"的"斗"写作"枓"，本文行文中一律改用"斗"。但引用原文时仍用原字。下同。

[③] 李诫：《营造法式（陈明达点注本）》第一册卷四《大木作制度一·飞昂》，第 83 页。

[④] 李诫：《营造法式（陈明达点注本）》第一册卷四《大木作制度一·总铺作次序》，第 91 ～ 92 页。

[⑤]《康熙字典》卯集中"手"部第四画，中华书局，1958，第 10 页。

[⑥]《康熙字典》辰集上"日"部第四画，中华书局，1958，第 2 页。

[⑦] 李诫：《营造法式（陈明达点注本）》第四册卷三十一《大木作制度图样下·殿堂等五铺作（副阶四铺作）单槽草架侧样第十三》，第 7 页。

及殿身里外转以及其他三图各部位铺作，均各注明抄、昂数。为什么绝大部分用“抄”而仅一处用“跳”？细阅各图可以看到凡称“抄”的，其末跳华栱上均画有栱方，而称“出一跳”处，跳头只承乳栿更无栱方。可知抄的功能是“抄起”或“略取”（如同现今用“承托”二字）它上面的栱方，故上无栱方，只称“出一跳”。

（原载《建筑学报》1986年第9期）

关于《营造法式》的研究

一、《营造法式》研究中的一些问题

我国古建筑的科学研究，是营造学社开创的。而《营造法式》的研究，则是在1931年，由社长朱启钤先生倡议，在梁思成先生的具体指导和参与下，才开始着手进行的。

那时候，研究从哪里开始？甚至中国古建筑的名词术语怎么个叫法？都是谁也不懂，学习和研究成了一个分不开的过程。这个过程，不得不先从清代建筑入手，因为清代建筑实例既多，还有不少老工人，当时就已六七十岁的许多老匠师，请他们指着实物讲说，然后进行测绘，又对照清代的《工部工程做法》来加深认识，才总算入了门。

但这样一来，对宋代建筑的研究，也就产生了一个“先入为主”的不好的副作用；在头脑中，不知不觉间，每每会有清代的一套东西出来捣乱。例如对“斗口”形成了概念：“斗口就是如何如何……”以后，又以此来理解《营造法式》中的“材”。

现在，我认为应当这样来理解：在宋《营造法式》中，“材”是独立单位，是独立于斗栱的；而清代的材，则是栱的单位，从斗栱而来，有了栱才有了材。

因为一切从头开始，各类古建筑和大量相关部件名称叫不上来，不得不花费很多气力去一一搞清楚，尤其是斗栱，虽然经历了半个世纪，仍然有很多还没有搞清楚。这是一项很吃力然而却是必须做的工作，还要深入下去。但是，这种学习与研究过程，只是一种表象的、外在形式上的认识，仅仅是研究的第一步，而远远不是目的。

后来，还有许多考古工作者介入了古建筑的研究工作，把考古学的方法引进了古建筑研究，使许多问题更加复杂化、繁琐化了。例如有人搞了许多资料，罗列了几十种霸王拳的比较，等等。这些工作当然并不是全无必要，但无论如何不是最必要的，其最好的结果，也仅止于断代而已；从另一个方面讲，它却会掩盖了古建筑研究的主要内容。而不幸的是，在古建筑的研究中，这种倾向的影响还很大。

在我看来，古建筑研究的目的，应当把古代的建筑学、结构设计等理论方面的东西发掘出来。有一句口号叫“古为今用”，这口号无疑是对的，但不能简单化理解。起码要弄清古代建筑的内在的东西，才能知道哪些有用，哪些无用。否则就搞不清用什么，怎么用。

应当有所突破，往前推进。

应该做的工作是相当多的。我抱定的研究目标，就是希望弄清当时是怎样设计的。也就是说，把当时设计的依据从理论上搞清楚。龙非了先生的目标与我相同，但路子不一样，他要找当时的理论，或许比中医理论还玄奥，所以有人不赞成。不过，在我看，龙先生是在大量掌握实物的基础上去进行这项探索工作，相信自有他的道理。

《营造法式》记载下来的东西是很严肃认真的，所以前后一贯；在进行研究时，就能够前后对照，发现很多信息。过去研究《营造法式》，遗下来一种毛病：研究“大木作”就看第四、五卷的《大木作制度》，而对第十七、十八、十九卷的《大木作工限》就不屑一看，其他像《小木作制度》《诸作功限》《诸作料例》等等就更不在话下。这样一来，很多一对照就能发现的问题，就迟迟没有能够解决。

《营造法式》是很严肃的，我们的研究也不能不认真。有的人就缺乏这样严肃认真的态度。例如，有人引用我的《营造法式大木作制度研究》一书里的数据资料，对于“材”的等级，不是以材的广来定，而是以材的厚来定，这样来“凑合”材等，但这是根本违反《营造法式》的逻辑的，也不是我书中的本意。事实上，应当注意到，为什么《营造法式》以材广的$\frac{1}{15}$定为份，以10份定为材厚？这里，是以广定厚，而不是不管材广而仅以厚来定材的。

在研究过程中，多画图也是必要的。在《应县木塔》一书中，我曾经指出，中国古代建筑构图的一个特点，就是应用数字比例，而不是几何比例。我发现木塔的比例关系，就是在制图过程中偶然发现的。早先，我已经画过好多次木塔，后来为了制作木塔模型，发现原来画的图一是标注的尺寸太少，二是标注的尺寸不合工人要求。我就试验了一下，每张图都标注尺寸，方法又不一样；这一来，就恰巧碰上了出现在我面前的数字关系。

二、怎样研究《营造法式》

对《营造法式》进行研究，应当有个总体的、系统的看法。在我看来，第一就是研究的目的或方向，第二是选择研究题目，第三是研究方法，第四就是怎样利用现有成果。

1. 研究的目的

研究目的不明确，实际是一个普遍性的问题。

我前次讲过，对中国古建筑的研究，对《营造法式》的研究，刚开始的时候，真是两眼一抹黑，不得不花大气力搞名词术语。后来，又把考古学的比较方法引进到古建筑研究，用来比较各个时代建筑的差别。一开始，这样搞名词、搞比较当然很必要，但这并不是最终的研究目的，而仅是第一步。现在半个多世纪过去了，要是还在老框框里转圈子，就不行了。

在我看来，现在，中国古代建筑的研究，应当从建筑学、结构学等方面逐步深入到本质中去；对《营造法式》的研究也是这样。研究《营造法式》的本质，会涉及设计、营造等方面，对个人来说，当然不能齐头并进。我搞的研究，是建筑设计的问题，就是当时是根据什么原理进行设计的？也有人从结构力学的方面去进行研究。总而言之，最终目的，是要搞清《营造法式》那个时代的设计依据，把它提高到理论阶段。

记得周总理说过，要有所发现，有所前进。具体到建筑历史研究，我们虽然不能说有所发明，有所创造，总应当有所发现吧。对历史研究说来，有所发现也就是有所前进。

2. 研究的选题

要进行深入的研究，不能齐头并进。中国有句老话：不能一口吃成个胖子。研究什么问题呢？可以有各种题目。首先要了解《营造法式》都包含了哪些内容。例如，当时的分工情况，《营造法式》记载有13个工种，可以进行比较，看出古今的差别。比如，“窑作”，现在就是建材部门，不过和现在也有所不同，所以研究建材也是可以的。比如“砖作”，《营造法式》记录砖的规格，除了条砖的大小差别而外，还有扇面的、楔形的异型砖，考古研究证明这是用来砌券的。还有一些砖锭，已成形的砖等，是干什么用的？现在还不知道。总之，研究是可以有各种选择的。

当然，在中国，自古以来，建筑营造毕竟是以木结构为主，大木作也因此一直居于主导地位，其他工种跟着它走。从建筑学的观点看，大木作自然是最主要的。但是，这并不排斥诸如小木作、砖作等方面的研究选题；这也并不是说去孤立地研究某一个侧面。实际上，在整体上看，《营造法式》的各个工种都是相互关联的。例如小木作，在许多方面就都同大木作联系密切。再比如，研究大木作的结构问题，首先就要弄清瓦作的死荷载，弄清究竟屋面重量有多大？在这方面，《营造法式》中就有很重要的难得的资料，计算了很多材料，如灰、土、瓦等的容重。我算过，但这并不是说算到了头，还可以深入。

如果仅仅搞大木作，可以研究造型，也可以研究构造，这都必须根据自己对这方面问题的初步认识和兴趣，不能贪多求大。一搞史就开天辟地至现今，这样不行；要扎实，要搞接力赛，从前辈那里继承，就是成就比较小，也是有贡献的。

3. 研究的方法

要摸清历史发展。不能要求一下子搞清楚，要逐步积累。但不管用什么方法进行研究，都一定要注意科学性和逻辑性。

①科学性

发展，一个是垂直的、历史的，从古到今；一个是平行的、地区的。举例来说，有人认为《营造法式》起源于南方，这要有足够的资料才能说明。说《营造法式》起源于南方，最能明显说明问题的，是“竹作”产生于江南，这种说法，就缺乏科学性。事实上，在河南黄河以北也产竹，现在也还有许多；过去北京的竹器，就有不少产于河南。如果仅仅看到南方多竹，就下结论说，竹仅出自江南，这样就会导致错误结论。

还有工种关系，《营造法式》大木作“材分八等”，别的工种也用吗？实际上基本是按大木作来划定的。如果把小木作的等级也都加上，材当然就不止八等；可是，小木作也采用大木作的材等，显然是不可能的。而由此来推断“材不止八等”，当然也就缺乏科学性。

自己搞研究要注意，看别人的东西也要注意。

有人曾提到当时官方用材备料有几等的问题，也是缺乏必要的历史知识。从有关记载看，至少在唐代，在森林中伐木后，就要进行初步加工，而后运出；直到清代都还有这种制度。抗日战争期间，在昆明买木料，就都有一定规格，方三四、方六七；长丈二、长丈四；板材也有规格。这是个传统，各地有不同的算级的方法。姚承祖《营造法原》的原稿中，就曾有“量木制度”一章，记载了江南传统建筑的木材规格计算，1959 年出版时被删掉了。

②逻辑性

我不太懂逻辑学，太复杂，王力先生曾经简而言之：大前提，小前提，结论。比如说，人皆有死，我是人，我也会死，这就叫逻辑性。

从圆木中开出什么样的矩形截面的木料强度最大？这里，大前提是说，在同样大小的圆木中开出矩形料。如果开两根广厚 2∶1 的矩形料，从圆径更大的圆料中开出，这就偷换了大前提，这就是诡辩。不要笑人家，自己也可能绕脖子。屋架里有“串”，如果把装修里的“串”也加进去，这就又违反了逻辑。有人说《营造法式》“材分八等”又分三组，提到它们之间的差别，说一、三组各差五份，六等材本来可以放在第三组，却放到二组，分别用于屋、厅。事实上，殿堂并没有限制只用一、二、三等材，还可以用到四、五等材。三等材也是一种主要用材，《营造法式》第十九卷《功限》就提到“余屋”用三等材，我也是很晚才意识到这个问题。

③实践与应用

绘图，就是一种基本的实践，对每一个细节去认真实践一下，问题就要清楚得多。

实测，钻进去看，爬上去看，也是一项重要实践。例如普拍方问题，如果具体看看施工现场，就会明确得多。

在研究中，对实物数据测量还应当反复进行，才能防止片面。例如对蓟县独乐寺观音阁，一开始，测了平坐的材等，就拿来定论；到后来，再经过详细测量，才发现上、下檐，内、外檐与平坐，实际共有四种材等，才知道最初的结论未免失真，造成传讹。

我们常常容易忽略许多问题。我在应县木塔研究中，发现斗栱是一个整体的东西。这是之前二三十年常常看见的东西，可直到新中国成立后做木塔模型时才发现。事实上，一开始也认识了它，但就是没有动脑子去深想。测绘有斗栱的房子，钻到顶棚里，最方便的就是沿着斗栱跑，结实得很；天花板就不行，檩条容易被踩断；踩上梁架，又常常抬不起头。

《营造法式》在应用上有很灵活的特点，在标准规定之外，还有伸缩范围的规定。比如，斗栱 125 份，可以增减 25 份。不能把标准的东西看作是固定不变的。当然，伸缩范围也不能作为标准规定，有的东西在《营造法式》一书中可能有遗漏。例如，瓪瓦、瓯瓦就配不上套。又比如，第五卷中，把椽径分成 10 份至 6 份共五个大小等级，并且规定殿阁的椽径用 10 至 9 份，厅堂用 8 至 7 份，余屋 7 至 6 份。在这里，各类房屋所用椽径的材份数，殿堂和厅堂分得很清，厅堂和余屋就有交叉。而规定各类房屋椽与椽的中距，殿阁为 9.5 寸至 9 寸，副阶 9 寸至 8.5 寸，厅堂 8.5 寸至 8 寸，余屋 8 寸至 7.5 寸。如果把椽径和椽中距这两类规定加以对比，可以看出，在椽径的规定中，显然遗漏了 9 份至 8 份，即副阶的这一项。当然，在古文中这是举一反三的事，可以省略，所以也可以说不是遗漏。

④力求甚解

研究《营造法式》，不应忘掉原书的编写目的。

“关防工料”是原来的宗旨，并不是为了设计；因此，对估工算料所不需要的，就被简略。

这种编写方法，也有好的方面。第十七、十八卷把各种斗栱的分件数写得极详细，通过它可以看到很多东西。对制度规定要抓住要点，很多细节要在这中间去发现。根据《营造法式》第四卷的记载，可以画出四铺作至八铺作的斗栱，梁（思成）公当时所画的图，就都是这样绘制出来的。然而按照第十七、十八卷更详细的斗栱的分件数绘出图来，出跳长就有出入；同时，有些过去搞不清的问题，如铺作中线上的“栱方”，也就清楚了。在这方面，只要下功夫，还可以找出不少东西来。

我看到不少文章中对《营造法式》某些定义不清楚。有些是原书的定义不清；有的则是因为没有弄懂原书的定义，具体到古建筑实物感到没法说清，于是就重新命名，如像“减柱造”，等等。

应当对原书每一个字都搞清楚，但这是很不容易的。比如《营造法式》第三十一卷关于厅堂的图样，称为“厅堂等间缝内用梁柱”，并不像殿堂的梁架图那样称为“草架侧样”，这是什么含义？我们很久都不清楚。厅堂的图样有18种断面图，每种柱梁配合方法不同，看来，关键是如何“用梁柱”。

值得注意的是，对“厅堂等间缝内用梁柱”，厅堂的图样中，还有小字注如“八架椽分心用三柱”等，更清楚说明了如何用梁柱的问题。现在已经知道，椽有标准平长，进深确定以后，用梁柱可以有多种标准，同一殿、厅中的不同间缝就可以用不同标准，这样，也就无所谓“减柱造”。“减柱造”这个名词，实际只说明平面变化，而没有抬头看看梁柱。当然，在前一层意义上说，也可以保留这个名词。

再比如，有文章就《营造法式·序》中提到的“倍斗而取长”，认为当时还有这样一种模数叫“倍斗模数制”。实际上，《营造法式·序》是说：“斫轮之手巧或失真，董役之官才非兼技，不知以材而定分，乃或倍斗而取长，弊积因循，法疏检察……”[①] 这里，“不知以材而定分”和“乃或倍斗而取长”是骈体文，在讽刺挖苦不懂规矩的不正之风。比如瓜子栱长62份，有的工匠图省事，就以60份定长；在清代的建筑工匠中，也常有这种情况，问问这些工匠，也并不是全都不知道应当为6.2斗口，只为省事，减掉了2份零头。所以，由“倍斗而取长”来推断所谓“倍斗模数制”的“存在”，就未免生拉硬拽了吧。

要紧的是实事求是，要实践。

[①] 李诫：《营造法式（陈明达点注本）》第一册序目《进新修营造法式序》，第15页。

4. 利用现有成果

做研究工作要善于利用别人的成果。

从别人研究的疏漏中去发现问题，这是一个极重要的可取的方法。就拿我的《营造法式大木作制度研究》来说，就有很多错误、漏洞，还有不少提出来了而没有细说、没有解决的问题。一方面，我必须有侧重；另一方面，我也不可能全部都搞通。

看别人的东西，不能抱成见，或者以为某人不会有错误。要继续前进。

我把《营造法式》大木作的“材份制度”解决到了什么程度？无非找出了一些重要尺度的份数，但并没有到此为止。例如，正面间广 375 至 250 份，侧面呢？与正面并不一样，厅堂侧面一间两椽，梢间的间广确定侧面间广。殿堂又不一样，转角一间，两面间广相同。如果梢间用两铺作，不仅影响斗栱做法，而且也会影响到上部结构。

又如“里外跳”等，《营造法式大木作制度研究》也提出了线索，如果加以系统化，是可以出成果的。没有讲清楚的，可以发挥，也能成功。例如“副阶”“缠腰”之类，最早的房子的副阶，同殿堂的副阶就是两码事。至少在战国时或更早，就已出现的高台建筑，就有做成多层梯级的夯土台，副阶、抱厦都有较完整的遗迹；角楼也有这样的情况。

祁英涛先生最近有篇文章，分析“抹角栱”问题，这涉及“跳”与“铺”的关系，涉及斗栱的起源发展。转角用抹角栱，还有用三个栌斗，为什么这样做？诸如此类，都是可以进一步探讨的问题。顺带说说，在我看来，抹角栱是一种老的形式，是逐渐被淘汰的形式。

怎样充分利用别人的成果？要善于利用，由浅入深，从现成的门道，打开自己的路。

三、《营造法式》研究举要

《营造法式》有 13 个工种，研究应有轻重主次。

最主要的，当然是大木作；其次，从房屋建筑说来，就是小木作、瓦作；再往下，是砖作、泥作、壕寨作。剩下几个，也就是雕作、旋作、锯作、彩画作等，主要是装饰方面。锯作是施工；竹作从内容看，主要是建筑上附属的东西，通过它可以了解到当时附属于建筑的一些设施，用来防鸟、挡风、遮阳、铺地等等。

对每一个工种的内涵，应当弄清。比如竹缆索用于建筑，就比较次要。

1. 壕寨

“壕寨”这个工种很特殊，包括了取正、定平、夯土、筑墙等等，其中不少都是施工前的准备工作。现在看来，1941 年到 1945 年间所绘制的《壕寨制度》图样，有很多错误。

第一，对“立基”过去理解错了，误以为就是基础。对“立基之制：其高与材五倍……又加五分至十分”[①],过去理解为台基或阶基之高。然而第十五卷《砖作制度》中“垒阶基”提到条砖“阶基”，就有高几尺以至几丈的；显然，立基与台基不是一回事。那么，立基是什么东西呢？从前后记述看，应当是施工前的准备工作。其实，清代建筑施工就还有“中心墩”的做法，元代建北京，鼓楼偏西一点有个“中心台”，就是大都的中心。立基，也就是垒一个标准土台。

第二，墙高与两侧收分，当时也搞错了，现在只说说结果。墙从做法上可以分两类，高宽有一定比例，两边斜收向上的坡度也有一定之规。例如，高四丈的城墙，底宽五丈，收分按高度一半，即顶宽仅二丈；如果城墙加高，底宽、顶宽也相应增加，收分的坡度不变：这是墙的第一类做法。第二类做法的特点，则是高度和底宽增大而顶宽不变。

在“筑城之制”中，还提到了一些材料，如“膊椽”“草萋”“木橛子”等，以前没弄懂是干什么用的。现在知道，一般的夯土墙，老的叫法叫“板筑墙”，就是用夹具把两片木板支成盒子，往里填土夯打，一层层提高。这种板筑方法有一定限度，用盒子夯筑城墙就有困难。筑城，实际是用圆木破成两半，就是所谓“膊椽”，夹在要夯筑

[①] 李诫：《营造法式（陈明达点注本）》第一册卷三《壕寨制度·立基》，第 53 页。

的城墙两边；为此还要在城墙中缝钉进“木橛子”，再用“草葽”（也就是草绳），把“膊椽”和“木橛子”拴上，然后倒土，一层层夯实。这种夯筑城墙的施工工序，是1952年前后在河南辉县的考古发掘中发现的。在战国时代的夯土城墙遗存中，就发现有用草绳的。

2. 铺作

《营造法式》大木作中“铺作”是非常重要的。什么是铺作？为什么叫“铺作”而不叫“斗栱”？为什么出一跳叫“四铺作”？这不是一个简单的名词问题，最初是不清楚的。

《营造法式》第一卷《总释上・铺作》篇，最后有一段小字注提到：“今以枓栱层数相叠、出跳多寡次序，谓之铺作。”[①] 说得很清楚，斗栱分件层层相叠，垒一层就叫“一铺”，出跳则叫“跳”，出一跳铺四层，因而叫“四铺作”，每加一跳多一层，就叫“五铺作”“六铺作”等等。

有人提出一个问题：为什么小斗不计入铺作层次呢？小斗算不算一铺？这种问题，可以把研究推向深入。从结构构造看来，小斗的作用，和铺作其他部件是不能相提并论的。

铺数比跳多三，这一固定关系，依我看，是从《营造法式》开始的。看看古代实物，这种关系在早并不是固定的，到宋代以后就比较规矩了。过去，也曾经看到了这些不同，但很长时间只涉及表面，没有能够深入下去。另外，为什么宋代斗栱最外一跳必然用令栱？宋代以前又为什么有所不同？等等，只有深入分析，才能找到发展关系的内在规律。

“铺作”还有“里、外跳”的问题，我是在画图中才发现了这个问题。这个发现再一次说明，画图不是事务性的工作，而是研究工作中必不可少的一个环节。

从实例来看，例如《营造法式大木作制度研究》图38“实例铺作做法之一”，有不少是比《营造法式》更早的制式，其中，里、外跳的分别是很清楚的。《营造法式》

---

① 李诫：《营造法式（陈明达点注本）》第一册卷一《总释上・铺作》，第18页。

的里跳减铺做法，实际也是保留了传统做法，从早期实例可以看到，这是出于结构构造的需要，必须减铺；而里、外跳的概念，也可以从这里得到印证。从这些事例看来，在《营造法式》的记载中，留下了老做法的一些痕迹，不少地方都有这种反映，是值得重视的。

此外，里、外跳的问题，还涉及平坐的做法。从历史发展的角度看，平坐起源于阁道，而阁道的结构形式，从铺作来讲，分成里、外跳，只能是“外—内—外”的关系。

在铺作中，昂的作用，一是下昂，在结构上具有杠杆作用，可以使铺作里、外跳的荷载平衡；而在建筑形式方面，可以调整屋面出檐深远、坡度平缓，并使铺作里跳降低高度。二是上昂，用在殿堂身槽内里跳和平坐外檐外跳，作用则正好和下昂相反，就是可以使铺作出跳缩短而高度增大。

对于斗栱的认识，从开始研究清式做法的时候，就存在一个大问题，就是把斗栱给孤立起来了。当然，清代的斗栱也有孤立的一面，但宋代的斗栱却不是这样。在宋式做法中，乳栿成为铺作的一部分，连结着内外铺作，这是从横向来看；如果从纵断面看，铺作也连成整体；在平面上讲，铺作周围全都是互相连成整体的。全部斗栱实际是一个构造上的整体，这正是宋代斗栱的一个特点，中间可以是空的。现在看来，对斗栱的概念，必须要反过来，我们所说的“铺作”，实际应是从整体中割取的纵架、横架的结合点。

顺便提一下补间铺作的发生发展。在敦煌莫高窟的唐代壁画里，就有一间用三朵补间铺作的，说明早有应用。太原晋祠圣母殿前面用补间铺作，而后面及侧面不用，这都说明，以补间铺作来做装饰用，也是早已有之。

3. 结构构造

中国古代建筑为什么会出现斗栱，为什么古代木结构体系发展到后来，几乎没有不和斗栱发生关系的？这些问题，不能从表面现象来分析，更不能单凭想象，应当实事求是。

从现有的考古资料来看，可以找一找原始的构造手法。

斗，就是原始的构造方法之一。最早的令矢，晚一点看到汉代的具体实物，都显示了这种原始的结构方法，就是用斗来结合柱和梁，在大斗上开榫，来联系上、下、纵、横等方向上的构件；再晚，加上了类似替木的东西。

另一种原始的构造方法，就是斜撑。长期以来，一直有一种错觉，就是认为三角形构架在中国古代用得很少。实际上，这也是一种原始的结构形式，中国很早就有了斜撑，就是典型的三角形构架。

井干式结构，也是原始构造形式之一，至今从东北到云南都还可以看见实物。井干的发展，衍生出了很多构造方法，用途很广。

再有，从纵架产生出来的穿逗构架，也是一种原始形式。

挑的认识，也是很古老的，这种原始的结构构造形式，在桥梁上就用得既多又早。

像这些原始构造的东西，仔细找一找，实际是很多的。

斗栱，其实就正是利用了各种可能利用的原始构造方法，从而产生的一种集成性的实用构造方法。这一点，说破了，也就不奇怪、不复杂了。比如应县木塔，外檐用斗栱，内槽却像井干那样，用构材层层叠叠地垒筑起来，就很说明问题。

实际上，我们的建筑正是在得到了斗栱而后才大大发展。这可能是发生在战国诸子百家争鸣的时代。内外槽做法同阁道的关系，也与此有关。

当时，高台榭风行，结合考古发掘并参照文人辞赋，可以知道，这些高台建筑之间就是用阁道相联系的。到汉代长安城，长乐、未央两宫之间也用阁道联系，这种结构，宛若今天的立交道路，曾经大量发展。而阁道闭合成圈，就正是《营造法式》殿堂的分槽结构。

还有一种结构形式，就是《营造法式》的厅堂式结构，每一间缝采用一组独立的构架，又从另一方向发展起来。在历史上，厅堂式结构直接从原始结构中发展，要早于殿堂式成熟。

当然，古代的结构形式并不止这样两种，比如华林寺、保国寺、奉国寺等实例，木构架就既不能水平分层次，也不能纵横分割。这种结构形式最早出现在什么时候？可以肯定，要晚于厅堂式结构；至于是产生在殿堂式结构之前，还是之后？现在还不清楚。

此外，所谓“枓尖”[①]，也是一种结构形式，是四角或八角亭榭等特有的屋盖形式。《营造法式》第五卷《举折》提到簇角梁法，实质上就是用枨杆、角梁等组成的枓尖结构。

在这四种结构形式之外，如果深入探索下去，还有。

单座建筑的结构形式是这样，组合的或聚合性的建筑结构，如正定隆兴寺牟尼殿，如角楼，等等，丰富的建筑形象引人入胜。还有副阶、缠腰的利用，造成了很好的艺术效果。这些，也都是值得研究的。当然，一开始，应当是从结构上产生的，然而在效果上，也产生了许多相关的有趣的艺术形象问题。

4. 艺术形象

单座建筑的艺术形式，主要是屋顶的不同，如像四阿、歇山、悬山、硬山，等等。这些屋顶形式，也是从结构上必然产生的。房顶做两面坡，就有悬山、硬山；房顶增大时，就要出四面坡，这就是四阿顶，如此等等。

屋顶也有一定的比例，一是平面上的长宽比例，一是立面上的垂直比例。分析已掌握的古建筑实例，矩形平面的比例，大体可分为三类：一类是正方形和接近正方形的比例；第二类是应用最多的，就是长宽比为二比三和接近二比三的矩形平面；第三类是一比二和接近一比二的长宽比关系的矩形平面。对这些比例关系，考虑了结构的、构造的需要，也有对屋顶形象的考虑。如接近正方形平面的建筑，多采用歇山顶，或者是四阿脊槫增长的做法。这就意味着，平面比例关系同立面比例关系有着内在的联系，是互相制约、有机统一的。

在长期的实践中，各种艺术形式联系了一定的结构与构造方式。《营造法式》规定柱高“不越间之广”[②]，对建筑立面构图的研究说来，就是一个很重要的信息。再比如殿堂，槽深不能大于梢间即转角的间广，就是出于构造的考虑。铺作的大小也与槽深相关，可是，对这一关系现在还没有搞清楚，涉及面很宽，有一连串相关联的问题，例

[①]《营造法式》中的“枓槽”之“枓”，“枓尖”之“枓”，现行简化字均作“斗”字。为避免歧义，此处沿用“枓尖”，而不简化为“斗尖”。

[②] 李诫：《营造法式（陈明达点注本）》第一册卷五《大木作制度二·柱》，第102页。

如转角构造同间广、规模的关系，等等，都是值得继续深入研究的。

在竖向上的比例，单层建筑从外观上看，主要是柱高、铺作高与屋顶高的比例关系。以四椽屋为例，屋顶高与柱高是相等的。屋顶高可以通过举折来调整，所以举折也是立面比例的决定因素。此外，分析实例可以发现，为了控制立面比例关系的统一和谐，还常常以调整梢间、廊步等间距来解决问题，缩短间距，就可以降低举架高度，也就是屋顶高度。

然而楼房呢？其比例关系又如何呢？这还是个未知数。《营造法式》没有记载，实物也少。从应县木塔与蓟县独乐寺观音阁看，楼阁在竖向上的比例，至少有一种关系，就是底层柱高等于柱顶铺作高加上平坐柱高；上层也是这样。

附　录

初刊之整理者后记

陈明达先生（1914—1997 年）是我国杰出的建筑历史学家。他毕生研究中国古代建筑史，尤专力从事《营造法式》的研究，重点探索古代建筑设计规律，阐发古代建筑所达到的科学水平，在这一领域做出了创造性的贡献。其主要学术著作《应县木塔》《营造法式大木作制度研究》和《中国古代木结构建筑技术（战国—北宋）》等在学术界享有盛誉。

陈先生于 1997 年 8 月在北京逝世，留有《中国古代木结构建筑技术（南宋—明、清）》《彭山崖墓建筑》《营造法式辞解》《〈营造法式〉研究札记》等遗作。其中，《中国古代木结构建筑技术（南宋—明、清）》已收入文物出版社 1998 年 12 月出版的《陈明达古建筑与雕塑史论》；余作正由陈先生之外甥殷力欣遵其嘱托在做最后的文字校订，力争早日面世。

我作为陈先生的学生，有幸于 1982 年聆听先生为我讲授《营造法式》专题课程。我当时对先生 11 月 19 日、12 月 16 日和 17 日的讲授做了记录整理，并请陈先生进行了审阅。

陈先生的这份讲稿重点传授了他的研究方法。先生注重实地考察、文献考证、理论分析的治学方法，严谨、笃实的治学精神，是留给后代学人的宝贵财富。先生离开我们快两年了，现将先生的这份讲稿发表，以此寄托我们对先生的怀念。

王其亨

1999 年 6 月

（原载《建筑史论文集》第 11 辑，清华大学出版社，1999）

读《营造法式注释（卷上）》札记[①]

一、关于《营造法式注释（卷上）·序》

《营造法式注释（卷上）》（以下简称《注释》）中的“序”，扼要介绍了各作的内容，虽然在此只能作极简要的概述，但对主要内容和性质的概括还不够全面，至少会影响初学者对这些内容和性质的概念性的理解。例如：

1. 壕寨制度，除了掘土、筑基、筑城、筑墙、筑临水基等土方工程外，还包括了施工测量、运输以及各种相当于今天的壮工和小工等纯属体力劳动的工作。[②]

2. 小木作制度，包括版引檐、水槽、井屋子、井亭子、拒马叉子、棵笼子等等，属于附属设备，是应当介绍的。按《注释·序》第5页中所说“前三卷为门窗、栏杆等属于建筑物的装修部分；后三卷为佛、道帐和经藏，所叙述的都是庙宇内安置佛、道像的神龛和存放经卷的书架的作法”，就遗漏了设备这个主要方向。

3. 竹作制度，和小木作制度一样，也应当包括“地面棊纹簟”“障日篛簟”“竹芮索”等有关设备的内容。

---

① 梁思成著《营造法式注释（卷上）》初版于1983年9月（中国建筑工业出版社）。陈明达先生曾作逐字逐句的阅读思考，在这部342页的大8开本巨著中，约有150页留下了批注笔迹。这些批注是他日后写作本文及《〈营造法式〉研究札记》的前期准备工作之一。此文首刊于由清华大学建筑学院主办，清华大学出版社出版的《建筑史论文集》第12辑（2000年），并有整理者所加注释。此次收录本卷，整理者作再次修订，将原整理者后记二则和最新所作补记一则一并归入附录一，并选刊手稿中的41页归入附录二，供读者参考。

② 详见本卷《〈营造法式〉研究札记》之《壕寨》篇。

4. 泥作制度，《注释·序》第5页中说是“用泥抹、刷、垒砌的制度”的说法当也欠完备。根据《营造法式》(下文简称《法式》)原文内容，除了粉刷、抹刷之外，还有做“画壁”的重要项目。而垒砌在泥作中只是指用墼垒砌，用砖则属砖作。用墼垒砌的范围，除了垒墙外，还包括各种“灶”“茶炉”以及“射垛”等[①]。此外重要的是，从《法式》卷二十五《泥作功限》、卷二十七《诸作料例二·泥作》以及卷二十八《诸作等第·泥作》(原注一)等有关记述看来，园林建筑中诸如“垒石山”“泥假山”“盆山”，还有“壁隐假山”或“壁影山子”等造作项目，也都列入了泥作。

5. 彩画制度，《法式》原书包括彩画、刷饰两部分。有人以清代与宋代相比，认为宋代只有彩画，没有油饰，这显然是误解。宋代没有明确分为彩画、油饰两个工种，但具体内容上是包括了刷饰、彩画两项内容的。

对于版本校勘，《注释·序》第8页“八百余年来《营造法式》的版本”一节中指出：“……与‘故宫本’互相勘校，又有所校正。其中最主要的一项，就是各本(包括‘陶本’)在第四卷‘大木作制度’中，‘造栱之制有五’，但文中仅有其四，完全遗漏了‘五曰慢栱’一条四十六个字。惟有‘故宫本’，这一条却独存。”其实，惟有故宫本保存了的还有另一条，这里没有提到，即卷三《石作制度》中《门砧限》内“城门心将军石”之后还有“止扉石：其长二尺，方八寸(上露一尺，下栽一尺入地)”[②]二十字，其他各本完全遗漏[参阅附录二之图10]。

《注释·序》第12页“我们整理工作的总原则”一节提出了弥补《法式》原图缺点的八项说明。其中(五)(七)两项，在《注释》编写时，我正在研究这类问题，到1980年已经解决，并详载于1981年出版的《营造法式大木作制度研究》(下文简称《大木作研究》)中，1983年《注释》出版时，来不及参考我的这项工作成果，多少有些遗憾。这两项问题是：

“(五)凡是用绝对尺寸定比例的，我们在图上附加以尺、寸为单位的缩尺；凡是以‘材栔’定比例的，则附以‘材、栔’为单位的缩尺。但是还有一些图，如大木作殿堂侧样(断面图)，则须替它选定‘材’的等第，并假设面阔、进深、柱高……等

① 详见本卷《〈营造法式〉研究札记》之《墼 坯》篇。

② 李诫：《营造法式(陈明达点注本)》第一册卷三《石作制度·门砧限》，第65页。

的绝对尺寸（这一切原图既未注明，‘制度’中也没有绝对规定）”，《注释·序》中这样说，是因为当时尚未明确许多主要名物的材份数，例如间广、柱高、椽架平长等等。现在，这类问题多已不再存在。由于已经确定了材份制度及其具体名物的材份数，以及相应的伸缩幅度，所以按照《法式》的文字记述以及图样，如殿堂草架侧样，或厅堂各随间缝内用梁柱，均可用材份制定图样（也可用绝对尺寸制定图样）。

“（七）在一些图中，凡是按《法式》制度画出来就发生问题或无法交代的……我们就把这部分‘虚’掉，并加‘？’号……”《注释·序》中所说的这类问题，在我的《大木作研究》的附图中，已做了相应解决，可供学习、研究者参考。

此外，第（八）项曾说明《注释》附图只着眼于《法式》已有的图样，“不企图超出《法式》原书范围之外”。作为注释，这当然是应该的；但是有些地方为了解说更明确，还是应当有点补充图。例如铺作图，原书只有补间铺作图，如果再补充柱顶铺作图，我以为是更有利于注释的。

二、关于石作制度

1. 石作制度中的雕镌制度四项（剔地起突、压地隐起、减地平钑、素平），华文制度十一项（海石榴华、宝相华、牡丹华、蕙草、云文、水浪、宝山、宝阶、铺地莲华、仰覆莲华、宝装莲华），均须分别研究。《注释》中本节所注释及补图亦待证实，仅供暂作参考。

2.《法式》卷三《石作制度》的《殿阶基》篇提到：“阶头随柱心外阶之广”[①]，但没有说明具体的尺度。《注释》第 64 页注⓮就此指出：“这样的规定并不能解决我们今天如何去理解当时怎样决定阶基大小的问题。我们在大木作侧样中所画的阶基断面线是根据一些辽、宋、金实例的比例假设画出来的……”对《殿阶基》这句话，我的理解是：阶头广自檐柱中心起算至阶外缘，其尺寸在《法式》卷十五《砖作制度》的

① 李诫：《营造法式（陈明达点注本）》第一册卷三《石作制度·殿阶基》，第 60 页。

《垒阶基》条也有明确规定，就是："普拍方外阶头，自柱心出三尺至三尺五寸"[①]。普拍方在柱头之上，由于柱的侧脚"自柱心出"，应按柱顶的投影位置计；而"三尺至三尺五寸"，据《大木作研究》，已明确这是以三等材计60～70份，即自柱头中心出60～70份。这和出自柱头中心的檐出70～80份比较，檐出大于阶头广10份，可以保证檐口雨水落在阶头之外[②]。

三、关于大木作制度

1.《注释》第89页《大木作制度一》关于"材"一节注❶："材是一座殿堂的枓栱中用来做栱的标准断面的木材"，这是在没有理解"材份制"之前的解释。弄清材份制后，就明确了"材、栔、单材、足材"都是当时大木作所习用的"度量单位"；而"材"是单材的略称：部分栱方的断面恰为一单材，另一部分栱方的断面恰为一足材，也就是一材一栔。

在《注释》中还提到八等材可分为三组。但这只是表面现象，其实质，是按强度划分的（原注二）。《梁思成文集（二）》第359页也提到：材"实为度量建筑大小的'单位'"，可见梁先生的原意是包含了这个意思的。《注释》中材份三组的说明法，没有表达出梁先生原有的正确观点。

2.《注释》第91页对"副阶"的解释，即原书注❷："殿身四周如有回廊，构成重檐，则下层檐称副阶。"其实副阶表面形式是周围廊，但并不能说周围廊就是副阶。副阶的本义是在殿周围构建的深两椽的半坡屋顶，与殿身紧密相连。也不能说重檐屋的下檐就是副阶，因为缠腰也是重檐屋的下檐；副阶、缠腰是两种形式。在构造上，副阶是独立的附加的建筑，不是"廊"[③]。

3.《注释》第100页大木作图15"宋代木构建筑假想图之一"中注名有误［参

[①] 李诫:《营造法式（陈明达点注本）》第二册卷十五《砖作制度·垒阶基》，第98页。

[②] 详见本卷《〈营造法式〉研究札记》之《阶头》篇。

[③] 详见本卷《〈营造法式〉研究札记》之《副阶》《缠腰》篇。

阅附录二之图 14]，第 141 页图 65“宋代木构建筑假想图之二”也有同样的注名错误。其中：

注名❹“望板”，《法式》无此名。根据《法式》卷十三《用瓦》篇：“凡瓦下铺衬，柴栈为上，版栈次之”[①]，应为“柴栈”或“版栈”[②]。

注名㉓“下平槫”误，图中槫在下檐柱中线上，宋《法式》无专名，根据清式应为“檐檩”；宋式有时也用“方”，即名“承椽方”。《注释》附图中皆误以檐柱中线上的槫为下平槫。

注名㉕“中平槫”误，应为“下平槫”[③]。

注名㉘“峻脚椽”误。按《法式》卷五《梁》篇“平棊方”条下有两处注文：“平闇同，又随架安椽以遮版缝，其椽若殿宇广二寸五分、厚一寸五分”“……（若用峻脚，即于四阑内安版贴华。如平闇即安峻脚椽）”[④]，故峻脚椽皆平闇四周铺作内倾斜处的小椽[⑤]。

注名㉙、㉝均为“由额”。按《法式》卷五《阑额》篇中的“由额”条：“凡由额施之于阑额之下……如有副阶即于峻脚椽下安之……”[⑥]故图中注名 33 应为“峻脚椽”，而注名 29 也并非“由额”，以其上承椽或应为“承椽方”。

注名㊱“平棊方”。根据《法式》卷四《栱》篇的“令栱”条：“令栱（或谓之单栱），施之于里外跳头之上（外在橑檐方之下，内在算桯方之下）”[⑦]，可见此方本名应为“算桯方”。但如用平棊，此方亦承平棊，故有时也称“平棊方”。如《法式》卷四《飞昂》篇所述“上昂”各条，均以“其平棊方至栌枓口内共高”若干记述铺作上昂之高度。“平棊方”见《法式》卷五《梁》篇：“凡平棊方在梁背上，其广厚并如材，长

---

① 李诫:《营造法式（陈明达点注本）》第二册卷十五《瓦作制度·用瓦》，第 51 页。
② 详见本卷《〈营造法式〉研究札记》之《柴栈　版栈》篇。
③ 详见本卷《〈营造法式〉研究札记》之《槫　下平槫》篇。
④ 李诫:《营造法式（陈明达点注本）》第一册卷五《大木作制度二·梁》，第 100 页。
⑤ 详见本卷《〈营造法式〉研究札记》之《平闇椽　峻脚椽》《平棊　平闇》篇。
⑥ 李诫:《营造法式（陈明达点注本）》第一册卷五《大木作制度二·阑额》，第 101 页。
⑦ 李诫:《营造法式（陈明达点注本）》第一册卷四《大木作制度一·栱》，第 78 页。

随间广，每架下平棊方一道”[①]，所以平棊方是直接安在梁背上的，应和上面的槫一样，是每一架安一条。在实例中，如佛光寺大殿内槽四椽栿背下正中的方子，即为平棊方。由此可知，平棊方是特为承受平棊的，而平棊的深度仅一架时不另设平棊方，而是将平棊两边安在算桯方上。所以，算桯方也可称为“平棊方”，而并非所有的平棊方均可称为“算桯方”[②]。

4.《注释》第101页大木作图16涉及“耍头”，《法式》卷四《爵头》篇注：“（其名有四：一曰爵头，二曰耍头，三曰胡孙头，四曰蜉蜒头）”[③]，《注释》都写成“耍头木”，不知何据。按平坐铺作耍头之上衬方头延伸出一材，名为“出头木”，“耍头木”或许是和这一名件相互混淆了[④]。

5.《注释》105页大木作图22注“补间铺作用影栱”，而图中所绘实际为柱头方上隐出栱形，不能称为“影栱”。在《法式》卷四《总铺作次序》篇有专条评述“影栱”（又称为“扶壁栱”）的各种做法，与此图所绘显然有别［参阅附录二之图15］。

6.《注释》第113页大木作图33、图34注称“非彻上明造”。然而《法式》全书仅叙明“彻上明造”或“施平棊（平闇亦同）”，即屋内空间有两类处理方式，一是采用彻上明造，一是采用平棊或平闇。例如《法式》卷五《梁》篇就有诸如“凡屋内彻上明造者”“凡屋内若施平棊（平闇亦同）”等言，却并没有“非彻上明造”之称[⑤]。

7.《注释》第119～121页“总铺作次序”中注㊻有关“铺作”的解释条理不清。例如其中所说“这里以最复杂的‘八铺作，重栱，出上昂，偷心，跳内当中施骑枓栱’为例（大木作图45）……”说是“重栱，出上昂，偷心，跳内当中施骑枓栱”，而122页的大木作图45“出五跳谓之八铺作”所绘却为重栱，出三下昂，没有“骑枓栱”[⑥]。

8.《注释》第123～128页各平面图中，如125页中“永乐宫三清殿”“北岳庙德宁殿”“善化寺山门”三图均有误。124页中“宋《营造法式》所载平面举例之一、二、

---

① 李诫:《营造法式（陈明达点注本）》第一册卷五《大木作制度二·梁》，第100页。
② 详见本卷《〈营造法式〉研究札记》之《算桯方　平棊方》篇。
③ 李诫:《营造法式（陈明达点注本）》第一册卷四《大木作制度一·爵头》，第85页。
④ 详见本卷《〈营造法式〉研究札记》之《耍头　出头木》篇。
⑤ 详见本卷《〈营造法式〉研究札记》之《彻上明造》篇。
⑥ 详见本卷《〈营造法式〉研究札记》之《铺作　铺》《铺作　斗栱》篇。

三"三图亦均有误。

9.《注释》第129页大木作图52b。"鸳鸯交手栱"，有几处"手"均误为"首"。《法式》卷四《总铺作次序》篇："凡转角铺作须与补间铺作勿令相犯，或梢间近者，须连栱交隐（补间铺作不可移远，恐间内不匀）。"[①]卷四《栱》篇："凡栱至角相连长两跳者，则当心施枓，枓底两面相交隐出栱头（如令栱只用四瓣），谓之鸳鸯交手栱（里跳上栱同）。"[②]

10.《注释》第133页大木作图57、图58"叉柱造"误为"插柱造"。

11.《注释》第141页大木作图65注名⑯"顺栿串"，按此种结构形式实际不用顺栿串。

12.《注释》第149页注⑱提到："室内不用平棊，由下面可以仰见梁栿、槫、椽的做法，谓之'彻上明造'，亦称'露明造'。"但按《法式》原文用词只有"彻上明造"，而没有"露明造"。类似的情况还有"彻上露明造"，亦为《法式》原文所不见。

13.《注释》第185页大木作图121a"宋代木构建筑假想图之四——正立面"中的错误［参阅附录二之图24］：

①鸱尾太高。《法式》卷十三"用鸱尾"："三间高五尺至五尺五寸"[③]，图中也没有比例尺。[④]

②大角梁[⑤]、子角梁标号颠倒。

③注名⑬，阑额出头斫成耍头形，不能直接注为"耍头"。

④注名⑭"额"，应当为"窗额"。

⑤注名⑳"石地栿"误，阶基地用土衬石，无用石地栿者。

此外，还有186页大木作图121b"宋代木构建筑假想图之四——侧立面"中的

---

① 李诫:《营造法式（陈明达点注本）》第一册卷四《大木作制度一·总铺作次序》，第91页。
② 李诫:《营造法式（陈明达点注本）》第一册卷四《大木作制度一·栱》，第80页。
③ 李诫:《营造法式（陈明达点注本）》第二册卷十三《瓦作制度·用鸱尾》，第55页。
④ 详见本卷《〈营造法式〉研究札记》之《垒屋脊》《用鸱尾》《用兽头等》篇。
⑤ 原书此图中误将"大角梁"写作"大角架"。

错误：

⑥注名❼的错误同121a图中注名⓭；垂脊、角交接系不清，曲阑博脊不对。

⑦注名⓲“墙裙”，《法式》无此名，宋名“墙下隔减”，清名“裙肩”，见载于《法式》卷六，《小木作制度》中的《破子櫺窗》《版櫺窗》以及卷十五《砖作制度》中的《墙下隔减》等[①]。

四、关于功限

1.《注释》第205页《大木作功限三》中：“月梁（材每增减一等，各递加减八寸。直梁准此）”注❶称：“这里未先规定哪一等材‘为祖计之’，则‘每增减一等’，又从哪一等起增或减呢？”事实上，《法式》卷十七《大木作功限一》开首的《栱科等造作功》篇第一句就明说道：“造作功并以第六等材为准。”[②]而在《法式》卷首《总诸作看详》中曾强调“随物之大小，有增减之法……（如料栱等功限，以第六等材为法，若材增减一等，其功限各有加减法之类）……”[③]，这一重要规定也见于《注释》第14页，但显然被忽略了。

2.《注释》第208页“营屋功限”中：“椽❺，每一条，一厘功。”实际上，注❺不适用《法式》此条文字，而应移在同页后节“折修铺作舍屋，每一椽”之下［参阅附录二之图27］。

---

① 详见本卷《〈营造法式〉研究札记》之《隔减》篇。

② 李诫：《营造法式（陈明达点注本）》第二册卷十七《大木作功限一·栱科等造作功》，第148页。

③ 李诫：《营造法式（陈明达点注本）》第一册序目《营造法式看详·总诸作看详》，第42页。

五、关于料例

《注释》第220页《诸作料例》的“窑作”一节中：“茶土棍：长一尺四寸瓶瓦，一尺六寸瓪瓦，每一口，一两[4]（每减二寸，减五分）。”注4文：“一两什么？没有说明。”其实，《法式》卷十五《窑作制度》中的“青棍瓦”条提到：“次掺滑石末令匀”，下注云：“用茶土棍者，准先掺茶土次以石棍砑。”[①]这样两相对照，就可以知道，“一两”即为“茶土一两”［参阅附录二之图29］。

六、关于图样

1.《注释》第232页壕寨制度图样二。其中，立基之制应取消，筑露墙之制应按图中虚线改画[②]。

2.《注释》第251页大木作制度图样十二。其中柱脚方位置误，应在柱顶以上。

大木作制度图样凡涉及椽平长、间广及柱高等处，均须按标准改正。例如第264页图样二十五中的椽径、椽距、檐出、飞子、出际等数字均误。

3.《注释》第269页大木作制度图样三十。图中尺寸应改用材份折算。图中注文“阶条石”为清名，应改为“压阑石”；“阶基下檐出”之“下檐出”为清名，应改为“阶头”；有关规定见前引《法式》卷十五《砖作制度》中的《垒阶基》：“阶头，自柱心出三尺至三尺五寸”[③]，即三等材60～70分［参阅附录二之图32］。

第267～281页大木作制度图样二十八至四十二图的同样情况也均须改正。图中与《法式》原图不符之处尚多，例如第271页图三十二副阶梁等与原本出入极大，不知何

---

① 李诫：《营造法式（陈明达点注本）》第二册卷十五《窑作制度·青棍瓦》，第111页。
② 关于这张“壕寨制度图样二”，陈明达先生于1963年左右提出了较多的修改建议（见本文附录二之图4）。此处所提意见是指修改后的文本中，此图（见本文附录二之图5）仍需要改进。
③ 李诫：《营造法式（陈明达点注本）》第二册卷十五《砖作制度·垒阶基》，第98页。

据？图中所注尺寸与所标比例尺不符；材份的比例尺也与尺寸的比例尺不符［参阅附录二之图 32～39］。

4.《注释》第 280～288 页大木作制度图样四十一至四十九中，有关“厅堂间缝内用梁柱”各图存在问题，大致与以上殿堂各图类同［参阅附录二之图 39～43］。

七、关于尺寸权衡表

《注释》第 326 页至 331 页《大木作制度权衡尺寸表》似无必要，应详细校正［参阅附录二之图 44］。

殷力欣、王其亨整理

1999 年 10 月

作者原注

一、由于此文是随阅读随记录的札记，故文中有些地方较《营造法式》之原文略有出入。如卷二十五之卷题原为《诸作功限二》，“泥作”是其中细目；卷二十七是《诸作料例二》，“泥作”是细目；卷二十八是《诸作用钉料例，诸作用胶料例，诸作等第》。其他卷题，均有此情况，读者引用时，应以《法式》原文为准。本文为保存历史原貌，一律不作订正，请读者注意。

二、参见杜拱辰、陈明达：《从〈营造法式〉看北宋的力学成就》，《建筑学报》，1977 年第 1 期。

（原载《建筑史论文集》第 12 辑，清华大学出版社，2000）

附录一

2000年初刊《建筑史论文集》之整理者后记

陈明达先生（1914—1997年）认为：研究中国古代建筑历史的目的是重新发现因年代久远而被遗忘了的中国古代建筑学理论，从而建立新的中国建筑学。1983年9月由中国建筑工业出版社出版的《营造法式注释（卷上）》是建筑史学界在此领域的重大成果之一。

陈明达先生的这份读书札记，却只谈及《营造法式注释（卷上）》一书所存在的不足，原因有二：

1. 此札记原是作者随阅读随做的勘误记录，希望提供给该书著者——清华大学《营造法式》研究小组——日后能有机会参考这些意见，使该书更臻完善。

2. 此份笔记于1983年至1985年之间陆续写成，是勘误记录，同时也是陈先生在完成《营造法式大木作制度研究》的撰写之后，继续深入研究的案头准备工作之一（另一项案头准备工作是思考自己著作中所存在的问题），其目的之一是解决过去没有解决的问题，如某些专有名词的确切含义、宋代建筑与明清建筑的区别等等，并不涉及对《营造法式注释（卷上）》的全面评价。

陈先生研究《营造法式》的最新成果，体现在其遗著《〈营造法式〉研究札记》《营造法式辞解》之中。

事实上，陈明达先生在世时曾表示，《营造法式注释（卷上）》凝聚了以梁思成先生为代表的一代学人的辛勤劳动，而自己的《营造法式大木作制度研究》，也正得益于这一整代学者开创性的工作。他个人只是在此基础上有一些新的发现。正因如此，他强调，任何一项研究都难于尽善尽美，只有不断发现新问题，才能取得新的成果。早在1982年，他对自己的学生说："看别人的东西不能抱成见，或者以为某人不会有错误……就拿我的'大木作研究'来说，就有不少错误和漏洞，还有不少提出来而没有细说、没有解决的问题。"而在1993年，当他嘱托笔者代为整理文稿时，又着重表明：出版旧作，目的在于希望后人发现自己没能发现的问题——"将个人研究的得与失客观地公之于众，使后人在前人的基础上有新的突破。”

鉴于陈先生有这样的遗愿，笔者与王其亨教授合作，将这份札记整理出来公开发表，希望由此展开对相关问题的讨论。为使读者能较全面地了解陈明达先生的学术思想，按照王其亨教授的建议，将陈先生另一遗作《〈营造法式〉研究札记》中与这份札记相关的篇目节选一部分作为附录，供读者参考[①]。由于这是一份未定稿，字迹比较潦草，也限于笔者的水平，整理、校订工作难免出现疏漏，热切盼望学界同仁匡谬指正。

整理陈先生的此份遗稿过程中，莫宗江先生已84岁高龄，几度抱病审阅，在此特致谢意。

殷力欣

1999年10月

惊悉莫宗江先生于1999年12月8日病逝，特补充两点：

1. 1999年10月底，笔者将此份札记的二校样稿再次呈送莫先生，他不顾病痛困扰，甚至在病危急救之时，仍对此稿作精心校阅，至去世前一星期方辍笔。莫宗江先生与陈明达先生有着长达74年的友谊，为共同的事业，密切合作，直至终老。校阅的这份遗稿，是陈莫二老最后的合作，尽管陈先生已先一步辞世。

2. 本着贯穿一生的严谨求实的治学原则，莫先生生前对笔者指出：这份遗稿体现了老一代学者在“营造法式研究”方面的新成果，但这仍是阶段性的成果，后人应在此基础上继续前进。他举例说：此稿附录中的“副阶”一章，较过去的研究又有新的提高，但似乎仍存有疑问，有待后辈继续探讨。遗憾的是，此时的莫先生已没有时间为我们留下更多更具体的指导了。

“朝闻道，夕死可矣”，这可视为莫、陈二位前辈的终生写照。

殷力欣敬识

2000年1月

[①] 见本卷所收录《〈营造法式〉研究札记》。

据《梁思成年谱》记载，梁思成先生于1941年起“开始集中精力研究［宋］《营造法式》，并陆续完成法式大部分图解工作”[①]。约在20世纪60年代初，清华大学建筑系成立“《营造法式》研究小组”（主要成员楼庆西、徐伯安、郭黛姮等，顾问莫宗江教授），主要工作是协助梁思成先生完成《营造法式注释》的整理工作。今据新近发现的资料显示，早在1963年5月，徐伯安、郭黛姮曾致函陈明达先生，请求对清华大学建筑系约20世纪50年代初编印的《宋营造法式图注》予以审阅（为《营造法式注释》定稿的工作步骤之一），而陈先生也如约提出了一些具体的修改意见（见附录二）。现将1983年正式出版的《营造法式注释（卷上）》所附图样与陈先生当年的“图注”批阅稿相比较，大致知道20世纪60年代的意见部分被接收，部分未被采纳。由此可知，陈先生日后所作这份《读〈营造法式注释〉（卷上）札记》中提到的问题，是对1983年正式刊行本而言的，并不包括之前对该书稿的审阅工作。

殷力欣　补记

2022年3月14日

[①] 梁思成：《梁思成全集》（第九卷），中国建筑工业出版社，2001，第105页。

附 录 二

陈明达批阅《宋营造法式图注》《营造法式注释（卷上）》等书影选

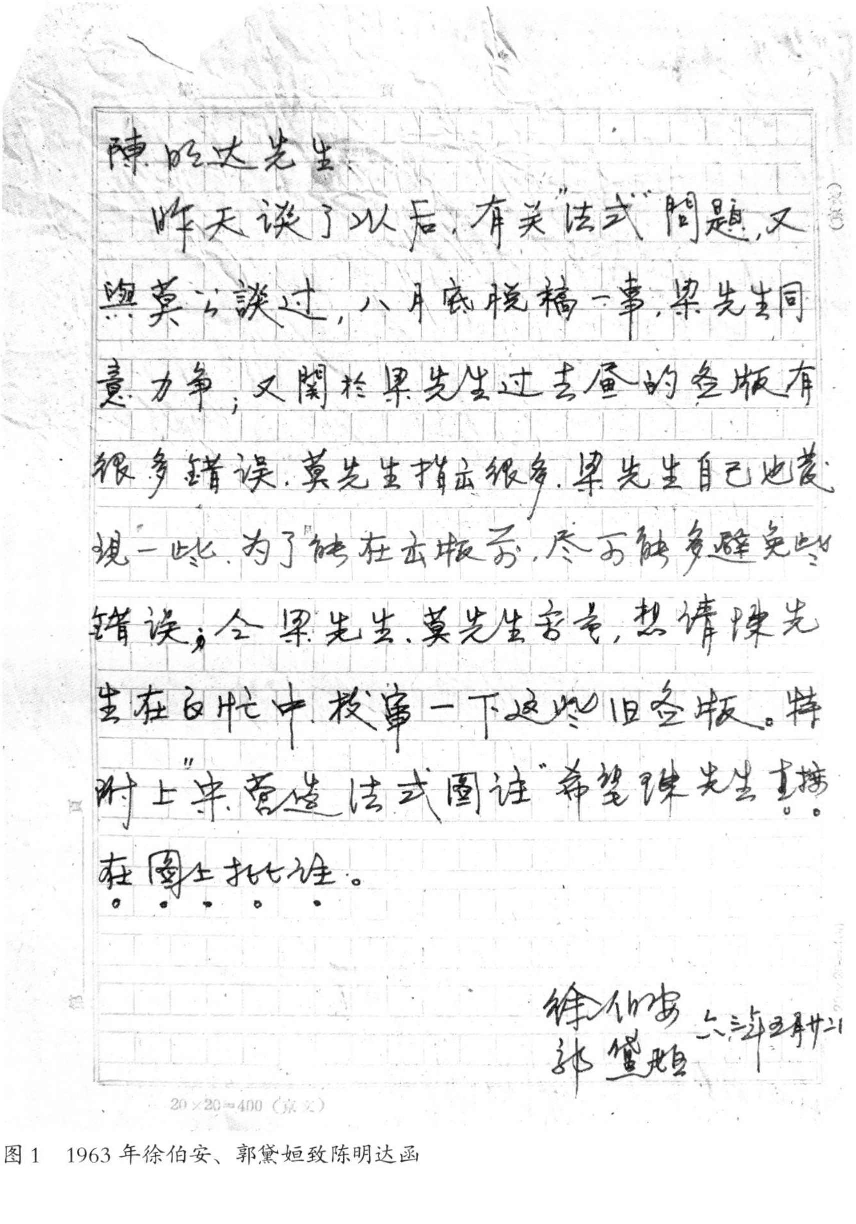

陳明达先生：

昨天谈了以后，有关"法式"問題，又與莫公談过，八月底脫稿一事，梁先生同意力争；又關於梁先生过去畫的图版有很多错误，莫先生指出很多，梁先生自己也发现一些，为了能在出版前，尽可能多避免些错误；今梁先生、莫先生同意，想请陳先生在百忙中校审一下这些旧图版。特附上"宋营造法式图注"希望陳先生直接在图上批注。

徐伯安
郭黛姮　六三年五月廿二

20×20=400（京文）

图1　1963年徐伯安、郭黛姮致陈明达函

图 2　20 世纪 50 年代初清华大学建筑系编印《宋营造法式图注》书影 1　封面

图 3　梁思成著《营造法式注释（卷上）》1983 年版书影 1　封面

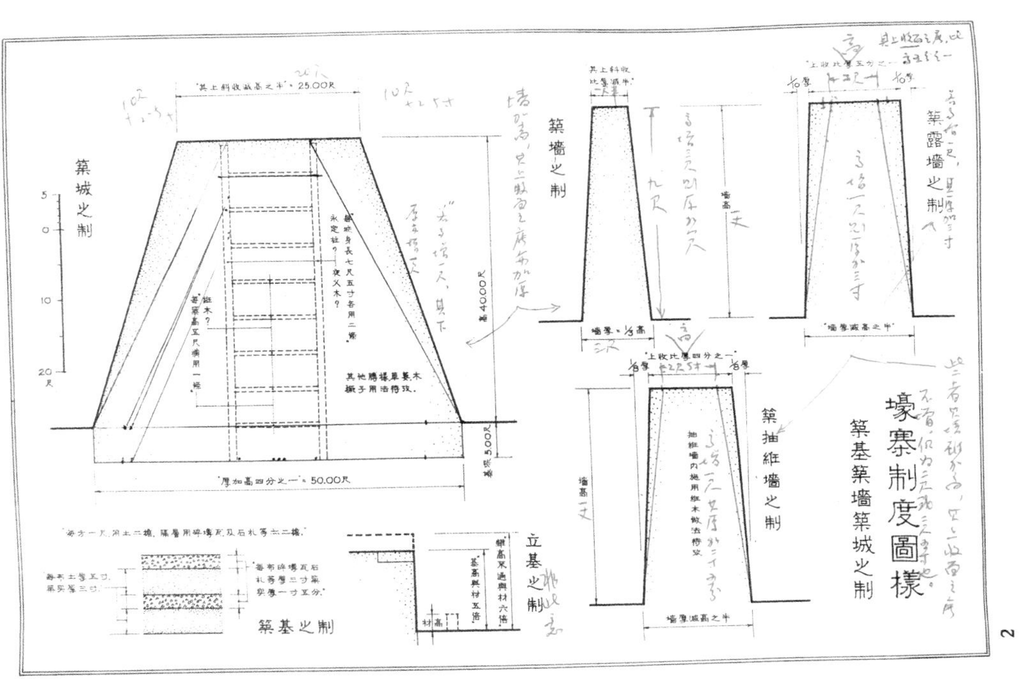

图 4 《宋营造法式图注》书影 2　壕寨制度图样

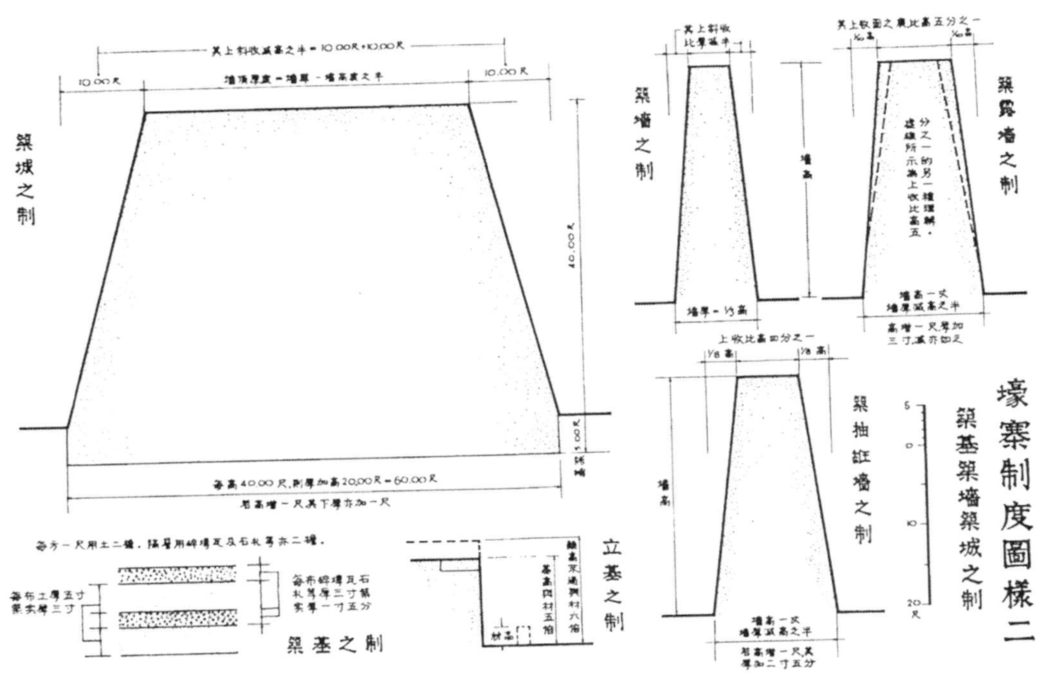

图 5 《营造法式注释（卷上）》书影 2　壕寨制度图样二

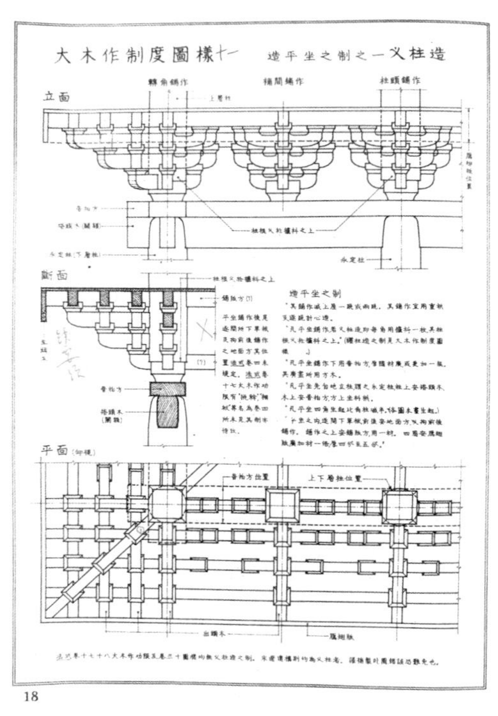

图6 《宋营造法式图注》书影3　大木作制度图样十一

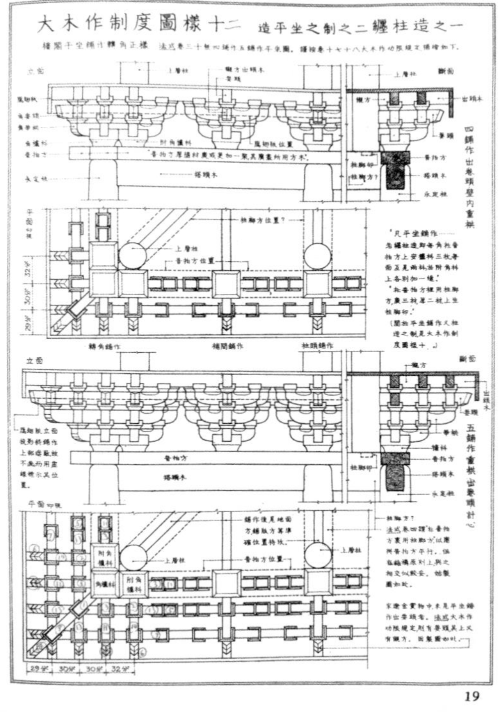

图7 《宋营造法式图注》书影4　大木作制度图样十二

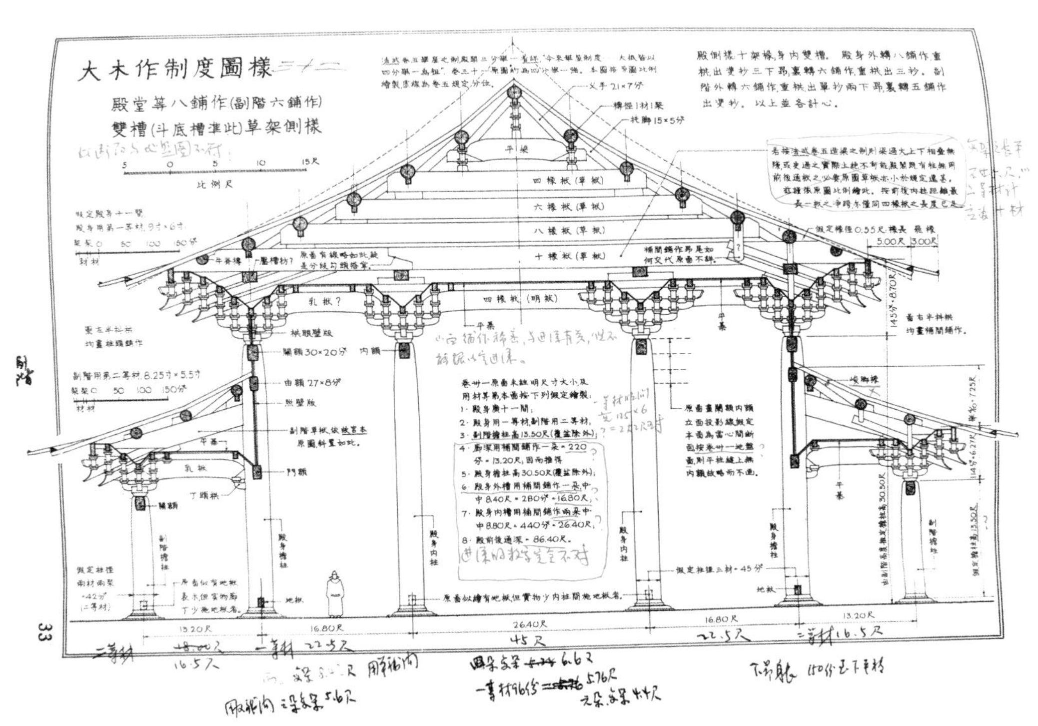

图 8 《宋营造法式图注》书影 5　大木作制度图样三十二

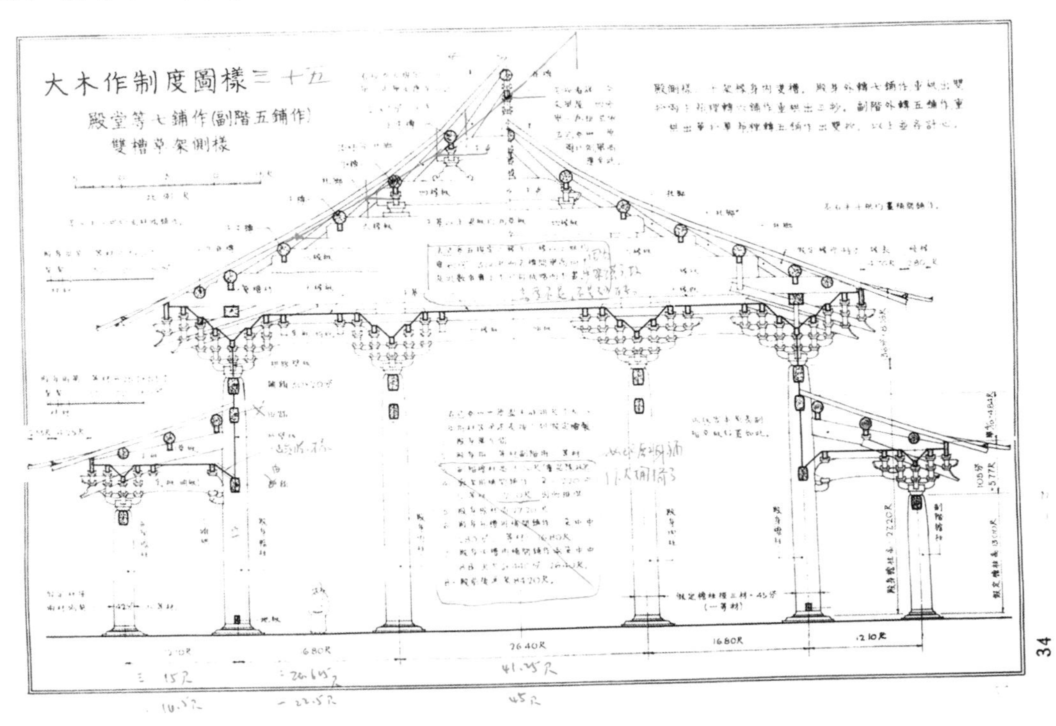

图 9 《宋营造法式图注》书影 6　大木作制度图样三十五

後世的這些鈔本、刻本，都是由紹興本影鈔傳下來的。由此看來，王喚這個奸臣的妻弟，重刊«法式»，對於«法式»之得以流傳後世，却有不可磨滅之功。

民國八年（公元 1919 年），朱啓鈐先生在南京江南圖書館發現了丁氏鈔本«營造法式»，不久卽由商務印書館影印(下文簡稱“丁本”)。現代的印刷術使得«法式»比較廣泛地流傳了。

其後不久，在由內閣大庫散出的廢紙堆中，發現了宋本殘葉(第八卷首葉之前半)。於是，由陶湘以四庫文溯閣本，蔣氏密韻樓本和“丁本”互相勘校；按照宋本殘葉版畫形式，重爲繪圖、鏤版，於公元 1925 年刊行(下文簡稱“陶本”)。這一版之刊行，當時曾引起國內外學術界極大注意。

公元 1932 年，在當時北平故宮殿本書庫發現了鈔本«營造法式»(下文簡稱“故宮本”)，版面格式與宋本殘葉相同，卷後且有平江府重刊的字樣，與紹興本的許多鈔本相同。這是一次重要的發現。

故宮本發現之後，由中國營造學社劉敦楨、梁思成等，以“陶本”爲基礎，並與其他各本與“故宮本”互相勘校，又有所校正。其中最主要的一項，就是各本(包括“陶本”)在第四卷“大木作制度”中，“造栱之制有五”，但文中僅有其四，完全遺漏了“五曰慢栱”一條四十六個字。惟有“故宮本”，這一條却獨存。“陶本”和其它各本的一個最大的缺憾得以補償了。

對於«營造法式»的校勘，首先在朱啓鈐先生的指導下，陶湘等先生已做了很多工作；在“故宮本”發現之後，當時中國營造學社的研究人員進行了再一次細致的校勘。今天我們進行研究工作，就是以那一次校勘的成果爲依據的。

我們這一次的整理，主要在把«法式»用今天一般工程技術人員讀得懂的語文和看得清楚的、準確的、科學的圖樣加以註釋，而不重在版本的攷證、校勘之學。

我們這一次的整理、註釋工作

图 10 《营造法式注释（卷上）》第 8 页书影

牆 其名有五：一曰牆，二曰墉，三曰垣，四曰壕，五曰壁。

築牆⑱之制(參閱“壕寨制度圖樣二”)：每牆厚三尺，則高九尺；其上斜收，比厚減半。若高增三尺，則厚加一尺；減亦如之。

凡露牆：每牆高一丈，則厚減高之半；其上收面之廣，比高五分之一⑲。若高增一尺，其厚加三寸；減亦如之。其用葽、橛，並準築城制度。

凡抽紝牆：高厚同上；其上收面之廣，比高四分之一⑲。若高增一尺，其厚加二寸五分。如在屋下，只加二寸。劉削並準築城制度。

⑱ 牆、露牆、抽紝牆三者的具體用途不詳。露牆用草葽、木橛子，似屬圍牆之類；抽紝牆似屬于屋牆之類。這裏所謂牆是指夯土牆。

⑲ “其上收面之廣，比高五分之一”。含意不太明確，可作二種解釋，(1) 上收面之廣指兩面斜收之廣共爲高的五分之一，(2) 上收面指牆身“斜收”之後，牆頂所餘的净厚度；例如露牆“上收面之廣，比高五分之一”，卽“上收面之廣”爲二尺。

图 11 《营造法式注释（卷上）》第 43 页书影

殿階基

造殿階基之制(參閱“石作制度圖樣二”和石作圖 38)：長隨間廣，其廣隨間深。階頭隨柱心外階之廣[14]。以石段長三尺，廣二尺，厚六寸，四周並疊澁坐數，令高五尺；下施土襯石。其疊澁每層露棱[15]五寸；束腰露身一尺，用隔身版柱；柱內平面作起突壼門[16]造。

⑭ “階頭”指階基的外緣線；“柱心外階之廣”即柱中線以外部分的階基的寬度。這樣的規定並不能解決我們今天如何去理解當時怎樣決定階基大小的問題。我們在大木作側樣中所畫的階基斷面線是根據一些遼、宋、金實例的比例假設畫出來的，參閱大木作制度圖樣各圖。

⑮ 疊澁各層伸出或退入而露出向上或向下的一面叫做“露棱”。

⑯ “壼門”的壼字音捆(kǔn)，注意不是茶壺的壺。參閱“石作制度圖樣二”疊澁坐殿階基圖。

图 12 《营造法式注释(卷上)》第 64 页书影

大木作圖 12a　列栱　河南登封少林寺初祖庵大殿(宋)

1—平盤枓；　2—由昂；　3—角昂；　4—小栱頭與瓜子栱出跳相列；　5—令栱與瓜子栱出跳相列，身內鴛鴦交手；　6—慢栱與切几頭出跳相列；　7—泥道栱與華栱出跳相列；　8—瓜子栱；　9—角華栱；　10—訛角櫨枓；　11—圓櫨枓；　12—耍頭。

图 13 《营造法式注释(卷上)》第 98 页书影

⑤ 閞音卞。

⑥ 槉音疾。

⑦ 欂音博。

⑧ 枅音堅。

⑨ 五種栱的組合關係可參閱大木作圖 15。

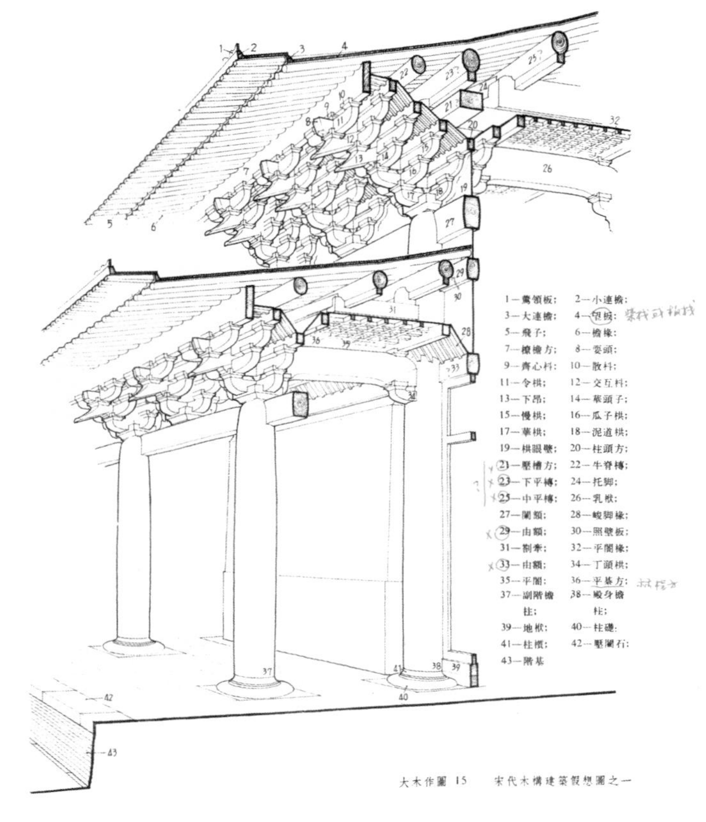

大木作圖 15　宋代木構建築假想圖之一

100

图 14 《营造法式注释（卷上）》第 100 页书影

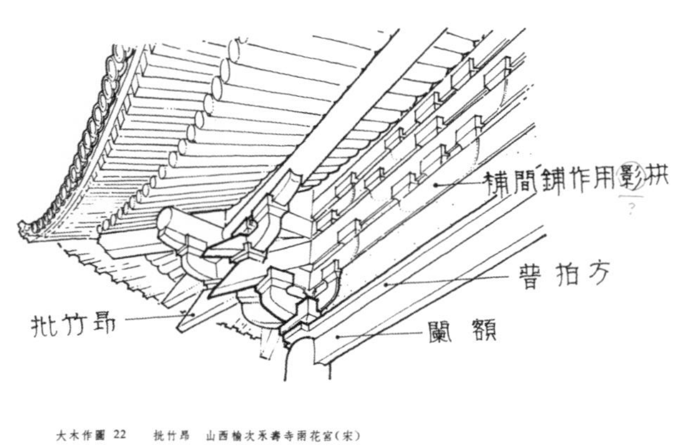

大木作圖 22　批竹昂　山西榆次永壽寺雨花宮（宋）

图 15 《营造法式注释（卷上）》第 105 页书影

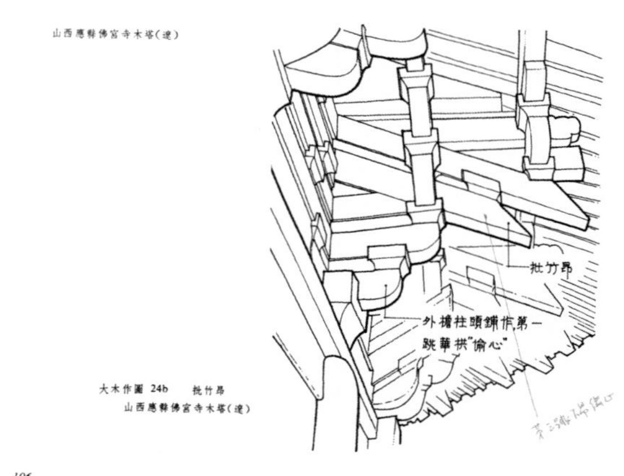

大木作圖 24b　批竹昂
山西應縣佛宮寺木塔（遼）

106

图 16 《营造法式注释（卷上）》第 106 页书影

二曰交互枓。亦謂之長開枓。施之於華栱出跳之上。十字開口，四耳；如施之於替木下者，順身開口，兩耳。其長十八分°，廣十六分°。若屋内梁栿下用者，其長二十四分°，廣十八分°，厚十二分°半，謂之交栿枓；於梁栿頭横用之。如梁栿項歸一材之厚者，只用交互枓。如柱大小不等，其枓量柱材⑥⑥隨宜加減。

⑥⑥ 按交互枓不與柱發生直接關係，（只有櫨枓與柱發生直接關係），因此這裏發生了爲何“其枓量柱材”的問題。“柱”是否“梁”或栿之誤？如果説：“如梁大小不等，其枓量梁材”，似較合理。假使説是由柱身出丁頭栱，栱頭上用交互枓承梁，似乎柱之大小也不應該直接影響到枓之大小，謹此指出存疑。

三曰齊心枓。亦謂之華心枓。施之於栱心之上，順

图 17 《营造法式注释（卷上）》第 119 页书影

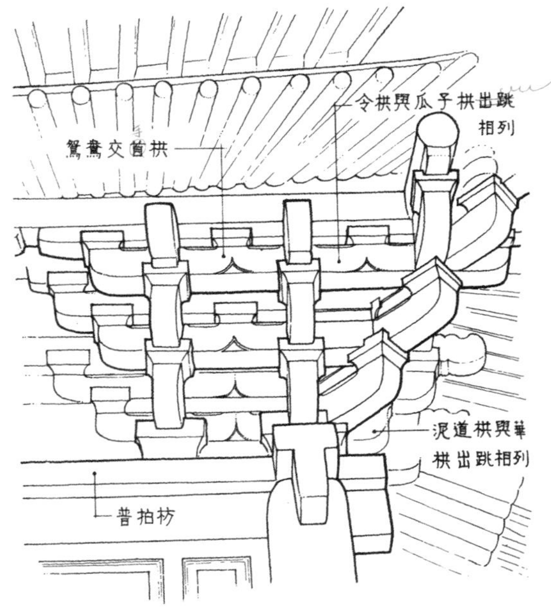

交隱 河北易縣開元寺毘盧殿（遼）

图 18 《营造法式注释（卷上）》第 129 页书影

凡下側角墨，於柱十字墨心裏再下直墨⑷⑸，然後截柱脚柱首，各令平正。

若樓閣柱側脚，祇以柱以上爲則⑷⑹，側脚上更加側脚，逐層倣此。塔同。

⑷① “用柱之制”中只規定各種不同的殿閣廳堂所用柱徑，而未規定柱高。只有小註中“若副階廊舍，下檐柱雖長不越間之廣”一句，也難從中確定柱高。

⑷② “舉勢”是指由於屋蓋“舉折”所決定的不同高低。關於“舉折”，見下文“舉折之制”及大木作圖様二十六。

⑷③ 唐宋實例角柱都生起，明代官式建築中就不用了。

⑷④ 將柱兩頭卷殺，使柱兩頭較細，中段略粗，略似梭形。明清官式一律不用梭柱，但南方民間建築中一直沿用，實例很多。

⑷⑤ 這裏存在一個問題。所謂“與中一分同”的“中一分”，可釋爲“隨柱之長分爲三分”中的“中一分”，這樣事實上“下一分”便與“中一分”徑圍相同，成了“下兩分”徑圍完全一樣粗細，只是將“上一分”卷殺，不成其爲“梭柱”。

图 19 《营造法式注释（卷上）》第 158 页书影

⑤② 隱角梁相當於清式小角梁的後半段。在宋《法式》中，由於子角梁的長度只到角柱中心，因此隱角梁從這位置上就開始，而且再上去就叫做續角梁。這和清式做法有不少區别。清式小角梁（子角梁）梁尾和老角梁（大角梁）梁尾同様長，它已經包括了隱角梁在内。《法式》説“餘隨逐架接續”，亦稱“續角梁”的，在清式中稱“由戧”。（大木作圖 99、100）。

⑤③ 鑿去隱角梁兩側上部，使其斷面成“凸”字形，以承椽。

⑤④ 角梁之長，除這裏所規定外，還要參照“造檐之制”所規定的“生出向外”的制度來定。

⑤⑤ 這“柱心”是指角柱的中心。

⑤⑥ 按構造説，子角梁只能安於大角梁之上。這裏説“安於大角梁内”。這“内”字難解。

⑤⑦ “安於大角梁中”的“中”字也同様難解。

⑤⑧ 四阿殿卽清式所稱“廡殿”，“廡殿”的“廡”字大概是本條小註中“吴殿”的同音别寫。

⑤⑨ 這與清式“推山”的做法相類似。

⑥⓪ 相當於清式的“歇山頂”。

图 20 《营造法式注释（卷上）》第 159 页书影

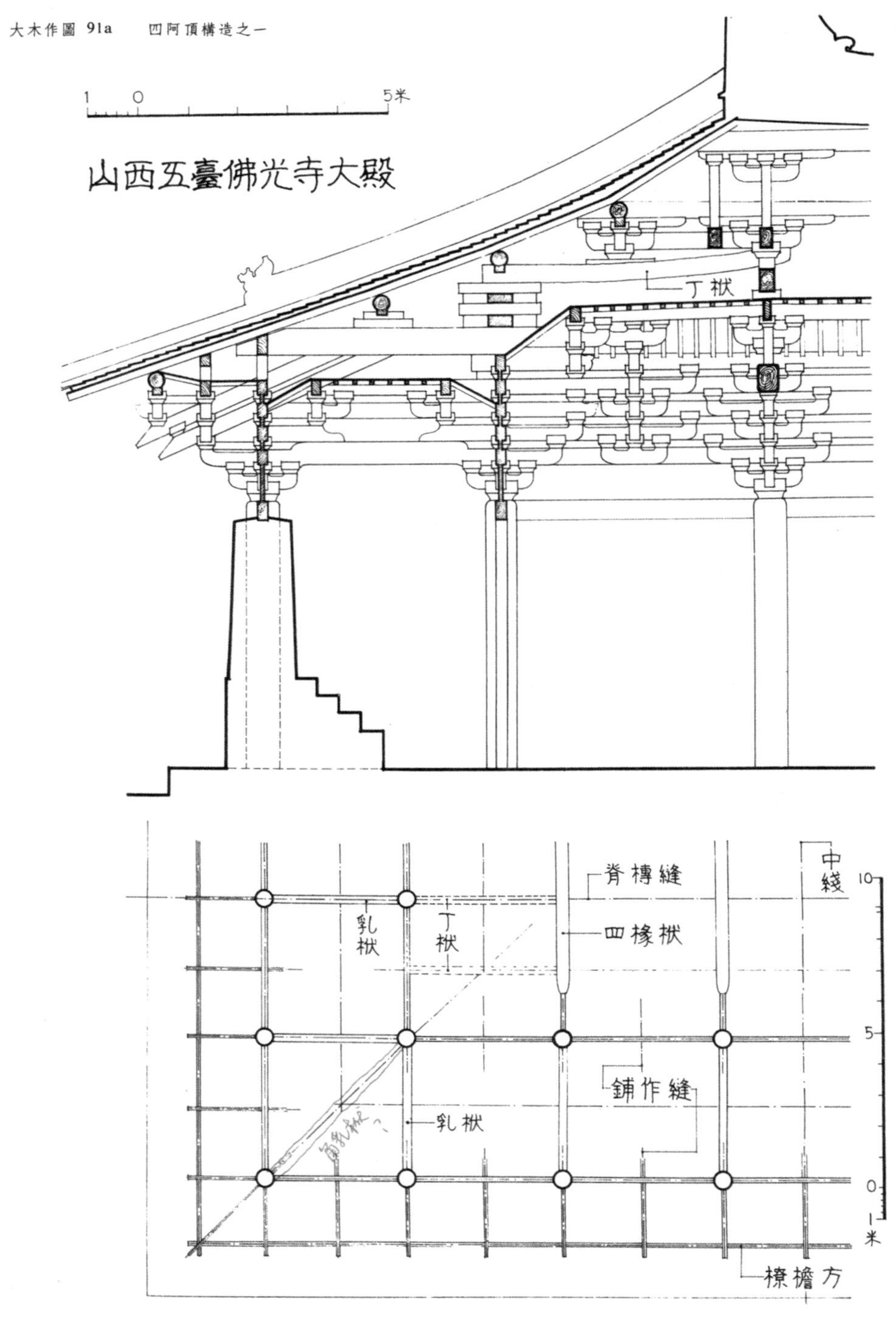

图 21 《营造法式注释(卷上)》第 160 页书影

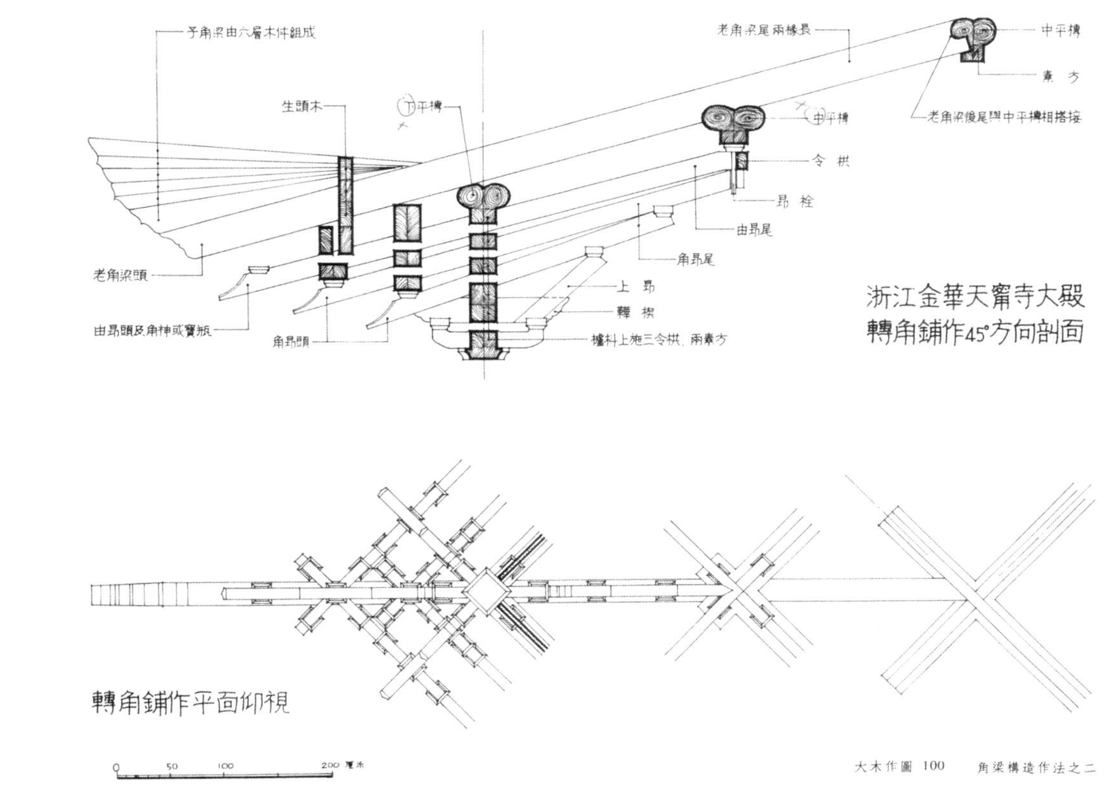

图 22 《营造法式注释（卷上）》第 169 页书影

搏風版 其名有二：一曰榮，二曰搏風。

造搏風版之制（參閲大木作制度圖樣二十四，大木作圖 110、111）：於屋兩際出槫頭之外安搏風版，廣兩材至三材；厚三分°至四分°；長隨架道。中、上架兩面各斜出搭掌，長二尺五寸至三尺。下架隨椽與瓦頭齊。轉角者至曲脊㉞內。

㉞ "轉角"此處是指九脊殿的角脊，"曲脊"見大木作圖 110。

柎 其名有三：一曰柎，二曰複棟，三曰替木。

造替木之制㉟（參閲大木作制度圖樣二十四）：其厚十分°，高一十二分°。

图 23 《营造法式注释（卷上）》第 178 页书影

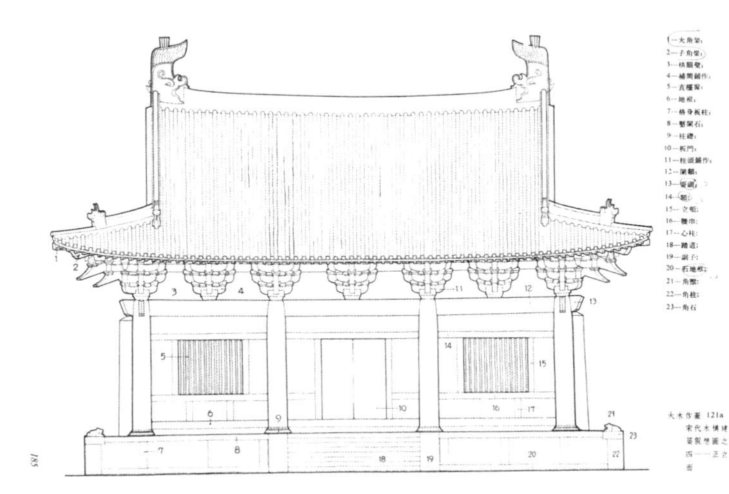

图 24 《营造法式注释（卷上）》第 185 页书影

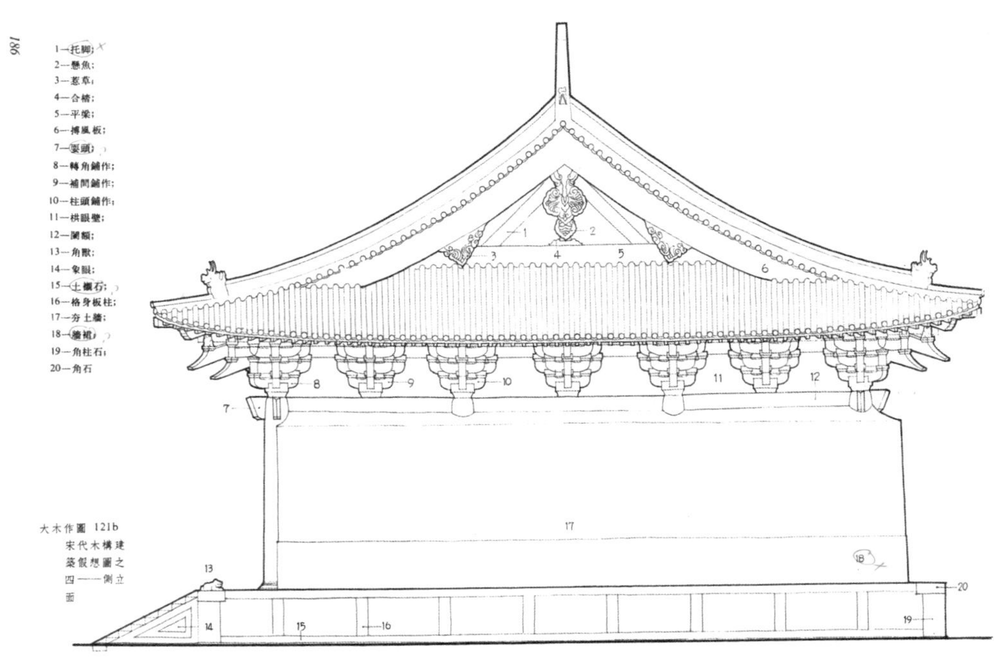

图 25 《营造法式注释（卷上）》第 186 页书影

托脚，每長四丈五尺； 材每增減一等，各加減四尺；叉手同；

平闇版，每廣一尺，長十丈； 遮椽版、白版同；如要用金漆及法油者，長即減三分；

生頭，每廣一尺，長五丈； 搏風版、敦㮇、矮柱同；

樓閣上平坐內地面版，每廣一尺，厚二寸，牙縫造； 長同上；若直縫造者，長增一倍；

右(上)各一功。

凡安勘、絞割屋內所用名件柱、額等，加造作名件功四分；如有草架，壓槽方、襻間、闇梨、樘柱固濟等方木在內；卓立搭架、釘椽、結裹，又加二分。倉廒、庫屋功限及常行散屋功限準此。其卓立、搭架等，若樓閣五間，三層以上者，自第二層平坐以上，又加二分功。

① 這裏未先規定以哪一等材"爲祖計之"，則"每增減一等"，又從哪一等起增或減呢？

206

图 26 《营造法式注释（卷上）》第 206 页书影

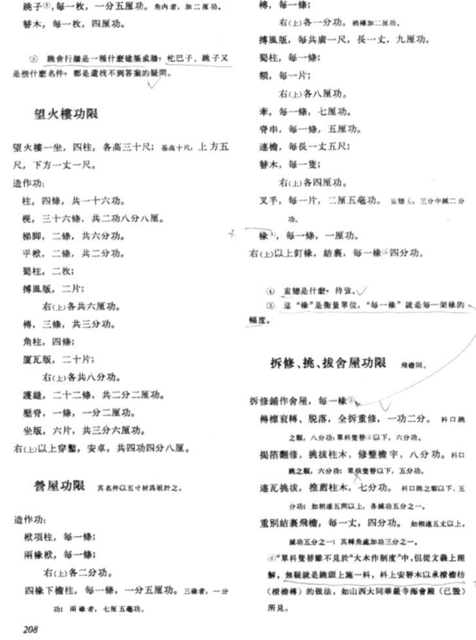

右(上)各一功。

跳子③，每一枚，一分五厘功。角內者，加二厘功。

替木，每一枚，四厘功。

③ 跳舍行牆是一種什麼建築或牆？枕巴子、跳子又是些什麼名件？都是還找不到答案的疑問。

望火樓功限

望火樓一坐，四柱，各高三十尺；基高十尺；上方五尺，下方一丈一尺。

造作功：

柱，四條，共一十六功。

榥，三十六條，共二功八分八厘。

梯脚，二條，共六分功。

平栿，二條，共二分功。

蜀柱，二枚；

搏風版，二片；

右(上)各共六厘功。

榑，三條，共三分功。

角柱，四條；

厦瓦版，二十片；

右(上)各共八分功。

護縫，二十二條，共二分二厘功。

壓脊，一條，一分二厘功。

坐版，六片，共三分六厘功。

右(上)以上穿鑿，安卓，共四功四分八厘。

營屋功限 其名件以五寸材爲祖計之。

造作功：

栿項柱，每一條；

兩椽栿，每一條；

右(上)各二分功。

四椽下檐柱，每一條，一分五厘功。三椽者，一分功；兩椽者，七厘五毫功。

208

枓，每一隻；

榑，每一條；

右(上)各一分功。梢榑加二厘功。

搏風版，每共廣一尺，長一丈，九厘功。

蜀柱，每一條；

額，每一片；

右(上)各八厘功。

牽，每一條，七厘功。

脊串，每一條，五厘功。

連檐，每長一丈五尺；

替木，每一隻；

右(上)各四厘功。

叉手，每一片，二厘五毫功。 宜𤾉④，三分中減二分功。

椽⑤，每一條，一厘功。

右(上)以上釘椽，結裹，每一椽⑤四分功。

④ 宜𤾉是什麼，待考。

⑤ 這"椽"是衡量單位，"每一椽"就是每一架椽的幅度。

拆修、挑、拔舍屋功限 飛檐同。

拆修鋪作舍屋，每一椽⑤。

榑檩衮轉、脫落，全拆重修，一功二分。枓口跳之類，八分功；單枓隻替⑥以下，六分功。

揭箔翻修，挑拔柱木，修整檐宇，八分功。枓口跳之類，六分功；單枓隻替以下，五分功。

連瓦挑拔，推薦柱木，七分功。枓口跳之類以下，五分功；如相連五間以上，各減功五分之一。

重別結裹飛檐，每一丈，四分功。如相連五丈以上，減功五分之一；其轉角處加功三分之一。

⑥"單枓隻替雖不見於"大木作制度"中，但從文義上理解，無疑就是跳頭上施一枓，枓上安替木以承橑檐枋（橑檐榑）的做法，如山西大同華嚴寺海會殿（已毀）所見。

图 27 《营造法式注释（卷上）》第 208 页书影

视高，徑三寸五分。三尺以下，徑三寸。

龍尾：

鐵索，二條；兩頭各帶獨脚屈膝；共高不及三尺者，不用；

一條長視高一倍，外加三尺；

一條長四尺。每增一尺，加五寸。

火珠，每一坐：以徑二尺爲準。

柏樁，一條，長八尺；每增減一等，各加減六寸，其徑以三寸五分爲定法；

石灰，一十五斤；每增減一等，各加減二斤；

墨煤，三兩；每增減一等，各加減五錢。

獸頭，每一隻：

鐵鉤，一條；高二尺五寸以上，鉤長五尺；高一尺八寸至二尺，鉤長三尺；高一尺四寸至一尺六寸，鉤長二尺五寸；高一尺二寸以下，鉤長二尺；

繫顋鐵索，一條，長七尺。兩頭各帶直脚屈膝；高一尺八寸以下，並不用。

滴當子，每一枚：以高五寸爲率。

石灰，五兩，每增減一等，各加減一兩。

嬪伽，每一隻：以高一尺四寸爲率。

石灰，三斤八兩，每增減一等，各加減八兩；至一尺以下，減四兩。

蹲獸，每一隻：以高六寸爲率。

石灰，二斤，每增減一等，各加減八兩。

石灰，每三十斤，用麻擣一斤。

出光琉璃瓦，每方一丈，用常使麻，八兩。

1 即：如用長一尺六寸甋瓦，即每一尺爲一行(一壟)。

图 28 《营造法式注释(卷上)》第 216 页书影

大料，長一尺四寸甋瓦，七兩二錢三分六厘。長一尺六寸甋瓦減五分。

中料，長一尺二寸甋瓦，六兩六錢一分六毫六絲六忽。長一尺四寸甋瓦，減五分。

小料，長一尺甋瓦，六兩一錢二分四厘三毫三絲二忽。長一尺二寸甋瓦，減五分。

藥料所用黄丹闕，用黑錫炒造。其錫，以黄丹十分加一分，即所加之數，斤以下不計，每黑錫一斤，用蜜駝僧二分九厘，硫黄八分八厘，盆硝二錢五分八厘，柴二斤一十一兩，炒成收黄丹十分之數。

② 這裏所列坯數，是適用於下文的柴藥數的大、中、小料的坯數。

③ “五千口”各本均作“五十口”，按比例，似應爲五千口。

④ 一兩什麼？没有説明。

图 29 《营造法式注释(卷上)》第 220 页书影

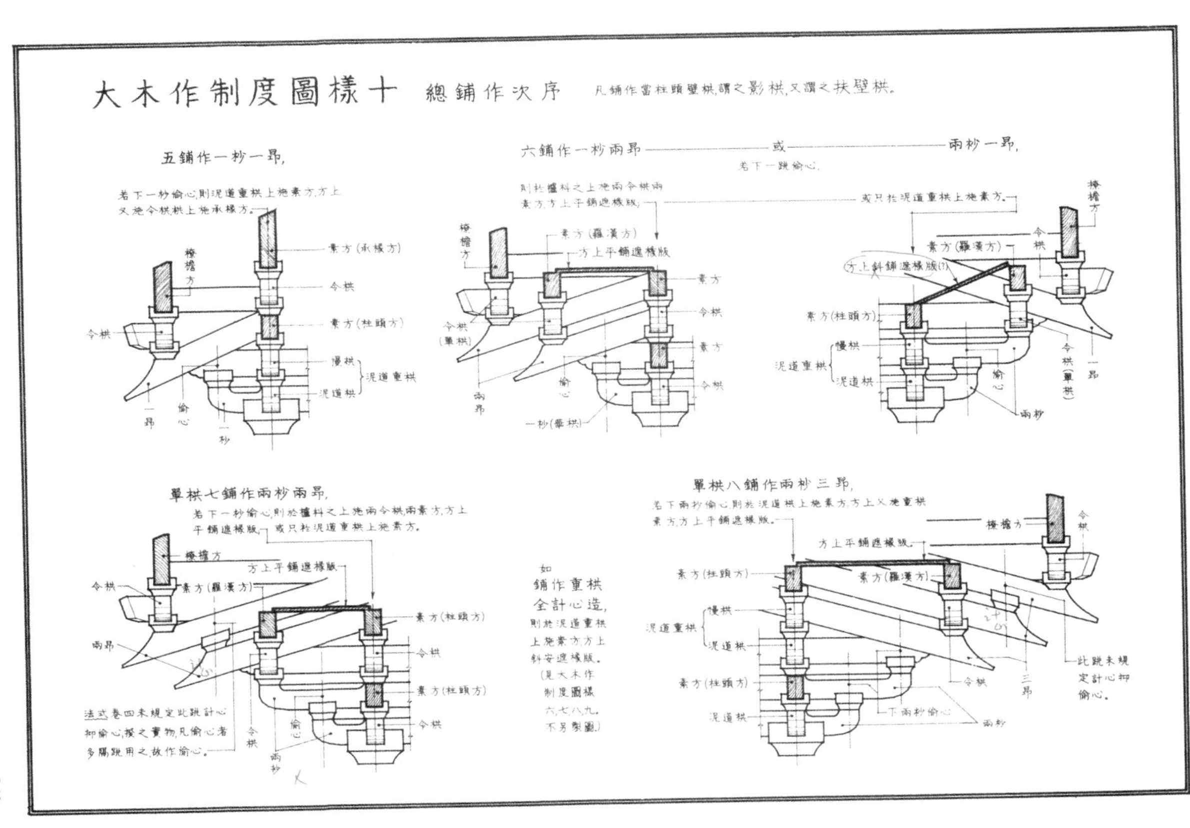

图 30 《营造法式注释(卷上)》第 249 页书影

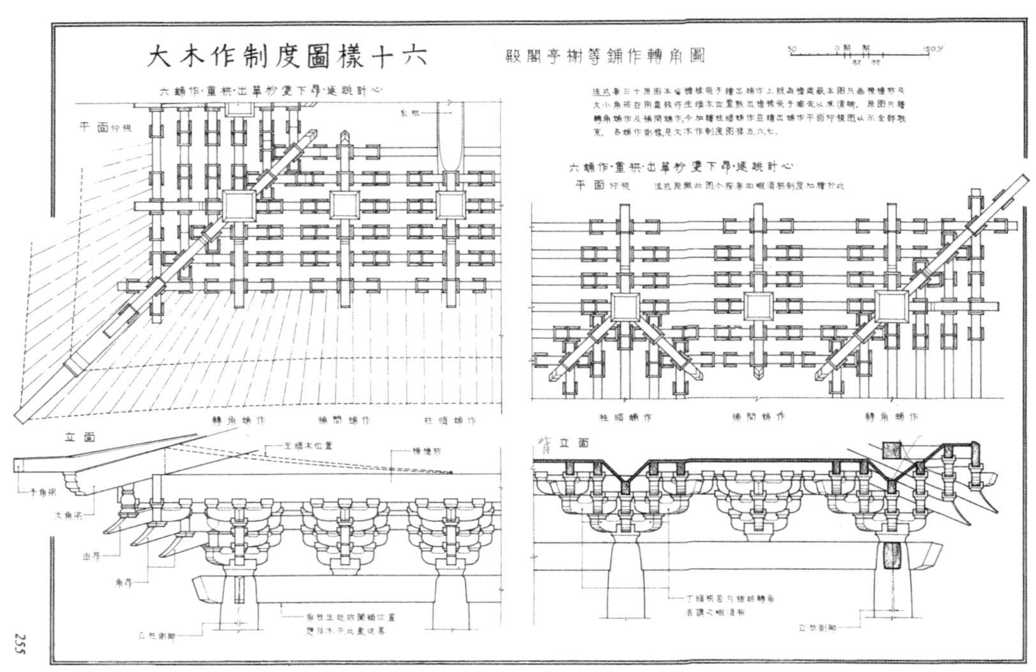

图 31 《营造法式注释（卷上）》第 255 页书影

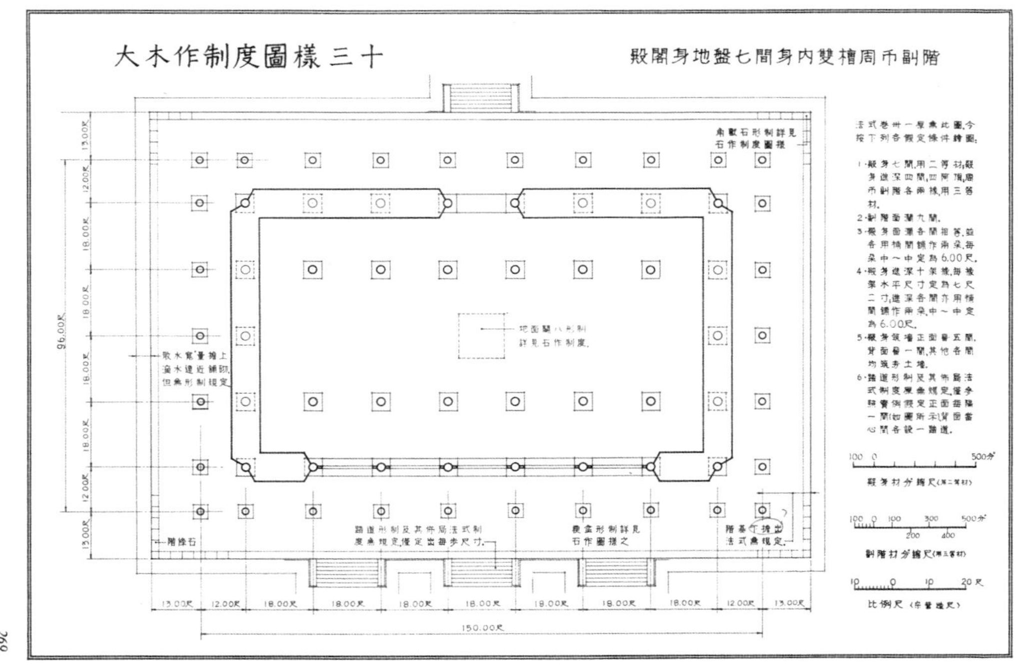

图 32 《营造法式注释（卷上）》第 269 页书影

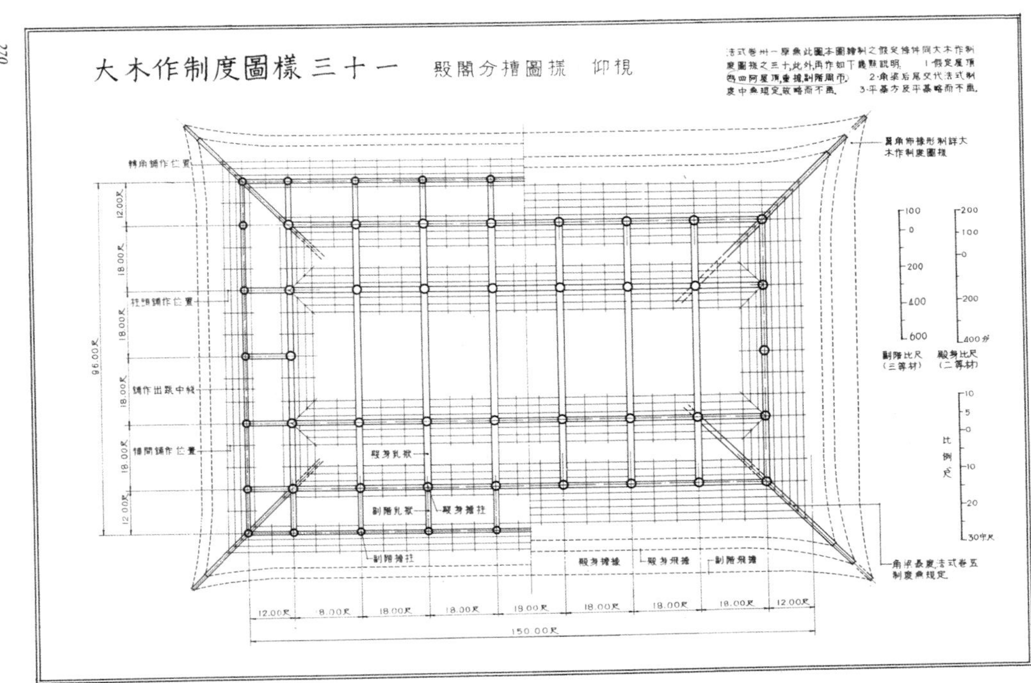

图 33 《营造法式注释（卷上）》第 270 页书影

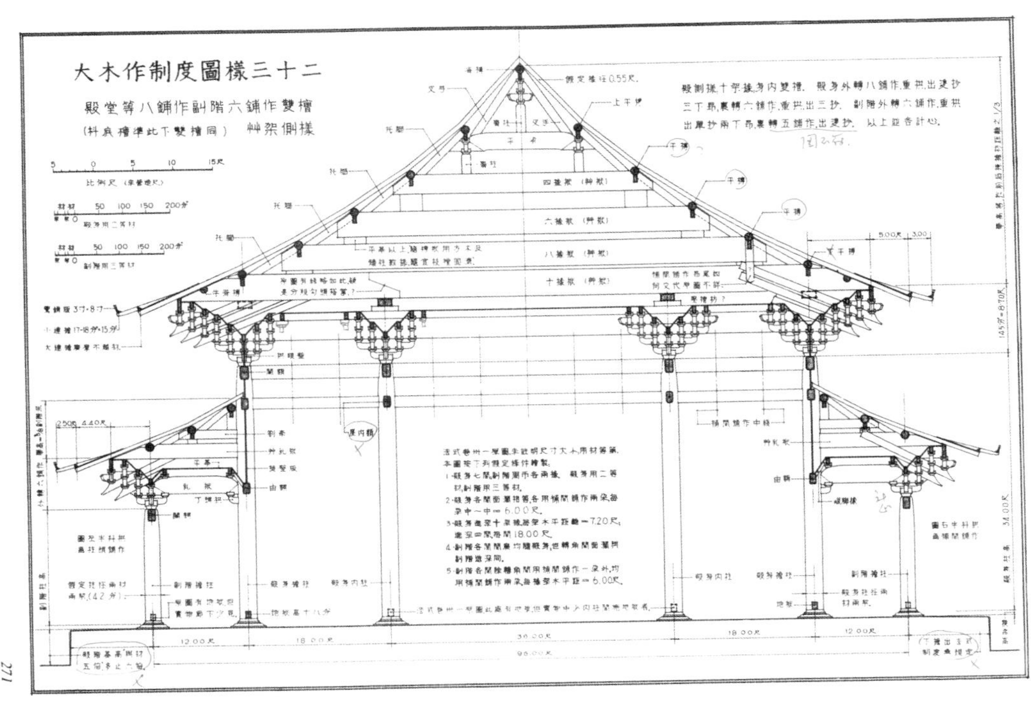

图 34 《营造法式注释（卷上）》第 271 页书影

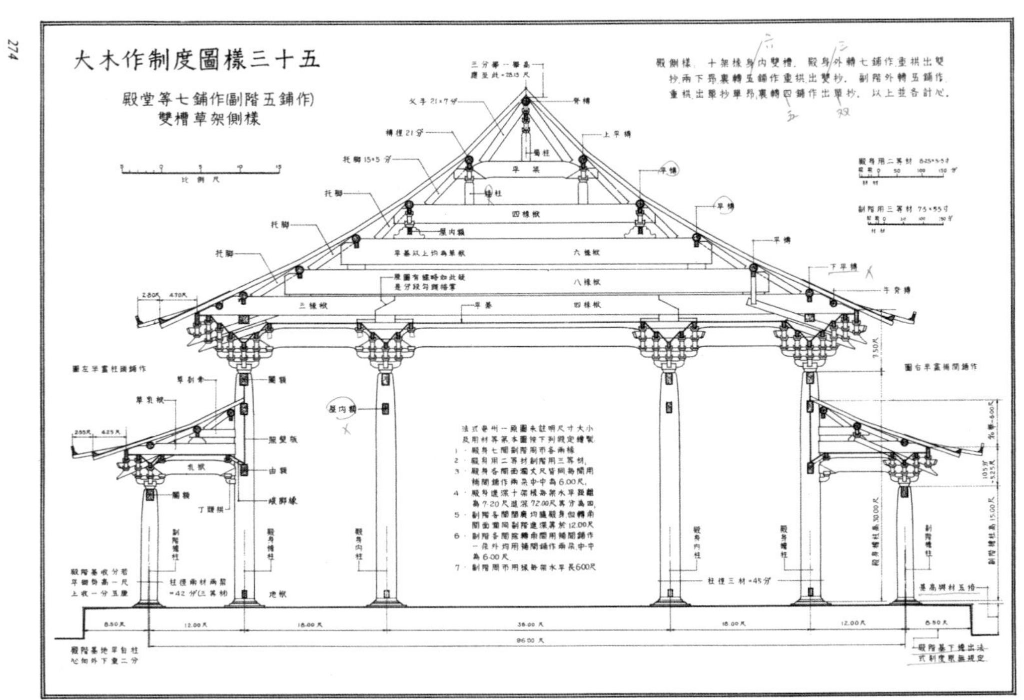

图 35 《营造法式注释(卷上)》第 274 页书影

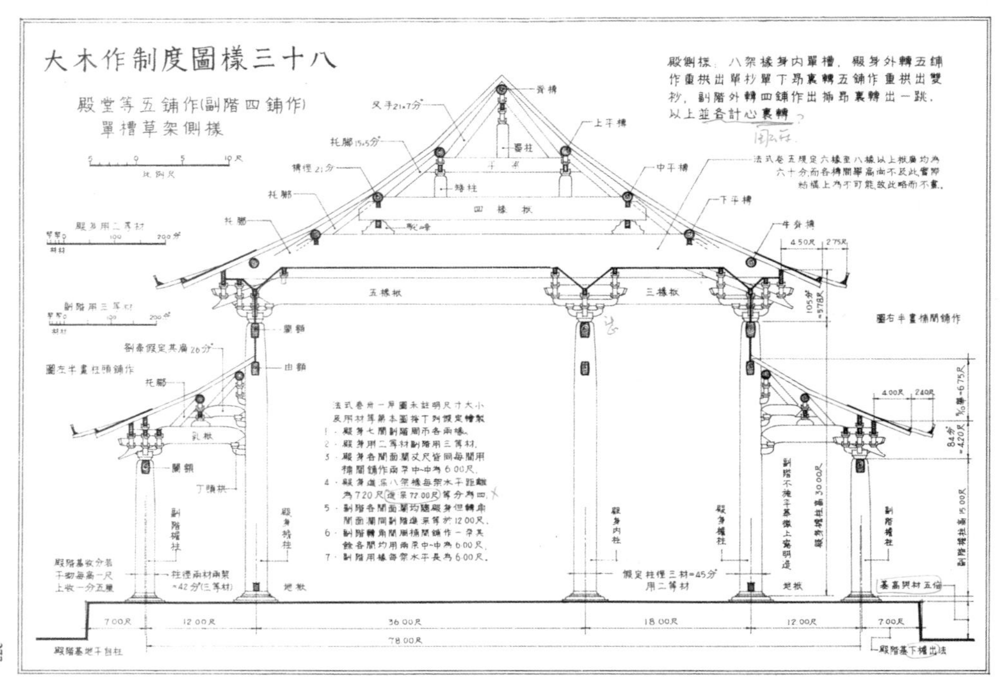

图 36 《营造法式注释(卷上)》第 277 页书影

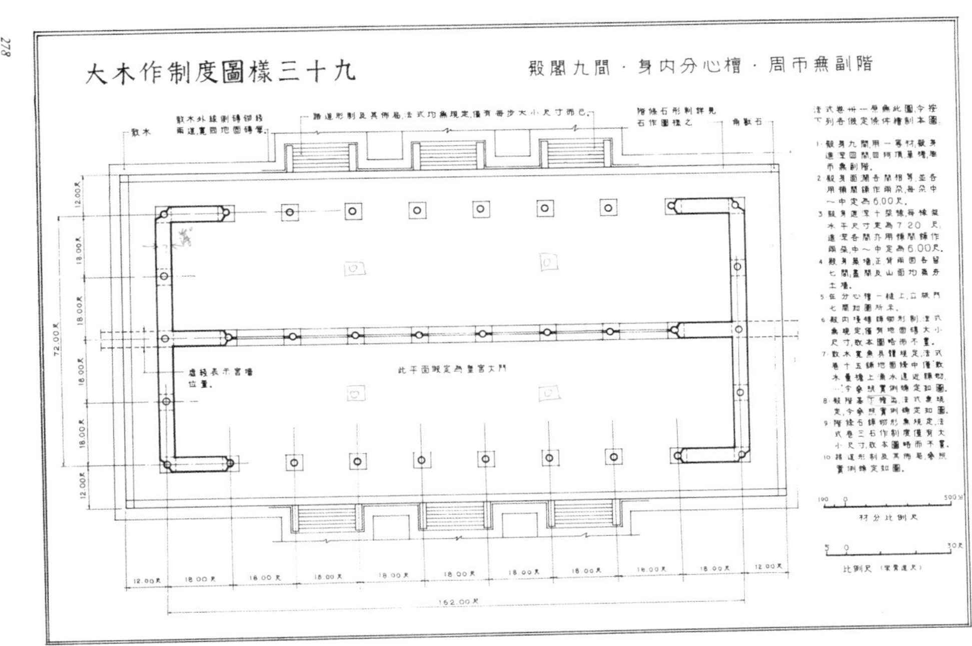

图 37 《营造法式注释(卷上)》第 278 页书影

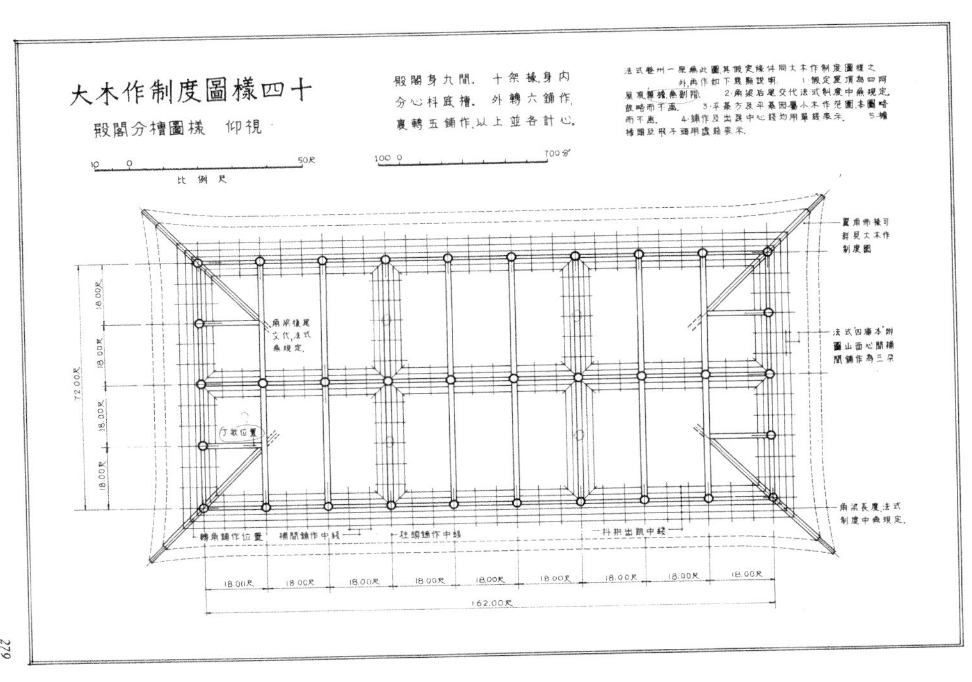

图 38 《营造法式注释(卷上)》第 279 页书影

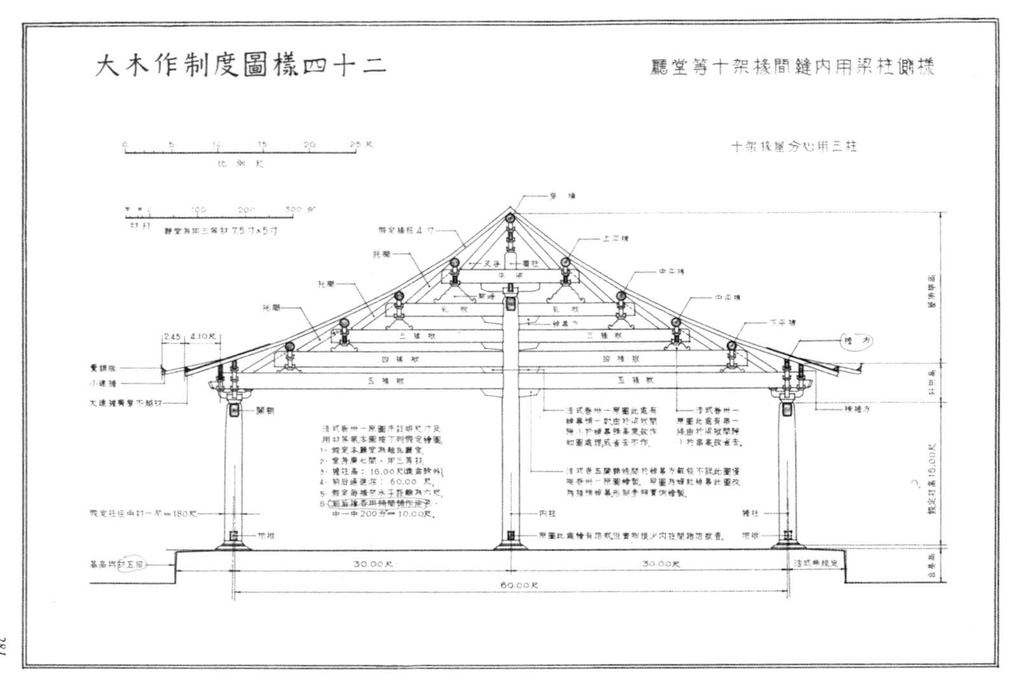

图 39 《营造法式注释（卷上）》第 281 页书影

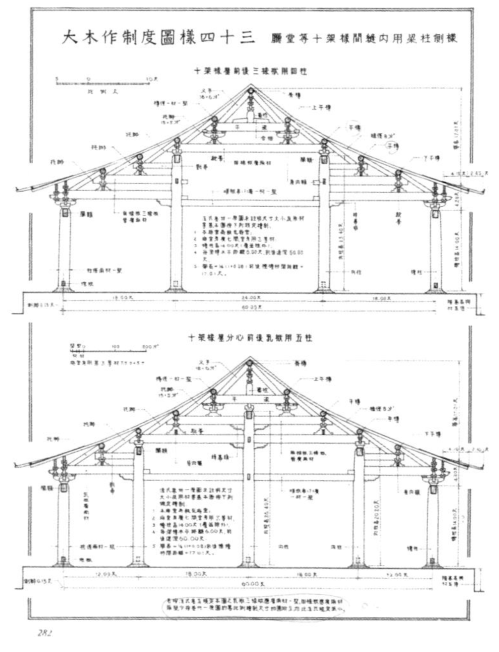

图 40 《营造法式注释（卷上）》第 282 页书影

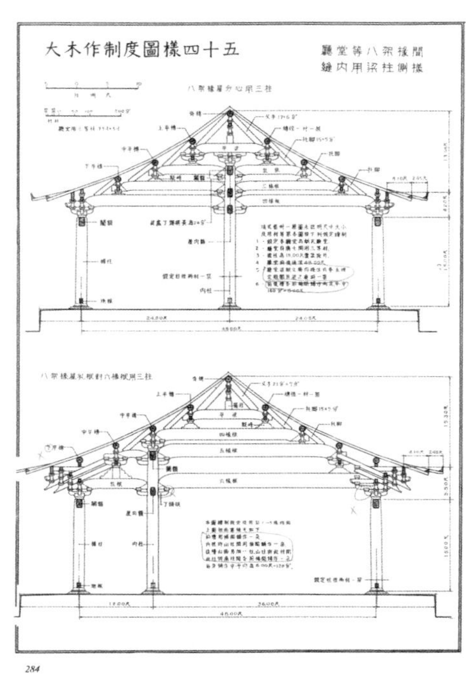

图 41 《营造法式注释（卷上）》第 284 页书影

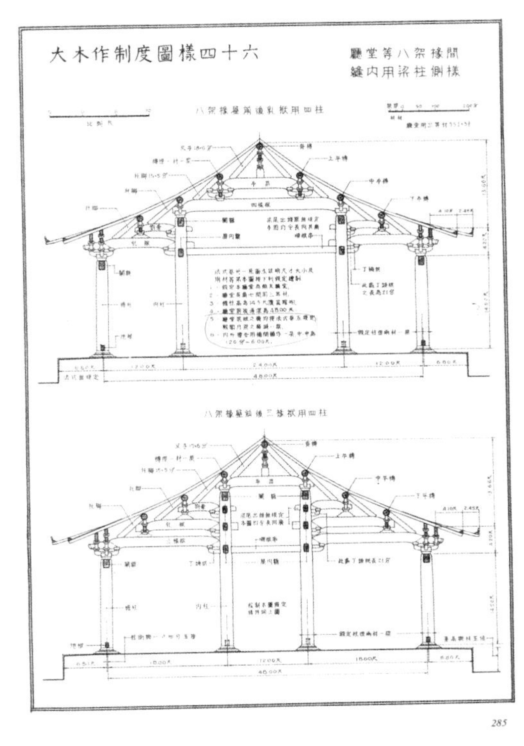

图 42 《营造法式注释（卷上）》第 285 页书影

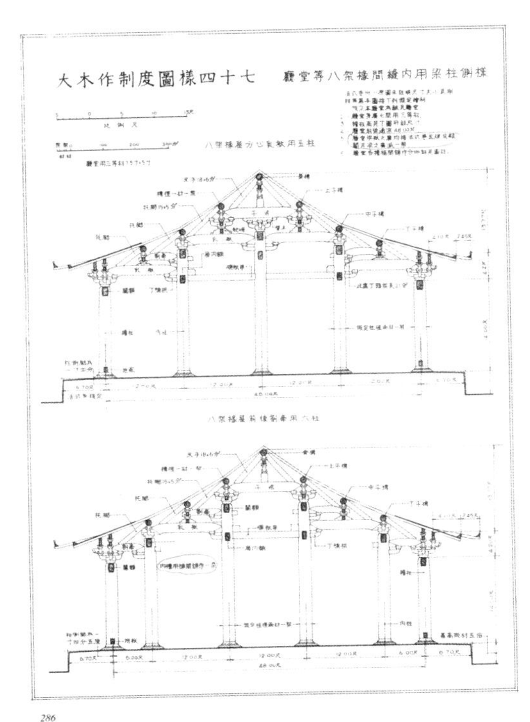

图 43 《营造法式注释（卷上）》第 286 页书影

大木作制度權衡尺寸表

（一）材梨等第及尺寸表

表 1

等 第	使 用 範 圍	材的尺寸（寸）		分°的大小〈寸〉	栔的尺寸（寸）		附 註
		高	寬		高	寬	
一等材	殿身九至十一間用之；副階、挾屋減殿身一等；廊屋減挾屋一等。	〈15分°〉 9	〈10分°〉 6	材寬1/10 0.6	〈6分°〉 3.6	〈4分°〉 2.4	1. 材高15分°，寬10分°； 2. 分°高爲材寬1/10； 3. 材、栔的高度比爲3:2； 4. 栔，高6分°，寬4分°； 5. 一般提到×材×栔，均指高度而言； 6. 表中的寸，均爲宋營造寸。
二等材	殿身五間至七間用之。	8.25	5.5	0.55	3.3	2.2	
三等材	殿身三間至五間用之；廳堂七間用之。	7.5	5	0.5	3.0	2.0	
四等材	殿身三間，廳堂五間用之。	7.2	4.8	0.48	2.88	1.92	
五等材	殿身小三間，廳堂大三間用之。	6.6	4.4	0.44	2.64	1.76	
六等材	亭榭或小廳堂用之。	6	4	0.4	2.4	1.6	
七等材	小殿及亭榭等用之。	5.25	3.5	0.35	2.1	1.4	
八等材	殿内藻井，或小亭榭施鋪作多者用之。	4.5	3	0.3	1.8	1.2	

（二）各類栱的材分°及尺寸表

表 2

名稱 \ 等第		材 分°	尺寸〈宋營造尺〉								附 註
			一等材	二等材	三等材	四等材	五等材	六等材	七等材	八等材	
華栱	長	72分°	4.32	3.96	3.60	3.46	3.17	2.88	2.52	2.16	足材栱
	廣（高）	21分°	1.26 〈0.9+0.36〉	1.16 〈0.83+0.33〉	1.05 〈0.75+0.3〉	1.01 〈0.72+0.29〉	0.92 〈0.66+0.26〉	0.84 〈0.60+0.24〉	0.74 〈0.53+0.21〉	0.63 〈0.45+0.18〉	
	厚（寬）	10分°	0.60	0.50	0.50	0.48	0.44	0.40	0.35	0.30	
騎槽檐栱											其長隨所出之跳加之，廣厚同華栱
丁頭栱	長	33分° 卯長：6～7分°	1.98 〈卯長除外〉	1.82	1.65	1.58	1.45	1.32	1.16	0.99	廣厚同華栱入柱用雙卯
泥道栱	長	62分°	3.72	3.41	3.10	2.98	2.73	2.48	2.17	1.86	單材栱
	廣（高）	15分°	0.90	0.83	0.75	0.72	0.66	0.60	0.53	0.45	
	厚（寬）	10分°	0.60	0.55	0.50	0.48	0.44	0.40	0.35	0.30	
瓜子栱	長	62分°	3.72	3.41	3.10	2.98	2.73	2.48	2.17	1.86	單材栱
	廣（高）	15分°	0.90	0.83	0.75	0.72	0.66	0.60	0.53	0.45	
	厚（寬）	10分°	0.60	0.55	0.50	0.48	0.44	0.40	0.35	0.30	
令栱	長	72分°	4.32	3.96	3.60	3.46	3.17	2.88	2.52	2.16	單材栱
	廣（高）	15分°	0.90	0.83	0.75	0.72	0.66	0.60	0.53	0.45	
	厚（寬）	10分°	0.60	0.55	0.50	0.48	0.44	0.40	0.35	0.30	
足材令栱	廣（高）	21分° 〈15+6〉	1.26	1.16	1.05	1.01	0.92	0.84	0.74	0.63	長同令栱里跳騎栿用
	厚（寬）	10分°	0.60	0.55	0.50	0.48	0.44	0.40	0.35	0.30	
慢栱	長	92分°	5.52	5.06	4.60	4.42	4.05	3.68	3.22	2.76	單材栱
	廣（高）	15分°	0.90	0.83	0.75	0.72	0.66	0.60	0.53	0.45	
	厚（寬）	10分°	0.60	0.55	0.50	0.48	0.44	0.40	0.35	0.30	
足材慢栱	廣（高）	21分° 〈15+6〉	1.26	1.16	1.05	1.01	0.92	0.84	0.74	0.63	長同慢栱騎栿或轉角鋪作中用
	厚（寬）	10分°	0.60	0.55	0.50	0.48	0.44	0.40	0.35	0.30	

326

图 44 《营造法式注释（卷上）》第 326 页书影

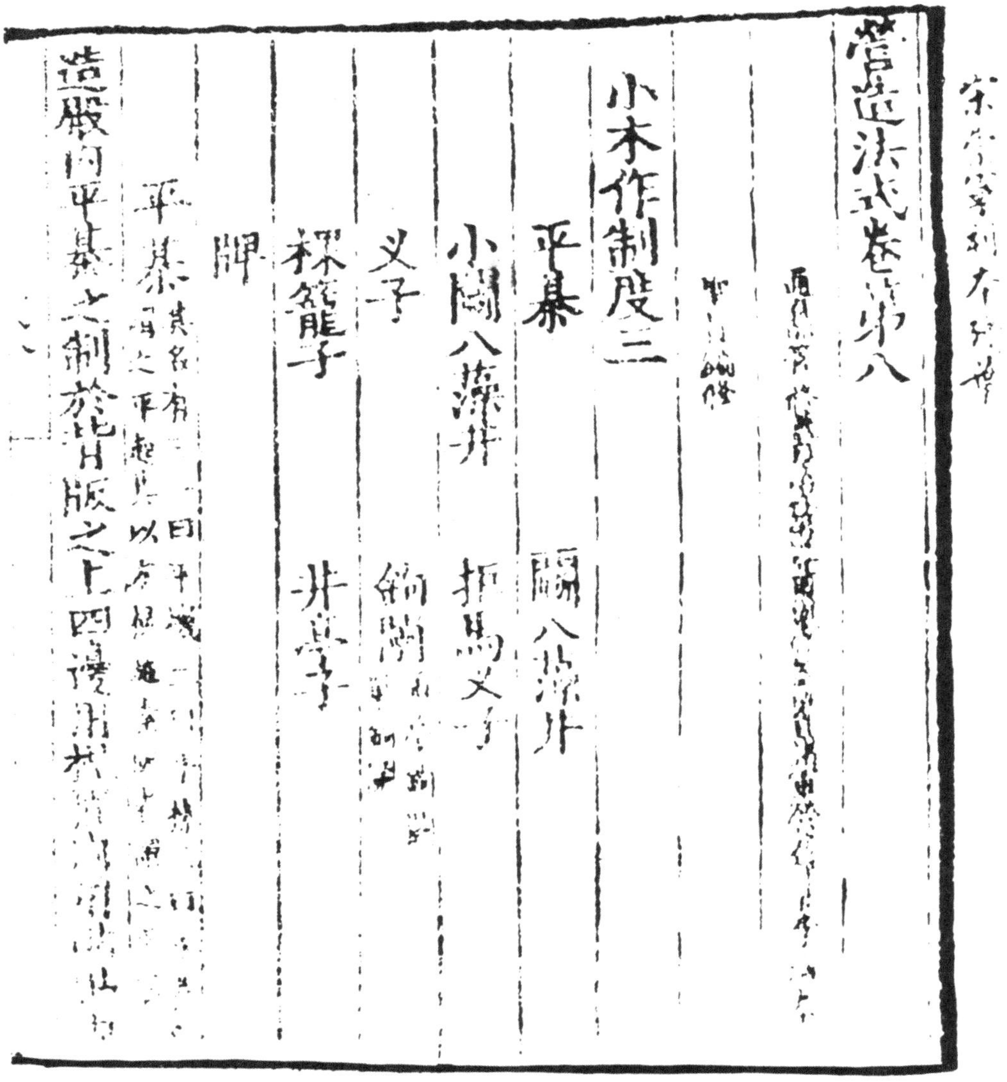

营造法式卷第八

臣李誡奉聖旨編修

小木作制度三

平棊　鬭八藻井

小鬭八藻井　拒馬叉子

叉子　鉤闌

棵籠子　井亭子

牌

平棊 其名有三 一曰平機

造殿内平棊之制於背版之上四邊用桯

崇寧本（宋）

图 45 《营造法式注释（卷上）》第 335 页书影

《营造法式》研究札记[①]

一、壕寨

《营造法式》的制度、功限、料例三部分，均各按13个工种分别记述。其中如石作、大木作、瓦作、砖作等等，都是名实相符，可以顾名思义的。惟独开篇第一个工种“壕寨”，究竟是何性质，颇觉费解，我们开始研究《营造法式》时，未曾深究，含混至今，亟应补过。《营造法式》的“制度”中有“壕寨”七篇，“功限”亦七篇，“料例”中无“壕寨”篇目，则首先表明了壕寨是不需使用材料的工种。[②]

《营造法式·壕寨制度》中的后四篇：《筑基》《城》《墙》《筑临水基》，它们和《营造法式·壕寨功限》中的三篇：《筑基》《筑城》《筑墙》是相对应的，其内容很明确是挖填夯筑土方的工程，无须再作分析讨论。惟壕寨制度中的《取正》《定平》《立基》三篇，功限中的《总杂功》《穿井》《般运功》《供诸作功》四篇，其内容不够明确，现依次试析如下：

---

① 本文的一部分篇章作为《读〈营造法式注释（卷上）〉札记》的附录，首刊于《建筑史论文集》第12辑（清华大学出版社，2000年4月），其余篇章以《〈营造法式〉研究札记（续一）》《〈营造法式〉研究札记（续二）》的名义连载于《建筑史》第22、23辑（清华大学出版社，2006年8月、2008年7月）。此次整理者再作审阅校订，按原文稿的篇目次序完整收录于本卷。

又，此札记共93则，原稿各则篇名前不加序数，初刊时为方便读者阅读而加序数，此次收录亦加序数。

② 《营造法式》涉及“壕寨”的篇目有第三卷《壕寨制度》：取正、定平、立基、筑基、城、墙、筑临水基；第十六卷《壕寨功限》：总杂功、筑基、筑城、筑墙、穿井、般运功、供诸作功；第二十九卷《壕寨制度图样》：景表版等第一、水平真尺第二。

（一）取正　定平　立基

依原文所述，系测量建筑地盘的方向及水平高程，立基只说明“基”的高度为“五材”，中庭修广时可加高至六材。这个“基”指的是什么呢？全书中找不到解释。我按照营造工程的惯例，考虑到这三项是全书中最先出现的项目，推测它们正是营建工程破土动工之前，测量并确定拟建房屋在基地上的位置和水平标高，测量结果用在地面钉桩或砌砖墩在墩上弹墨线的办法固定下来，即“立基”（另详见专条）。这些工作主要是由负责全工程的匠师（宋代称“都料匠”）掌握的，所以在壕寨功限中没有计功限，但是测量、立表、钉桩、垒基，都需要有小工协助，这些小工必须是由“供诸作功”供应的（详见下文），这就是将取正、定平、立基列入壕寨的原因。

（二）总杂功

这一篇约用了三分之一篇幅记述土、石、瓦、砖、木等材料单位重量，这当然是计算运输功限必须用到的标准。然后记述了短途人力搬运的计功标准以及“掘土装车及箩篮”的记功标准。还有“磨褫石段”“磨褫二尺方砖”“脱造垒墙条墼”等的计功标准。据卷三石作《造作次序》篇：“造石作次序之制有六：一曰打剥……六曰磨砻[①]”，下注云：“用沙石水磨去其斫文”[②]，可知磨砻完全是体力劳动，列入壕寨功限中。而自打剥以下 5 种工序的功限，都列在石作功限的《总造作功》篇内。“磨褫方砖”据卷十五砖作制度《铺地面》篇中“铺砌殿堂等地面砖之制：用方砖，先以两砖面相合磨令平，次斫四边以曲尺较令方正”[③]，可见磨砻方砖也是一种体力劳动，而斫四边需有专门技术，故归入卷二十五砖作功限。“脱造垒墙条墼”也是体力劳动（详见专条）[④]。故《总杂功》篇中所记，全为体力劳动的工作。

---

① “磨砻”的“砻”，在《营造法式》中写作“礲”。

② 李诫：《营造法式（陈明达点注本）》第一册卷三《石作制度·造作次序》，第 57 页。

③ 李诫：《营造法式（陈明达点注本）》第二册卷十五《砖作制度·垒阶基》，第 98 页。

④ 本文中无《脱造垒墙条墼》篇，似作者原撰写计划中有此篇章，但未及撰写。

（三）穿井

原文“诸穿井开掘自下出土，每六十尺一功”[①]。而卷二十五砖作功限另有“甃垒井”，并且就在供诸作功内还须为“砌垒井”破供作功，可知“穿井”完全是开挖出土的壮工。

（四）般运功

这一篇专指长途运输、短途及零星的计功方法，详见前《总杂功》。长途运输有舟船、诸车及竹木系筏（扎排）三类。船筏又细分为顺流、溯流，车则有螭车、辘辘车、驴拽车及独轮小车，使我们可借以了解当时交通运输状况。若以用功性质论，当然都属体力劳动，是壮工、小工。

（五）供诸作功

这一篇是功限的最后一篇。篇中指明“瓦作结瓦[②]，泥作，砖作，铺垒安砌，砌垒井，窑作垒窑，大木作钉椽……小木作安卓”[③]等等，都需要“破供作功”，也就是要为这些工配备小工。这个“破”即是破费。例如《般运功》篇中的“驴拽车”条“每车装物重八百五十斤为一运”下注云：“其重物一件重一百五十斤以上者，别破装卸功”[④]，而前面诸舟车般载物句下，均已注明“装卸在内”。两相对照可知一般舟车运输本已将装卸计在功内，此处系指明如遇重物，一件超过150斤时，须另外增给小工，故曰“别破”。

综合上述各项分析，“壕寨”内容除筑基、筑城、筑墙、筑临水基是土方工程外，其余各项均属壮工或小工性质。而土方工程当然也是由壮工或小工完成的。于是或可以得出结论：《营造法式》中的“壕寨”这一工种，相当于现今的壮工或小工。

---

① 李诫：《营造法式（陈明达点注本）》第二册卷十六《壕寨功限·穿井》，第121页。

② 结瓦：陶本《营造法式》中的“结瓦”之“瓦”，在《营造法式》各版本中有“瓦”“宼”“瓪”和“宽”等四种不同的写法。在释义时，陈明达采信“宼”字。

③ 李诫：《营造法式（陈明达点注本）》第二册卷十六《壕寨功限·供诸作功》，第123～124页。

④ 李诫：《营造法式（陈明达点注本）》第二册卷十六《壕寨功限·般运功》，第122页。

二、墼　坯

墼、坯是古老的建筑材料。但两者是一物或二物，长期以来说不清也分不清。《说文解字》：

"坏（坯），丘再成者也。一曰瓦未烧。从土不声。"[①]

"墼，瓴适也。一曰未烧也。从土毄声。"[②]

其第一义与本题无关，不论。第二义者解作"未烧者"，可见汉代时已经不知二者的区别了。

现在习惯上对此二字有一个不严格的区别，一切土制的器物，包括砖瓦，在未入窑烧结成陶时，均算"坯"。惟砖之未烧者既可算坯，也可算墼，而其他未烧陶瓦只能算坯，决不能称"墼"。在《说文解字注》中已补充了这一区别，但是还不彻底，只是缩小了问题的范围，即：未烧的砖名坯，又名墼，是一物二名！

1966年参加"四清"，我在西安农村住了近一年，才明白坯和墼是两种不同的"土砖"，做法和性能相差很大。坯是以水和泥入模成形，半干后才能立起，干透入窑烧成砖。墼是在选定地点掘土，随掘随即入模，以石硊筑坚实，立即去模立起，干后即可充用。坯，不烧虽可用，但承受压力小，易碎；墼，耐压力强，垒墙耐久不塌，当地农村还特制方墼，用以铺砌炕面。所以制坯省功，制墼费功。

坯和墼的区别，在民间是很明确的，在宋代的《营造法式》中也是很明确的。卷十六《壕寨功限》："诸脱造垒墙条墼，长一尺二寸，广六寸，厚二寸（干重十斤）。每一百口一功（和泥起压在内）。"[③]（原注一）

此条首先明确墼是垒墙用的，所记墼的尺寸，与砖作中的尺二条砖相同。卷二十五《诸作功限二》中的《窑作》一篇：

造坯：方砖二尺，一十口；一尺五寸，二十七口；一尺二寸，七十六口。

条砖长一尺三寸，八十二口；长一尺二寸，一百八十七口。压阑砖二十七口。

---

① 许慎：《说文解字》，中华书局，1963，第289页。

② 同上书，第287页。

③ 李诫：《营造法式（陈明达点注本）》第二册卷十六《壕寨功限·总杂功》，第119页。

右各一功。[①]

同样尺寸，制墼每功100口，制坯每功187口，相差近一倍。以其分列于两卷中，我们长期忽视，未曾得解。实际两者在质量上、功能上均有很大差别，坯只是半成品，墼是成品。

三、立基

《营造法式·壕寨制度》开首三篇是《取正》《定平》和《立基》。《壕寨制度·立基》原文："立基之制：其高与材五倍[②]，如东西广者，又加五分至十分。"（原注二）"若殿堂中庭修广者，量其位置，随宜加高，所加虽高，不过与材六倍。"[③]

此条规定基高最大不能超过六材，如以最大材等计，不过五尺四寸。但"基"究竟是什么？很不明确。过去我们一度以为这"基"即是阶基，现在看来是很大的误解。阶基在《营造法式》有关条款中很明确。

卷三《石作制度·殿阶基》：

> 造殿阶基之制：长随间广，其广随间深……四周并叠涩坐数，令高五尺，下施土衬石，其叠涩每层露棱五寸，束腰露身一尺……[④]

这一条的阶高是五尺。

同卷《踏道》篇：

> 造踏道之制：长随间之广，每阶高一尺作二踏，每踏厚五寸、广一尺，两边副子各广一尺八寸（厚与第一层象眼同）。两头象眼，如阶高四尺五寸至五尺者三层（第一层与副子平，厚五寸，第二层厚四寸半，第三层厚四寸），高六尺至八尺者五层（第一层厚六寸，每一层各递减一寸）或六层……[⑤]

---

① 李诫：《营造法式（陈明达点注本）》第三册卷二十五《诸作功限二·窑作》，第55～56页。
② "其高与材五倍"后有下注："材分在大木作制度内。"
③ 李诫：《营造法式（陈明达点注本）》第一册卷三《壕寨制度·立基》，第53～54页。
④ 李诫：《营造法式（陈明达点注本）》第一册卷三《石作制度·殿阶基》，第60页。
⑤ 李诫：《营造法式（陈明达点注本）》第一册卷三《石作制度·踏道》，第61页。

这一条的阶高可以至八尺。

卷十五《砖作制度·垒阶基》：

垒砌阶基之制：用条砖，殿堂、亭榭阶高四尺以下者，用二砖相并，高五尺以上至一丈者，用三砖相并，楼台基高一丈以上至二丈者，用四砖相并，高二丈至三丈以上者，用五砖相并，高四丈以上者，用六砖相并。[①]

这一条的阶高可至一丈，而楼台的阶高可至四丈以上。

综合以上各条内容，殿堂、亭榭阶基高自四尺以下至一丈，楼台阶基可高至四丈以上。可证“立基”条规定的最高不过六材（五尺四寸），所指绝非阶基。

“立基”应如何理解，在《营造法式》中另无佐证。幸《园冶》卷一《兴造论·园说》的第二章为“立基”专章，其下又分厅堂基、楼阁基、门楼基、书房基、亭榭基、廊房基、假山基等七项子目。综合其内容，实为根据地形及总规划，将每座拟建屋宇的具体位置确定在基础上。它和阶基或确定阶基高度不是一回事。

因此想到《周礼》：“惟王建国辨方定位。”[②]这实在是一个古老的传统，营建的重要经验直到近代仍为匠师所遵守。即使建一个四合院，也必定先操平，以确定院内地面水平标高与室内地面水平标高，同时根据方向确定中轴线位置，还要在中轴线上前后各立一个砖墩，名“中墩子”，将确定的水平标高、中轴线方位用墨线弹在中墩子上，以其为施工标准。这不是正与《营造法式》中的取正、定平、立基相符合吗？那么，所谓“立基”的“基”，似乎可确定说是后代所谓的“中墩子”。从《营造法式》全书的内容、前后次序看，也正是必不可少的项目。建筑史中著名的元大都中心墩，正是这种性质的措施。不过它是为控制整个大都的营建而立的，所以特别高大。

如上所述，我们基本上可以断定“立基”即是垒砌的一个墩座，以便记录各项施工所需要的坐标。这个墩座的大小可以随意，但须有便于使用的高度，故规定一般高五材，基址中庭，或东西较宽时，最高可以增至六材。

---

① 李诫:《营造法式（陈明达点注本）》第二册卷十五《砖作制度·垒阶基》，第98页。

②《周礼·天官》:《十三经注疏》，中华书局，1980，第639页。

四、城 墙

卷三《壕寨制度》中的《城》《墙》二篇，共包括了城、墙、露墙、抽纴墙四种墙的高、厚、收分的比例规范。

据原书序目之《营造法式看详·墙》篇：

今来筑墙制度，皆以高九尺厚三尺为祖，虽城壁与屋墙、露墙各有增损，其大概皆以厚三尺崇三之为法，正与经传相合。今谨按《周官·考工记》[①]等群书修立下条。

筑墙之制：每墙厚三尺，则高九尺，其上斜收比厚减半。若高增三尺，则厚加一尺，减亦如之。

凡露墙，每墙高一丈，则厚减高之半，其上收面之广，比高五分之一。若高增一尺，其厚加三寸，减亦如之（其用葽、橛，并准筑城制度）。

凡抽纴墙，高厚同上，其上收面之广，比高四分之一。若高增一尺，其厚加二寸五分（如在屋下，只加二寸。刬削并准筑城制度）。[②]

又据卷十六《壕寨功限·筑墙》："诸用葽、橛就土筑墙，每五十尺一功（就土抽纴筑屋下墙同，露墙六十尺亦准此）。"[③]

其所修立的，即是壕寨制度中的各篇。这里所称"城壁"即城墙，而屋墙、露墙，从命名理解，应是屋宇的墙和露天的院墙。

壕寨制度下共包含三种墙，第二种名"露墙"，第三种名"抽纴墙"，均记述高厚比及每高增一尺厚加若干。惟抽纴墙述"厚加二寸五分"下又注云："如在屋下，只加二寸。"[④]似乎"抽纴墙"本是"露墙"，但也可作屋宇墙用，故云。而二者的区别，仅在收分上略有不同。至于第一种墙，更看不出是屋宇墙或露墙。总之，屋墙、露墙、抽纴墙的确切意义，迄今仍是没有肯定的回答。以下只能指出它们在比例规范上的

[①] 指《周礼·冬官》。

[②] 李诫:《营造法式（陈明达点注本）》第一册序目《营造法式看详·墙》，第31～32页。

[③] 李诫:《营造法式（陈明达点注本）》第二册卷十六《壕寨功限·筑墙》，第120页。

[④] 李诫:《营造法式（陈明达点注本）》第一册卷三《壕寨制度·墙》，第56页。

差别。

墙 “每墙厚三尺，则高九尺，其上斜收，比厚减半。若高增三尺，则厚加一尺，减亦如之。”① 此即“看详”所谓“正与经传相合”的古老传统制度。其要点是：墙的厚高比是1∶3，墙的收分是厚的$\frac{1}{2}$。如增加墙高，其厚与收分均按比例增加。（见图）②

露墙 “每墙高一丈，则厚减高之半，其上收面之广，比高五分之一。若高增一尺，其厚加三寸，减亦如之。”③ 这一条，历来认为“收面之广”四字含义不明，可以理解为墙两面收分共为高的五分之一，也可以理解为收分之后，墙顶所余厚为高的五分之一。但是，我们考虑到将“若高增一尺，其厚加三寸”，则可肯定“收面之广”是墙顶余下的广。因为高一丈的五分之一是二尺，墙厚五尺则两面共收去三尺，即墙顶宽是高的十分之二，收去的是高的十分之三。所以“高增一尺，其厚加三寸”，恰好所加的三寸等于收去的尺寸。其结果是：墙增高后收分比例不变，墙顶的广是固定不变的尺寸——二尺，而墙底厚是按增加的墙高的十分之三增厚。（见图）

抽纴墙 “高厚同上。其上收面之广，比高四分之一。若高增一尺，其厚加二寸五分……”④ 这一条和上一条基本上是一致的，只是其上“收面之广”较大，因而墙两面的收分较小，高增一尺后相应的厚加二寸五分。（见图）

城壁 卷三《壕寨制度·城》篇云：“筑城之制：每高四十尺，则厚加高二十尺⑤，其上斜收减高之半。若高增一尺，则其下厚亦加一尺，其上斜收亦减高之半，或高减者亦如之。”⑥ 此条所述“其上斜收亦减高之半”是一面斜收，抑两面共收？尚难遽定。看厚加高二十尺，即城厚共为六十尺，若每面各收高之半，则城顶只存二十尺，似觉太狭窄，不利于城防。如两面共收高之半二十尺，即城每高四尺每面斜收一尺（每高

① 李诫：《营造法式（陈明达点注本）》第一册卷三《壕寨制度·墙》，第56页。
② 原稿有多处“见图”二字，但并未附图，估计是作者拟绘而未及绘。下同。
③ 李诫：《营造法式（陈明达点注本）》第一册卷三《壕寨制度·墙》，第56页。
④ 同上。
⑤ 陶本作“加高一十尺”，而陈明达抄作“每高四十尺，则厚加高二十尺”，《梁思成全集》（第七卷）亦如此，似另有所本。又，陈明达钞本上另有眉批：“高增一尺，厚亦加一尺，则收面之广亦随之加高。《武经总要》记：城高五十尺，底宽二十五尺，顶宽十二点五尺。”
⑥ 李诫：《营造法式（陈明达点注本）》第一册卷三《壕寨制度·城》，第55页。

一尺斜收二寸五分），城顶尚余四十尺，收分已够稳定，城顶宽绰便于使用。又参照卷十五《砖作制度·城壁水道》篇："随城之高匀分蹬踏，每踏高二尺，广六寸，以三砖相并，面与城平……"[①] 每踏高二尺、广六寸，实即高一尺斜收三寸，与城壁斜收极为接近。亦可证前述斜收数确指两面共收。（见图）

以上系城壁高厚、收分之制。原制度中尚有"城基：开地深五尺，其厚随城之厚。每城身长七尺五寸，栽永定柱、夜叉木各二条。每筑高五尺，横用纴木一条……"[②] 之制。因缺乏实例参证，现仍无从获悉其结构形式。

五、方

方在《营造法式》里约有四义：

1. 立方。如卷十六《壕寨功限·总杂功》篇中所谓"诸石：每方一尺，重一百四十三斤七两五钱"[③] 等。

2. 平方。如卷二十七《诸作料例二·泥作》篇中所谓"每方一丈"[④]。又卷十六《壕寨功限·筑基》篇"诸殿阁、堂、廊等基址开掘，方八十尺"，下注"谓每长、广、方深各一尺为计"[⑤]，更注明为平方尺。

3. 正方形的边长。如卷三《石作制度·柱础》篇中所谓"造柱础之制：其方倍柱之径（谓柱径二尺，即础方四尺之类）"[⑥]，指正方形柱础每边长为柱径一倍。

4. 方圆的方。

---

① 李诫：《营造法式（陈明达点注本）》第二册卷十五《砖作制度·城壁水道》，第 102 页。
② 李诫：《营造法式（陈明达点注本）》第一册卷三《壕寨制度·城》，第 55 页。
③ 李诫：《营造法式（陈明达点注本）》第二册卷十六《壕寨功限·总杂功》，第 117 页。
④ 李诫：《营造法式（陈明达点注本）》第三册卷二十七《诸作料例二·泥作》，第 79 页。
⑤ 李诫：《营造法式（陈明达点注本）》第二册卷十六《壕寨功限·筑基》，第 119 页。
⑥ 李诫：《营造法式（陈明达点注本）》第一册卷三《石作制度·柱础》，第 58 页。

六、缝

凡两物相连之位置称“缝”。

房屋心间与次间或次间与梢间相通连处，称“间缝”。如卷三十一《大木作制度图样下》,有“厅堂等（自十架椽至四架椽）间缝内用梁柱第十五”[①]。又卷五《大木作制度二·椽》篇“用椽之制:……长随架斜，至下架……每槫上为缝，斜批相搭钉之”[②]。

两椽相连处（亦即两架相连处）正在槫上，故称“槫缝”。卷四《大木作制度一·栱》篇“四曰令栱，施之于里外跳头之上……及屋内槫缝之下”[③]，又卷五《大木作制度二·举折》篇“折屋之法：以举高尺丈每尺折一寸，每架自上递减半为法。如举高二丈，即先从脊槫背上取平，下至橑檐方背，其上第一缝折二尺，又从上第一缝槫背取平，下至橑檐方背，于第二缝折一尺。若椽数多，即逐缝取平，皆下至橑檐方背，每缝并减上缝之半”[④]。

“梁方”的“方”，本义作“枋”。详见“方”条。

七、膊椽　草葽　木橛子

膊椽、草葽、木橛子，均为筑城用工具。膊椽即直径七寸、长约一丈之圆木。草葽系谷草随手拧成的绳子。木橛子即短木桩，长约一尺。

凡筑墙，两侧用版拦土打筑，故又称“版筑”。大面积夯土及于城墙，不使用版，

---

① 李诫:《营造法式（陈明达点注本）》第四册卷三十一《大木作制度图样下·厅堂等（自十架椽至四架椽）间缝内用梁柱第十五》，第 9 页。

② 李诫:《营造法式（陈明达点注本）》第一册卷五《大木作制度二·椽》，第 110 页。

③ 李诫:《营造法式（陈明达点注本）》第一册卷四《大木作制度一·栱》，第 78 页。

④ 李诫:《营造法式（陈明达点注本）》第一册卷五《大木作制度二·举折》，第 113 ～ 114 页。又,《营造法式》梁思成注释本在此处漏排“其上第一缝折二尺，又从上第一缝槫背取平，下至橑檐方背”24 字。参见徐伯安、王贵祥等整理的《梁思成全集》(第七卷）第 158 页之内容。

只用膊椽拦于边际。如筑城，以膊椽沿城外侧平放，每城身长三尺用草葽一条，一端系膊椽，另一端系于打入地面之木橛子，布土平膊椽夯筑。每筑实一层，拔出木橛子或斩断草葽，提高膊椽，依法系紧，再布土夯筑。卷三《壕寨制度·城》云："城基：开地深五尺，其厚随城之厚。每城身长七尺五寸，栽永定柱（长视城高，径一尺至一尺二寸）、夜叉木（径同上，其长比上减四尺）各二条。每筑高五尺，横用纴木一条（长一丈至一丈二尺，径五寸至七寸，护门、瓮城及马面之类准此）。每膊椽长三尺用草葽一条（长五尺、径一寸、重四两），木橛子一枚（头径一寸、长一尺）。"[①]

八、心

心指构件长或广、厚的中点。如卷四《大木作制度一·栱》篇："凡栱之广厚并如材……栱两头及中心各留坐枓处……"[②]，此谓栱长、厚的中点。同卷《爵头》篇："造耍头之制……两面留心，各斜抹五分……或有不出耍头者，皆于里外令栱之内，安到心股卯"[③]，此谓耍头、令栱厚的中心。卷五《大木作制度二·椽》篇："凡布椽，令一间当间心"，此谓一间是中心。同条又云："其稀密以两椽心相去之广为法"[④]，此谓椽径的中心。

九、槽　地盘分槽

槽在《营造法式》大木作及小木作的《佛道帐》《经藏》等篇目中是常见的名词。但"槽"的确切含义，迄今尚有争论，有待澄清。今据有关各项，试作分析如下。

---

① 李诫:《营造法式（陈明达点注本）》第一册卷三《壕寨制度·城》，第 55 页。
② 李诫:《营造法式（陈明达点注本）》第一册卷四《大木作制度一·栱》，第 78 页。
③ 李诫:《营造法式（陈明达点注本）》第一册卷四《大木作制度一·爵头》，第 85～86 页。
④ 李诫:《营造法式（陈明达点注本）》第一册卷五《大木作制度二·椽》，第 110 页。

卷四《大木作制度一·栱》："一曰华栱……其骑槽檐栱皆随所出之跳加之。"[①]

卷五《大木作制度二·梁》："凡衬方头，施之于梁背耍头之上，其广厚同材，前至橑檐方，后至昂背或平棊方。若骑槽，即前后各随跳与方栱相交……"[②]

这两条显然都是说华栱或衬方头，跨在柱列（或柱头上铺作）中线上的处理方法。这条中线串联柱上全部铺作，故小木作中又称"斗槽"，或者"槽"是"斗槽"的简称。由此看来，"槽"即是柱头中线，凡构件与其垂直相交者，即为"骑槽"。

"槽"又分内外。如卷十《小木作制度五》之《牙脚帐》《九脊小帐》等篇中，见有"内外帐柱"[③]"内外槽上隔枓版"[④]"帐身一间：高六尺五寸，广八尺，深四尺，其内外槽柱至泥道版，并准牙脚帐制度"[⑤]等文字。所称"内外帐柱"即帐的屋内柱、外檐柱，所以"槽"也随之分内外槽，但依然是指中线。因而，《牙脚帐》篇中述"帐头：共高三尺五寸，枓槽长二丈九尺七寸六分，深七尺七寸六分……"[⑥]，此系指帐头侧面斗槽长。

以上得出"槽"是"斗槽"的简称，是指沿柱头排列铺作的中线。这本无大错，只是表述尚不确切，也不全面，易产生误解。兹再据原书有关记载论述如下。

卷三十一《大木作制度图样下·殿阁地盘分槽等第十》下列四种地盘分槽图[⑦][插图一]。依标题及各图注文，可以理解是四种殿阁的平面图。但原图除画出柱位分布外，还画出各柱间的阑额、补间铺作、乳栿、角乳栿等的中线，所以是柱头以上、平棊以下的结构平面图。

据上述四种地盘分槽图的表示及注释，第一种图上标明"地盘九间"，第二、三、四种均标明"地盘殿身七间副阶周匝"。可知"地盘"是指平面，"殿身"是指檐柱以

---

① 李诫：《营造法式（陈明达点注本）》第一册卷四《大木作制度一·栱》，第76页。
② 李诫：《营造法式（陈明达点注本）》第一册卷五《大木作制度二·梁》，第100页。
③ 李诫：《营造法式（陈明达点注本）》第一册卷十《小木作制度五·牙脚帐》，第210页。
④ 同上。
⑤ 李诫：《营造法式（陈明达点注本）》第一册卷十《小木作制度五·九脊小帐》，第217页。
⑥ 李诫：《营造法式（陈明达点注本）》第一册卷十《小木作制度五·牙脚帐》，第213页。
⑦ 李诫：《营造法式（陈明达点注本）》第四册卷三十一《大木作制度图样下·殿阁地盘分槽等第十》，第3～4页。

内，围绕檐柱外侧的是“副阶”。各图标题均注明“身内……槽”，“身内”当然是殿身以内。由此可知：殿身间数多寡、有无副阶，均与“分槽”无关。

再看四图殿身以内的区别：

第一图：殿身内有一列中柱，每三间又有一列横向内柱，柱头各以阑额等串联，将平面划分为六个长方形小块，名为“分心斗底槽”。

第二图：殿身以内与外檐柱相距一间，与各檐柱相对用内柱一周，并以阑额相串联，其后排内柱上阑额两端并延长一间，与两侧面柱相接，于是将殿内划分为三块：一个狭长条、一个“凵”形狭条、一个长方形，名为“金箱斗底槽”。

第三图：殿身之内用一列内柱（近后檐或前檐），柱上用阑额串联并延伸至与山面柱相接，将殿身之内划分为宽窄两个长方形，名为“单槽”。

第四图：殿身之内有前后两列内柱，各以阑额串联并皆延长至与山面柱相接，将殿身之内前后各划分出一个窄长方形，中部一个较宽的长方形，名为“双槽”。

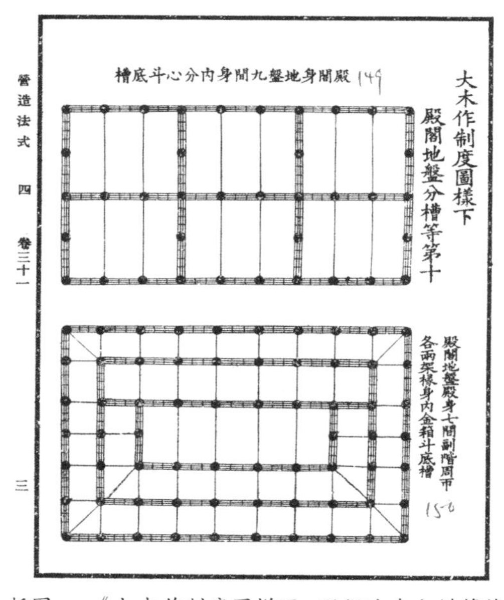

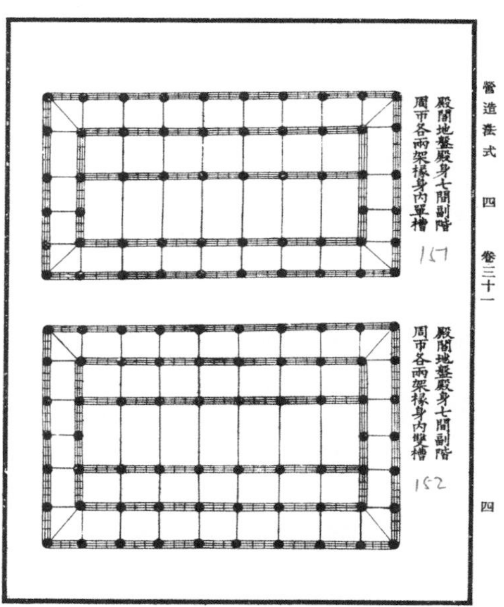

插图一 《大木作制度图样下·殿阁地盘分槽等第十》

如上所述，可知分槽即是将殿内划分为几个不同形状的空间。“分”是动词，“槽”是名词。在柱头、阑额上用铺作将平綦以下划分出不同空间，这是肯定的。从建筑艺术看，这种划分取得了良好的艺术效果，使殿内生动活泼。但是，现在仍然不能结束前述的争论："槽"是指划分出的不同空间，或是指划分成空间的那些中线？

我以为应肯定"槽"指空间，这空间是用具体的铺作组成的一定形状，虽然铺作是据一定的中线排列的。如果"槽"是抽象的线，我们何必要"分"槽？它有何意义？我以为也不能因有"骑槽"的构件，"槽"就只能理解为线。因为每一朵铺作必定坐在中线上，一半在中线的里侧、一半在中线的外侧，但同时也必定是一半在外檐、一半在身内，或者说一半在这一空间、一半必定在另一空间。以上各种情况，也都可以称为"骑槽"。

最后再引原书作结。

卷十七《大木作功限一·殿阁外檐补间铺作用栱枓等数》，外檐柱头阑额上的铺作，一半在外檐、一半在殿身槽内，简称"外檐"不致误解其位置。同卷《殿阁身槽内补间铺作用栱枓等数》，身槽内柱头阑额上的铺作两面分别各在一槽内，简称"槽内"也不致误解其位置。又卷二十一《小木作功限二·裹栿版》"殿槽内裹栿版，长一丈六尺五寸"[①]，此长度按五等材计为375份，正为一间之广或殿内乳栿长，称为"殿槽内裹栿版"，表明"槽"深一间，据图后三种分槽形式中安乳栿的槽，最短也有七间，即长七间、深一间的槽……[②]

十、副阶

副阶是在殿堂外侧加建的、最大进深两椽的一面坡廊屋。殿堂多四周建副阶，即《营造法式》中的"副阶周匝"[③]，它紧靠在殿的外侧，一面坡屋顶遮护了殿的外墙，使殿的外观成为两重檐形式，极易误以为它与殿是一个整体构造。实际上宋及宋以前副阶是独立的、与殿身并无结构联系的结构。

---

① 李诫:《营造法式（陈明达点注本）》第二册卷二十一《小木作功限二·裹栿版》，第248页。

② 此句似乎未写完，按整理文稿的惯例，付之阙如，以保持原貌。

③ 李诫:《营造法式（陈明达点注本）》第四册卷三十一《大木作制度图样下·殿阁地盘分槽等第十》，第3～4页。

这种外观形式，无疑是以后的重檐建筑的来源，但其结构是不同的。所以，我们不能将宋代以前有副阶的建筑称为“周围廊”或“重檐”大殿，也不能将明、清的“周围廊”或“重檐”建筑称为“副阶”。

十一、算程方　平棊方

卷四《大木作制度一・栱》：“四曰令栱（或谓之单栱），施之于里外跳头之上（外在橑檐方之下，内在算程方之下）……”[①] 据此铺作里转跳头令栱上方，名“算程方”。

卷五《大木作制度二・梁》：“凡衬方头，施之于梁背耍头之上，其广厚同材，前至橑檐方，后至昂背或平棊方。”[②] 此平棊方与上条算程方同是铺作，里转最外一跳（跳头）之上，位置最高的方。亦即卷四《大木作制度一・飞昂》记叙使用上昂的铺作高度时作为标高的方，如“七铺作于重抄上用上昂两重者……其平棊方至栌枓口内，共高七材六栔”[③]。可见平棊方、算程方是一物二名。

再看卷五《大木作制度二・梁》：“凡平棊方在梁背上，其广厚并如材，长随间广，每架下平棊方一道（平闇同……），绞井口并随补间。”[④] 此平棊方位置在梁背上，不在铺作令栱上，提法不同，虽然它的标高、长、广均与上条平棊方或算程方相同，但“每架下平棊方一道”，亦即与屋架上的槫缝相对应，每一槫下都用一条平棊方，却与铺作里转跳上的算程方绝非一物。

卷八《小木作制度三・平棊》：“造殿内平棊之制：于背版之上四边用桯，桯内用贴……”“背版：长随间广，其广随材，合缝计数，令足一架之广，厚六分。”“凡平棊施之于殿内铺作算桯方之上。其背版后皆施护缝及楅……”[⑤] 可见宋代平棊与明清的井口天花做法完全不同，它是长一间、宽一架的大整块——背版。一般殿槽深最小两椽，

---

① 李诫：《营造法式（陈明达点注本）》第一册卷四《大木作制度一・栱》，第 78 页。
② 李诫：《营造法式（陈明达点注本）》第一册卷五《大木作制度二・梁》，第 100 页。
③ 李诫：《营造法式（陈明达点注本）》第一册卷四《大木作制度一・飞昂》，第 84 页。
④ 李诫：《营造法式（陈明达点注本）》第一册卷五《大木作制度二・梁》，第 100 页。
⑤ 李诫：《营造法式（陈明达点注本）》第一册卷八《小木作制度三・平棊》，第 163 ～ 165 页。

除去两侧铺作出跳，净深亦略足一架，每间一块平棊背版，正巧安放在两侧铺作的算桯方上，这个“桯”又恰巧与背版四边用桯相应，似乎这就是称为“算桯方”的原因。既在此方上安平棊，匠师或亦习称其为“平棊方”。

但若殿身槽内之深超过两椽，或达四、五椽时，须并列数块平棊，必须在其间增加安放平棊的方，并名为“平棊方”。此方两端安于梁背上，故曰“平棊方在梁背上……长随间广”，并且须“每架下平棊方一道”。

最后，可以作出结论：铺作里转上跳之上，令栱之上用算桯方承平棊，此方亦可称“平棊方”；梁背上长随间广，每架安方一道，只承平棊，名“平棊方”，此方不能称“算桯方”。

十二、耍头　出头木

卷四《大木作制度一·爵头》：“造耍头之制：用足材，自枓心出，长二十五分……与令栱相交安于齐心枓下。若累铺作数多，皆随所出之跳加长……于里外令栱两出安之，如上下有碍昂势处，即随昂势斜杀，于放过昂身。或有不出耍头者，皆于里外令栱之内安到心股卯。”[①]

耍头是贯通全铺作里外转的通长构件，故须“随所出之跳加长”，两头均与最外跳头上令栱相交，并伸出令栱之外25分。这伸出的小段，稍作艺术处理杀抹成耍头（图）[②]，并即以之作为全构件的名称。也可以不伸出耍头，只长至令栱中心榫卯相结合，即原文“或有不出耍头者……安到心股卯”。

《爵头》篇篇名下注：“其名有四：一曰爵头，二曰耍头，三曰胡孙头，四曰蜉蜒头。”[③]后来多用前二名，未尝有用后二名者，更无其他名称。近尝见有名之为“耍头木”者，不知系笔误抑或为误解。而《营造法式》中另有“出头木”者，则系另一构件。

---

① 李诫：《营造法式（陈明达点注本）》第一册卷四《大木作制度一·爵头》，第85～86页。
② 原稿附有图，现从略。
③ 李诫：《营造法式（陈明达点注本）》第一册卷四《大木作制度一·爵头》，第85页。

十三、平闇椽　峻脚椽

椽是屋面槫上承瓦的构件。一般较为细小的木条也称为“椽”。

“平闇椽”“峻脚椽”，两名均见于《营造法式》卷五《大木作制度二·梁》篇内“平棊方”条的注文中，这一条述说平棊方的位置、材份，并涉及平棊、平闇的做法及形式（另详见平棊、平闇条）。

平棊、平闇是两种不同形式的室内昂顶。平棊是用大块背版（可以长至一间、宽至一架）做成的，背上有种种图案花纹；平闇是用二寸左右小方木条拼逗成的大片方格网，每方格七八寸见方，上铺木板，别无其他装饰。此小方木条名“平闇椽”。

平棊、平闇均可做峻脚，也可不做。峻脚即四周做成的斜面，它使室内成为向上凸出的盝顶形。一般峻脚只是一周狭窄的斜坡，每间四周均同。平棊的峻脚，也同平棊一样用版上贴华形式；平闇也用小木条上铺版，不另加装饰的形式。此小方木条即名“峻脚椽”。

十四、槫　下平槫

《营造法式》卷五《大木作制度二·栋》篇篇名下有注文：“其名有九：一曰栋，二曰桴，三曰檼，四曰棼，五曰甍，六曰极，七曰槫，八曰檩，九曰櫋。”[①] 书中通用的是第七个名称“槫”。又以其所在的位置，名最外一槫在檐下者为“橑檐槫”，在屋中脊下者为“脊槫”。自脊槫以下依次为“上平槫”“中平槫”“下平槫”。可知上平、中平、下平，均为指定位置之词，或有谓“槫”亦名“平槫”，是误解。开篇已注明其名有九，其中并无“平槫”之名，槫上承椽，布栈笆胶泥，用为灰瓪瓦。

下平槫是檐柱中线以内最下的槫。如卷四《大木作制度一·飞昂》“若昂身于屋内上出，皆至下平槫”[②]，卷五《大木作制度二·阳马》“凡角梁之长，大角梁自下平槫至

① 李诫:《营造法式（陈明达点注本）》第一册卷五《大木作制度二·栋》，第107页。
② 李诫:《营造法式（陈明达点注本）》第一册卷四《大木作制度一·飞昂》，第82页。

下架檐头”[①]，皆可证其所在位置在檐柱中线以内。或有以檐柱缝上之槫为下平槫，实为误解。况且据《营造法式》檐柱缝上是否均用槫，现在尚未明确，卷四《大木作制度一·总铺作次序》“影栱”下，仅五铺作“泥道重栱上施素方，方上又施令栱，栱上施承椽方”[②]，指明用承椽方。而卷三十一图样中共22个横断面图，其中仅有6个图檐柱缝上用槫，其余16个图均用承椽方。

十五、隔减

《营造法式》卷六《小木作制度一·破子櫺窗》：“……或于腰串下用隔减窗坐造。”[③]同卷《版櫺窗》：“凡版窗于串下地栿上安心柱编竹造，或用隔减窗坐造。”[④]

卷十五《砖作制度·墙下隔减》：“垒砌墙隔减之制：殿阁外有副阶者，其内墙下隔减，长随墙广（下同），其广六尺至四尺五寸……如外无副阶者（厅堂同），广四尺至三尺五寸，高三尺至二尺四寸。若廊屋之类，广三尺至二尺五寸……”[⑤]

隔减即砖砌的窗坐（清代称“槛墙”）或“墙坐”（清代称“群肩”“下肩”“下碱”）。唐宋时代墙多用土墼垒砌，以墼易汲潮碱，故墙下多砌砖坐以防潮碱，音讹为“肩”或“减”。近有名之为“墙裙”者，误。

十六、令栱　单栱　重栱

卷四《大木作制度一·栱》：“四曰令栱（或谓之单栱），施之于里外跳头之上，与耍头相交，及屋内槫缝之下，其长七十二分，每头以五瓣卷杀，每瓣长四分，若里

① 李诫：《营造法式（陈明达点注本）》第一册卷五《大木作制度二·阳马》，第104页。
② 李诫：《营造法式（陈明达点注本）》第一册卷四《大木作制度一·总铺作次序》，第91页。
③ 李诫：《营造法式（陈明达点注本）》第一册卷六《小木作制度一·破子櫺窗》，第127页。
④ 李诫：《营造法式（陈明达点注本）》第一册卷六《小木作制度一·版櫺窗》，第129页。
⑤ 李诫：《营造法式（陈明达点注本）》第二册卷十五《砖作制度·墙下隔减》，第99页。

跳骑栿则用足材。”[①] 可知令栱不论用于里外转跳头之上，或用于屋内两槫相接处之下，均为一栱单用，故注云“或谓之单栱”。至明清时，称为“厢栱”。

同卷《总铺作次序》：“凡铺作逐跳计心，每跳令栱上只用素方一重，谓之单栱……若每跳瓜子栱上施慢栱，慢栱上用素方，谓之重栱……”[②] 即铺作跳头上安放一栱一方，名单栱；安放两栱一方，名重栱。每朵铺作用单栱或重栱，全朵各跳均相同，故曰“逐跳”。

又卷十七《大木作功限一·铺作每间用方桁等数》之最后一条：“凡铺作如单栱及偷心造，或柱头内骑绞梁栿处出跳，皆随所用铺作除减枓栱（如单栱造者不用慢栱，其瓜子栱并改作令栱。若里跳别有增减者，各依所出之跳加减）。”[③] 瓜子栱长六十二份，较令栱短十份。此意即谓凡过一栱单用时，均用较长的栱，所以卷五《大木作制度二·侏儒柱》“凡屋如彻上明造，即于蜀柱之上安枓，枓上安随间襻间，或一材或两材。襻间广厚并如材……若一材造，只用令栱，隔间一材……”[④]

十七、华废　剪边　燕颔版　狼牙版

卷十三《瓦作制度·垒屋脊》篇：“……垂脊之外，横施华头甋瓦及重唇瓪瓦者，谓之华废。常行屋垂脊之外，顺施瓪瓦相垒者，谓之剪边。”[⑤] 此即在歇山或悬山屋垂脊外侧与垂脊成正角，宽瓪瓦短陇，名为“华废”，即明清所称“排山勾滴”。如只顺沿垂脊宽、仰瓪瓦一陇，称为“剪边”。

又同卷《结瓦》篇：“凡结瓦至出檐，仰瓦之下，小连檐之上，用燕颔版，华废之

---

① 李诫：《营造法式（陈明达点注本）》第一册卷四《大木作制度一·栱》，第 78 页。
② 李诫：《营造法式（陈明达点注本）》第一册卷四《大木作制度一·总铺作次序》，第 90 页。
③ 李诫：《营造法式（陈明达点注本）》第二册卷十七《大木作功限一·铺作每间用方桁等数》，第 169 页。
④ 李诫：《营造法式（陈明达点注本）》第一册卷五《大木作制度二·侏儒柱》，第 106 页。
⑤ 李诫：《营造法式（陈明达点注本）》第二册卷十三《瓦作制度·垒屋脊》，第 54 页。

下用狼牙版……”[1]此两构件均用于檐口底瓦之下，即明清的“瓦口”。但在宋代不属木工，即由瓦工自行制作，故卷二十五《诸作功限二・瓦作》记有“开燕颔版每九十尺（安钉在内）”[2]一功。未记狼牙版功限，估计应与燕颔版同。

十八、阶头

每座殿堂基坐——阶基，是按殿堂的总间广、进深，四边各加阶头广定长、广的。阶基清代名台基，阶头清代名下檐出。

阶头广在卷三《石作制度・殿阶基》中仅说“阶头随柱心外阶之广”[3]，仅指出阶头从柱心起算，未说明具体尺度。在卷十五《砖作制度・垒阶基》篇中则称：“普拍方外阶头，自柱心出三尺至三尺五寸。”[4]普拍方在柱头之上，由于柱侧脚的关系，柱头、柱脚产生水平投影的距离，似乎说明“自柱心出”，应按柱头的投影位置。又“三尺至三尺五寸”，应当折合成材份数，据拙作《营造法式大木作制度研究》，系按五等材合60～70份，即自柱头中心点出60～70份。而檐出（当然是自柱头中心出）是20～80份。即檐出大于阶头10份，可以保证檐口落水在阶头之外。

十九、缠腰

《营造法式》副阶、缠腰多并提，如卷四《大木作制度一・总铺作次序》：“凡楼阁上屋铺作或减下屋一铺，其副阶缠腰铺作不得过殿身，或减殿身一铺。”[5]而缠腰究为何物，未曾有说明。依拙作《营造法式大木作制度研究》，缠腰为殿堂外周（或一面）

[1] 李诫:《营造法式（陈明达点注本）》第二册卷十三《瓦作制度・结瓦》，第49页。
[2] 李诫:《营造法式（陈明达点注本）》第三册卷二十五《诸作功限二・瓦作》，第45页。
[3] 李诫:《营造法式（陈明达点注本）》第一册卷三《石作制度・殿阶基》，第60页。
[4] 李诫:《营造法式（陈明达点注本）》第二册卷十五《砖作制度・垒阶基》，第98页。
[5] 李诫:《营造法式（陈明达点注本）》第一册卷四《大木作制度一・总铺作次序》，第92页。

增建的铺作出檐，与副阶位置、立面形式近似，惟副阶深两椽，有室内空间，而缠腰仅立一柱承铺作出檐，无室内空间。其实例如正定隆兴寺慈氏阁。

二十、柴栈　版栈

《营造法式》卷十三《瓦作制度·用瓦》：“凡瓦下铺衬，柴栈为上，版栈次之。如用竹笆、苇箔，若殿阁七间以上，用竹笆一重，苇箔五重……先以胶泥徧泥，次以纯石灰施瓦……”[①]故知宋代宽瓦，系于椽上先铺柴栈或版栈（皆相当于清代望版），或不用柴栈、版栈而用竹笆、苇箔若干重，其上抹胶泥（相当于清代垫背），以灰宽瓦。柴栈为何物，现尚乏实证，估计为不整齐的木条。版栈则为较厚的糙木版。

二十一、阶基　平砌　叠涩坐　须弥坐

阶基　即殿堂亭榭下面的基坐。一般高五尺，可以高一丈，如为楼阁阶基，可以高至四丈以上。阶基长、广随殿堂等间广、间深，四周再加出阶头深。即卷三《石作制度·殿阶基》所谓“造殿阶基之制：长随间广，其广随间深，阶头随柱心外阶之广”[②]。

阶基可用石或砖垒砌。石砌阶基多砌成“叠涩坐”形式，砖砌阶基有平砌、露龈砌、粗垒等垒砌方法，又可以砌成“须弥坐”形式。

平砌　表面略有收分，即卷十五《砖作制度·垒阶基》所谓“……若平砌，每阶高一尺，上收一分五厘”[③]，并且表面的砖经过磨制，里面则只用不加工的砖，故有“每阶外细砖高十层，其内相并砖高八层”[④]之说。“露龈砌”收分大，“粗垒”收分更大：

① 李诫:《营造法式（陈明达点注本）》第二册卷十三《瓦作制度·用瓦》，第 51 ～ 52 页。
② 李诫:《营造法式（陈明达点注本）》第一册卷三《石作制度·殿阶基》，第 60 页。
③ 李诫:《营造法式（陈明达点注本）》第二册卷十五《砖作制度·垒阶基》，第 98 页。
④ 同上。

“露龈砌，每砖一层，上收一分（粗垒二分），楼台亭榭，每砖一层，上收二分（粗垒五分）。”[①]此三种砌法的阶基，均方直无饰，仅是施工粗细、收分大小的区别。

叠涩坐　阶基等的形式之一，即卷三《石作制度·殿阶基》所谓“……以石段长三尺，广二尺、厚六寸（原注三），四周并叠涩坐数，令高五尺，下施土衬石。其叠涩每层露棱五寸，束腰露身一尺，用隔身版柱，柱内平面作起突壸门造。”[②]又卷二十九《石作制度图样》中有“阶基叠涩坐角柱”[③]图，可知叠涩坐束腰上下各有仰莲（或覆莲）一层，上出方涩一层，覆莲下出入方涩五层，其下并有龟脚，均可补文字之不足。而文中所称“令高五尺”及“其叠涩每层露棱五寸”等，应为以高五尺为率的各层比例，并非绝对尺寸。

须弥坐　卷十五《砖作制度·须弥坐》：“垒砌须弥坐之制：共高一十三砖，以二砖相并，以此为率。自下一层与地平，上施单混肚砖一层……”以下详述各层形式及收入或出的尺寸，最后“如高下不同，约此率随宜加减之”，并注云：“如殿阶作须弥坐砌垒者，其出入并依角石柱制度，或约此法加减。”[④]可见所列尺寸只表示各部之比例，并非绝对尺寸。而注文更说明须弥坐与石作中之叠涩坐之总体形式并无显著区别，仅叠涩层数、出入尺寸略有不同。今依所定尺寸作图，以供参考。既云自下一层与地平，则地面以上高十二砖，所用条砖以厚二寸五分计，地面以上总高三尺。［插图二］

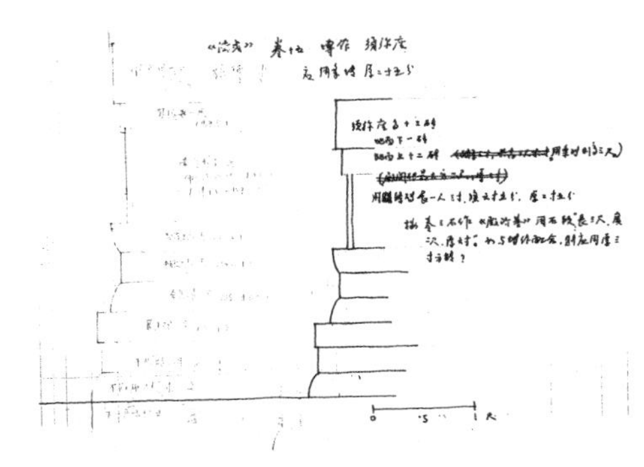

插图二　须弥坐示意草图

① 李诫：《营造法式（陈明达点注本）》第二册卷十五《砖作制度·垒阶基》，第98页。

② 李诫：《营造法式（陈明达点注本）》第一册卷三《石作制度·殿阶基》，第60页。

③ 李诫：《营造法式（陈明达点注本）》第三册卷二十九《石作制度图样·柱础角石等第一》，第148页。

④ 李诫：《营造法式（陈明达点注本）》第二册卷十五《砖作制度·须弥坐》，第101～102页。

二十二、出跳　里跳　外跳

卷四《大木作制度一・总铺作次序》："总铺作次序之制：凡铺作自柱头上栌料口内出一栱或一昂，皆谓之一跳，传至五跳止"[①]，首先说明自栌料口内伸出一栱或一昂，均称为"一跳"，最多出五跳。自每一跳上继续向外伸出栱、昂，名为"传跳"。故同卷《栱》记"华栱"，有"每跳之长，心不过三十分，传跳虽多，不过一百五十分"[②]之说。

铺作自柱头中线向两侧出跳，向屋外出者名"外跳"，向内出者名"里跳"。如同卷《飞昂》"其下昂施之于外跳"[③]，指下昂只用于外檐。同卷《总铺作次序》："凡铺作并外跳出昂，里跳及平坐只用卷头。若铺作数多，里跳恐太远，即里跳减一铺或二铺。……凡楼阁上屋铺作或减下屋一铺，其副阶缠腰铺作不得过殿身，或减殿身一铺。"[④]说明里跳和平坐只用卷头而不用下昂，并指出里跳可以较外跳少一至两铺，亦即可以较外跳少传出一或两跳。而楼阁上层要比下层减少一跳，副阶缠腰出跳不能超过殿身，但可以比殿身减少一跳。又同卷《平坐》篇："造平坐之制：其铺作减上屋一跳或两跳。"[⑤]

以上里跳、外跳，及各部位出跳的限度，都很明确。有几处里跳可减一跳或两跳，更不能曲解为里跳只能出三跳（六铺作）。在卷十七、十八《大木作功限》之《殿阁外檐补间铺作用栱枓等数》《殿阁身槽内补间铺作用栱枓等数》《殿阁外檐转角铺作用栱枓等数》诸篇中，记述非常具体。如"殿阁等外檐自八铺作至四铺作""殿阁身槽内……自七铺作至四铺作""楼阁平坐自七铺作至四铺作"等，均显示出殿阁外檐最大出五跳（八铺作）而身槽内及平坐最大出四跳（七铺作）。

外跳、里跳，有时又称"外转""里转"，如卷三十一《大木作制度图样下》中的殿

---

① 李诫：《营造法式（陈明达点注本）》第一册卷四《大木作制度一・总铺作次序》，第88页。
② 李诫：《营造法式（陈明达点注本）》第一册卷四《大木作制度一・栱》，第76～77页。
③ 李诫：《营造法式（陈明达点注本）》第一册卷四《大木作制度一・飞昂》，第85页。
④ 李诫：《营造法式（陈明达点注本）》第一册卷四《大木作制度一・总铺作次序》，第90～92页。
⑤ 李诫：《营造法式（陈明达点注本）》第一册卷四《大木作制度一・平坐》，第92页。

堂等草架侧样图上的说明，均写作“外转”“里转”。又上引卷四《大木作制度一·栱》篇内“每跳之长，心不过三十分”[①]，系指每一跳的长最大三十份。实用时往往减短至不足三十份。如同篇“一曰华栱……其长七十二分”，下注“若铺作多者里跳减长二分，七铺作以上，即第二里外跳各减四分，六铺作以下不减……”[②]，此“六铺作以下不减”系指六铺作以下跳长均为三十份不减短，与出跳数（用铺作数）无关，不可混淆。

二十三、材 絜 份

卷四《大木作制度一·材》，开篇即提出“凡构屋之制：皆以材为祖，材有八等，度屋之大小因而用之”[③]。此23字，实为“材”之定义：指明营造屋宇的基本标准尺度是“材”，材有八种不同大小的尺寸——等级，营造时应忖度所要建的屋宇的规模大小，选用恰当等级的材。可见屋宇规模和材的等级是相应的，规模大的用材大、规模小的用材小。（需要注意一点：“材”只属于大木作制度，只能用于大木作，除另有说明外，不能用于小木作。）

之后详列了八等材的具体尺寸及实用的范围。按其内容可知：殿堂以间数多寡，可用一至五等材；厅堂亦以间数多寡，可用三至六等材；而亭榭等可用七、八等材；殿内藻井可用八等材。这种规定互有交叉，并不是硬性的，使实用时有灵活变动之便。另据卷十九《大木作功限三·仓廒库屋功限》之篇目小注，“其名件以七寸五分材为祖计之，更不加减，常行散屋同”[④]；而同卷《常行散屋功限》篇目下则又注云“官府廊屋之类同”[⑤]。检前举八等材的内容，“七寸五分”是：第三等材广七寸五分、厚五寸，以

① 李诫：《营造法式（陈明达点注本）》第一册卷四《大木作制度一·栱》，第76～77页。
② 同上书，第76页。
③ 李诫：《营造法式（陈明达点注本）》第一册卷四《大木作制度一·材》，第73页。
④ 李诫：《营造法式（陈明达点注本）》第二册卷十九《大木作功限三·仓廒库屋功限》，第191页。
⑤ 李诫：《营造法式（陈明达点注本）》第二册卷十九《大木作功限三·常行散屋功限》，第191页。

五分为一份。卷四《大木作制度一·材》篇记："第三等广七寸五分、厚五寸（以五分为一分）。"[①] 而仓厫库屋、常行散屋、官府廊屋，必然是数量较多、使用普遍的屋宇类型，从而也反映出当时三等材是使用较普遍的材等。

《材》篇在详述八等材之后，进一步说明："各以其材之广分为十五分，以十分为其厚，凡屋宇之高深，名物之短长，曲直举折之势，规矩绳墨之宜，皆以所用材之分以为制度焉（凡分寸之分皆如字，材分之分音符问切，余准此）。"[②] 此继"材"的定义之后，说明"材"的具体应用方法及范围。先说明材广十五份、宽十份，并提出以"份"为模数的概念。即以份为模数单位，决定屋宇之高深，各项构件（名物）之短长，各项方圆曲直的形式（曲直举折之势），如何按规定操作做出施工墨线，等等。所以，"份"是模数，而"材等"是模数的实际尺寸的依据，这就是"以材为祖"而"皆以所用材之分以为制度焉"的实质。

或问何以定材广的十五分之一为一份，而不用其他数字。在《营造法式》大木作制度中另有一项原则，虽无专条规定，但在书中随处可见，即卷五《大木作制度二·梁》篇所谓"凡梁之大小，各随其广分为三分，以二分为厚"[③]。检大木作所有各项矩形受力构件的广厚比均为3：2，是很重要的原则。但"材"用以作模数尺度太大，不便应用，需要分材广若干"份"才便于广泛应用，这就产生了15：10这样便于应用的数字。

又曾有人问我："既然'皆以所用材之分以为制度焉'，何以原书中广、厚等均书明份数，而长则大多缺份数？"这是阅读的疏忽和误解。其实在卷四《大木作制度一·栱》篇中就明确记载了华栱、泥道栱、瓜子栱、令栱、慢栱等长的份数。但是，凡长大的尺度，却确实多不写明份数，例如槫、梁、柱、侏儒柱等。此则由于槫长即是间广，柱高以不越间广为原则，梁长即是椽架平长的整倍数，侏儒柱长则依举高等等，是不必分作规定的。又由于原书中对间广、椽架平长等类数字均多列举实际尺寸而未列份数，以致误以为不受材等、份数制约。此实为《营造法式》存在的最大、最

[①] 李诫：《营造法式（陈明达点注本）》第一册卷四《大木作制度一·材》，第74页。
[②] 同上书，第75页。
[③] 李诫：《营造法式（陈明达点注本）》第一册卷五《大木作制度二·梁》，第97页。

关键的问题。十多年前，我曾集中力量，以一年多的时间基本解决了这个问题，将原书列举出的全部实际尺寸，找出它们的材等还原成份数。发现：每一还原出的份数不但在原书有关章节中能通过，不产生任何矛盾，而且通过现存主要实例的实测核对无误。因此，现在完全可以肯定宋代的材份制是我国古代高水平的模数制，是我国古代建筑能够标准化、定型化和等应力设计的有力工具，是我国古代建筑学的伟大创造（参阅拙作《营造法式大木作制度研究》）[①]。

当然，我们现在对材份的理解仍然不够深入，仍然还有不能解答的问题。仅举例如下。

1. 材的创始和发展过程。这是迄今未能解决的大问题，也是最早提出的问题之一。我们曾经从古代实物测量中，感到在每一座殿堂中使用最多的构件——全部栱、方——它们的截面都是一材。很可能在长期实践中由此产生了统一用料规格的理想，并总结出适应不同规模的殿宇，在使用上分为八个材等的方法。经过不断改进，不断提高、完善，创造出用模数制设计的完整的材份制。从现存最早的实例——南禅寺大殿（公元 782 年）、佛光寺大殿（公元 857 年）的实测数据，可以证明材份制至迟在唐代初期已经完善，并已普及应用。在西方，模数的出现则迟至 17 世纪。

2. 材份制的创始和发展似乎是和铺作构造密切相关的。由于铺作须由大量零星构件拼合成整组，必然促成构件的标准化。而铺作构件纵横、上下相垒合，一般用两构件间留出定距，用斗垫托其间，使上下结合。这个栱方之间的定距名为“栔”，规定栔广六份。材上加栔名为足材，即材广加栔广，共广二十一份。故“栔”是辅助模数，只应用于铺作或与铺作相关联的构件，例如与铺作结合的梁栿，均以材栔计广。故“栔”和“足材”的出现，暗示出材份制的发展与铺作构造的密切关系，也可能两者的发展是相互促进的。

3. 材份八等的力学内容。多年前，我曾邀请中国土木工程学会的杜拱辰教授与我合作，尝试从力学角度研究《营造法式》。我们从“以材为祖”出发，经过详细核算，

---

① 《营造法式大木作制度研究》的写作时间在 1979 至 1981 年间，可知本文之写作初始最早不超过 1991 年。

得出几点结论：

① 3∶2 的矩形截面，在实用上可以认为是从圆木中锯出的最强抗弯矩形；

②材份八等是按强度成等比例划分的；

③经应力核算，《营造法式》规定的各种构件规格，都具有比较接近的等安全度，基本上达到了设计等安全度建筑结构的目的。[①]

我们做出的这些结论是很令人信服的，但那些古代匠师在当时是如何得出这样的结果，却还有待继续研究，而且是解决建筑历史一系列问题的关键性课题。

最后还有一个涉及实用的问题：材份制的原则、内容，能否继续发展提高，使之能为现代的建筑设计应用或借鉴？

二十四、间广　椽长

间广　是据铺作决定的。规定铺作中至中标准为 125 份，每朵实长 96 份，净距可得 29 份。故每间用一朵补间铺作，间广 250 份，用两朵 375 份。又规定标准中距可以有 25 份的伸缩幅度，即可以增至 150 份，或减至 100 份。于是，用一朵补间铺作，间广可大至 300 份，小至 200 份；用两朵补间铺作，间广可大至 450 份，小至 300 份。全部各间，可以全用两朵补间铺作，也可以心间用两朵补间铺作，其余各间均用一朵补间铺作。故间广的伸缩幅度较大，运用灵活方便。

椽长　只规定上限 150 份（必要时平棊以下梁栿椽长可增至 187.5 份）。又据屋架构造及实例测量数据，转角屋宇梢间间广以 300 份（即两椽长）为宜。

间、椽　又是计量屋宇规模的单位（以间计正面之广，以椽计侧面之深）。可以单独用间或椽衡量规模，也可以间椽并计。如卷四《大木作制度一 · 材》篇中，各等材所适用的规模有殿堂十一间至三间，厅堂七间至三间，仅以间计。间数可大至十三间，见卷五《大木作制度二 · 柱》："若十三间殿堂，则角柱比平柱生高一尺二寸。"[②]

[①] 杜拱辰、陈明达：《从〈营造法式〉看北宋的力学成就》，《建筑学报》，1977 第 1 期。

[②] 李诫：《营造法式（陈明达点注本）》第一册卷五《大木作制度二 · 柱》，第 102 页。

同卷《栋》篇中，自两椽屋至十椽屋，则均以“椽”计。但卷二十六《诸作料例一·大木作》篇中“大料模方：长八十尺至六十尺，广三尺五寸至二尺五寸，厚二尺五寸至二尺，充十二架椽至八架椽栿”[①]，可知最大规模可至十二椽。故全书中所见到的最大规模为十三间十二椽。

卷十三之《瓦作制度·垒屋脊》中均间、椽并论，如“殿阁：若三间八椽或五间六椽，正脊高三十一层……”[②]，其增减则“凡垒屋脊，每增两间或两椽，则正脊加两层”[③]。似无其他含义。惟卷五《大木作制度二·阳马》：“凡造四阿殿阁，若四椽、六椽五间，及八椽七间或十椽九间以上，其角梁相续直至脊槫，各以逐架斜长加之。如八椽五间至十椽七间，并两头增出脊槫各三尺（随所加脊槫尽处别施角梁一重。俗谓之吴殿，亦曰五脊殿）。”[④]这里暗示出间椽的比例（即平面广深比），与脊槫长短的关系。所列八椽五间、十椽七间的四阿殿平面比例近于2∶3，因间广的比例小，其正脊过短，立观轮廓比例不恰当，故须增长脊槫以纠正比例关系。而其他几种间椽的平面比例都近于1∶2，故不需增长脊槫。所以，设计平面间椽时，必须顾及立面外观。

二十五、铺作　铺

卷一《总释上·铺作》：“又：悬栌骈凑（今以枓栱层数相叠、出跳多寡次序，谓之铺作）。”[⑤]此叙铺作名称之来源，至为重要。注文说明出跳多寡次序，即今研究者均已熟知的“栌枓口内出一栱或一昂，皆谓之一跳，传至五跳止”[⑥]。令以“层数相叠”，则“叠”自然是上下叠垒，可见层层向上加高即为“铺”。如此，这一释文包括了铺作

① 李诫:《营造法式（陈明达点注本）》第三册卷二十六《诸作料例一·大木作（小木作附）》，第62页。
② 李诫:《营造法式（陈明达点注本）》第二册卷十三《瓦作制度·垒屋脊》，第52页。
③ 同上书，第53页。
④ 李诫:《营造法式（陈明达点注本）》第一册卷五《大木作制度二·阳马》，第105页。
⑤ 李诫:《营造法式（陈明达点注本）》第一册卷一《总释上·铺作》，第18页。
⑥ 李诫:《营造法式（陈明达点注本）》第一册卷四《大木作制度一·总铺作次序》，第88页。

水平展开与垂直叠垒两个方向的组合形式。这两个方向的组合关系即卷四《大木作制度一·总铺作次序》所记“出一跳谓之四铺作，出两跳谓之五铺作，出三跳谓之六铺作，出四跳谓之七铺作，出五跳谓之八铺作”[①]。接下来的问题是：此“铺”是如何计量的，何以跳数加三即是铺数？

“铺”既是构件上下叠垒的层数，自然是按层计的，有一层即是一铺。一铺之内可以有很多构件，不论构件纵横方向，只看高低在一个层内，均属同一铺。每朵铺作按标准做法，最下一铺构件为栌斗；跳头之上，令栱、耍头为一铺；令栱之上，衬方头、橑檐方、平棊方（算程方）为又一铺，共有三铺。而栌斗之上、令栱之下，每出一跳必完成为一铺，所以出五跳为八铺作，出一跳为四铺作。因此，减一跳必定随之减一铺，而减一铺也必定随之减一跳。故卷四《大木作制度一·总铺作次序》“若铺作数多，里跳恐太远，即里跳减一铺或两铺”[②]，均属此性质，但又继云：“或平棊低，即于平棊方下更加慢栱。”[③] 此“更加慢栱”，是因为平棊低，加慢栱抬高平棊，实际也可以说是只加一铺而不加跳。

跳是向外伸展，故曰“出跳”。每跳之长及跳数最多传至五跳，均有明文。而铺有无数据，原书未明述，但实际情况是有的，“铺”既是高度的数量，也必须有数据。出跳各铺作既是一足材，其高自相等。跳头上令栱高一足材，橑檐方高两材，栌斗斗口以下高两栔，合并为三足材。故铺作总高以足材计，其数即铺作数——四铺作总高四足材……八铺作总高八足材。

所以，铺数的要点是它的高度，铺是高度的单位名称。在开始设计时，铺的高度即须明确，因为柱高、铺作高、举高相加即得出房屋总高。在按设计意图调整高度时，即从各种标准数中利用已有定法的或已经制定的伸缩幅度予以调整。如八铺作高八足材须略作减低时，可按标准将重栱计心出卷头改为出两卷头三下昂，即可减低一足材以上之类。

---

① 李诫：《营造法式（陈明达点注本）》第一册卷四《大木作制度一·总铺作次序》，第 89 页。
② 同上书，第 90 ～ 91 页。
③ 同上书，第 91 页。

二十六、连栱交隐　列栱　鸳鸯交手栱

卷四《大木作制度一·总铺作次序》："凡转角铺作须与补间铺作勿令相犯，或梢间近者，须连栱交隐（补间铺作不可移远，恐间内不匀），或于次角补间近角处从上减一跳。"[①] 此说明：补间铺作与转角铺作相距太近，两朵铺作上的栱互相侵犯，在此情况下，将两朵铺作上的两栱并联成一个构件制作，即"连栱交隐"。这种现象多产生于外檐转角铺作里跳和身槽内转角铺作或转角加用附角斗等情况，所以，另一种解决办法是：将靠近转角铺作的补间铺作从上面减少一跳（即减去最外的一跳）。

又同卷《栱》篇："凡栱，至角相交出跳则谓之列栱。"[②] 此即转角铺作正面出跳上栱，通过45° 斜缝至侧面转换成出跳栱，一栱两端成为不相同的栱，或称为"某栱与某栱相列"。《栱》篇中列举出四种列栱："泥道栱与华栱出跳相列。瓜子栱与小栱头出跳相列。慢栱与切几头相列，如角内足材下昂造，即与华头子出跳相列。令栱与瓜子栱出跳相列。"[③] 列栱较长时，即"凡栱至角相连长两跳者，则当心施枓，枓底两面相交隐出栱头，谓之鸳鸯交手栱（里跳上栱同）"[④]。所以，鸳鸯交手栱是指同一铺作上两栱相连时的做法，与上述补间、转角两朵铺作上两栱相连的"连栱交隐"，是性质完全不同的两种栱，不可混淆。

又，平坐转角铺作栱稍有不同，前引"瓜子栱与小栱头出跳相列"，条下有注云："小栱头从心出，其长二十三分，以三瓣卷杀，每瓣长三分，上施散枓。若平坐铺作，即不用小栱头，却与华栱头相列，其华栱之上皆累跳至令栱，于每跳当心上施耍头"[⑤]，指出了平坐铺作与外檐铺作、身内铺作的不同特点。

此外，列栱自身尚有两种区别。一种是构件长为两个栱之半，如半个瓜子栱、半个令栱长六十七份。另一种构件长超过两跳，即两端各留半个栱，中间所余不多即不

---

① 李诫：《营造法式（陈明达点注本）》第一册卷四《大木作制度一·总铺作次序》，第91页。
② 李诫：《营造法式（陈明达点注本）》第一册卷四《大木作制度一·栱》，第79页。
③ 同上。
④ 同上书，第80页。
⑤ 同上书，第79页。

作加工，所余较长即交隐鸳鸯栱。如卷十八《大木作功限二·殿阁外檐转角铺作用栱枓等数》“瓜子栱列小栱头分首二只”一句，下有注云“身内交隐鸳鸯栱长五十三分”[①]，即两端半个瓜子栱小栱头中间尚余五十三份，为交隐鸳鸯栱。“令栱列瓜子栱二只（外跳用）”[②]，即栱长恰为半瓜子栱、半令栱。

外檐、身内、平坐转角铺作平面，说明列栱……[③]

二十七、素平

卷三《石作制度·造作次序》：“造石作次序之制有六：一曰打剥（用錾揭剥高处），二曰粗搏[④]（稀布錾凿，令深浅齐匀），三曰细漉（密布錾凿，渐令就平），四曰褊[⑤]棱（用褊錾镌棱角，令四边周正），五曰斫砟（用斧刀斫砟，令面平正），六曰磨砻（用沙石水磨去其斫文）。其雕镌制度有四等：一曰剔地起突，二曰压地隐起华，三曰减地平钑，四曰素平（如素平及减地平钑，并斫砟三遍，然后磨砻。压地隐起两遍，剔地起突一遍，并随所用描华文）……”[⑥]这一段将石作中自毛石打制成熟料分为六个工序，然后再做雕刻以及各种雕刻对斫砟的精粗要求，叙述极为明确。

雕镌制度中的素平，历来理解为磨平后不另作雕镌。故要求斫砟三遍，然后磨砻，使石面极平，不须作任何雕饰处理。但近年忽另有一种特殊的解释，认为素平是“刻有线雕装饰文样的平滑石面”。究竟素平有无雕饰，可检阅“功限”以判明。

据卷十六《石作功限·总造作功》“平面，每广一尺，长一尺五寸”条下注释，平

[①] 李诫:《营造法式（陈明达点注本）》第二册卷十八《大木作功限二·殿阁外檐转角辅作用栱枓等数》，第173页。

[②] 同上。

[③] 原稿至此，下缺。

[④] “粗搏”又名“麤搏”，在《营造法式》中“粗”写作“麤”，音、义均同“粗”。下文均以“粗”代“麤”。

[⑤] 褊棱之“褊”字，《营造法式》卷三写作“褊”，卷十六写作“褊”。《营造法式（陈明达点注本）》批注“褊”应作“褊”。此外，梁思成著《营造法式注释（卷上）》亦采纳“褊”字。

[⑥] 李诫:《营造法式（陈明达点注本）》第一册卷三《石作制度·造作次序》，第57页。

面包括“打剥、粗搏、细漉、斫砟在内”[①]四个工序，褊棱工序另列一条，而最后的磨砻工序则列入同卷之《壕寨功限·总杂功》内。是造作次序均有计功规定。

《总造作功》篇最后一段：“凡造作石段名件等，除造覆盆及镌凿圜混若成形物之类外，其余皆先计平面及褊棱功，如有雕镌者加雕镌功。”[②]以下即按石段、名件等计功，每项内，又分别按造作、雕镌、安砌、剜凿（如角柱、勾阑之类）等计功。而全部项目中之雕镌功，仅有剔地起突、压地隐起、减地平钑三类，别无“线雕装饰功”，足可证“素平”确实是不作任何雕饰的。

又有人说“素平”既列在四种雕镌制度之内，就必然要加以雕镌，不然就不应该列在雕镌制度之内。我以为，如此要求古代的文字并不能解答实际问题。况且雕镌制度中为何就不能有一种是“不加雕饰”呢？“不加雕饰”在众多的形式中，不也是一种制度吗？

二十八、壸门

最近看清华大学建筑系编《建筑史论文集》，其中一辑说：“在殿阶基、佛道帐等束腰部分的华版上，做出一个个葫芦形的装饰性拱门，可能由于其像葫芦而被称为葫门。古人常把同音字混用，因而写作壶门，……壶门也有称作壸门的……”[③]我以为，这种说法是错误的。

首先，作者误读壸（kǔn）为壶（hú），继又以壶为原字，并与同音字“葫”相混淆，从而臆想到混用同音字，于是指葫为壶，并赘以“也有称作壸门的”。“壸”“壶”字形相近而导致误读，是常见的错误，然“壶”“壸”同音而发生联系，应是作者的“大胆假设”，但可惜没有“小心求证”。

---

① 李诫:《营造法式（陈明达点注本）》第二册卷十六《石作功限·总造作功》，第124页。

② 同上书，第125页。

③ 徐伯安、郭黛姮:《宋〈营造法式〉术语汇释——壕寨、石作、大木作制度部分》，载《建筑史论文集》第六辑，清华大学出版社，1984，第60页。

壶门是石作、小木作、彩画作中雕刻、装饰等常用的图案。它有多种形式，但均大同小异。（见图）是不是它的轮廓像葫芦？我以为不像，但也并不能以此反对别人认为它像，我之所以否决“像葫芦就叫壶门”之说，是别有缘由的：

前已指出，作者并没有提出足够的证据来解释清楚“葫、壶、壸三者之间由相混而混用”的过程。或又有人辩白说“壶、壸相混”是古已有之。但事实是：无论字义、读音的混淆都不是古已有之，而是近代始见。

“壸”本是很古的建筑名词，《说文解字》写作小篆“壸”字，说：“壸，宫中道，从口，象宫垣道上之形。《诗》曰：‘室家之壸。’”[1]壸的音与葫的音相差甚远，不可能读错，而“宫中道”与“葫芦”更不致误读一义。至于“壶”，《说文解字》写作小篆“壶”字，说：“壶，昆吾圜器也，象形，从大，象其盖也。”[2]今发掘出土之殷周以至汉代铜器，所见器物，仍形与字近。壶、壸二字均是象形字，古人是不会互相混淆的。

“壸”究竟如何解释，现在还无法确定。即以“说文”之义而论，何以用“宫中道”为门，或为一装饰图案命名？是应当探索解决的。如能予以明确，未尝表示解决了建筑史中的一个问题，但必须实事求是。如果暂时不能解决，也似乎并非大事：我们所知“壶门是石作、小木作、彩画作中的一种图案形式”，是出自《营造法式》并得到实例证明的形式，并不致影响建筑史研究进程。可以将此类疑问暂行搁置，待条件具备时再作追本探源的研究不迟。

二十九、柱

卷五《大木作制度二·柱》：“凡用柱之制：若殿阁（原注四），即径两材两栔至三材，若厅堂柱即径两材一栔，余屋即径一材一栔至两材。若厅堂等屋内柱，皆随举势定其短长，以下檐柱为则（若副阶、廊舍，下檐柱虽长，不越间之广）。至角则随间数生起角柱，若十三间殿堂则角柱比平柱生高一尺二寸（平柱谓当心间两柱也，自平

[1] 许慎：《说文解字》，中华书局，1963，第129页。
[2] 同上书，第214页。

柱叠进向角渐次生起，令势圜和，如逐间大小不同，即随宜加减，他皆仿此），十一间生高一尺，九间生高八寸，七间生高六寸，五间生高四寸，三间生高二寸。”[1]

这里首先规定柱径，按殿阁、厅堂、余屋三类房屋，规定45、42、36、30、21份五种大小，以厅堂柱径36份为适中大小。其次规定了角柱比平柱生起的高度，按间数决定，平柱是正面心间两侧的柱，角柱是四角位置的柱，十三间殿堂角柱应较平柱生高一尺二寸，若正面每少两间，角柱生高数减二寸，减至正面三间，两角柱只加高二寸。而角柱与平柱之间其他各柱之高是逐渐加高的，但未说明加高方法。按全书内容推测，可能按卷杀方法，令生势圜和。

而柱高是以下檐柱为则，下檐柱高又“不越间之广”，即间广的标准250或375份。取用何数，须据拟建屋宇间广情况确定。并且，所谓下檐柱必定是下檐平柱。屋内柱是檐柱以内与屋架相接的柱，故须随举架高定短长。

在对古代实例测量中，还得知柱高另有两项要点：

其一，以四椽屋为则，总高（至脊槫背）为下檐柱的一倍。超过四椽时，应另加超过的举高（即中平槫以上的举高）。

其二，楼阁等用平坐的多层建筑，平坐及上屋的柱高包括柱下铺作高，各等于下檐柱高，实为各类屋宇总高的标准。

柱还有一个形式或艺术加工问题，即柱身按卷杀方法做成梭形。其具体规定见“梭柱”条。

三十、瓦——瓦的规格及范围

据卷十三《瓦作制度·用瓦》，计其列有甋瓦六等，瓪瓦七等（其中瓪瓦缺一等，见《窑作制度》）。其应用范围如下：

殿阁、厅堂等五间以上用甋瓦，长一尺四寸，广六寸五分（仰瓪瓦长一

[1] 李诫：《营造法式（陈明达点注本）》第一册卷五《大木作制度二·柱》，第102页。

尺六寸，广一尺）。三间以下用瓪瓦，长一尺二寸，广五寸（仰瓪瓦长一尺四寸，广八寸）。[按，瓪瓦长一尺（缺，见《窑作制度》）]。

散屋用瓪瓦，长九寸，广三寸五分（仰瓪瓦长一尺二寸，广六寸五分）。

小亭榭之类柱心相去方一丈以上者，用瓪瓦长八寸，广三寸五分（仰瓪瓦长一尺，广六寸）。若方一丈者，用瓪瓦长六寸，广二寸五分（仰瓪瓦长八寸五分，广五寸五分）。如方九尺以下者，用瓪瓦长四寸，广二寸三分（仰瓪瓦长六寸，广四寸五分）。

厅堂等用散瓪瓦者，五间以上用瓪瓦，长一尺四寸，广八寸。

厅堂三间以下（门楼同）及廊屋六椽以上，用瓪瓦长一尺三寸，广七寸。或廊屋四椽及散屋，用瓪瓦长一尺二寸，广六寸五分。①

据卷十五《窑作制度·瓦》篇，有下列规格：

瓪瓦：

长一尺四寸，口径六寸，厚八分。

长一尺二寸，口径五寸，厚五分。

长一尺，口径四寸，厚四分。

长九寸（缺，见《瓦作制度》）。

长八寸，口径三寸五分，厚三分五厘。

长六寸，口径三寸，厚三分。

长四寸，口径二寸五分，厚二分五厘。

瓪瓦：

长一尺六寸，大头广九寸五分、厚一寸，小头广八寸五分、厚八分。

长一尺四寸，大头广七寸、厚七分，小头广六寸、厚六分。

长一尺三寸，大头广六寸五分、厚六分，小头广五寸五分、厚五分五厘。

长一尺二寸，大头广六寸、厚六分，小头广五寸、厚五分。

① 李诫：《营造法式（陈明达点注本）》第二册卷十三《瓦作制度·用瓦》，第50～51页。

长一尺，大头广五寸、厚五分，小头广四寸、厚四分。

长八寸，大头广四寸五分、厚四分，小头广四寸、厚三分五厘。

长六寸，大头广四寸、厚四分，小头广三寸五分、厚三分。[①]

以上瓶瓦、瓪瓦各七等，《窑作制度》所列尺寸，系供造坯用，与瓦作成品微有出入。

三十一、毬文格眼

毬文格眼即清式的菱花格子。古代建筑中的门窗格子，起源久远、图案众多，毬文格眼是其中最精致的工艺作品，《营造法式》中所列，只是几种较常用图案。据卷七《小木作制度二・格子门》："造格子门之制有六等……每扇各随其长，除桯及腰串外，分作三分，腰上留二分安格眼（或用四斜毬文格眼，或用四直方格眼……）……"[②]所称"四斜""四直"，是指格窗心内用櫺条组成的方向。按左右45°方向的櫺条组成斜方形格，是为四斜方格，用横直两个方向组成的方格即四直方格。将櫺条两面分段做成圆弧，使方格显现出如古钱图案即毬文——四斜或四直毬文。

此段下又有一条："四斜毬文上出条桱重格眼。"[③]"上出条桱"系所制櫺条除分段做成圆弧外，更将表面两面刨低，使中部凸起条桱，故又有注云"其毬文上采出条桱"。于是采出的条桱呈现出方格，而边线仍组成毬文，既看到方格，又看到毬文，故称"重格眼"。

卷三十二《小木作制度图样》中除有"四斜毬文上出条桱重格眼""四直毬文上出条桱重格眼"及各种方格眼图外，还有一个"挑白毬文格眼"图。[④]据图，可见系在櫺

---

① 李诫:《营造法式（陈明达点注本）》第二册卷十五《窑作制度・瓦》，第106～108页。

② 李诫:《营造法式（陈明达点注本）》第一册卷七《小木作制度二・格子门》，第142页。

③ 同上。

④ 李诫:《营造法式（陈明达点注本）》第四册卷三十二《小木作制度图样・门窗格子门等第一》，第67～68页。

条上有雕出透空的文饰。而卷二十四《诸作功限一·雕木作》中有一条“毬文格子挑白，每长四尺，广二尺五寸，以毬文径五寸为率计七分功”[①]。可证当时“挑白格眼”是习见的做法。现存涞源阁院寺、朔县崇福寺，尚存极精丽的整堂隔扇门，其中有大量挑白做法；还有大量用60° 斜櫺条组成的正六边形毬文。[按，明清菱花格有所谓“双交四椀菱花”和“三交六椀菱花”，前者即四斜或四直毬文，后者即用60° 斜櫺组成的正六边形毬文，不知《营造法式》何以失记。]

三十二、平棊　平闇

清式平棊名天花，无平闇，属大木。《营造法式》卷八《小木作制度三·平棊》：“造殿内平棊之制：于背版之上四边用桯，桯内用贴，贴内留转道缠难子，分布隔截或长或方。其中贴络华文有十三品……每段以长一丈四尺，广五尺五寸为率。其名件广厚，若间架虽长广更不加减，唯盝顶欹斜处，其桯量所宜减之。”[②] 平棊是大块的构造，四周用桯贴分布隔截成或方或长的小块，与后代的天花大不相同，每一块的标准大小是长一丈四尺，广五尺五寸，实做时是按间架定，故下文补述“背版：长随间广，其广随材，合缝计数，令足一架之广，厚六分”[③]。

此大块平棊于近铺作处显于算桯方上，即“凡平棊施之于殿内铺作算桯方之上”[④]，在内部则安于平棊方上，故卷五《大木作制度二》补充：“凡平棊方在梁背上，其广厚并如材，长随间广，每架下平棊方一道。”[⑤] 殿槽内整片平棊做成盝顶形，需要分布成方整形式，有需要绞井口之处，故“绞井口并随补间（令纵横分布方正）”[⑥]。前引“平棊”

[①] 李诫:《营造法式（陈明达点注本）》第三册卷二十四《诸作功限一·雕木作》，第33页。
[②] 李诫:《营造法式（陈明达点注本）》第一册卷八《小木作制度三·平棊》，第163～164页。
[③] 同上书，第164页。
[④] 同上书，第165页。
[⑤] 李诫:《营造法式（陈明达点注本）》第一册卷五《大木作制度二·梁》，第100页。
[⑥] 同上。

条文亦有“唯盝顶欹斜处，其程量所宜减之”[①]等，并又注明“峻脚即于四阑内安版贴华”[②]，与脊背做法同。

《营造法式》未详述平闇。据现存实例（佛光寺大殿、独乐寺观音阁等），只用小方木条组成大片小方格安于平棊方、算桯方上，亦用峻脚，唯不用背版贴华。随小方格布峻脚椽安版，小木条广 5～8 厘米。前引“平棊方”条下注云：“平闇同，又随架安椽以遮版缝，其椽若殿宇，广二寸五分，厚一寸五分”“……若用峻脚……如平闇即安峻脚椽，广厚并与平闇椽同。”[③]与实测情况大体近似。而自辽宋以后已无使用平棊之实例，似此式已被淘汰。

三十三、梭柱

卷五《大木作制度二·柱》：“杀梭柱之法，随柱之长分为三分，上一分又分为三分，如栱卷杀渐收至上，径比栌枓底四周各出四分，又量柱头四分紧杀如覆盆样，令柱头与栌枓底相副。其柱身下一分，杀令径围与中一分同。”[④]

前半段系指：全柱长自柱头以下的三分之一，又分三份向柱头卷杀，使柱头大于栌斗底四份，然后再量四份急骤杀小至栌斗底相等。

后半段所谓“柱身下一分，杀令径围与中一分同”，向来有两种理解。其一，以为即柱全长的三份只上一份杀小，中、下两份同大成直线。另一意见认为下一份“杀令径围与中一分同”，意为杀小，使之与上一份又分为三份的中一份相等。据卷三十《大木作制度图样上·梁柱等卷杀第二》中的梭柱头，显然上下均有卷杀，可证后一意见是符合原书内容的。

---

① 李诚:《营造法式（陈明达点注本）》第一册卷八《小木作制度三·平棊》，第 164 页。
② 李诚:《营造法式（陈明达点注本）》第一册卷五《大木作制度二·梁》，第 100 页。
③ 同上。
④ 李诚:《营造法式（陈明达点注本）》第一册卷五《大木作制度二·柱》，第 102 ～ 103 页。

三十四、正屋　廊屋

卷五《大木作制度二·栋》："凡正屋用槫，若心间及西间者，皆头东而尾西，如东间者，头西而尾东。其廊屋面东西者，皆头南而尾北。"[①]

正屋即房屋中面南各屋，故又分心间及东西间。

廊屋或面东或面西，当为后代所称的"厢房"。又卷十三《瓦作制度·垒屋脊》"廊屋：若四椽，正脊高九层""凡垒屋脊，每增两间或两椽则正脊加两层（殿阁加至三十七层止，厅堂二十五层止，门楼一十九层止，廊屋一十一层止……）"[②]。可知廊屋可大至六椽，不可能是建筑群的周围廊。同卷《用鸱尾》"廊屋之类：并高三尺至三尺五寸（若廊屋转角，即用合角鸱尾）"[③]，则廊屋又可南（或北）转角与挟屋相连建造。

以用槫论，前述正屋为南向屋，廊屋已指明有面东、面西，在组群布局中尚有面北屋宇，如后代所称"南屋"或"侧座"，其用槫或同于面南屋，但其屋似不应亦名"正屋"，尚待研究。

三十五、椽

椽是屋架最上的构件，断面圆形，两头钉在槫上。椽上铺芭、栈，用胶泥抹平，以白灰宽瓦。椽径自 10 份至 6 份，按殿阁、副阶、厅堂、余屋四类房屋取用。即殿阁椽径 9～10 份，副阶 8～9 份，厅堂 7～8 份，余屋 6～7 份。椽子分布间距一律为净距 9 份，即中距为 19 份、18 份、17 份、16 份、15 份。（详见拙作《营造法式大木作制度研究》）

椽长据卷五《大木作制度二·椽》"用椽之制：椽每架平不过六尺"[④]，按材等折算

① 李诫：《营造法式（陈明达点注本）》第一册卷五《大木作制度二·栋》，第 107 页。
② 李诫：《营造法式（陈明达点注本）》第二册卷十三《瓦作制度·垒屋脊》，第 53 页。
③ 李诫：《营造法式（陈明达点注本）》第二册卷十三《瓦作制度·用鸱尾》，第 55 页。
④ 李诫：《营造法式（陈明达点注本）》第一册卷五《大木作制度二·椽》，第 110 页。

为150份。这实际是架长。椽子的实长是架长再加举高后的斜长，它只是制作椽时才使用。一般习惯用的椽长实是架长，它有两个重要意义。如下：

1. 房模的进深大小以椽计。如五间八椽，即面广五间、进深八椽。（详见“间广、椽长”条）

2. 梁栿的长度均以椽计，如四椽栿、五椽栿等，而平梁、乳栿长均为两椽，劄牵长一椽。（此章可参阅“架”条）

三十六、影栱

卷四《大木作制度一·总铺作次序》：“凡铺作当柱头壁栱，谓之影栱（又谓之扶壁栱）。”[①] 即每朵铺作中正在柱头缝上的栱方组合总称为“影栱”，又称为“扶壁栱”。下面共举出了5种影栱的方式：

1. 如铺作是重栱全计心造，即在泥道重栱上安素方三重（八铺作、七铺作二重，六铺作以下一重）。栌斗口上共高五材四栔。

2. 五铺作一抄一昂，下一抄偷心。即于泥道重栱用素方一重，其上又用令栱一重，再上用承椽方。

3. 七铺作两抄两昂，单栱造，下一抄偷心，用令栱一重素方一重，其上再用令栱一重素方两重。栌斗口上共高五材四栔。

4. 六铺作一抄两昂，或两抄一昂，单栱造，下一抄偷心，在泥道重栱上用素方。栌斗口上共三材两栔。

5. 八铺作两抄三昂，单栱造，下两抄偷心，于泥道栱上用素方，方上用重栱，其上又用素方一重。栌斗口上高五材四栔。

[①] 李诫：《营造法式（陈明达点注本）》第一册卷四《大木作制度一·总铺作次序》，第91页。

三十七、计心　偷心

卷四《大木作制度一·总铺作次序》:“凡铺作逐跳上(下昂之上亦同)安栱，谓之计心，若逐跳上不安栱而再出跳或出昂者，谓之偷心(凡出一跳，南中谓之出一枝，计心谓之转叶，偷心谓之不转叶，其实一也)。”[①] 此条说明计心、偷心的不同处理方式，同时还记录了“出一枝”(出一跳)、“转叶”(计心)、“不转叶”(偷心)三种方法。

文中所谓“逐跳上”安栱或不安栱，并非每一跳上均安栱或不安栱之意，而是区别每一跳上安不安栱，安栱之跳为计心、不安栱之跳为偷心。故下文有“如铺作重栱全计心造”“若下一抄偷心”“若下两抄偷心”[②] 之法。全计心即全部出跳上均安栱。下两抄或下一抄偷心，即此两跳或一跳上不安栱，其余各跳安栱之意。又同卷同条列有五种扶壁栱(影栱)形式，除第一种重栱全计心造外，其余四种均单栱偷心造，似偷心与单栱是相随的形式。又，实例中偷心、计心多在一朵铺作中相间并用。

三十八、下昂　上昂

卷四《大木作制度一·飞昂》:“造昂之制有二：一曰下昂。自上一材垂尖向下从枓底心下取直，其长二十三分(其昂身上彻屋内)，自枓外斜杀向下留厚二分……二曰上昂。头向外留六分，其昂头外出，昂身斜收向里，并通过柱心……”[③] 昂是铺作上斜置的构件。

下昂骑在檐柱缝铺作中线上，自内至外向下倾斜。如以中线为准，即中线以外向下倾斜(垂尖向下)，所以同篇又说“其下昂施之于外跳”[④]。中线以内向上倾斜，即同篇中所说“昂身于屋内上出，皆至下平槫”“即用挑斡，或只挑一枓，或挑一材两

---

① 李诫:《营造法式(陈明达点注本)》第一册卷四《大木作制度一·总铺作次序》，第 90 页。
② 同上书，第 91 ～ 92 页。
③ 李诫:《营造法式(陈明达点注本)》第一册卷四《大木作制度一·飞昂》，第 80 ～ 83 页。
④ 同上书，第 85 页。

栔……即自榑安蜀柱以叉昂尾，如当柱头即以草栿或丁栿压之”[①]。

下昂的作用是保持铺作挑出的深度，而降低铺作的高度。故云“凡昂上坐枓，四铺作五铺作并归平，六铺作以上自五铺作外，昂上枓并再向下二分至五分……”[②]。因昂向下斜，仍在跳中坐斗，必然较平出的华栱上斗低，控制斜度就可达到预期的高度。但五铺作以外最多只能低五份。如此逐跳积累至八铺作，可低29.5份（据实例，七铺作出双抄双下昂，两下昂累计低21份）。

上昂，自铺作中心向上斜出，至里跳跳头，上承令栱平棊方，或压于梁下。故曰“上昂施之里跳之上及平坐铺作之内”[③]。上昂的作用与下昂正相反，是减短出跳的深度，从而加高铺作的高度。卷四中详列了五铺作至八铺作的做法（因上昂昂脚是立在第一跳华栱心上，故无四铺作用上昂），总计五铺作出跳总长47份，依次六铺作55份、七铺作73份、八铺作84份，较出卷头逐跳30份，减少13份至66份。而自栌斗口内至平棊方背，五铺作总高五材四栔，依次六铺作六材五栔、七铺作七材六栔、八铺作八材七栔，均较各铺作全卷头造高出一足材。

可见上昂用在“里跳之上”，即提高了平棊位置。而用在“平坐铺作之内”，据卷三十《大木作制度图样上·铺作转角正样第九》中的“楼阁平坐转角正样七铺作重栱出上昂偷心跳内当中施骑枓栱”[④]图，实用在平坐外檐外跳，提高了平坐铺作，实即提高了平坐之上楼面位置。

上昂还有三个特点。一、斗口内用靴楔垫于昂下，靴楔刻作三卷瓣。二、跳上昂底间距离大时，在跳头上重叠一斗，称“连珠斗”。三、自六铺作至八铺作，泥道与跳头令栱之间，只用重栱一缝，骑于上昂背上，称“骑斗栱”。

---

① 李诫:《营造法式（陈明达点注本）》第一册卷四《大木作制度一·飞昂》，第82～83页。

② 同上书，第81页。

③ 同上书，第85页。

④ 李诫:《营造法式（陈明达点注本）》第三册卷三十《大木作制度图样上·铺作转角正样第九》，第202页。

三十九、由昂

卷四《大木作制度一·飞昂》："若角昂以斜长加之，角昂之上别施由昂（长同角昂，广或加一分至二分，所坐枓上安角神若宝藏神或宝瓶）。"[①] 此即转角铺作在角昂上所加用的昂，名"由昂"。如上引文，此昂可稍加大，但"长同角昂"误。据卷十八《大木作功限二·殿阁外檐转角铺作用栱枓等数》："自八铺作至四铺作各通用……角内由昂一只（八铺作身长四百六十分，七铺作身长四百二十分，六铺作身长三百七十六分，五铺作身长三百三十六分，四铺作身长一百四十分）"[②]，均较各铺作所用最上一昂又加长一跳。如八铺作里转至下平槫，外转五跳为300份，加斜得420份，此云460份，实应为长同角昂增一跳，应为462份，此省2份。

"所坐枓上安角神"，据卷四《大木作制度一·枓》："三曰齐心枓，施之于栱心之上，其长与广皆十六分（如施由昂及内外转角出跳之上则不用耳，谓之平盘枓，其高六分）"[③]，是知此斗名"平盘斗"。而角神、宝藏神见卷十二《雕作制度·混作》，宝瓶见同卷《旋作制度·殿堂等杂用名件》"搘角梁宝瓶……瓶上施仰莲胡桃子，下坐合莲……或作素宝瓶……"[④]。

四十、平坐（1） 叉柱造 缠柱造

平坐一般是楼阁上下层之间的构造层，其整体构造形式与上下层相同（外檐一周檐柱及铺作）。但外檐柱被下屋屋面遮蔽，仅露出一周铺作。从外观立面看，这一周铺作似乎是上屋屋身下的"基坐"（阶基），铺作挑出于屋身之外并有钩阑，又成为上屋

---

① 李诫：《营造法式（陈明达点注本）》第一册卷四《大木作制度一·飞昂》，第82页。

② 李诫：《营造法式（陈明达点注本）》第二册卷十八《大木作制度二·殿阁外檐转角铺作用栱枓等数》，第171～172页。

③ 李诫：《营造法式（陈明达点注本）》第一册卷四《大木作制度一·枓》，第87页。

④ 李诫：《营造法式（陈明达点注本）》第二册卷十二《旋作制度·殿堂等杂用名件》，第35页。

外围的一周走道。

卷四《大木作制度一·平坐》："造平坐之制：其铺作减上屋一跳或两跳，其铺作宜用重栱及逐跳计心造作。"[①] 但据同卷《飞昂》篇及卷三十一《大木作制度图样下》，平坐铺作亦可用上昂。

又据卷十七《大木作功限一·楼阁平坐补间铺作用栱枓等数》"……外跳出卷头，里跳挑斡棚栿及穿串上层柱身……"[②]，故所列构件均为外跳构件，华栱等类外跳随跳增长，里跳均只长一跳，不用斗栱，并全无身槽内铺作。此盖因平坐内部为暗层（构造层），除安设楼梯外，别无实际用途，其构造均属草架性质，只用适宜方木敦㮇，不须精细加工。

平坐位于上下屋之间，一般下屋、平坐、上屋各分别用柱，其柱上下间的结合方式有叉柱造、缠柱造二种。

叉柱造：上层柱脚开十字口，叉立在下面铺作中心，直到栌斗之上。

缠柱造：上屋柱立于下屋柱脚方上（加大至广三材厚二材的草栿），上屋檐柱缝较下屋檐柱缝内移约半柱径。转角铺作并于角栌斗外每面各加一栌斗（转角共三栌斗，每面两斗相并）名"附角斗"。附角斗内并另增出跳一缝，其里转长一跳或两跳，并穿过上层柱脚（柱头铺作同）。

由实例获知，上层柱与柱下平坐铺作结合，用叉柱造；平坐柱与下屋铺作结合，用缠柱造。

卷四《大木作制度一·平坐》所述"凡平坐铺作，下用普拍方，厚随材广，或更加一架，其广尽所用方木（若缠柱边造，即于普拍方里用柱脚方，广三材，厚二材，上生柱脚卯）"[③]，在实例中未曾见如此大料。而"凡平坐四角生起，比角柱减半"[④]（殿角柱），及"平坐之内逐间下草栿，前后安地面方以拘前后铺作。铺作之上安铺版方用

[①] 李诫：《营造法式（陈明达点注本）》第一册卷四《大木作制度一·平坐》，第 92 页。
[②] 李诫：《营造法式（陈明达点注本）》第二册卷十七《大木作功限一·楼阁平坐补间铺作用栱枓等数》，第 160 页。
[③] 李诫：《营造法式（陈明达点注本）》第一册卷四《大木作制度一·平坐》，第 93 页。
[④] 同上。

一材……”[①]，在实例中亦未见完全相同之例。（参阅下条“永定柱造平坐”）

四十一、永定柱造平坐

卷四《大木作制度一·平坐》篇下注云“其名有五：一曰阁道，二曰墱道，三曰飞陛，四曰平坐，五曰鼓坐”[②]。这些名称反映出了平坐的演变发展，原来平坐来自“阁道”，即古代木结构的高架道路。至迟汉代各宫之间，城内城外之间，均以阁道相联系。随后又称“墱道”“飞陛”，但规模已然缩小。宋代普遍称“铺作”或“鼓坐”，并且鼓坐又音讹为“虎坐”。

所谓永定柱造，即地面立柱承铺作，即《平坐》篇所记“凡平坐先自地立柱，谓之永定柱，柱上安搭头木（原注五），木上安普拍方，方上坐枓栱”[③]。连续若干间，其下或空敞如廊，其上建屋，上下均可通行。此形式国内已无，尚见于日本。国内现存实例已失去了作为通道的建构形式，多为三间六椽之阁。而永定柱四周已垒墙设门窗，永定柱外围又加建副阶、缠腰，以至隐蔽了永定柱造平坐的真相。

又，城门道用永定柱，参阅卷十九《大木作功限三·城门道功限》。筑城用永定柱，参阅卷三《壕寨制度·城》。

四十二、襻间　连身对隐　全条方

襻间在屋内槫缝下，或只用于各间脊槫下，或遍用于屋内各间各槫缝下，用以加强各间缝梁柱的联系，增强整体性。故卷五《大木作制度二·侏儒柱》：“凡屋如彻上明造，即于蜀柱之上安枓，枓上安随间襻间，或一材或两材。襻间广厚并如材，长随

---

① 李诫:《营造法式（陈明达点注本）》第一册卷四《大木作制度一·平坐》，第93页。

② 同上书，第92页。

③ 同上书，第93页。

间广，出半栱在外，半栱连身对隐。若两材造，即每间各用一材，隔间上下相闪，令慢栱在上，瓜子栱在下。若一材造，只用令栱，隔间一材。如屋内遍用襻间，一材或两材，并与梁头相交（或于两际随槫作楷头，以乘[①]替木）。凡襻间如在平棊上者，谓之草襻间，并用全条方。”[②]

襻间均单材，长一间又增一栱之长。有一材造、两材造之分：

一材造者，在间缝位置共高一材一栔，自心间始，每隔一间用一条，两端各增加半个令栱长。

两材造者，在间缝位置共高两材两栔。心间一条，两端各增长半个瓜子栱，位于次间襻间之下；次间一条，两端各增长半个慢栱，在心间襻间之上，此谓之“隔间上下相闪”。每条襻间两端半栱之内，各隐刻出半栱，是为“连身对隐”。

如只在脊槫下用襻间，即于蜀柱上安斗，于叉手上角内安两出耍头与襻间相交（名“丁华抹额栱”）。如屋内全用襻间，则于驼峰上坐栌斗承襻间，并与梁头相交。如屋内用平棊（或平闇），则用全条方作草襻间（即粗制的襻间，如梁柱之草栿）。全条方即一材大小的不再加工的原料。

又卷三十《大木作制度图样上・槫缝襻间第八》绘有两材襻间、单材襻间、捧节令栱、实拍襻间等四种做法。此图所有襻间之上、槫之下，均绘有替木，以及捧节令栱一式，均为《大木作制度》原文所遗漏。捧节令栱即每间缝槫之下，均以令栱、替木代替襻间。而实拍襻间应即为草襻间，并用单材，隔间一材，间缝下仍用替木，但全部不用散斗，当即实拍之谓。

四十三、额　地栿

卷五《大木作制度二・阑额》篇中有四种额。

1. 檐额。通长三间，两头出角柱口，中部置于平柱头之上。其广两材一栔至三材，

[①] 疑为“承”字。

[②] 李诫:《营造法式（陈明达点注本）》第一册卷五《大木作制度二・侏儒柱》，第 106 页。

如用于殿阁，可增至三材三栔（66份），在结构用料中规格最大［较六椽以上至八椽栿广四材（60份）尚大］。檐额两头下用绰幕方，广为檐额三分之二，长一间，两端均出柱，一端长至补间铺作下，相对作楷头或三瓣头。

2. 阑额。用于各柱柱头缝每两柱之间，广两材，厚20份，阑额上坐补间铺作。如不用补间铺作，则厚减至15份。可知凡额上坐补间铺作者均为阑额，不以外檐屋内槽上为别。

3. 由额。广27～28份，略小于阑额，用于阑额之下适当位置。如外围有副阶，应位于副阶平綦峻脚之下。副阶阑额之下，即不用由额。

4. 屋内额。用于屋内柱头或驼峰之间，长一间，广18～21份，厚为广之三分之一。比照阑额不用补间铺作，则厚减至二分之一。可知屋内额不用补间铺作，纯为联系构件。

《营造法式》阑额之上是否用普拍方，未作记述。惟卷四《大木作制度一・平坐》篇记“柱上安搭头木，木上安普拍方”[①]（此搭头木相当于阑额），是平坐始用普拍方。但实例中普拍方已应用甚广。

又《阑额》篇还列入了“地栿”。地栿在脚柱之间，上与阑额相对，广仅为17～18份，厚为广三分之二。至角，即出柱一材，上角卷杀梁切几头，纯为联系构件。惟在实例中或用或不用，并以楼阁使用较多。其具体规制，尚不十分明确。

以上额栿均属大木作范围，其规制以材份计。此外在小木作中：门、窗、截间版帐、照壁屏风等等，均使用额栿，但属小木作规范。除长度随大木间广外，其截面大小另有规制，不以大木材份为法，实际截面亦较大木所用为小。不可混淆。（其详情分见有关小木作各条）

四十四、承椽方　承椽串

卷五《大木作制度二・栋》：“凡下昂作，第一跳心之上用槫承椽（以代承椽方），

[①] 李诫：《营造法式（陈明达点注本）》第一册卷四《大木作制度一・平坐》，第93页。

谓之牛脊槫……”[①] 有人据此释为“檐柱柱头以外，橑檐方以内，承托檐椽的方木，称为‘承椽方’。如用槫代方，则称为‘牛脊槫’”，误。似应为“凡以方承椽者，均可名‘承椽方’”。如卷四《大木作制度一・总铺作次序》之“影栱”条：“五铺作一抄一昂……栱上施承椽方”[②]，此方并不位于“柱头以外，橑檐方以内”，亦称“承椽方”。

又按，橑檐方亦可以槫代，故卷五同篇内又有“凡橑檐方……”条下注文“更不用橑风槫及替木”[③] 之说。可知不论在何位置，槫、方均可互代。惟文中“橑风槫及替木”，用槫必以替木加强节点，与卷三十《大木作制度图样上・槫缝襻间第八》所绘图样及唐宋实例所见皆同，应为当时规制。

卷十九《大木作功限三・殿堂梁柱等事件功限》：“由额每长一丈六尺（加减同上。照壁方、承椽串同）。”[④] 则承椽方亦名“承椽串”。

四十五、脊串　顺身串　顺栿串

串是单材小料，通常只是作为联系拉扯构件，安在柱身中部两柱之间。最常见的是脊串，或称“顺脊串”。卷五《大木作制度二・侏儒柱》：“凡蜀柱量所用长短于中心安顺脊串，广厚如材，或加三分至四分，长随间，隔间用之。”[⑤] 这种安于柱身中心的串，在实例中极少见。或以柱头已有内额，其下不再用串？

卷十九《大木作功限三・殿堂梁柱等事件功限》：“襻间、脊串、顺身串，并同材。”[⑥] 卷十七《大木作功限一・栱料等造作功》有：“材：长四十尺，一功。”[⑦] 此脊串应

---

① 李诫：《营造法式（陈明达点注本）》第一册卷五《大木作制度二・栋》，第 108 页。
② 李诫：《营造法式（陈明达点注本）》第一册卷四《大木作制度一・总铺作次序》，第 91 页。
③ 李诫：《营造法式（陈明达点注本）》第一册卷五《大木作制度二・栋》，第 108 页。
④ 李诫：《营造法式（陈明达点注本）》第二册卷十九《大木作功限三・殿堂梁柱等事件功限》，第 195 页。
⑤ 李诫：《营造法式（陈明达点注本）》第一册卷五《大木作制度二・侏儒柱》，第 107 页。
⑥ 李诫：《营造法式（陈明达点注本）》第二册卷十九《大木作功限三・殿堂梁柱等事件功限》，第 194 页。
⑦ 李诫：《营造法式（陈明达点注本）》第二册卷十七《大木作功限一・栱料等造作功》，第 148 页。

即顺脊串。至于顺身串别无记载，惟卷三十一《大木作制度图样下·厅堂等间缝内用梁柱第十五》图中，屋内柱柱头以下又有方，疑即顺身串，则为长如间广、在槫缝下两柱间之单材方。

顺栿串见卷五《大木作制度二·侏儒柱》篇（原文误为顺脊串）[①]，不但与上引前条重复，而且“凡顺脊串并出柱作丁头栱，其广一足材，或不及，即作楷头，厚如材，在牵梁或乳栿下”[②]，与前记不相符合。惟“厅堂等间缝内用梁柱第十五”图中，十架至六架椽屋，屋内前后柱间，与其上梁栿平行用串，两端出柱作楷头或丁头栱，在乳栿或牵梁下，正如上述顺栿串。

四十六、架

架是槫与槫之间的空当，椽是这个空当的水平长度。故：每架下平綦方一道——每距一架用一道平綦方，亦即每一槫缝安一道平綦方。

椽，每架平不过六尺。每架用一条椽，其水平长度不超过六尺（150 份）。

搏风版长随架道，架道即架。

折屋之法，每架自上递减为法。如架道不匀，即约度远近，随宜加减。

以上各条，均表示出架是泛指空间，而椽是指此空间的水平长度。故：四椽栿是四个椽长的栿。八架椽屋是进深八个椽长的房屋。

以椽表示房屋的规模、进深，是宋代的习惯，清代则改为以檩（槫）表示规模，如：八架椽屋用九条槫即称“九檩”。

---

① 按陶本《营造法式》作“顺脊串”，而故宫本作“顺栿串”，作者采信“顺栿串”。参考本全集第七卷《〈营造法式〉（陈明达点注本）》校勘批注记录表。

② 李诫：《营造法式（陈明达点注本）》第一册卷五《大木作制度二·侏儒柱》，第 107 页。

四十七、铺作　斗栱

由斗、栱、昂、枋等构件组合成的局部构造单元，习惯称为“斗栱”，宋代称为“铺作”，每一单元称为“一朵”。以所在位置、范围不同，而有 3 种名称的做法。

1. 位于柱头上的称“柱头铺作”，它与屋架构造中的梁栿相结合。

2. 位于两柱之间阑额之上的名“补间铺作”。每间视间广大小可以安一朵，也可以安两朵。补间铺作里跳华栱可以连出五跳，或用下昂则昂尾挑斡，均可至下平槫下。柱头及补间铺作上所用栱昂，一般均纵横两个方向相交叠垒。

3. 位于角柱上的名“转角铺作”，铺作上构件、纵横及 45° 斜角 3 个方向相交叠垒，里跳角华栱、昂尾均长至下平槫。角梁安于转角铺作之上。

铺作以其所在范围又有两种区别。凡在外周檐柱缝上的名为“外檐铺作”，在外檐以内屋内的名为“身内铺作”。外檐、身内铺作又各有柱头、补间、转角之分。又，凡铺作自柱头中线以外的一半称为“外跳”或“外转”，中线以内的一半名为“里跳”或“里转”。

铺作的规模大小，以跳或铺衡量。“跳”是自栌斗口跳出柱中线以外的长度单位，一般为 30 份。可以一跳之上又伸出一跳，连续出五跳共长 150 份，里跳外跳可以相同，也可以减少里跳跳数，或减少跳的长度。“铺”是铺作逐层向上叠垒安放的层数、高度。每一朵铺作每出一跳，同时亦即加高一铺（高一足材）。而最下坐斗一铺，最外一跳上的令栱一铺，令栱上橑檐方一铺，共三铺。所以跳数加三即为铺数。“出一跳谓之四铺作”至“出五跳谓之八铺作”，八铺作为铺作最大规模。

铺作又以所用构件形式分为三种形式：①铺作外檐外跳使用下昂，里跳用华栱，名为“下昂铺作”。②铺作使用上昂，名为“上昂铺作”。殿身内铺作，上昂用于里跳，外跳用华栱。平坐上昂铺作用于外檐外跳，里跳不用栱斗。③铺作里外跳全部用华栱，名为“卷头铺作”。以上又各名为：“下昂造”“上昂造”“卷头造”。

铺作又以其构造繁简有两种形式：①计心造或偷心造。跳上安横栱与其上出跳栱相交为计心造。跳上不安横栱继续出跳为偷心造。②重栱造或单栱造。跳上横栱用瓜子栱，其上又加用慢栱，为重栱造。跳上只用令栱为单栱造。

四十八、斗口跳　把头绞项作

卷十七《大木作功限一》中之《枓口跳每缝用栱枓等数》《把头绞项作每缝用栱枓等数》是《营造法式》详细、具体列举的两种简单铺作的两则记载。其与其他各种铺作依次排列，所用栱、斗、出跳、朵也完全一致，不能不承认其为铺作，只是简单而已。

斗口跳只出一跳华栱，把头绞项作只出一个耍头，而且两者都是与身内梁栿连身制作。在大木作功限中常常注明斗口跳用功数。如卷十九《大木作功限三·拆修挑拔舍屋功限》："榑檩衮转、脱落，全拆重修，一功二分（枓口跳之类，八分功；单枓只替以下，六分功）"[①]，充分说明斗口跳构造较为简单，同时又提出一种更简单的构造。大致推测是在柱头上用一斗一替木作为柱梁结合的措施。故减小至"营屋功限"（同见卷十九）中，也列有斗、替木两构件的功限。又，卷五《大木作制度二·举折》："举屋之法：如殿阁楼台，先量前后橑檐方心相去远近，分为三分（若余屋柱梁作或不出跳者，则用前后檐柱心）……"[②]，大致也是斗口跳或单斗只替之类。

我们应当看到，在当时它们还保持着较原始的铺作形式，但已不是最普遍使用的形式。

四十九、殿堂　厅堂　余屋

《营造法式》虽未专论类型，但反映出当时大致分为四种房屋类型。它是按建筑形式、结构形式、房屋规模、质量高低等来区别的。但这些又不是严格的规定，既互相交叉，又有各种允许的伸缩幅度。

在卷四《大木作制度一·材》中，各等材的应用范围就是按殿、厅堂、亭榭三类

---

① 李诫：《营造法式（陈明达点注本）》第二册卷十九《大木作功限三·拆修挑拔舍屋功限》，第 208 页。

② 李诫：《营造法式（陈明达点注本）》第一册卷五《大木作制度二·举折》，第 113 页。

房屋作出规定的。但在卷五《大木作制度二》各篇中，制定梁柱等各种构件规格，又多是按殿阁、厅堂、余屋三类制定的。按《材》的内容，第七、八两等材纯为用于亭榭的材等，第一至五等材用于殿，第三至六等材用于厅堂。而在卷十九《大木作功限三》中得知：余屋包括范围很广，用材却同厅堂。则房屋类型实为四种，即：殿阁、厅堂、余屋、亭榭。

殿阁或简称“殿”，又包括楼阁、楼台；厅堂亦可分为堂屋、厅屋。殿堂、厅堂同时又是两种结构形式的名称，即卷三十一《大木作制度图样下》所列四幅“殿阁地盘分槽”图及四幅“殿堂草架侧样”图；十八幅“厅堂等间缝内用梁柱”图。至于亭榭，应为园囿中的小规模建筑，故用材最小（与殿内藻井相同），其形式、结构也可以随意采用，并无特定限制。仅有一种“簇角梁”结构是亭榭所特定的。（详见“结构形式”条）

余屋，按字义可以理解为以上三种类型以外的建筑。其实际范围可能很广泛。如卷十九《大木作功限三》所列：仓廒库屋、常行散屋、官府廊屋、望火楼、跳舍行墙、城门道、营屋等等，均应包括在余屋一类中。这些房屋所使用的结构形式或近于厅堂结构，多用最简单的铺作如斗口跳、把头绞项作，甚至更简单至并未详加叙述的单科只替、梁柱作。

另有一种理解认为：余屋是指建筑组群中的次要建筑。这是误解。因为建筑组群必定有其主体建筑，这主体建筑可以是殿堂，也可以是厅堂，按当时规制，次要建筑各方面都应较主体建筑减低一等，例如小至“垒屋脊”，在卷十三《瓦作制度·垒屋脊》中叙“堂屋”“厅屋”之下有“门楼屋：一间四椽，正脊高一十一层或一十三层；若三间六椽，正脊高一十七层（其高不得过厅，如殿门者依殿制）”[①]之说。此即指明以厅为主的组群之余屋不得过厅，而以殿为主的组群则不超过殿制。唯此，以殿为主的组群，其次要建筑按厅堂制度；以厅堂为主的组群，其次要建筑当按余屋制度。

---

① 李诫：《营造法式（陈明达点注本）》第二册卷十三《瓦作制度·垒屋脊》，第52～53页。

五十、心间　次间　梢间

《营造法式》反映出的房屋，最小一间两椽。见卷十三《瓦作制度·垒屋脊》："门楼屋：一间四椽，正脊高一十一层……""营房屋：若两椽，脊高三层"[①]。最大十三间，见卷五《大木作制度二·柱》："……若十三间殿堂，则角柱比平柱生高一尺二寸……"[②]。各间名称见记于卷四《大木作制度一·总铺作次序》："当心间须用补间铺作两朵，次间及梢间各用一朵，其铺作分布令远近皆匀（……假如心间用一丈五尺，则次间用一丈之类……）"[③]，间的名称有"心间""次间""梢间"。"心间"又名"当心间"，是正面当中一间。

卷五《大木作制度二·阳马》："凡厅堂并厦两头造，则两梢间用角梁转过两椽。"[④]此即后来称为"歇山"的屋盖做法。在最末一间（即两椽）用角梁，将屋面转过山面。由此可知梢间确为最末一间。则心间、梢间之中的各间均为次间，间数多时是不甚方便的。或有其他称谓，未经流传著录。

清代多一个"尽间"，即明间（心间）、次间、梢间、尽间。但也只能满足七间，超过七间仍觉不便。

五十一、屋盖形式　出际

屋面在《营造法式》中称"屋盖"，卷五《大木作制度二·梁》"凡平棊之上……"

---

① 李诫:《营造法式（陈明达点注本）》第二册卷十三《瓦作制度·垒屋脊》，第 52 ～ 53 页。
② 李诫:《营造法式（陈明达点注本）》第一册卷五《大木作制度二·柱》，第 102 页。
③ 李诫:《营造法式（陈明达点注本）》第一册卷四《大木作制度一·总铺作次序》，第 89 ～ 90 页。
④ 李诫:《营造法式（陈明达点注本）》第一册卷五《大木作制度二·阳马》，第 105 页。此条文字陶本作"凡堂厅并厦两头造"，本文与梁思成注释本均采用故宫本用字，作"凡厅堂并厦两头造……"。参见徐伯安、王贵祥等整理《梁思成全集》（第七卷）第 139 页之内容。

句下有注云："凡明梁只阁平棊，草栿在上承屋盖之重。"[①] 屋盖形式是由一定的结构形式所产生的，而结构形式的设计又反过来适应屋盖形式要求。现在只论形式，大致有四种屋盖形式，即四阿、厦两头、不厦两头、鬭尖[②]。又往往以屋盖形式名屋宇，如四阿殿、九脊殿、撮尖亭子等。

1. 四阿。又或称"四注"。卷五《大木作制度二·阳马》："凡造四阿殿阁，若四椽、六椽五间，及八椽七间或十椽九间以上，其角梁相续直至脊槫，各以逐架斜长加之。如八椽五间至十椽七间，并两头增出脊槫各三尺（随所加脊槫尽处别施角梁一重。俗谓之吴殿，亦曰五脊殿）。"[③] 可知四阿殿的四角角梁相续至脊槫，使之外观成为四面斜坡，两侧面的斜坡与前后斜坡相交处成为45° 的四条垂脊，前后两坡至脊槫处相交成一条正脊。此即"五脊殿"名称之所本。又以四角均用角梁转过至脊，称为"四裴四转角"。

2. 厦两头。卷五《阳马》："凡厅堂并厦两头造，则两梢间用角梁转过两椽（亭榭之类转一椽。今亦用此制为殿阁者，俗谓之曹殿，又曰汉殿，亦曰九脊殿……）。"[④] 此即清代之歇山。它的屋盖下一半四面坡，上一半四面，较四阿多出上一半的四条垂脊，共九条脊，故亦名"九脊殿"。厦两头既是檐至角用角梁过两椽，有时又简称为"转角造"。这转过去的两椽即前述下一半四面坡的两山面屋面，两椽实即一间。自此以上各缝槫均挑出一架，即同卷《栋》"……若殿阁转角造，即出际长随架"[⑤]。此一架屋面在侧面形成一个"在下部屋盖上的三角形空间"，即为"出际"。

3. 不厦两头。卷十三《瓦作制度·用兽头等》"厅堂之类不厦两头者……"[⑥] 即不转过两椽，侧面不做坡顶只用前后两坡屋顶的形式。卷五《栋》篇："凡出际之制：槫至两梢间，两际各出柱头（又谓之屋废）"[⑦]，挑出柱外的部分即出际，又因两侧均出际，

[①] 李诫:《营造法式（陈明达点注本）》第一册卷五《大木作制度二·梁》，第 100 页。
[②] 鬪：为"鬭"的异体字，不能等同于简化字之"斗"字。
[③] 李诫:《营造法式（陈明达点注本）》第一册卷五《大木作制度二·阳马》，第 105 页。
[④] 同上。
[⑤] 李诫:《营造法式（陈明达点注本）》第一册卷五《大木作制度二·栋》，第 108 页。
[⑥] 李诫:《营造法式（陈明达点注本）》第二册卷十三《瓦作制度·用兽头等》，第 59 页。
[⑦] 李诫:《营造法式（陈明达点注本）》第一册卷五《大木作制度二·栋》，第 107 页。

有时合称“两际”。这种形式很明显即是后代所称的“悬山”，其挑出部分的长度，按屋宇椽数多少而定，自两椽屋出40份，至十椽屋出100份。因此，上引“殿阁转角造”，即出际长随架，应理解为一架150份。

又，凡出际挑出的槫头上，均安搏风版。卷五《大木作制度二・搏风版》：“造搏风版之制：于屋两际出槫头之外，安搏风版，广两材至三材，厚三分至四分，长随架道。中、上架两面各斜出搭掌，长二尺五寸至三尺，下架随椽与瓦头齐（转角者，至曲脊内）。”[①]

4. 鬪尖。亭榭平面为正圆、正方或为各种正多边形时，均用簇角梁结构。卷五《大木作制度二・举折》篇“若八角或四角鬪尖亭榭，自橑檐方背举至角梁底，五分中举一分，至上簇角梁即两分中举一分”“簇角梁之法用三折：先从大角梁背[②]自橑檐方心量,向上至枨杆卯心……”[③]。可知其为后代的攒尖顶形式。随平面各边至顶中用脊（圆形平面无脊），屋盖斜坡至顶用大珠。卷十三《瓦作制度・用兽头等》记有“亭榭鬪尖用火珠等数”条，中记：“四角亭子：方一丈至一丈二尺者，火珠径一尺五寸；方一丈五尺至二丈者，径二尺（火珠四焰或八焰，其下用圆坐）。八角亭子：方一丈五尺至二丈者，火珠径二尺五寸；方三丈以上者，径三尺五寸。”[④]

但亭榭亦可采用其他屋盖形式，如《用兽头等》篇：“亭榭厦两头者（四角或八角撮尖亭子同）：如用八寸甋瓦……”[⑤]，指出亭榭亦可用厦两头造。而“鬪尖”亦可称“撮尖”。

---

① 李诫:《营造法式（陈明达点注本）》第一册卷五《大木作制度二・搏风版》，第109页。
② “先从大角梁背……”一句，陶本《营造法式》作“……大角背……”，而梁思成《营造法式注释（卷上）》与陈明达此处引文均衍一“梁”字，似为对陶本的勘误，也可能是另有所本。
③ 李诫:《营造法式（陈明达点注本）》第一册卷五《大木作制度二・举折》，第114页。
④ 李诫:《营造法式（陈明达点注本）》第二册卷十三《瓦作制度・用兽头等》，第60页。
⑤ 同上书，第59页。

五十二、各种屋宇名称

《营造法式》中反映出在一个建筑组群中各种不同位置的屋宇名称。除主体建筑为殿阁、厅堂外，计有卷四《大木作制度一・材》篇中的殿挟屋、廊屋，卷五《大木作制度二・栋》篇中的正屋、廊屋。在小木作卷九、卷十一《佛道帐》《转轮经藏》等篇的天宫楼阁中有"茶楼、角楼、行廊、龟头"等名称。其中正屋即后代所称"正房"，廊屋即厢房（见专条），最为明确。而茶楼、角楼二者究何所指，迄未得解释。

殿挟屋在《材》篇中与副阶并列，均材份减殿身一等，而廊屋又减挟屋一等。按次序排列，殿挟屋或为殿身两侧小屋，即后代所称之"朵殿"。"龟头"或"龟头殿"在《营造法式》中未详述，但在当时是较普遍的名称，相当于后代的"抱厦"。如略与李明仲同时的郭若虚在《图画见闻志》中述"画屋木"一节，就联述"暗制、绰幕，猢狲头、琥珀方、龟头、虎座"等[①]。行廊在卷十五《砖作制度・用砖》中列为最后一级，用砖方一尺二寸、厚二寸，而与小亭榭、散屋用同等砖，可见绝非可大至六椽的廊屋，而名行廊者，或即后代走廊之意。（书此待证）

五十三、殿堂结构　厅堂结构

殿堂、厅堂结构形式，《营造法式》并未详细解说。我们对于两种结构形式的认识，主要是在卷三十、三十一《大木作制度图样》中取得的。随后又通过实例测量分析，才逐步明确充实。但至今未能全部、彻底地了解，现仅就所知综述如下。

在卷三十一《大木作制度图样下》中，有"殿阁地盘分槽"图四幅，又有"殿堂

[①] 郭若虚:《图画见闻志》卷一《叙论・叙制作楷模》，收入安澜《画史丛书》第一册，上海人民美术出版社，1963 年，第 7 页。原文如下（引文中之括号校雠系作者所加）："设或未识汉殿、吴殿、梁柱、斗栱、叉手、替木、熟（蜀）柱、驼峰、方茎（井）、额道、抱间、昂头、罗花、罗幔、暗制、绰幕、猢狲（孙）头、琥珀方、龟头、虎座、飞檐、扑水、膊（博）风、化（华）废、垂鱼、惹草、当钩（沟）、曲脊之类，凭何以画屋木也？"

等草架侧样”图四幅，它们是四座形式不同的殿堂的平面和横断面图。又有“厅堂等间缝内用梁柱”图十八幅；卷三十《大木作制度图样上·举折屋舍分数第四》图中另有一图，共计介绍了十九种厅堂屋架结构图。以上即此两种结构的原始、基本资料。

殿堂结构的基本原则是自下而上，层层叠垒。一般单层房屋自阶基以上，由两层叠成：下一层是屋身（包括墙壁、门窗），上层是铺作及其上的屋盖。多层房屋即在下一层上叠垒铺作，上安平坐柱；平坐柱上又叠垒铺作安上屋屋身柱；以上又是铺作平坐柱，铺作上屋屋身柱，反复重叠至铺作屋盖止。这种结构形式的施工较繁难，而适宜规模大的高层建筑，艺术效果强。它宜于向上发展而不便向左右或前后伸展。

厅堂结构的基本原则是在每两间交结的中线上（间缝）树立屋架。此屋架梁宽等于房屋总进深椽数，每两个屋架之间，用槫、襻间、顺脊串、顺身串等连接成间，间数按需要而定。这种结构形式，施工较简易，便于向两侧延续发展，而不宜于多层建筑。

殿堂结构还有以下几个特点：

1. 结构平面有四种标准形式，即：分心斗底槽、金箱斗底槽、双槽、单槽。槽既为结构所决定（槽的四周有铺作构成），又有严正的艺术形象。槽的基本构造是在进深方向立两柱以铺作相连为横架，逐间延伸至角回转。所以在平面图上表现为两周柱子（有人误与近代套筒结构相混淆）。

2. 在上述情况下，那个由横架组成的平面，其中心形成一个广大空间，这个空间可以不加设施，使其成为数层相联的高大的空筒，也可以安梁铺地面版。

3. 由于它以重叠为原则，所以每座房屋的每层，以及局部构造的每层，均须等高。或设计成可以高低错落，但又须互相叠合（实例中这种高低差距仅为一足材）。最主要的结合形式是立柱的上下结合，它有两种既定形式：叉柱造、缠柱造。

4. 由于是水平叠垒，水平构件可以置于下层之上，可以使上面的槫缝与下面的柱缝错开。所以有“椽长 150 份，而下面的间广却可以用 375 份”这样的特有现象。

5. 殿堂结构使用铺作自六铺作至八铺作。

厅堂结构有以下几个特点：

1. 有各种梁柱配合形式，极便于适应使用需要。在一座房屋中只需控制椽架长度相等，每一间缝均可采用不同梁柱配合形式。

2. 屋内柱均随举势加高，但每一柱均应位于其上的梁首或梁尾位置，如用中柱，其高只至平梁之下，并仍在柱头使用栌斗、栱、楷头承于平梁之下。

3. 每一屋架视椽数，屋内用一柱至四柱，极少通檐屋内不用柱。屋内用三柱（其一为中柱）或四柱时，其三柱之间或中间两柱之间须用顺栿串。

4. 各槫缝屋架除以槫逐架连接外，还必须用襻间，并视情况加用顺脊串、顺身串。

5. 用铺作自六铺作至斗口跳。其铺作并外跳用栱斗，里跳只以华栱头或楷头承梁栿。

五十四、瓦——形式名称

瓦有两种：瓪瓦和瓪瓦。瓪瓦是半圆形瓦，只用作盖瓦。瓪瓦是四分之一圆弧瓦，一头大一头小。瓪板结宽时，用作仰瓦（底瓦）；散瓪瓦结宽时，仰瓦、合瓦均用瓪瓦。此外有“线道瓦、条子瓦、大当沟瓦、小当沟瓦、华头瓪瓦、重唇瓪瓦、垂尖华头瓪瓦”等名称，均系以瓪瓦或瓪瓦加工而成。

卷十五《窑作制度·瓦》“凡造瓦坯之制，候曝微干用刀剺画，每桶作四片（瓪瓦作二片，线道瓦于每片中心画一道，条子十字剺画）”[①]，可知线道瓦、条子瓦只是在瓪瓦上划道作二或四片，使用时击开。卷十三《瓦作制度·垒屋脊》：“……线道瓦在当沟瓦之上，脊之下……”[②]，卷二十六《诸作料例一·瓦作》“大当沟（以瓪瓦一口造）每二枚七斤八两。……小当沟每瓪瓦一口造二枚……”[③]。

华头瓪瓦，当即瓦当。重唇瓪瓦及垂尖华头瓪瓦，当即滴水。亦系瓪、瓪瓦坯加工而成，故卷二十五《诸作功限二·窑作》中列有“黏瓪瓦华头”“拨瓪瓦重唇”等功。

---

① 李诫:《营造法式（陈明达点注本）》第二册卷十五《窑作制度·瓦》，第 108 页。
② 李诫:《营造法式（陈明达点注本）》第二册卷十三《瓦作制度·垒屋脊》，第 53 页。
③ 李诫:《营造法式（陈明达点注本）》第三册卷二十六《诸作料例一·瓦作》，第 70 ～ 71 页。

五十五、砖——规格及使用范围

卷十五《砖作制度》载有八种砖，其规格及使用范围如下：

1. 方砖。

殿阁等十一间以上用　方二尺，厚三寸。

殿阁等七间以上用　方一尺七寸，厚二寸八分。

殿阁等五间以上用　方一尺五寸，厚二寸七分。

殿阁、厅堂、亭榭等用　方一尺三寸，厚二寸五分。

行廊、小亭榭、散屋等用　方一尺二寸，厚二寸。

2. 条砖。

殿阁、厅堂、亭榭等用　长一尺三寸，广六寸五分，厚二寸五分。

行廊、小亭榭、散屋等用　长一尺二寸，广六寸，厚二寸。

3. 压阑砖，阶唇用　长二尺一寸，广一尺一寸，厚二寸五分。

4. 走趄砖，城壁所用　长一尺二寸，面广五寸五分，底广六寸，厚二寸。

5. 趄条砖，城壁所用　面长一尺一寸五分，底长一尺二寸，广六寸，厚二寸。

6. 牛头砖，城壁所用　长一尺三寸，广六寸五分，一壁厚二寸五分，一壁厚二寸二分。

另在同卷《窑作制度·砖》篇中，所列除上述六种外，尚有两种为《砖作制度》所未列：

7. 砖碇，方一尺一寸五分，厚四寸三分。（用途未详）

8. 镇子砖，方六寸五分，厚二寸。（用途未详）

五十六、压槽方

卷五《大木作制度二·梁》："凡屋内若施平棊（平闇亦同），在大梁之上平棊之上又施草栿，乳栿之上亦施草栿，并在压槽方之上（压槽方在柱头方之上）。”[①]又据卷三十《大木作制度图样上·下昂上昂出跳分数第三》图中，除四铺作卷头、插昂二图外，其余下昂四图、上昂四图，柱头方上昂背（下昂）之上，或上昂铺作衬方头之上，又各多一方，其广如材厚倍柱头方。卷三十一《大木作制度图样下》有四幅“殿堂草架侧样”图，其殿身外檐及身内铺作之上亦有此方。

但此方用法及规模均付阙如。而卷十七、十八《大木作功限》之关于《铺作用栱料等数》等篇亦未著录，似非铺作构件。卷二十六《诸作料例一·大木作》中“松方：长二丈八尺至二丈三尺，广二尺至一尺四寸，厚一尺二寸至九寸，充四架椽至三架椽栿、大角梁、檐额、压槽方……”[②]，从需用如此大料及图中所表示，估计为广、厚各达30份之方木，是承托于草栿下之构件。但早期实例中未见，较晚之元代曲阳北岳庙德宁殿有类似之大料。

五十七、簇角梁

卷五《大木作制度二·举折》：“簇角梁之法用三折：先从大角梁背自橑檐方心量，向上至枨杆卯心，取大角梁背一半立上折簇梁，斜向枨杆举分尽处。次从上折簇梁尽处量至橑檐方心[③]，取大角梁背一半立中折簇梁，斜向上折簇梁当心之下。”[④]下折方法同上。

此法约与后代做法相似。系以枨杆及大角梁主骨干（枨杆即明清攒尖亭之雷公柱），与外檐橑檐方上安大角梁，梁尾举高五分中举一分，即上引文之前所谓“若八角或四角鬬尖亭榭，自橑檐方背举至角梁底，五分中举一分，至上簇角梁即两分中举一

[①] 李诫:《营造法式（陈明达点注本）》第一册卷五《大木作制度二·梁》，第99页。
[②] 李诫:《营造法式（陈明达点注本）》第三册卷二十六《诸作料例一·大木作》，第63页。
[③]“次从上折簇梁尽处量至橑檐方心，”一句，梁思成注释本将“，”作“？”，此颇费解，疑注释本有误。参见徐伯安、王贵祥等整理的《梁思成全集》（第七卷）第158页之内容。
[④] 李诫:《营造法式（陈明达点注本）》第一册卷五《大木作制度二·举折》，第114页。

分”。而此“两分中举一分”之位置，即前文所称上折簇角梁“斜向枨桿举分尽处”。

如图[①]，可知亭榭举折的“折”是由分三折，立在大角梁背上的簇角梁完成的。

五十八、华头子

凡铺作用下昂，其最下一昂斗口内，自里跳华栱延伸出头长九分，刻作两卷瓣，承于昂下，即为华头子。以上各昂皆不用。即卷四《大木作制度一·飞昂》：“凡昂安枓处，高下及远近皆准一跳。若从下第一昂，自上一材下出，斜垂向下。枓口内以华头子承之（华头子自枓口外长九分，将昂势尽处匀分刻作两卷瓣，每瓣长四分）。如至第二昂以上，只于枓口内出昂……”[②]

五十九、讹角枓

卷四《大木作制度一·枓》：“造枓之制有四：一曰栌枓，施之于柱头，其长与广皆三十二分，若施于角柱之上者，方三十六分（如造圜枓，则面径三十六分，底径二十八分），高二十分，上八分为耳，中四分为平，下四分为欹（今俗谓之溪者非）。开口广十分，深八分（出跳则十字开口四耳，如不出跳则顺身开口两耳），底四面各杀四分，欹鰤一分（如柱头用圜枓，即补间铺作用讹角枓）。”[③]讹角，即将方角讹杀成圆角，仅用于角柱上栌枓为圆枓时。

---

① 原稿此处的“如图”，亦如前文之“见图”，原稿中并未附图，估计也是作者拟绘而未及绘。
② 李诫：《营造法式（陈明达点注本）》第一册卷四《大木作制度一·飞昂》，第81页。
③ 李诫：《营造法式（陈明达点注本）》第一册卷四《大木作制度一·枓》，第86～87页。

六十、驼峰（1）

屋架构造平梁之上空间较大，一般均用蜀柱承脊槫。自平梁以下各椽，多于梁头之下用方木敦桥使达举高要求。如系彻上明造，则安驼峰，驼峰上坐斗，耍头等与襻间相交，以承上架梁头。

此正如卷五《大木作制度二·梁》所谓："凡屋内彻上明造者，梁头相叠处，须随举势高下用驼峰。其驼峰长加高一倍，厚一材，枓下两肩或作入瓣，或作出瓣，或圜讹两肩两头卷尖。梁头安替木处并作隐枓，两头造耍头或切几头（切几头刻梁上角作一入瓣），与令栱或襻间相交。"[1]

驼峰有各种形式的艺术加工。如上文所引，即有出瓣、入瓣、圜讹两肩、两头卷尖等四种形式。卷三十《大木作制度图样上·梁柱等卷杀第二》图中又有鹰嘴驼峰三瓣、两瓣驼峰、掐瓣驼峰、毡笠驼峰等四式，大致为向外凸出的圆弧名"入瓣"，向内凹进的圆弧称"出瓣"。现存实例中驼峰亦多种多样，大抵艺术形式并无严格规定，只需掌握"长加高一倍，厚一材"，可矣。

六十一、驼峰（2）

石作部分。卷三《石作制度》。

"赑屃鳌坐碑"之鳌坐中部凸出承碑身之狭长形平台，亦称"驼峰"。

六十二、平坐（2）

窑作部分。

---

[1] 李诫:《营造法式（陈明达点注本）》第一册卷五《大木作制度二·梁》，第99页。

卷十五《窑作制度·垒造窑》。砖瓦窑窑身垂直平砌部分，名“平坐”，窑门即开于平坐上。

六十三、彻上明造

彻上明造即室内不做平棊（或平闇）藻井，全部屋盖结构显露可见，不加掩蔽。其意在于以结构之精巧、工作之细致取得艺术效果。《营造法式》详细说明了彻上明造所应注意之各种做法，今依次过录如下：

1. 卷四《大木作制度一·飞昂》：“若屋内彻上明造，即用挑斡，或只挑一枓，或挑一材两栔。……如用平棊，即自槫安蜀柱以叉昂尾……”[①]

2. 卷五《大木作制度二·梁》：“凡屋内彻上明造者，梁头相叠处须随举势高下用驼峰。”[②]

3. “凡屋内若施平棊（平闇亦同），在大梁之上平棊之上又施草栿，乳栿之上亦施草栿……”[③]

4. “凡平棊之上，须随槫栿用方木及矮柱敦桥，随宜枝樘[④]固济，并在草栿之上（凡明梁只阁平棊，草栿在上承屋盖之重）。”[⑤]

5. 卷五《大木作制度二·侏儒柱》：“凡屋如彻上明造，即于蜀柱之上安枓……枓上安随间襻间……”“凡襻间如在平棊上者，谓之草襻间，并用全条方。”[⑥]

6. 卷五《大木作制度二·椽》：“用椽之制……每槫上为缝，斜批相搭钉

---

① 李诫：《营造法式（陈明达点注本）》第一册卷四《大木作制度一·飞昂》，第 82 ～ 83 页。
② 李诫：《营造法式（陈明达点注本）》第一册卷五《大木作制度二·梁》，第 99 页。
③ 同上。
④《营造法式》（陶本）此处用字为“枝摚”，而学术界梁思成、刘敦桢、陈明达等均认为“摚”系“樘”之误。参见刘敦桢：《宋李明仲〈营造法式〉校勘记录》载《刘敦桢全集》第十卷，中国建筑工业出版社，2007；梁思成：《营造法式注释（卷上）》载《梁思成全集》第七卷，中国建筑工业出版社，2001 等。
⑤ 李诫：《营造法式（陈明达点注本）》第一册卷五《大木作制度二·梁》，第 100 页。
⑥ 李诫：《营造法式（陈明达点注本）》第一册卷五《大木作制度二·侏儒柱》，第 106 页。

之……”“若屋内有平棊者，即随椽长短，令一头取齐，一头放过上架，当椽钉之，不用裁截。”①

以上各条或指明彻上明造的要求，或从反面说“如用平棊”应如何做。明确无误，是不容误解的。还有在卷五《大木作制度二·梁》中的一条：“造月梁之制：明栿，其广四十二分（如彻上明造，其乳栿、三椽栿各广四十二分……六椽栿以上，其广并至六十分止。”②更为重要的是，除说明月梁的规格外，还指出月梁是“明栿”，亦即只用于彻上明造的栿，所以注文中罗列出直至六椽栿的各种规格。

又，明栿亦可称“明梁”，见同条下文：“凡角梁下又施檼衬角栿，在明梁之上……”③

六十四、入瓣　出瓣

瓣在《营造法式》中是常用名词。大木作中常见“分……瓣卷杀”之类，即分为多少个线段卷杀之意。在大、小木作及彩画作中，许多花纹、线脚、图案多用“瓣”之“出”或“入”为名。今举两例如下：

卷五《大木作制度二·梁》：“其驼峰长加高一倍，厚一材，枓下两肩或作入瓣，或作出瓣，或圜讹两肩两头卷尖。梁头安替木处并作隐枓，两头造耍头或切几头（切几头刻梁上角作一入瓣），与令栱或襻间相交。”④梁头方角多刻成四瓣形，是常见的。这一条使我们明确了解刻成如此形状，名为“一入瓣”。

卷十四《彩画作制度·五彩徧装》：“凡五彩徧装：柱头作细锦或琐文，柱身……或间四入瓣科或四出尖科……”⑤，对照卷三十三《彩画作制度图样上·五彩额柱第五》图中三幅柱身彩画，并参照上文梁切几头一入瓣之意，此三幅图中第一幅写明“枝条

① 李诫：《营造法式（陈明达点注本）》第一册卷五《大木作制度二·椽》，第110～111页。
② 李诫：《营造法式（陈明达点注本）》第一册卷五《大木作制度二·梁》，第97页。
③ 同上书，第99页。
④ 同上。
⑤ 李诫：《营造法式（陈明达点注本）》第二册卷十四《彩画作制度·五彩徧装》，第81～82页。

卷成海石榴华内间四入圜华科"，可知其柱身上三个四瓣团花图案即所谓"四入瓣科"，中一幅当即所谓"四出尖科"。图文不一致，可能是这类花纹图案原即有这种称呼。我们掌握"四入瓣""四出瓣"之类名称，大致可推知其梗概。

六十五、生头木

卷五《大木作制度二·栋》："凡两头梢间，槫背上并安生头木，广厚并如材，长随梢间，斜杀向里，令生势圜和，与前后橑檐方相应。其转角者，高与角梁背平，或随宜加高，令椽头背低角梁头背一椽分。"[①] 这一段应是两件事。前半至"与前后橑檐方相应"，系指一般不转角房屋（不厦两头造）至梢间槫背用生头木，广厚并如材；后半是指转角处用生头木，应"高与角梁背平"，或更加高，则应以槫背低于角梁一椽径为度。

宋代建筑，每根槫至梢间均加生头木，故全部屋面生势圜和。

六十六、牛脊椽

卷五《大木作制度二·栋》："凡下昂作，第一跳心之上用槫承椽（以代承椽方），谓之牛脊槫，安于草栿之上，至角即抱角梁，下用矮柱敦桥。如七铺作以上，其牛脊槫于前跳内更加一缝。"[②] 卷三十一的两个殿堂双槽草架图中均有牛脊槫，但在第二跳或二三跳之间。

实例中未见实物。

[①] 李诫：《营造法式（陈明达点注本）》第一册卷五《大木作制度二·栋》，第108页。
[②] 同上。

六十七、石段

《营造法式》的《石作制度》中无明文规定石材标准规格。但各项具体制度中常表现出有一定规格，其中以“长三尺、广二尺、厚六寸”为最常见。如：

卷三《石作制度·殿阶基》篇：“造殿阶基之制：……以石段长三尺、广二尺、厚六寸……”[①]

同卷《压阑石》篇：“造压阑石之制：长三尺、广二尺、厚六寸（地面石同）。”[②]

同卷《地栿》篇：“造城门石地栿之制：先于地面上安土衬石（以长三尺、广二尺、厚六寸为率）……”[③]

以上垒阶基的石段、压阑石、地面石、土衬石等都是用量较多和较普遍的。又如同卷《坛》：“造坛之制：共三层，高广以石段层数自土衬上至平面为高……”[④]，只说“石段”未标明尺寸。但与殿阶基同用石段，则石段亦可能为标准石条之名。而同卷《卷輂水窗》：“造卷輂水窗之制：用长三尺、广二尺、厚六寸石造……”，以下只说“……上铺衬石方三路……并二横砌石涩一重……平铺石地面一重……”[⑤]，未再及具体尺寸。均可知“长三尺、广二尺、厚六寸”的石段为石作标准用料。

六十八、坛

卷三《石作制度·坛》篇是独立的一篇，而总共只有三行文字，既未阐明其形体，亦未确定其规制。只说自土衬石至坛面高三层，“每头子各露明五寸，束腰露一尺”[⑥]。如上下各露明方涩一层，束腰一层，即是三层，共高二尺，是一个极简单的台座形，

[①] 李诫:《营造法式（陈明达点注本）》第一册卷三《石作制度·殿阶基》，第60页。
[②] 李诫:《营造法式（陈明达点注本）》第一册卷三《石作制度·压阑石》，第60页。
[③] 李诫:《营造法式（陈明达点注本）》第一册卷三《石作制度·地栿》，第65页。
[④] 李诫:《营造法式（陈明达点注本）》第一册卷三《石作制度·坛》，第66页。
[⑤] 李诫:《营造法式（陈明达点注本）》第一册卷三《石作制度·卷輂水窗》，第67页。
[⑥] 李诫:《营造法式（陈明达点注本）》第一册卷三《石作制度·坛》，第66页。

在实例中亦未曾见有相似之物，其确切形象制度均待考订。

六十九、绞头

大木如阑额、普拍方，至角柱相交出柱部分，今俗称“出头”，或做成“梁抹头”（形似耍头，见卷三十《大木作制度图样上·梁柱等卷杀第二》），或垂直截齐。在大木作各卷中均未叙及［仅卷五《阑额》篇内云：“凡地栿，广如材二分至三分……至角出柱一材（上角或卷杀作梁切几头）。”[①]］。但在小木作中名“绞头”，如卷九《小木作制度四·佛道帐》：“普拍方：长随四周之广，其广一寸八分，厚六分（绞头在外）。”[②]

七十、砌砖

卷十五《砖作制度·垒阶基》：“垒砌阶基之制：用条砖，殿堂、亭榭阶高四尺以下者，用二砖相并；高五尺以上至一丈者，用三砖相并；楼台基高一丈以上至二丈者，用四砖相并；高二丈至三丈以上者，用五砖相并；高四丈以上者，用六砖相并。普拍方外阶头，自柱心出三尺至三尺五寸（每阶外细砖高十层，其内相并砖高八层）。其殿堂等阶若平砌，每阶高一尺，上收一分五厘；如露龈砌，每砖一层，上收一分（粗垒二分）；楼台、亭榭每砖一层，上收二分（粗垒五分）。”[③]

这段阐述含五个问题：一、什么叫“二砖相并”；二、什么是细砖；三、什么是平砌；四、什么是露龈砌；五、什么是粗垒。兹依次解答如下。

1. 二砖相并。只需从文字便可得解，即两块砖相靠。但也有人问是长边相靠，抑或短边相靠？我以为两砖相并，亦即砌砖的厚度，砖广六寸，两砖一尺二寸，作为高

---

① 李诫：《营造法式（陈明达点注本）》第一册卷五《大木作制度二·阑额》，第 101 ～ 102 页。
② 李诫：《营造法式（陈明达点注本）》第一册卷九《小木作制度四·佛道帐》，第 195 页。
③ 李诫：《营造法式（陈明达点注本）》第二册卷十五《砖作制度·垒阶基》，第 98 页。

四尺以下的阑土墙是够厚的了。而每加高一丈左右，其厚又加一砖，也是恰当的。

2. 细砖。卷二十五《诸作功限二·砖作》中有“斫事”条，其下“粗垒条砖”有注云“谓不斫事者”。可知斫事即四边斫令方正或更磨平之类加过工的砖，故称为“细砖”。未加工者即“粗垒砖”或“相并砖”。故“细砖”十层高与“相并砖”八层相等。

3. 平砌。或以为平砌不收分，这显然忽略了原文“每阶高一尺，上收一分五厘”，只不过收分很小而已。更重要的是，平砌的表面是“平”的，即上下两砖相差仅三厘，近于平。平是与下面露龈砌相对而言的。

4. 露龈砌。即每层砖均向内收一或二分，使下面砖露出一条边（龈），因此它的表面显得不平。平砌和露龈砌都是用经过斫事的砖。

5. 粗垒。前引功限条已说明粗垒是用未经斫事的砖。如露龈砌则所收进更大，殿堂等粗垒露龈二分，楼台亭榭达五分。又同卷《砖墙》：“垒砖墙之制：每高一尺，底广五寸，每面斜收一寸。若粗砌，斜收一寸三分，以此为率。”[①] 每高一尺相当于五层砖，每面斜收一寸，即每层砖须收进二分，显然只是露龈砌而非平砌。至于同卷《慢道》篇“……凡慢道面砖露龈皆深三分（如华砖即不露龈）”[②]，则是铺砌地面坡道（为防滑采取的措施），显然与砌墙等性质不同。

垒砌墙垣等垂直砌体，所要注意的是收分，而铺砌地面等水平砌体，则重视散水。同卷《铺地面》一篇，补充了这种砌法：“铺砌殿堂等地面砖之制：用方砖，先以两砖面相合磨令平，次斫四边以曲尺较令方正，其四侧斫令下棱收入一分。殿堂等地面，每柱心内方一丈者，令当心高二分；方三丈者，高三分（如厅堂、廊舍等，亦可以两椽为计）[③]。柱外阶广五尺以下者，每一尺令自柱心起至阶龈垂二分，广六尺以上者垂三分。”[④] 即殿堂中心向四周檐柱心垂（降低）千分之四至千分之六；而柱心以外至阶龈垂百分之二至百分之三。

---

① 李诫：《营造法式（陈明达点注本）》第二册卷十五《砖作制度·砖墙》，第 102 页。

② 李诫：《营造法式（陈明达点注本）》第二册卷十五《砖作制度·慢道》，第 101 页。

③ 依据陶本、故宫本，括弧内文字“如厅堂、廊舍等，亦可以两椽为计”为注文，而梁思成注释本中排为正文，不知何据？又，前句“令当心高二分”，丁本作“令当心高一分”。

④ 李诫：《营造法式（陈明达点注本）》第二册卷十五《砖作制度·铺地面》，第 98 ～ 99 页。

七十一、垒屋脊[1]

宋代屋脊用瓪瓦垒砌，其高低以用瓦层数计，多类房屋的屋脊，规定出正脊层数，房屋每增加两间或两椽，正脊即增加两层。垂脊高较正脊减两层，正脊于线道瓦上厚一尺至八寸，垂脊厚减二寸。

各类房屋标准脊高（自线道瓦起，包括线道瓦在内）如下：

殿阁三间八椽，或五间六椽	正脊高三十一层，加至三十七层止
堂屋三间八椽，或五间六椽	正脊高二十一层，加至二十五层止
厅堂三间八椽，或五间六椽	正脊高十九层，加至二十三层止
门楼屋一间四椽	正脊高十一层或十层
门楼屋三间六椽	正脊高十七层
廊屋四椽	正脊高九层
常行散屋六椽用大当沟瓦	正脊高七层
常行散屋六椽用小当沟瓦	正脊高五层
营房屋两椽	脊高三层

七十二、用鸱尾[2]

《营造法式》卷十三《瓦作制度》规定各类房屋用鸱尾标准如下：

殿屋八椽九间以上，有副阶者鸱尾高九尺至一丈。若无副阶，高八尺。

殿屋五间至七间，高七尺至七尺五寸。

殿屋三间，高五尺至五尺五寸。

楼阁三层檐者与殿五间同。

---

[1] 李诫：《营造法式（陈明达点注本）》第二册卷十三《瓦作制度·垒屋脊》，第 52 ～ 54 页。
[2] 李诫：《营造法式（陈明达点注本）》第二册卷十三《瓦作制度·用鸱尾》，第 55 ～ 56 页。

楼阁两层檐者与殿三间同。

殿挟屋，高四尺至四尺五寸。

廊屋之类，高三尺至三尺五寸。若廊屋转角，即用合角鸱尾。

小亭殿等，高二尺五寸至三尺。

鸱尾高三尺以上，加用铁脚子、铁束子、抢铁、五叉拒鹊子，身两面用铁鞠，身内用柏木桩等。详细形制，均待考。

七十三、用兽头等[①]

《营造法式》卷十三《瓦作制度》规定各类房屋用兽头、套兽、嫔伽、蹲兽、滴当火珠、正脊当中火珠等。标准如下：

1. 用兽头标准（并以正脊层数为祖）：

殿阁垂脊兽	正脊三十七层，兽高四尺
	正脊三十五层，兽高三尺五寸
	正脊三十三层，兽高三尺
	正脊三十一层，兽高二尺五寸
堂屋等正脊兽（垂脊兽比正脊兽减一等）	正脊二十五层，兽高三尺五寸
	正脊二十三层，兽高三尺
	正脊二十一层，兽高二尺五寸
	正脊十九层，兽高二尺
廊屋等正脊兽（垂脊兽比正脊兽减一等）	正脊九层，兽高二尺
	正脊七层，兽高一尺八寸
散屋等正脊兽	正脊七层，兽高一尺六寸
	正脊五层，兽高一尺四寸

① 李诚:《营造法式（陈明达点注本）》第二册卷十三《瓦作制度·用兽头等》，第 56 ～ 60 页。

2. 用套兽、嫔伽、蹲兽、滴当火珠等标准：

四阿殿九间以上或九脊殿十一间以上	套兽径一尺二寸，嫔伽高一尺六寸，蹲兽八枚各高一尺，滴当火珠高八寸
四阿殿七间或九脊殿九间	套兽径一尺，嫔伽高一尺四寸，蹲兽六枚各高九寸，滴当火珠高七寸
四阿殿五间九脊殿五间至七间	套兽径八寸，嫔伽高一尺二寸，蹲兽四枚各高八寸，滴当火珠高六寸
九脊殿三间、厅堂五至三间或枓口跳及四铺作厦两头	套兽径六寸，嫔伽高一尺，蹲兽两枚各高六寸，滴当火珠高五寸
亭榭厦两头，四角八角攒尖亭子同，用八寸甋瓦	套兽径六寸，嫔伽高八寸，蹲兽四或二枚各高六寸，滴当火珠高四寸或三寸
厅堂不厦两头	嫔伽每角一枚高一尺，或上用蹲兽一枚高六寸

3. 正脊当中用火珠标准：

殿阁三间	火珠径一尺五寸
殿阁五间	火珠径二尺
殿阁七间以上	火珠径二尺五寸
四角亭子方一丈至一丈二尺	火珠径一尺五寸
四角亭子方一丈五尺至二丈	火珠径二尺
八角亭子方一丈五尺至二丈	火珠径二尺五寸
八角亭子方三丈以上	火珠径三尺五寸

以上殿阁用火珠并两焰，夹脊两面造盘龙或兽面。

四角、八角亭攒尖，用火珠四焰或八焰，其下用圜坐。

每火珠一枚，均内用柏木竿一条。

七十四、拽勘　拢裹

《营造法式》计功限，多按不同工作性质分别计算，然后再归总。例如卷十九《大木作功限三·殿堂梁柱等事件功限》，先列举各种构件——月梁、直梁柱等的造作功，然后指明："凡安勘、绞割屋内所用名件柱额等，加造作名件功四分。卓立、搭架、钉椽、结裹，又加二分。"[①] 由此可知任何项目均以造作功为基准，其他各项均按造作功的分数（即十分之几）加成。据功限各篇之此类项目，计有：1. 造作功，2. 安卓功，3. 安勘功，4. 安搭功，5. 安挂功，6. 安钉功，7. 绞割功，8. 卓立功，9. 搭架功，10. 展拽功，11. 拽勘功，12. 铺放功，13. 钉椽功，14. 结裹功，15. 拢裹功，16 穿拢功，17. 穿凿功等十七项。其中大多可解，然而，部分术语如安勘、结裹等的含义不十分明确，是须不断研究澄清的问题。现仅就拽勘、拢裹两词试探究如下。

卷十三《瓦作制度·结瓦》："一曰瓪瓦。……两瓪瓦相去，随所用瓪瓦之广，匀分陇行，自下而上（其瓪瓦须先就屋上拽勘陇行，修斫口缝令密，再揭起，方用灰结瓦）。"[②] 据注文，结宽之先，须按陇排放瓪瓦，随手修斫口缝。使陇行、瓦缝相接处均合于规格。然后再揭起，用灰结宽。故谓拽勘，亦即先试安装，校正无误后再正式安装。因此，"拽"是试安装，而"勘"是修斫、校正。又据卷十七《大木作功限一·铺作每间用方桁等数》有"……其铺作安勘、绞割、展拽每一朵，取所用枓栱等造作功，十分中加四分"[③],此条的"安勘""展拽"中"勘""拽"二字已适用上述解释。或"安勘"与"展拽"合称"拽勘"，亦未可知。

拢裹功多见于小木作功限中，如鬬八藻井、钩阑、佛道帐、壁帐等，造作功之外均有拢裹功。似可理解为凡以大量预制构件，拼逗装范为整体的工作，名为拢裹。这种工作往往是精心制作构件，匠师工艺水平也较高。拼装逗拢是精细的工作，在大木作中仅有安置翼角飞檐可与之比拟。卷十九《大木作功限三·殿堂梁柱等事件功限》中有"……卓立、搭架、钉椽、结裹，又加二分"[④]，同卷《拆修挑拔舍屋功限》篇又有：

---

① 李诫：《营造法式（陈明达点注本）》第二册卷十九《大木作功限三·殿堂梁柱等事件功限》，第 196 页。

② 李诫：《营造法式（陈明达点注本）》第二册卷十三《瓦作制度·结瓦》，第 48 ～ 49 页。

③ 李诫：《营造法式（陈明达点注本）》第二册卷十七《大木作功限一·铺作每间用方桁等数》，第 169 页。

④ 李诫：《营造法式（陈明达点注本）》第二册卷十九《大木作功限三·殿堂梁柱等事件功限》，第 196 页。

“重别结裹飞檐，每一丈四分功”[①]，可知结裹飞檐须另计功，而结裹与小木作的拢裹必有相近之义。

七十五、栿项柱

“栿项柱”是在大木作功限中常见的名称，如：

卷十九《大木作功限三·仓廒库屋功限》：“八椽栿项柱一条，长一丈五尺，径一尺二寸，一功三分（如转角柱，每功加一分功）。”[②]同条另有冲脊柱、下檐柱。

同卷《营屋功限》：“栿项柱每一条”（二分功），另有：“四椽下檐柱每一条一分五厘功（三椽者一分功，两椽者七厘五毫功）。”[③]

同卷《荐拔抽换柱栿等功限》：“殿宇楼阁　平柱：有副阶者（以长二丈五尺为率）一十功（……其厅堂、三门、亭台、栿项柱，减功三分之一）。无副阶者（以长一丈七尺为率）六功（……其厅堂、三门、亭台下檐柱，减功三分之一）。”同篇另条“枓口跳以下，六架椽以上舍屋……栿项柱一功五分（下檐柱八分功）”，又同篇另条“单枓只替以下，四架椽以上舍屋……栿项柱一功（下檐柱五分功）”[④]。

栿项柱形制不明。意者，或为梁栿项直接入柱之柱。亦待考。仅录有关各条以备参考。

---

① 李诫:《营造法式（陈明达点注本）》第二册卷十九《大木作功限三·拆修挑拔舍屋功限》，第 209 页。

② 李诫:《营造法式（陈明达点注本）》第二册卷十九《大木作功限三·仓廒库屋功限》，第 198 页。

③ 李诫:《营造法式（陈明达点注本）》第二册卷十九《大木作功限三·营屋功限》，第 206 ～ 207 页。

④ 李诫:《营造法式（陈明达点注本）》第二册卷十九《大木作功限三·荐拔抽换柱栿等功限》，第 209 ～ 211 页。

七十六、斜项

卷五《大木作制度二·梁》："造月梁之制……梁首（谓出跳者）不以大小从下高二十一分……自枓心下量三十八分为斜项（如下两跳者长六十八分）……"[①] 系月梁之首尾与铺作结合处做法。即将梁头（或梁尾）与铺作结合处做成高一足材、厚十分，自梁背开始卷杀处至梁下斗口跳做成斜线。（见图）

直梁与铺作相交处做法同，惟梁面平直不加卷杀，自无斜线。

同卷《柱》："凡杀梭柱之法……又量柱头四分，紧杀如覆盆样，令柱头与栌枓底相副……"[②] 文中"令柱头"的"头"字，陶本误为"项"字，由此又出"柱项"之名，均误。

七十七、梁栿

梁、栿二字在《营造法式》中是同义词，在使用上似有不同，如卷五《大木作制度二·梁》，篇名用"梁"字，释题曰"其名有三：一曰梁，二曰杗廇[③]，三曰欐"[④]，并无"栿"，而"造梁之制""凡梁之大小"等，也均用"梁"字。似乎在"梁"字之下的属文才用"栿"，如"造月梁之制：明栿，其广四十二分"[⑤] 等等。其应用原则很不明确，我们现在只能随习惯使用。

按其外形，梁有直梁、月梁之分。如同卷："凡梁之大小，各随其广分为三分，以二分为厚（……若直梁狭，即两面安槫栿版；如月梁狭，即上加缴背，下贴两颊，不得

---

① 李诫：《营造法式（陈明达点注本）》第一册卷五《大木作制度二·梁》，第 97 页。
② 李诫：《营造法式（陈明达点注本）》第一册卷五《大木作制度二·柱》，第 102 ～ 103 页。
③ 杗廇：《辞源》注音为"忙溜"。韩愈《进学解》："夫大木为杗，细木为桷。"梁思成注释本注音为"范溜"。参见徐伯安、王贵祥等整理的《梁思成全集》（第七卷）第 121 页之内容。
④ 李诫：《营造法式（陈明达点注本）》第一册卷五《大木作制度二·梁》，第 95 页。
⑤ 同上书，第 97 页。

刻剜梁面）。”[1] 直梁即四面平直的梁；月梁系做成略如弓形曲线的梁。月梁是一种艺术加工，梁背向上弯凸，梁两颊亦凸出成曲面，梁底则向上弯起。因此月梁必须加大其截面，例如平梁规格广两材至两材一栔，如做成月梁则广两材一栔至两材两栔。

梁以其所处地位或功能，又分为明栿、草栿。凡彻上明造的房屋，全部用明栿，凡屋内用平棊或平闇时，在其上的梁栿一律用草栿，在平棊等之下的一律用明栿。故明栿即是显露在外、举目可见的，所以它可以是直梁，最好做成月梁。而草栿隐藏在平棊之上，即不必过细加工，可以不施斤斧，即卷二《总释下·平棊》之注文所说：“古谓之承尘。今宫殿中其上悉用草架梁栿承屋盖之重……皆不施斤斧……”[2]

而卷五《大木作制度二·梁》篇中又称“凡屋内若施平棊（平闇亦同），在大梁之上平棊之上又施草栿，乳栿之上亦施草栿……”“凡平棊之上，须随榑栿用方木及矮柱敦㭮，随宜枝樘固济，并在草栿之上（凡明梁只阁平棊，草栿在上承屋盖之重）”[3]。故据其功能，草栿必定是“承屋盖之重”。而明梁如上有平棊，当然“只阁平棊”。如室内不用平棊，明梁就须承屋盖了。

制作月梁卷杀时，梁两头卷杀稍有不同，因此又产生了“项”或“斜项”“梁首”“梁尾”等名称，均见《梁》篇内“造月梁之制”条中“梁首（谓出跳者）”“斜项外，其下起顣，以六瓣卷杀”“梁尾（谓入柱者）”等等。（参阅“斜项”条）

七十八、隔身版柱　起突壶门

隔身版柱、起突壶门，是叠涩坐（或须弥坐）束腰部分的处理方式。卷三之《石作制度·殿阶基》：“……其叠涩每层露棱五寸，束腰露身一尺，用隔身版柱，柱内平面作起突壶门造”[4]，前一句说每一层叠涩露出边棱五寸；后一句说束腰露明的一尺，用

[1] 李诫：《营造法式（陈明达点注本）》第一册卷五《大木作制度二·梁》，第 97 页。
[2] 李诫：《营造法式（陈明达点注本）》第一册卷二《总释下·平棊》，第 35 页。
[3] 李诫：《营造法式（陈明达点注本）》第一册卷五《大木作制度二·梁》，第 99 ～ 100 页。
[4] 李诫：《营造法式（陈明达点注本）》第一册卷三《石作制度·殿阶基》，第 60 页。

隔身版柱分隔为若干段，每一段又用剔地起突雕镌壶门。

全书论及阶基形式，在石作中有《殿阶基》一篇，在砖作中有《垒阶基》一篇、《须弥坐》一篇。其石作《殿阶基》篇指明“四周并叠涩坐数”，参考卷二十九《石作制度图样》，实际仍为须弥坐，仅各部分比例较砖作制度稍有出入，并不能区分为两种形式。而上引石作《殿阶基》内容，文字叙述明确，不得将隔身版柱、起突壶门误解为基座的形式，并与叠涩坐等相混淆。

七十九、檐

卷五《大木作制度二·檐》：“造檐之制：皆从橑檐方心出，如椽径三寸，即檐出三尺五寸；椽径五寸，即檐出四尺至四尺五寸。檐外别加飞檐，每檐一尺，出飞子六寸。”[①] 本篇对檐、飞制度阐述十分明确。仅由于所记尺寸均为实用尺寸而不是材份，而且在同卷《椽》篇中所记又均为材份，因而引起各种误解。只需将本篇所记实用尺寸还原成材份数，各种误解自会消除。

此问题在拙作《营造法式大木作制度研究》中已得到解决。即本篇所记椽径檐出数，全部为用三等材时的实用数，今按三等材还原，得出椽径三寸为六份，椽径五寸为十份，正为椽径的上下限。即：殿阁椽径九份至十份，副阶椽径八份至九份，厅堂椽径七份至八份，余屋椽径六份至七份。

而檐出三尺五寸，为七十份，四尺至四尺五寸为八十至九十份。亦即椽径六份，即檐出七十份。椽径十份，即檐出八十至九十份。今按《椽》篇所规定各类房屋用椽径，及《檐》篇所规定檐出上下限列表，再在各类房屋所用椽径将檐出上下限匀分为四等，即可见各类房屋、各种椽径所应得出份数。见表：

[①] 李诫：《营造法式（陈明达点注本）》第一册卷五《大木作制度二·檐》，第111页。

各类房屋、各种椽径上下限列表

材等	余屋		余屋及厅堂		厅堂		副阶及殿阁		殿阁	
	椽径6份		椽径7份		椽径8份		椽径9份		椽径10份	
	椽径（寸）	檐出（尺）	椽径（寸）	檐出（尺）	椽径（寸）	檐出（尺）	椽径（寸）	檐出（尺）	椽径（寸）	檐出（尺）
一	0.36	4.2	0.42	4.35 4.50	0.48	4.50 4.80	0.54	4.65 5.10	0.60	4.80 5.40
二	0.33	3.85	0.385	3.9875 4.125	0.44	4.125 4.40	0.495	4.2625 4.675	0.55	4.40 4.95
三	0.3	3.5	0.35	3.625 3.75	0.40	3.75 4.00	0.45	3.875 4.25	0.50	4.00 5.00
四	0.288	3.36	0.336	3.48 3.60	0.384	3.60 3.84	0.432	3.72 4.08	0.48	3.84 4.32
五	0.264	3.08	0.308	3.19 3.30	0.352	3.30 3.50	0.396	3.41 3.74	0.44	3.52 3.96
六	0.24	2.8	0.28	2.9 3.00	0.32	3.00 3.20	0.36	3.10 3.40	0.40	3.20 3.60
七	0.21	2.45	0.245	2.5375 2.625	0.28	2.625 2.80	0.315	2.7125 2.975	0.35	2.80 3.15
八	0.18	2.1	0.21	2.175 2.25	0.24	2.25 2.40	0.27	2.325 2.55	0.30	2.40 2.70

至于飞子出，只需按“檐出一尺，飞子六寸”的固定比例，则不致另有误解。

八十、卷杀

卷杀是《营造法式》记录下来的当时大木木工制作曲线的方法。按照这个方法可以很有规则地得出适合需要的曲线。这种曲线实际是由几条短的直线连续改变角度、长度，从而组合成的折线。实践证明，这种折线是极便于木工施工，而其效果又是很圜和的曲线。

其方法是：将拟做成曲线的部位画成方角，于其两面（见图）各截取一定长度，匀分为若干份或瓣，一般是在短的一面分为四等份，在长的一面分为四瓣，然后以每一份的起点与每一瓣的止点相连作线，按线将余料锯去，便得出所需折线。此即卷四《大木作制度一·栱》篇所述卷杀栱头之法：“凡栱之广厚并如材，栱头上留六分，下杀九分。其九分匀分为四大分，又从栱头顺身量为四瓣，各以逐分之首（自下而至上）

与逐瓣之末（自内而至外），以真尺对斜画定，然后斫造……”[①]

这就是卷杀方法的原则。但按各种不同构件的需要，其瓣数及每瓣具体长度则各不相同。

在大木作中使用卷杀方法的有：各种栱的栱头，月梁的梁身（阑额同月梁），梭柱，房屋正面由柱子生[②]高产生的曲线，出檐由至角生出产生的水平投影曲线。只有屋面曲线是由另一种方法（举折）产生的。

各种栱的栱头都是下杀九份而瓣数、每瓣长不同：华栱、瓜子栱四瓣，每瓣长四份；泥道栱四瓣，每瓣长三份半；令栱四瓣，每瓣长四份；慢栱四瓣，每瓣长三份。

月梁，梁首高二十一份以上，余材匀分为六份，其上梁背以六瓣卷杀，每瓣长十份。斜项外，其下起凹以六瓣卷杀，每瓣长十份。梁尾以五瓣卷杀。其平梁、劄牵之瓣数、瓣长各略有出入（参阅“斜项”条，“梭柱”条）。阑额两肩入柱卯之上，各以四瓣卷杀，每瓣长八份。

八十一、脊槫

脊槫是屋盖构造最上使用的一条槫，以其在屋盖正脊之下，正承受屋脊和脊两端鸱兽，故脊槫必须用两材襻间以增加其强度。在卷五《大木作制度二·阳马》篇中还提出在一定情况下，须增加脊槫的长度：“凡造四阿殿阁，若四椽、六椽五间，及八椽七间或十椽九间以上，其角梁相续直至脊槫，各以逐架斜长加之。如八椽五间至十椽七间，并两头增出脊槫各三尺（随所加脊槫尽处，别施角梁一重，俗谓之吴殿，亦曰五脊殿）。”[③]这种做法，与明清的推山做法相似，故认为此即宋代的推山。究应如何理解，是应予明确的。

看原文，先列举四椽、六椽五间，八椽七间，十椽九间等三种情况，均角梁相续

[①] 李诫：《营造法式（陈明达点注本）》第一册卷四《大木作制度一·栱》，第78页。

[②] 此处的“生”即“生起”之“生”，后代又作“升起”。下同。

[③] 李诫：《营造法式（陈明达点注本）》第一册卷五《大木作制度二·阳马》，第105页。

至脊槫，而不必增长脊槫。八椽五间、十椽七间这两种情况，则须增长脊槫两端各三尺（即每端增长75份，两端共增长一椽）。由此可知，后一种情况是脊槫过短故须增长。也应知脊槫短是须增长的惟一理由。实际脊槫长度不难计算：即吴殿屋盖的水平投影平面，进深（八椽）四间，面广为五间，两侧面屋盖长各占去两间，当中正脊长仅一间，与两侧屋盖水平投影长之比为2∶1。另一例进深（十椽）五间，面广七间，两侧面屋盖各占去两间半，当中正脊长两间，其比例为2.5∶2。两例的正脊长均小于两侧屋盖长。

而不需要增长脊槫的各例，按同样方法计算，四椽五间两侧屋盖长与正脊长之比为1∶3，六椽五间为1.5∶2，八椽七间为2∶3，十椽九间为2.5∶4。正脊均长于两侧屋盖。因此，增长正脊反映出正脊长须大于两侧屋盖长。当然，这是由于正立面外观轮廓、各部分比例关系所提出的要求。我们在现存实例中也曾见到正脊过短、立面轮廓不舒展的情况，如广济寺三大士殿，可称是最好的反面例证。

总之，增长脊槫是为了改善立面的外形轮廓，是出于艺术的要求。而明清时期的推山，则是一种固定做法，不问原来的正脊长短是否恰当，均须推山。

八十二、水槽子

卷三《石作制度·水槽子》：“造水槽之制：长七尺，方二尺，每广一尺，唇厚二寸，每高一尺，底厚二寸五分，唇内底上并为槽内广深。”[①]

此篇仅为通例，并非实做大小。所述尺寸均为表达其各部分比例而定，例如“长七尺，方二尺”，为长与方之比例；“每广一尺，唇厚二寸”，为广与唇厚之比例，等等。此水槽两端是否如小木作制度中之水槽有“罨头”，亦未指明，故其用途也无从指定。

按，古代一般城多公用水井或商营水井。其井侧设有水槽，逐段相接，以便将水引导至储水池内。或亦设有固定饮马之水槽，其形制大体相似：或一端有罨头，或两端

[①] 李诫：《营造法式（陈明达点注本）》第一册卷三《石作制度·水槽子》，第68页。

均不作罨头。如饮马用，则应两端均作罨头。

八十三、笏头碣

卷三《石作制度·笏头碣》："造笏头碣之制：上为笏首，下为方坐，共高九尺六寸，碑身广厚并准石碑制度（笏首在内）。其坐，每碑身高一尺，则长五寸、高二寸，坐身之内，或作方直，或作叠涩，宜雕镌华文。"[①]

将此篇与前一篇《赑屃鳌坐碑》对照，二者显然是一种规模的碑与另一种简单的小碑。"赑屃鳌坐碑"分土衬、鳌坐、碑身、碑首四部分，均雕镌华丽。自土衬以上，共高一丈八尺，得以正名为"碑"。而"笏头碣"之碑首、碑身一石连作，下为方坐，所雕镌华文则极为简单，总高仅九尺六寸，故不称"碑"而称"碣"。

"笏头"即将碑身上端凿成简单的三角形（见图），或亦作题额，碑身镌文，其下方坐镌华文。

八十四、曲阑搏脊

卷五《大木作制度二·阳马》："凡厅堂并厦两头造，则两梢间用角梁转过两椽。"[②]同卷《栋》："凡出际之制……若殿阁转角造，即出际长随架。"[③]故知厦两头造，梢间转过两椽，即两山屋盖深两椽（一间），直至梢间梁柱缝。自此以上屋盖改为前后两坡，各槫均出柱头成出际（即"屋废"），"出际长随架"即长一椽，并于槫头之外安搏风版，形成一个三角形空间，外有搏风版，版下饰以垂鱼惹草，里至间缝安架。此即习见之唐宋厦两头外观形式。

[①] 李诫：《营造法式（陈明达点注本）》第一册卷三《石作制度·笏头碣》，第 71 页。
[②] 李诫：《营造法式（陈明达点注本）》第一册卷五《大木作制度二·阳马》，第 105 页。
[③] 李诫：《营造法式（陈明达点注本）》第一册卷五《大木作制度二·栋》，第 107 ～ 108 页。

曲阑搏脊即此屋废之下，两山屋面之上所用屋脊。起于四角垂脊，沿前后搏风版尽处顺行至版尽处上折，沿屋面上行至间缝梁柱之外，再折而沿间缝顺行。以其沿搏风曲折，故名“曲阑搏脊”。明清时期出际收短，搏风版内用山花版将全部“屋废”空间封闭在内，搏脊沿搏风山花版成为一条直脊，形成了与唐宋厦两头造迥然不同的风格。

八十五、梁栿规格

卷五《大木作制度二·梁》所谓“造梁之制有五”并非指有五种性质的梁，而是有两种性质和四种大小不同的梁。此四种即檐栿、乳栿、劄牵、平梁，并据第五种，得知此四种梁全为适合殿堂类房屋的。而第五种名“厅堂梁栿”，并于该条末补述曰“余屋量椽数，准此法加减”[①]。因知梁栿规格应与柱、栋、椽等相同，按殿阁、厅堂、余屋三类房屋性质分别指定。本篇只列举了殿阁一类四种规格，而后说明厅堂、余屋须准此法加减。

据所列四种殿阁梁栿规格，可以看出：截面大小是按梁栿长度，并参酌用铺作情况制定的，其具体情况可综合如下表。由表似可认为：截面大小是按一材一栔、两材、两材一栔、两材两栔、三材、四材来分级的。据此检验《梁》篇：“……厅堂梁栿，五椽、四椽，广不过两材一栔；三椽广两材。”[②] 均较殿阁用量再减小一等。即厅堂用平梁乳栿均应为一材一栔。最大梁栿可至三材。而“余屋量椽数，准此法加减”，则应为较厅堂再减小一等，则一般用单材、足材，最大两材。见表：

梁栿规格及铺作等具体情况

长度	名称	用铺作	广
一椽	劄牵（草栿同）	不出跳	一材一栔
	劄牵（草栿同）	出跳	两材

① 李诫：《营造法式（陈明达点注本）》第一册卷五《大木作制度二·梁》，第 97 页。
② 同上。

续表

长度	名称	用铺作	广
两椽	平梁（草栿同）	四或五铺作	两材
	平梁（草栿同）	六铺作以上	两材一栔
二或三椽	乳栿，三椽栿（草栿同）	四或五铺作	两材一栔
	乳栿，三椽栿（草栿同）	六铺作以上	两材两栔
四或五椽	檐栿	四至八铺作	两材两栔
	檐栿（草栿同）	四至八铺作	三材
六至八椽以上	檐栿（草栿同）	四至八铺作	四材

以上推测，与实例对照大致相近，可供参考。

但月梁是另一种性质。因梁身各部分须加卷杀，使规定截面受割削，故须酌量加大规格。如按“造月梁之制”所定，则劄牵广 35 份；四椽、六椽屋平梁 35 份；八椽、十椽屋平梁 42 份，乳栿、三椽栿 42 份；四椽栿 50 份，五椽栿 55 份，六椽以上栿 60 份。

八十六、劄牵

长一椽的梁，基本上不负重，只起联系作用，为梁栿中最小的构件。一般一材一栔。

但如在下檐柱上用劄牵，则牵首多伸出组成铺作耍头，需要承担部分荷载。其广为两材，即卷五《大木作制度二·梁》所谓：“三曰劄牵，若四铺作至八铺作，出跳广两材；如不出跳，并不过一材一栔。”[①]

劄牵做法在卷三十一《大木作制度图样下·厅堂等间缝内用梁柱第十五》各图中之四架椽至十架椽屋中各有一例。

[①] 李诫:《营造法式（陈明达点注本）》第一册卷五《大木作制度二·梁》，第 96 页。

八十七、从角椽

卷十《小木作制度五·九脊小帐》："帐头：自普拍方至脊共高三尺（鸱尾在外）……上用压厦板出飞檐，作九脊结瓦。"[①] 其下所列名件中有"从角椽（长随宜均摊使用）"[②]。此名只见于小木作，据其名估计，为转角处随角梁加斜之椽，即清代的翼角椽。确否？待证。

八十八、雕镌制度·剔地起突

卷三《石作制度·造作次序》："其雕镌制度有四等：一曰剔地起突，二曰压地隐起华，三曰减地平钑，四曰素平。"[③] 其中"素平"之制已另有专条。惟"剔地起突"，过去理解为圆雕，尚需商讨。

据卷十六《石作功限》，各条中凡雕镌均另计，如《角石》之雕镌功："……两侧造剔地起突龙凤间华或云文，一十六功""叠涩坐角柱，上下涩造压地隐起华，两面共二十功"[④]；《殿阶基》："头子上减地平钑华，二功"[⑤] 等等，记述详尽，有剔地起突、压地隐起、减地平钑各种雕镌功。但另外又有如：柱础仰覆莲华，铺地莲华雕镌功，殿阶螭首，重台钩阑望柱下坐覆盆莲华，柱首雕镌线坐狮子等类，均单独计功，不属上述三种雕镌之内。而过去我们曾经将此类雕镌统归之于"剔地起突"之内，显然与功限内容不符。

据卷十二《雕作制度》中别有《混作》："凡混作雕刻成形之物，令四周皆备……"[⑥]，石作或亦有类似之分工，为制度所遗漏。

---

① 李诫：《营造法式（陈明达点注本）》第一册卷十《小木作制度五·九脊小帐》，第 220 页。
② 同上书，第 222 页。
③ 李诫：《营造法式（陈明达点注本）》第一册卷三《石作制度·造作次序》，第 57 页。
④ 李诫：《营造法式（陈明达点注本）》第二册卷十六《石作功限·角石》，第 127 ～ 128 页。
⑤ 李诫：《营造法式（陈明达点注本）》第二册卷十六《石作功限·殿阶基》，第 129 页。
⑥ 李诫：《营造法式（陈明达点注本）》第二册卷十二《雕作制度·混作》，第 32 页。

八十九、乳栿　丁栿

卷五《大木作制度二·梁》详列了各种梁栿的长广材份，而未及其使用部位。更有如丁栿、阑头栿，则仅见其名，并无长广材份。但“乳栿”的名称最易肯定。

检卷三十一《大木作制度图样下·厅堂等间缝内用梁柱第十五》，或题“前后乳栿用 × 柱”，或题“前后各劄牵、乳栿用 × 柱”，或题“乳栿对六椽栿用三柱”，或题“分心乳栿用三柱”，等等。对照原图，可知乳栿首尾均在柱头上，或栿首在柱头上，栿尾入内柱。如殿阁分槽，其两侧亦用乳栿。

而丁栿，如卷五《梁》篇：“……乳栿之上亦施草栿……其草栿长同下梁，直至橑檐方止。若在两面，则安丁栿，丁栿之上别安抹角栿与草栿相交。”[①] 故两山面乳栿之上所用非草栿而为丁栿，至角在丁栿别安抹角栿承正、侧两面下平槫交点，而丁栿尾与梢间草栿相交，即架于草栿之上。如转角造，更于丁栿中部“随架立夹际柱子以柱槫梢，或更于丁栿背方添闌[②] 头栿”[③]，即后代之“采步金”。

九十、角梁

卷五《大木作制度二·阳马》内记有大角梁、子角梁、隐角梁三次。“凡角梁之长，大角梁自下平槫至下架檐头。子角梁随飞檐头外至小连檐，下斜至柱心（安于大角梁内）。隐角梁随架之广，自下平槫至子角梁尾（安于大角梁中）。皆以斜长加之……其角梁相续直至脊槫……”[④]

其中子角梁及隐角梁是如何安于大角梁中的，迄今仍不得其解。

“隐角梁上下广十四分至十六分，厚同大角梁或减二分，上两面隐广各三分，深各

① 李诫：《营造法式（陈明达点注本）》第一册卷五《大木作制度二·梁》，第 99 页。

② “闌”字，在丁本《营造法式》中作“闌”。

③ 李诫：《营造法式（陈明达点注本）》第一册卷五《大木作制度二·栋》，第 108 页。

④ 李诫：《营造法式（陈明达点注本）》第一册卷五《大木作制度二·阳马》，第 104 ～ 105 页。

一椽分（余随逐架接续，隐法皆仿此）。”[①] 所谓隐法，应即两侧开槽以承椽尾，此槽高如椽径，即所谓“深各一椽分”；深三分，即所谓“上两面隐广各三分”。故隐角梁截面为“⊥”形。

又卷十九《大木作功限三·仓廒库屋功限》有“大角梁每一条一功一分”“子角梁每一条五分功”“续角梁每一条三分功”[②] 之说。上文有“逐架接续，隐法皆仿此”句，或隐角梁亦可称“续角梁”欤？

九十一、立颊

小木作门窗之外，左右所用直立构件，略似后代之门窗框，曾有人直称其为“门框”或“小柱子”，这似乎都是不确切的。由于时代不同，发展变化甚大，很难找到确切的现代名称代替。更进一步，小木作关于门窗、隔断等的作法，我们现在还研究不够，还没有完全理解，还不能作出结论。举例如下：

一般的门——版门、软门、乌头门均用立颊，破子櫺窗、睒电窗、版櫺窗亦用立颊。

卷六《小木作制度一·截间版帐》：“……如高七尺以上者，用额、栿、槫柱，当中用腰串造。若间远，则立榥柱。”[③]

前项立颊长，上至额、下至地栿，本项槫柱、榥柱长均“上至额、下至地栿”，为何名称不同？尤其是卷七《小木作制度二·堂阁内截间格子》：“截间开门格子：四周用额、栿、槫柱，其内四周用桯，桯内上用门额（额上作两间，施毬文，其子桯高一尺六寸），两边留泥道，施立颊……”[④] 槫柱、桯、立颊在尺度上、使用原则上，均

---

① 李诫：《营造法式（陈明达点注本）》第一册卷五《大木作制度二·阳马》，第 104 页。
② 李诫：《营造法式（陈明达点注本）》第二册卷十九《大木作功限三·仓廒库屋功限》，第 199 ~ 200 页。
③ 李诫：《营造法式（陈明达点注本）》第一册卷六《小木作制度一·截间版帐》，第 130 页。
④ 李诫：《营造法式（陈明达点注本）》第一册卷七《小木作制度二·堂阁内截间格子》，第 152 页。

无法确定其具体区别。以上均为小木作中亟待继续研究的问题。

九十二、敦桥

敦桥，此条数见：

卷五《大木作制度二・梁》："凡平棊之上，须随槫栿用方木及矮柱敦桥，随宜枝樘固济，并在草栿之上。"①

卷五《大木作制度二・栋》："……谓之牛脊槫，安于草栿之上，至角即抱角梁，下用矮柱敦桥……"②

上两条按文义则敦桥似为动词，益以卷十九《大木作功限三・殿堂梁柱等事件功限》："凡安勘、绞割屋内所用名件柱、额等，加造作名件功四分（如有草架、压槽方、襻间、闇栔、樘柱、固济等方木在内）"③，其注文所列举各种方木中亦无"敦桥"之名，或非敦桥名词也。

然卷六《小木作制度一・地棚》"造地棚之制：长随间之广，其广随间之深，高一尺二寸至一尺五寸，下安敦桥，中施方子，上铺地面版……""敦桥（每高一尺，长加三寸）：广八寸，厚四寸七分（每方子长五尺，用一枚）"④，则可肯定亦为方木之一种。

九十三、钩阑

卷三《石作制度》中有《重台钩阑》附"单钩阑"，卷八《小木作制度三・钩阑》内分重台钩阑和单钩阑。其内容基本相同，大抵石作钩阑形式制度均系仿木钩阑制度。

① 李诫：《营造法式（陈明达点注本）》第一册卷五《大木作制度二・梁》，第100页。

② 李诫：《营造法式（陈明达点注本）》第一册卷五《大木作制度二・栋》，第108页。

③ 李诫：《营造法式（陈明达点注本）》第二册卷十九《大木作功限三・殿堂梁柱等事件功限》，第196页。

④ 李诫：《营造法式（陈明达点注本）》第一册卷六《小木作制度一・地棚》，第140页。

两种钩阑仅总高度及各细部尺度略有出入。如石制重台钩阑每段高四尺，木制重台钩阑高四尺至四尺五寸。石制单钩阑高三尺五寸，木制单钩阑高三尺至三尺六寸。其高皆自寻杖上皮至地栿下皮。

钩阑皆安于两望柱之间。其长，石制重台钩阑七尺，单钩阑六尺；木钩阑每段长短随大木补间间距，即亦补间铺作一朵，立一望柱，角柱外阶头立一望柱，望柱外留三寸至五寸。如补间铺作太密，或不用补间，其间距可酌量增减。

钩阑每段形式以小木作为例如下。

单钩阑。最上为寻杖，次为盆唇，最下为地栿，此三件安于两侧望柱上。蜀柱安于钩阑两侧条，一条及中部（视远近一或二条）上下出榫，安于寻杖及地栿上，并穿过盆唇云栱，自云栱下盆唇木上造成撮项胡桃子等。盆唇下、地栿上、蜀柱间亦安华版或萬字钩片。

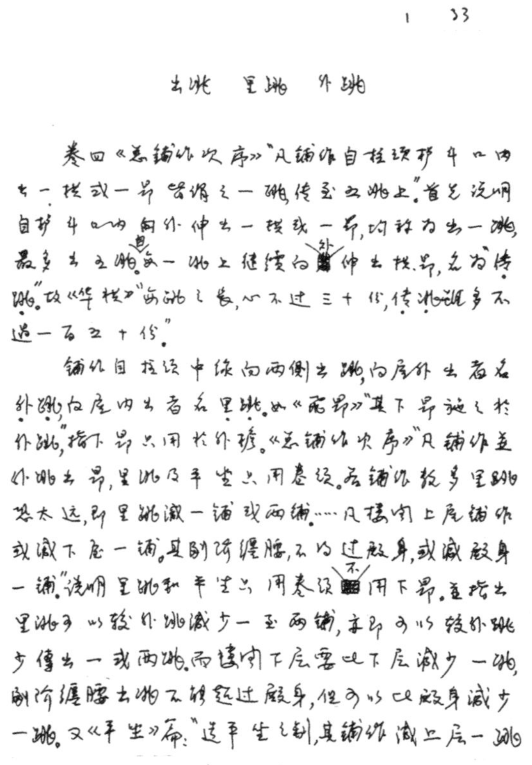

陈明达《〈营造法式〉研究札记》手稿

重台钩阑。较单钩阑多一层华版。即于地栿之上、盆唇之下增一束腰，亦左右贯通望柱。蜀柱贯通盆唇、束腰，柱下用华盆或地霞。束腰与盆唇间安上华版，束腰与地栿间安下华版。

在单钩阑构件中列有“华托柱：长随盆唇木，下至地栿上……”[1]，此篇篇末说明：

[1] 李诚：《营造法式（陈明达点注本）》第一册卷八《小木作制度三·钩阑》，第177页。

“……如殿前中心作折槛者（今俗谓之龙池），每钩阑高一尺，于盆唇内广别加一寸，其蜀柱更不出项，内加华托柱。”[①] 又卷二《总释下·钩阑》：“《汉书》：朱云忠谏攀槛，槛折。及治槛，上曰：‘勿易，因而辑之，以旌直臣’（今殿钩阑当中两栱不施寻杖，谓之折槛，亦谓之龙池）。”[②] 因知单钩阑不安寻杖，加高盆唇、地栿间空距，蜀柱不出项，并于盆唇下加华托柱，谓之“折槛”。

作者原注

一、原注中“和泥”的“和”应为“掘”之误。

二、《营造法式》中“分寸”的“分”和“材分”的“分”同用一字，本文将“材分”的“分”一律改用“份”，以免混淆。但引用原文时仍用原字。下同。

三、“长三尺、广二尺、厚六寸”似为定法。

四、此处陶本作“殿间”，今从故宫本作“殿阁”。

五、相当于阑额。

[①] 李诫:《营造法式（陈明达点注本）》第一册卷八《小木作制度三·钩阑》，第178页。
[②] 李诫:《营造法式（陈明达点注本）》第一册卷二《总释下·钩阑》，第37页。

参考文献

[1] 李诫. 营造法式[M]. 民国八年石印本(丁本), 1919.

[2] 李诫. 营造法式(陶本)[M]. 上海: 商务印书馆, 1954年重印本.

[3] 李诫. 营造法式(陈明达点注本)[M]. 杭州: 浙江摄影出版社, 2020.

[4] 梁思成. 营造法式注释(卷上)[M]. 北京: 中国建筑工业出版社, 1983.

[5] 梁思成. 梁思成全集(第七卷)[M]. 北京: 中国建筑工业出版社, 2001.

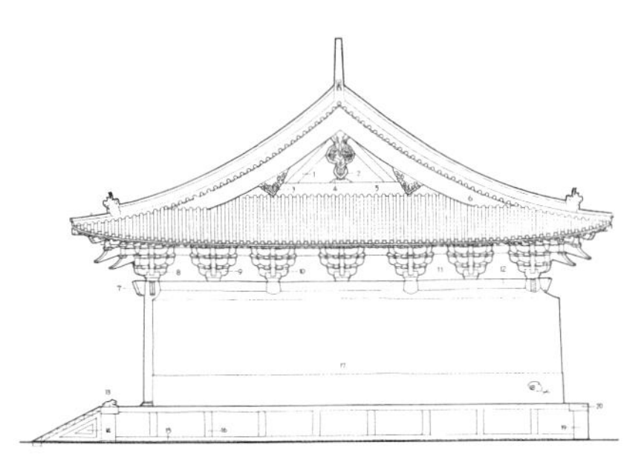

《營造法式》
《清式營造則例》
《營造法原》
名詞對照檢索及簡釋

整理説明及凡例

這份《〈營造法式〉〈清式營造則例〉〈營造法原〉名詞對照檢索及簡釋》係據陳明達先生生前積纍之工作記録卡片整理，共計 2489 個詞條。每張卡片基本包括名詞、出處（書名、章節及頁碼）和簡明釋義等几部分内容。

此文本中的《營造法式》名詞簡釋，係陳明達先生所撰，其中一些條目可詳見作者所另撰之《〈營造法式〉研究札記》《營造法式辭解》。這份文本很大程度上是另兩份文稿的前期準備，但也有一些似乎是那兩份文稿完成後的補充。如關於“壂”的解釋，此文本的文字似乎晚於《營造法式辭解》，而與《〈營造法式〉研究札記》相同步；而《〈營造法式〉研究札記》中又有一些晚於《營造法式辭解》的文字。

文本中對《清式營造則例》《營造法原》的名詞簡釋，一部分係陳明達先生對原書辭解部分的抄録，一部分則是對原書名詞釋義（正文部分及附録之辭解部分）的修訂，并有部分增删，如《清式營造則例》中的“十字口”、《營造法原》中的“女廳”等一些未列入原書附録之辭解者，本稿也予以適量補充。

從這份檢索及簡釋文本原稿看，對《清式營造則例》《營造法原》的名詞出處，大部分標示了在正文中的首現之處，也有一部分僅注明出自原書附録的辭解部分，另有一些僅存名目而未做解釋。這似乎説明，陳明達先生曾試圖逐字逐句通讀、核對原書正文與附録之辭解，以求證其辭解之解讀是否恰當，但這份工作并未最終完成。這也説明，此三書名詞對照檢索及簡釋，係作者擬作三書比較研究之前期工作。此文本雖未最終定稿，但展示出了作者嚴謹的研究方法（在電腦時代之前，這套方法尤其難得），并爲日後有志於繼續此項專題研究者，提供了一份重要的探析綫索——此或可視爲其學術價值之所在。

原稿爲二千餘張卡片，今分類整理爲現文本。體例如下：

一、《營造法式》《清式營造則例》《營造法原》這三部典籍，在本文本中依次簡稱爲《法式》《則例》《法原》，也以此排序。

二、文本采用繁體字版。其中《法原》初版刊行於漢語簡化字改革的特殊時期——簡體繁體混用，本文引用時調整爲繁體字，以求文本用字的通篇一致。另外，因涉及古代文獻考證、專有名詞的沿襲和理解，以及學術使用習慣，保留個別异體字，如朶、並、垛、栔、衮、彫、毬、掛、採、蓁、減、絍、貓、鉤、搯、煙、睒、蹍、塼、槙、滚、葱、線、龜、鋜、閣、牆、雞、韡、疊、鬭、盃、脣、澁、徧、異、矗、甕、跺、桿等。

三、具體用字方面，有原書選字上的差异（如内外檐之“檐”，《法式》用“檐”字，而《則例》用“簷”字；在同一部《法式》内，“鬭八藻井”之“鬭”，有時用“鬪”字等），本書大體遵照陳明達先生的選字，有疑義處加注。原卡片中有若干手寫習慣性質的不規範用字或明顯的筆誤，整理者綜合考量後改用規範用字。此外，《法式》《則例》《法原》三書初刊於不同時代，一些用字不盡相同。本書稿因以《法式》研究爲主，故用字方面盡量選擇向《法式》用字靠攏，如《則例》《法原》用“磚”字，本書稿統一爲《法式》選用的“塼”字；有些須顯示時代區别的用字則保留，如《則例》《法原》用“枋”字，《法式》用“方”字，等等。

四、爲方便讀者閱讀，一些原書用字加括弧注明日後的簡體字用字。如“枓栱”加注爲“枓（斗）栱”，“鬭八藻井”加注爲“鬭（斗）八藻井”。

五、原文稿条目之首字筆畫數爲作者按當時的文字規範而定，今整理者按現行規範做了調整，如“瓦”字，原爲五畫，今統一爲四畫，并在釋義中注明原卡片用字。但囿於時間所限，可能還有若干未及調整，特此申明，并向讀者致歉。

六、三部典籍的底本分别爲：

［宋］李誡撰．營造法式（陳明達點注本）．杭州：浙江攝影出版社，2020 年．[①]

梁思成著．清式營造則例．北京：中國營造學社，民國廿三年（1944）六月．

姚承祖原著，張至剛增編，刘敦楨校閲．營造法原．北京：建築工程出版社，1959 年．

[①] 此版本係陳明達先生生前工作用小陶本《營造法式》(上海商務印書館印，1954 年)，内有陳明達先生點校和大量批注。

文本中所列卷、章、頁碼，均以上述版本爲準。其中《法式》中的一部分詞條參考了北京圖書館藏南宋刻本、故宫本和四庫本。（詳見具體條目）

七、文本每條所列卷、章、頁碼，基本爲首次出現於原著之處，另有一些條目則羅列若干個出處，或標示重要，或因含義多重；一詞多義者，儘量注明不同詞義的首次出現之處。

八、原卡片中有字迹漫漶難辨者，以“□”標示。

九、每個詞條的基本格式及範例如下：

詞條	書名	卷、章目次	卷、章名稱	頁碼	釋義
土襯石	法式	卷三	石作制度·殿階基	第一册第60頁	凡石構造物，最下所用石塊，與地面平或稍高 [整理者注]《法原》《則例》中詞意大致相同
	法式	卷三	石作制度·踏道	第一册第61頁	
	則例	第四章	瓦石	第39頁	在臺基陡板以下與地面平之石（原） 參閱原書圖版拾柒
	法原	第一章	地面總論	第13頁	房屋基礎以石條疊砌至與地面平後，落出地面之石名“土襯石”（修訂）

此範例中，對《法式》的辭解，係陳明達自撰；《則例》《法原》的辭解，照原書抄録者，句末以“（原）”標示，而有所修訂者，以“（修訂）”標示。

十、這份卡片資料中，尚存一部分僅存名目、出處而未作釋義，應係作者原擬釋義而因故未果者。這部分未經釋義的詞條，如與已作釋義者視爲一個整體，或可説明作者原比較研究計劃規模龐大，也爲後人留下了繼續研究的綫索，故抄録下來，列爲附録一。

需要説明一點。此整理説明及凡例係整理者所添加，而文本中相當部分條目所標注的章節、頁碼，也係整理者所補查添加。凡此種種，囿於整理者的學識，難免有失當之處，此自是整理者的失誤，特此申明。

檢　字

（共2141條）

一畫（共8條）一

二畫（共29條）二人入八十丁七九

三畫（共143條）口土大女子小山弓工三上下千叉川

四畫（共145條）瓦切心手支文斗方日月木止水火牙牛化天中丹升五六井分元太內不勾尺引

五畫（共129條）瓜甘生用皮四半左出立甲市包加平石正令功外永由仔仙古扒打布

六畫（共110條）竹耳色行合全仰伏交共列回地圭安如光曲扛托守字收次朴池灰死老西吊朵

七畫（共110條）束角步走足身車串夾佛坐吴抄批折抛扶把拒找材沙吞吵吻岔旱牡花芙肘附

八畫（共199條）金長昂門青侏乳並取卷亞制刷兩直卓固坯夜宕定官空底披抨抽抹押拔抱拍拉拈拖抬拆承版河泥注放枋板枕料松枝瓪斧旺明狗和表垂臥雨降

九畫（共143條）飛面亮巷重要亭促修屏屋前城垛咬孩封後扁柱柏枳相柎架柍柁按挖挑拽挺挣映胡背段洪活涎垈界皇盆眉看虹紅級斫香宫穿茶草風計院陡神退

十畫（共158條）馬柴庫庸荼荻荷莩徑真高倒剗剔剥剜條展狼峻挾栔栿栽桁栱欹框格桃流海被通連造透倉哺套師射扇時烏釜珠眠砷脊料破粉笏紗紋素書起華貢軒配留

十一畫（共185條） 偷側琉(瑠)兜副彩階虛剪勒埧宿廊麻衮堂雀彫從常帳廂梧梐梁桯梢梭梓梯梟望斜曹毬混清深淹涼軟旋菉菱菊排捧掛捺採推掏將細盒粗(麤)船規訛黄頂魚象牽陽著瓻啞進脚

十二畫（共189條） 葵落葫葦惹萬雁厦厫搭插提備項補順畫須尋單棼棤棖棟楔棚棧棹棊普替景減散敦琵琴欹貼等筒絍結絞裙趄觚雲開閑間隔博喜壺寒就帽御晴朝渾滑游猢發短硬硯窗童趺鈕雅牌塔腔圍

十三畫（共125條） 壼蓋蒲蜀毻蓮填當罨罩搖揞搏搶搕搯椽椙楞椺楓楹歇溜煙塞圓禁照殿腰腦督碑暗鼓盝矮睒群聖蜂蜈裹(裡)裝解跳跴鉤閘雷障遞竪

十四畫（共100條） 齊褁實寬遮鳳劄對綱綽慢塼嫩廣甍圖團榭榮榥槏榻榴槙槅膊墊戧截榦摘摔瑣漢滿滴滾盡端管箍算聚蔥蔴褊銀閥閣隨雌領駁鼻臺(台、枱)舞趕

十五畫（共78條） 衝徹影幡樓橫槽槫樁劍墀廡撑撮墨窨潑熟蕙盤碼磉磕磊碾線編緣蝦篆箭膝踏踢蝱(寅)錠鋪鋒鞍餘駝鬧貓

十六畫（共69條） 儘薦鴟鴛壇墼壁學機橘橑圜獨磨擗擎擁擔舉燈燕(鷰)營緣縫螭螞築頰輻蹉錐鋸錢錦頭龍整燙糙隱

十七畫（共53條） 闌闇簇篾壓壕幫檐檩爵轂氈牆點縮總豁翼螻螳鞠嬪

十八畫（共60條） 壘檼檻櫊雙擺藕覆斷磩礎翹蟬雞雜鎮鎖額顱轉鵝騎邊龜隴

十九畫（共33條） 攀櫝曝羅蘇藻竇獸瀝瓣蹲簾簽簫繳鏨鏇鏂鵲韡難

二十畫（共7條） 懸攔櫨護竈鐙

二十一畫（共41條） 櫺欄欃攛續纏歡鼠露霸鐵鑊鶴夔襯

二十二畫及以上（共27條） 囊鷩攢瘻疊灘蘢鷹觀襻鑾廳鬭鑷鑲鑿麤

正　文

一畫（共8條）

一

詞條	書名	卷、章目次	卷、章名稱	頁碼	釋義
一枝香軒	法原	第五章	廳堂總論	第36頁	廊深僅一架，僅於軒梁上坐斗，上架軒桁一，俗稱“一枝香軒”（修訂）
一斗三升	法原	第四章	牌科	第27～29頁	牌科六種形式之一。大斗口上用與桁平行之栱，栱上兩端及中心各置一升，故曰“一斗三升”（修訂）
一斗六升	法原	第四章	牌科	第27～29頁	牌科六種形式之一。於一斗三升上再置一較長之栱，其上亦置三升，此牌科共有六升（修訂）
一領一疊石	法原	第一章	地面總論	第13頁	柱基在領夯石之上再鋪石塊數層，以敷設石塊層數稱呼。如領夯石一層，上再鋪疊石塊三層，即稱爲“一領三疊石”（修訂）
一塊玉	法原	第十三章	做細清水塼作	第83頁	牆門塼枋上，四邊起線，兩端作紋頭裝飾，中間之長方形部分（原）
一科印	法原	第十章	牆垣	第66頁	（1）天井塞口牆前後左右四平合算，稱“一科印” （2）雲南民居形式之一。其一般形式爲：平面四方，周圈建房，中間空爲天井，俗稱“三間四耳倒八尺”，除大門外，外牆無窗門，方整如一顆印（修訂）
一字枋心	則例	第六章	彩色	第50～51頁	彩畫枋心中，畫一横線而不畫龍鳳等畫題者（原）參閱原書插圖五十一

續表

詞條	書名	卷、章目次	卷、章名稱	頁碼	釋義
一整二破	則例	第六章	彩色	第 50 頁	旋子彩畫分配法之一種（原） 參閱原書圖版貳拾陸，插圖六十四

二畫（共 29 條）

二 人 入 八 十 丁 七 九

詞條	書名	卷、章目次	卷、章名稱	頁碼	釋義
二碌瓣	則例	第六章	彩色	第 49 頁	旋子彩畫花心以外，旋子以内之花瓣（原） 參閲原書插圖六十三
人字葉	則例	第五章	裝修	第 46 頁	格扇角葉之一種，形如人字（原）
人字木	法原	第十一章	屋面瓦作及築脊	第 67 頁	分瓦隴之木條，以短木作人字形，用於底瓦間蓋瓦下（修訂）
入角	法式	卷八	小木作制度三・鬭八藻井	第一册第 166 頁	（1）大木作。一座房屋正面與側面在室外形成的角稱“出角”，而在室内形成的角稱“入角”。而殿堂等殿身與另加的龜頭殿相交，在室外形成的角稱“入角”，在室内形成的角稱“出角” （2）小木作。藻井下層之方井爲四入角，八角井亦均爲入角
	法式	卷十	小木作制度五・壁帳	第一册第 224 頁	
入混	法式	卷七	小木作制度二・格子門	第一册第 142 頁	門窗裝修及塼石作等裝飾線脚之一，凹入的圓弧線脚
入瓣	法式	卷五	大木作制度二・梁	第一册第 99 頁	用向内凹的弧線組成的邊線輪廓，每一段弧線爲一入瓣
入柱白	法式	卷十四	彩畫作制度・丹粉刷飾屋舍	第二册第 89 頁	參閲“七朱八白”條
八白	法式	卷十四	彩畫作制度・丹粉刷飾屋舍	第二册第 89 頁	“七朱八白”之簡稱。參閲“七朱八白”條
八角井	法式	卷八	小木作制度三・鬭八藻井	第一册第 165 頁	藻井中層部，平面八角形，在下層方井之上，八邊均安鋪作
八椽栿	法式	卷五	大木作制度二・梁	第一册第 96 頁	長八椽的大梁 ［整理者注］原書爲“八椽以上栿”

續表

詞條	書名	卷、章目次	卷、章名稱	頁碼	釋義
八椽栿項柱	法式	卷十九	大木作功限三・倉廒庫屋功限	第二册第 198 頁	用於八椽栿的栿項柱。參閲“栿項柱”條
八鋪作（八铺作）	法式	卷四	大木作制度一・總鋪作次序	第一册第 89 頁	共出五跳的華栱，計兩跳華栱、三跳下昂。此是最大的結構最繁複的鋪作。實例中尚未見
八架椽屋	法式	卷三十一	大木作制度圖樣下	第四册第 14 ～ 19 頁	即進深八椽的房屋。廳堂八架椽屋有六種梁柱配合形式 參閲：1. 圖樣“廳堂等間縫内用梁柱第十五”；2.“間縫内用梁柱”條
十八斗	則例	第三章	大木	第 24 頁	斗栱翹頭或昂頭上，承上一層栱與翹或昂之斗。小於坐斗、大於三才升之斗形木塊 參閲原書圖版叁、捌，插圖十一 《法式》名“交互枓” 又，《法式》所謂“枓栱”之“枓”，宋以後簡寫爲“斗”。本文涉及《法式》，仍保留此寫法。下同（修訂）
十字口	則例	第三章	大木	第 24 頁	斗與升的區别在於它們的位置和上面開的卯口；升内衹承受一面的栱或枋，開一面口，名“順身口”；斗承受相交的栱與翹昂，上面開十字口（修訂） ［整理者注］此條未列入原書辭解專條
十字科	法原	第四章	牌科	第 29 頁	牌科之向内外均有出跳者（修訂）
十字栱	法原	第四章	牌科	第 28 頁	與桁垂直之栱；出跳栱。《則例》稱“翹”（修訂） ［整理者注］此條未列入原書辭解專條
十兩塼	法原	第十二章	塼瓦灰砂紙筋應用之例	第 74 頁	塼之一種規格，重七兩，用一築脊。較小者尚有六兩塼（修訂）
十架椽屋	法式	卷三十一	大木作制度圖樣下	第四册第 9 ～ 13 頁	廳堂十架椽屋有五種梁柱配合形式 參閲：1. 圖樣“廳堂等間縫内用梁柱第十五”；2.“間縫内用梁柱”條
丁栿	法式	卷五	大木作制度二・梁	第一册第 99 頁	四阿或厦兩頭房屋兩山的大梁。梁身與房屋軸平行，與屋架大梁成直角相交 《則例》名“扒梁”
丁頭栱	法式	卷四	大木作制度一・栱	第一册第 77 頁	（1）半截華栱——一頭做成華栱，一頭做榫入柱或枋。參閲“蝦須栱”條 （2）順栿串等，一端伸出柱外作成栱頭，亦稱“丁頭栱”
	法式	卷五	大木作制度二・侏儒柱	第一册第 107 頁	

續表

詞條	書名	卷、章目次	卷、章名稱	頁碼	釋義
丁華抹頦栱	法式	卷五	大木作制度二・侏儒柱	第一册第106頁	蜀柱上櫨枓上安栱，兩面出耍頭。與叉手上端相交的形式
丁字科	法原	第四章	牌科	第29頁	牌科之斗口内僅有向外或向内出跳栱者（修訂）
丁字栱	法原	第四章	牌科	第28頁	與桁垂直之栱，其長直至柱中。《法式》名“丁頭栱”（修訂） ［整理者注］此條未列入原書辭解專條
七鋪作	法式	卷四	大木作制度一・總鋪作次序	第一册第89頁	出四跳華栱或兩跳華栱、兩跳下昂，共出四跳的鋪作。現存古代實例中所見最大的鋪作
七朱八白	法式	卷十四	彩畫作制度・丹粉刷飾屋舍	第二册第89頁	彩畫作，丹粉刷飾屋舍。於額方上下邊刷朱緣道，兩緣道間與柱相接處用朱畫分爲八格，格内刷白色，名“七朱八白”。兩端近柱兩格不用朱隔斷，稱“入柱白”
七架梁	則例	第三章	大木	第31頁	長六步架，上共承七桁之梁。《法式》名“六椽栿”（修訂） 參閲原書圖版玖，插圖二十
九脊殿	法式	卷五	大木作制度二・陽馬	第一册第105頁	即厦兩頭造。《則例》名“歇山殿”。參閲“厦兩頭”條
九脊小帳	法式	卷十	小木作制度五・九脊小帳	第一册第215頁	“帳”是殿内木製神佛龕，其形如九脊殿的，即九脊小帳

三畫（共143條）

口 土 大 女 子 小 山 弓 工 三 上 下 千 叉 川

詞條	書名	卷、章目次	卷、章名稱	頁碼	釋義
口襻	法式	卷六	小木作制度一・水槽	第一册第137頁	木版水槽口。用以聯繫槽兩壁的木條
土襯	法式	卷三	石作制度・贔屓鼇坐碑	第一册第70頁	參閲“土襯石”條

續表

詞條	書名	卷、章目次	卷、章名稱	頁碼	釋義
土墼	法原	附録	二、檢字及辭解	第 106 頁	以乾土入模，夯打堅實之土塊，用以砌築牆垣等，或稱“墼”（修訂） 《法式》又稱“條墼”
土襯石	法式	卷三	石作制度・殿階基	第一册第 60 頁	凡石構造物，最下所用石塊，與地面平或稍高 ［整理者注］《法原》《則例》中詞意大致相同
	法式	卷三	石作制度・踏道	第一册第 61 頁	
	則例	第四章	瓦石	第 39 頁	在臺基陡板以下與地面平之石（原） 參閱原書圖版拾柒
	法原	第一章	地面總論	第 13 頁	房屋基礎以石條疊砌至與地面平後，落出地面之石名“土襯石”（修訂）
大木	則例	清式營造辭解	三畫	第 4 頁	（1）建築物之骨幹構架；structural frame（原） ［整理者注］《法原》所指與此有差异 （2）房屋建築木材構造部分。包括門窗框架在内（修訂）
	則例	第三章	大木	第 23 頁	
	法原	第二章	平房樓房大木總例	第 15 頁	房屋建築中，一切使用木料爲主之工作（修訂）
大木作（大木作制度）	法式	卷四、五	大木作制度一、二	第一册第 73，95 頁	十三個工種之一。參閱“制度”條。房屋鋪作梁架制度安裝等工（包括確定用材等第及設計） 材份制度 鋪作、平坐、舉折、出檐 地盤分槽、殿堂草架側樣、廳堂間縫用梁柱、柱梁作、單枓隻替 各種構件 餘屋：城門道、倉廒庫屋、常行散屋、官府廊屋、跳舍行牆、望火樓、營屋 拆修挑拔：槫滚轉脱落，全拆重修。揭箔翻修挑拔柱木，修整檐宇。連瓦挑拔推薦柱木。重别結裹飛檐 薦拔抽換 殿宇樓閣：平柱、平階平柱、明栿、牽、椽 枓口跳以下六架椽以上屋舍：六架椽栿、牽、栿項柱、下檐柱 單枓隻替以下四架椽以上：四架椽栿、牽、栿項柱、椽 《法原》《則例》之“大木”，包括門窗框架等在内，即凡房屋建築之木工在内。“小木”則指家具等之製作 ［整理者注］此條目記在三張卡片上，似乎作者首要統計涉及大木作的基本内容，釋義次之，故整理録入時有次序調整
	法式	卷十七～十九	大木作功限一、二、三	第二册第 147，171，191 頁	
	法式	卷二十六	諸作料例一・大木作	第三册第 62 頁	
	法式	卷三十、三十一	大木作制度圖様上、下	第三册第 167 頁、第四册第 1 頁	

續表

詞條	書名	卷、章目次	卷、章名稱	頁碼	釋義
大式	則例	第三章	大木	第 23 頁	房屋建築按工料分爲兩類做法，即"大式"和"小式"。房屋規模較大、用料較好、做工較精的屬大式。如使用斗科，用料尺寸較大，爲"大木大式" 參閱"小式"條（修訂）
	則例	第四章	瓦石	第 42 頁	瓦作也分"大式""小式"，分類原則如上（修訂）
大斗	則例	清式營造辭解	三畫	第 4 頁	即《法式》之櫨枓。櫨枓長廣均 32 分，角柱頭上者加大至方 36 分、高 20 分、耳 8 分、平 4 分、欹 8 分。枓底方 22 分（修訂） ［整理者注］作者原卡片上有"《則例》《法原》"字迹。經核查，《則例》附録辭解之此條原文有"亦稱坐斗"記載；《法原》中祇有"坐斗"而無"大斗"記載
大门	則例	清式營造辭解	三畫	第 4 頁	建築物之主要出入口（原）
大窰	法式	卷十五	窰作制度・壘造窰	第二册第 111 頁	燒製塼瓦的一種較大的窰。參閱"曝窰"條
大廳	法原	第五章	廳堂總論	第 32 頁	位於茶廳之後，富麗宏偉爲屋之冠。多爲款待賓客、婚喪大事之用。結構多用扁作（修訂） ［整理者注］此條未列入原書辭解專條
大簾	法原	第五章	廳堂總論	第 37 頁	鋪於廳堂軒上草架望塼之上，以承灰砂（修訂）
大塼	法原	第十二章	塼瓦灰砂紙筋應用之例	第 74 頁	塼之一種。長 1.02～1.8 尺，砌牆用（修訂）
大柁	則例	第三章	大木	第 31 頁	梁架内之主要梁（原）
大梁	法原	第六章	廳堂升樓木架配料之例	第 42 頁	最長之柁梁稱"大梁"（修訂）
大連檐	法式	卷五	大木作制度二・檐	第一册第 112 頁	名"飛魁"。檐頭上用以連接各椽頭並承飛子的木構件 清代名"小連檐"
	則例	第三章	大木	第 33 頁	飛椽頭上之聯絡材，其上安瓦口（原） 《法式》之小連檐
大連塼	則例	清式營造辭解	三畫	第 4 頁	正脊下線道瓦之一種。其橫斷面作 形（原） 參閱原書圖版貳拾

續表

詞條	書名	卷、章目次	卷、章名稱	頁碼	釋義
大角梁	法式	卷五	大木作制度二・陽馬	第一册第 104 頁	四阿、廈兩頭屋蓋轉角處的大梁。長自檐椽頭至下平槫，架在右槫上。挑出於橑檐方以外。梁高30～28 份、厚 20～18 份
大羣色	則例	清式營造辭解	三畫	第 4 頁	正脊下線道瓦之一種。其橫斷面作形（原） 參閱原書圖版貳拾
大華版	法式	卷三	石作制度・重臺鉤闌	第一册第 63 頁	即上華版。參閱“上華版”條
大難子	法式	卷七	小木作制度二・堂閣内截間格子	第一册第 153 頁	參閱“難子”條
大點金	則例	第六章	彩色	第 50 頁	旋子彩畫花心及菱地塗金色者（原） 參閱原書圖版貳拾陸
大額枋	則例	第三章	大木	第 30 頁	檐柱與檐柱間之聯絡木，並承平身斗栱。高 6 斗口，厚減高 2 寸。即《法式》之“闌額”（修訂） 參閱原書圖版玖
大料模方	法式	卷二十六	諸作料例一・大木作	第三册第 62 頁	十四種規格木料之一。長 60～80 尺、廣 2.5～3.5 尺、厚 2～2.5 尺。參閱“材植”條
大當溝瓦	法式	卷十三	瓦作制度・結瓦	第二册第 49 頁	形瓦，用於瓦隴頭。上面有線道瓦壘屋脊，每用“瓪瓦”瓦一口，砍造一枚 原书“大當構，次用線道瓦” ［整理者注］《法式》陶本之“結瓦”，故宫本作“結瓦”，四庫本作“結宼”
女頭牆	法式	卷十六	壕寨功限・築城	第二册第 120 頁	“諸開掘及填築城基……女頭牆及護嶮牆者亦如之” ［整理者注］引文見《法式》卷十六“築城”條
女廳	法原	第五章	廳堂總論	第 32 頁	位於大廳之後，以樓廳爲多，爲眷屬起居應酬之用（修訂） ［整理者注］此條未列入原書辭解專條
子垛	法式	卷十三	泥作制度・壘射垛	第二册第 68 頁	射靶主垛牆兩側附屬的牆垛
子桯	法式	卷六	小木作制度一・烏頭門	第一册第 122 頁	門桯之內，腰串之上，安放於檽子、格子四周的小邊框
	法式	卷八	小木作制度三・棵籠子	第一册第 178 頁	

續表

詞條	書名	卷、章目次	卷、章名稱	頁碼	釋義
子澁	法式	卷九	小木作制度四·佛道帳	第一册第 188 頁	參閲“疊澁坐”條。疊澁間又增用的小澁
子廕	法式	卷四	大木作制度一·栱	第一册第 80 頁	極淺的卯口
子口（版）	法式	卷十一	小木作制度六·轉輪經藏	第二册第 15 頁	木匣等的口子
子角梁	法式	卷五	大木作制度二·陽馬	第一册第 104 頁	在大角梁上，長同飛檐
小臺	則例	第四章	瓦石	第 41 頁	屋角砌墀頭處於臺基之上墀頭之前留出$\frac{4}{5}$柱徑口緣，名“小臺”（修訂） 參閲原書圖版拾陸
小式	則例	第四章	瓦石	第 42 頁	房屋規模較小、不用斗科、使用材料尺寸較小、做工較粗糙的房屋，均屬小式。參閲“大式”條（修訂）
小枓	法式	卷四	大木作制度一·枓	第一册第 88 頁	即散枓，面寬 14 分、深 16 分、高 10 分、耳 4 分、平 2 分、欹 4 分。參閲“散枓”條
小木	法原	第八章	裝折	第 52 頁	專做家具的木工（修訂）
小木作	法式	卷六～十一，二十～二十三，二十六，三十二	小木作制度、功限、料例、圖樣		十三個工種之一。門窗、隔斷、平藻井、鉤闌、梯、地板等木製的附屬設備，如引檐、水槽、籬牆、扁額，以及木製的小建築如井亭子，大型家具如經藏（經橱）等。參閲“制度”條
小松方	法式	卷二十六	諸作料例一·大木作	第三册第 64 頁	十四種規格木料之七，長 25～22 尺、廣 1.3～1. 2 尺、厚 0.9～0.8 尺。參閲“材植”條
小栱頭	法式	卷四	大木作制度一·栱	第一册第 79 頁	轉角鋪作上正面的栱，過角成爲出跳栱。若瓜子栱衹出 23 份，在出跳中線以内故稱小栱頭，栱上承切几頭
小南瓦	法原	第十二章	塼瓦灰砂紙筋應用之例	第 76 頁	瓦之一種。用以鋪屋面。長六寸，弓面闊六寸六分，每十張重八斤（修訂）

續表

詞條	書名	卷、章目次	卷、章名稱	頁碼	釋義
小連檐	法式	卷五	大木作制度二·檐	第一册第 112 頁	聯絡各飛子頭，上承燕頷版的構件。清式稱“大連檐”
	法式	卷十三	瓦作制度·結瓦	第二册第 49 頁	
	則例	第三章	大木	第 33 頁	檐椽頭上之聯絡材，在飛椽之下（《則例》飛椽頭上安瓦口者稱“大連檐”）（修訂）
小難子	法式	卷七	小木作制度二·堂閣内截間格子	第一册第 153 頁	参閲“難子”條
小華版	法式	卷三	石作制度·重臺鉤闌	第一册第 64 頁	即下華版。參閲“下華版”條
小點金	則例	第六章	彩色	第 50 頁	旋子彩畫花心塗金色者（原） 參閲原書圖版貳拾陸
小藻井	法式	卷八	小木作制度三·小鬭八藻井	第一册第 168 頁	“小鬭八藻井”之簡稱。規模較小的藻井。參閲“藻井”條
小額枋	則例	第三章	大木	第 30 頁	柱頭間，在大額枋之下，與之平行之輔助材。高 4 斗口，厚減高 2 寸（原） 參閲原書圖版玖
小當溝瓦	法式	卷十三	瓦作制度·壘屋脊	第二册第 53 頁	形瓦，用於瓦隴頭，上面壘屋脊。用一口瓪瓦斫造成二枚
小鬭八藻井	法式	卷八	小木作制度三.小鬭八藻井	第一册第 168 頁	用於副階内的藻井,又稱“小藻井”。參閲“藻井”條
山	則例	清式營造辭解	三畫	第 3 頁	建築物較狹之兩端，前後兩屋頂斜坡角内之三角形部分。山又指房屋進深的一面（修訂）
山出	則例	清式營造辭解	三畫	第 3 頁	臺基在兩山伸出柱外之部分（原） 參閲原書圖版拾陸
山尖	則例	第四章	瓦石	第 41 頁	山牆上身以上之三角形部分（原）
山花	則例	第三章	大木	第 37 頁	歇山屋頂兩端，前後兩博縫間之三角形部分；tympanium（原） 參閲原書圖版拾玖，插圖三十四 [整理者注]《法式》使用“搏”字之處，如“搏風版”“搏肘”“搏脊”等,《則例》採用“博”字，如“博縫板”“博脊”等,《法原》亦用“博”字，如“博風板”。詞義相似，今爲保留歷史信息而不作統一。下同

續表

詞條	書名	卷、章目次	卷、章名稱	頁碼	釋義
山花板	法原	第七章	殿庭總論	第 48 頁	歇山式殿庭山尖内以及廳堂邊貼山尖内，所釘之板（原）
山柱	則例	第三章	大木	第 36 頁	硬山或懸山山牆内，正中由臺基上直通脊檁下之柱。徑按檐柱徑加 2 寸（原） 參閲原書插圖十八
山版	法式	卷八	小木作制度三・井亭子	第一册第 182 頁	參閲“山子版”條
	法式	卷十	小木作制度五・九脊小帳	第一册第 222 頁	參閲“山華蕉葉”條
山牆	則例	第四章	瓦石	第 40 頁	建築物兩端之牆（原） 參閲原書插圖十八
	法原	第十章	牆垣	第 66 頁	房屋兩端依邊貼而築者名“山牆”。平房山牆頂覆瓦。廳堂山牆高起如屏風狀者稱“屏風牆”，有三山屏風牆、五山屏風牆兩種。山牆由下檐至脊聳起者名“觀音兜”。牆位於廊柱處，高及枋底，椽頭挑出牆外者名“出檐牆”。若牆頂材護椽頭者稱“包檐牆”。包檐牆頂逐皮挑出作葫蘆形曲線，稱“壺細口”（修訂）
山子版	法式	卷六	小木作制度一・露籬	第一册第 134 頁	小木作露籬、井亭及佛道帳等，木造屋屋蓋中所用的三角形版
山華子	法式	卷十三	泥作制度・立竈	第二册第 64 頁	立竈後方，煙匱之上的矮牆，斜向，一頭高一頭低
山華版	法式	卷九	小木作制度四・佛道帳	第一册第 205 頁	參閲“山華蕉葉造”條
	法式	卷十	小木作制度五・牙脚帳	第一册第 214 頁	
山華蕉葉	法式	卷九	小木作制度四・佛道帳	第一册第 205 頁	參閲“山華蕉葉造”條
山華蕉葉版	法式	卷二十四	諸作功限一・彫木作	第三册第 29 頁	參閲“山華蕉葉造”條
山華蕉葉造	法式	卷九	小木作制度四・佛道帳	第一册第 204 頁	小木作佛道帳等鋪作之上不做屋蓋，衹於檐上用木版做成華飾，稱“山華蕉葉造”。此版即山華蕉葉版，簡稱“山華版”

續表

詞條	書名	卷、章目次	卷、章名稱	頁碼	釋義
山界梁	法原	第五章	廳堂總論	第 33 頁	即三架梁。宋名“平梁”（修訂）
山霧雲	法原	第五章	廳堂總論	第 34 頁	屋頂蜀柱兩旁，安於牌科旁之木板。彫刻流雲仙鶴等裝飾（修訂）
山棚鋜脚石	法式	卷三	石作制度・山棚鋜脚石	第一册第 69 頁	中心鑿孔，可插立杆柱的石塊
弓形軒	法原	第五章	廳堂總論	第 36 頁	軒梁上彎如弓，椽隨梁形彎曲（修訂）
工王雲	則例	第六章	彩色	第 51 頁	和璽彩畫，平板枋上雲形畫之一種（原） 參閲原書插圖六十七
三板	法原	第四章	牌科	第 28 頁	栱端鋸成三段折線，各栱皆同（修訂）
三出參	法原	第四章	牌科	第 28 頁	内外各出一跳的牌科。《則例》稱“三踩”，《法式》稱“三鋪作”（修訂）
三門	法式	卷十九	大木作功限三・薦拔抽換柱栿等功限	第二册第 209 頁	佛寺的正門
三才升	則例	第三章	大木	第 24 頁	單材栱兩端承上一層栱或枋之斗。面寬 1 斗口，進深 1.46 斗口，高 1 斗口（修訂） 參閲原書圖版叁、捌，插圖十一
三架梁	則例	第三章	大木	第 31 頁	長兩步架，上共承三桁之梁。《法式》平梁，乳栿（修訂） 參閲原書圖版玖，插圖二十
三穿梁	則例	清式營造辭解	三畫	第 3 頁	長三步架，一端梁頭上有桁，另一端無桁而安在柱上之梁，亦曰“三步梁”（原） 參閲原書插圖二十三
三連塼	則例	清式營造辭解	三畫	第 3 頁	正脊、垂脊或博脊下線道瓦之一種。其橫斷面作形（原）  參閲原書圖版貳拾
三飛塼	法原	第十三章	做細清水塼作	第 83 頁	用塼三皮，逐層挑出作爲裝飾（修訂）
三飛塼牆門	法原	第十三章	做細清水塼作	第 83 頁	牆門上不用牌科，代以三飛塼（修訂）
三椽栿	法式	卷五	大木作制度二・梁	第一册第 96 頁	長三椽的梁
三福雲	則例	清式營造辭解	三畫	第 3 頁	雀替或昂尾上斗口内伸出之一種，雲形彫飾（原） 參閲原書插圖六十六

續表

詞條	書名	卷、章目次	卷、章名稱	頁碼	釋義
三瓣頭	法式	卷五	大木作制度二・闌額	第一册第 101 頁	大木構件絞頭裝飾形象之一
	法式	卷三十	大木作制度圖様上	第三册第 174 頁	參閲“大木作制度圖様上”之“梁柱等卷殺第二”
三山屏風牆	法原	第十章	牆垣	第 64 頁	山牆高出屋面，如屏風狀而分成三級者（修訂）
三暈棱間裝	法式	卷十四	彩畫作制度・雜間裝	第二册第 92 頁	青緑疊暈裝的變體，青緑相間於對暈之内又加一層退暈。參閲“青緑疊暈棱間裝”及“退暈”條
三暈帶紅棱間裝	法式	卷十四	彩畫作制度・青緑疊暈棱間裝	第二册第 86 頁	青緑疊暈棱間裝的變體。三層疊暈的中層用朱色疊暈，内外疊暈仍用青或緑。參閲“青緑疊暈棱間裝”條
上皮	則例	清式營造辭解	三畫	第 3 頁	任何部分之上面；top（原）
上串	法式	卷八	小木作制度三・拒馬叉子	第一册第 170 頁	叉子等用兩串的上面一串。參閲“串”條
上屋	法式	卷四	大木作制度一・總鋪作次序、平坐	第一册第 92 頁	多層建築的上層
上昂	法式	卷四	大木作制度一・飛昂	第一册第 83 頁	昂頭向上，昂身斜下通過柱心，立於下跳華栱身上的昂。用上昂可以增加鋪作高度，而不增加或減少出跳長度
上楹	法式	卷一	總釋上・侏儒柱	第一册第 21 頁	今俗謂之“蜀柱”。參閲“蜀柱”條
上澁	法式	卷九	小木作制度四・佛道帳	第一册第 188 頁	疊澁坐位於上面的澁。參閲“疊澁坐”條
上鑲	法式	卷六	小木作制度一・版門	第一册第 121 頁	參閲“鑲”條
上檻	則例	第五章	裝修	第 45 頁	柱與柱之間安裝門或格扇之構架内最上之横木。《法原》同（修訂） 參閲原書圖版貳拾壹、貳拾貳
	法原	第八章	裝折	第 52 頁	安裝門窗框架，位置於門窗之上者爲上檻（或中檻）（修訂）
上棂	法式	卷八	小木作制度三・棵籠子	第一册第 179 頁	參閲“棂”條

續表

詞條	書名	卷、章目次	卷、章名稱	頁碼	釋義
上梟	則例	第四章	瓦石	第 39 頁	須彌座上枋之下，束腰之上之部分（原） 參閱原書圖版拾柒
上身	則例	第四章	瓦石	第 41 頁	牆壁裙肩以上，山尖以下之部分（原） 參閱原書圖版拾陸
上枋	則例	第四章	瓦石	第 39 頁	須彌座各層横層之最上層（原） 參閱原書圖版拾柒
上平槫	法式	卷四 卷五			中平槫以裏，脊槫以外的一槫。清代稱“上金桁”。參閱“槫”條 ［整理者注］整理者未在原書查到“上平槫”，據原書相關記載推測，作者似根據清代“上金桁”等記載，推測《法式》時代有“上平槫”之名而未記録在《法式》文中
上架椽	法式	卷八	小木作制度三·井亭子	第一册第 182 頁	在小架椽以上的椽
上華版	法式	卷八	小木作制度三·鉤闌	第一册第 176 頁	重臺鉤闌束腰之上的華版，又稱“大版”
上金桁	則例	清式營造辭解	三畫	第 4 頁	次於脊桁之最高之桁，徑 4 斗口或 5 斗口。《法式》之“上平槫”（修訂） 參閱原書圖版玖、拾
上金枋	則例	清式營造辭解	三畫	第 3 ～ 4 頁	與上金桁平行，在其下，而兩端在左右兩上金瓜柱上之枋。高 4 斗口，厚減高 2 寸（原） 參閱原書圖版玖
上金墊板	則例	清式營造辭解	三畫	第 4 頁	上金桁與上金枋間之墊板，高 4 斗口，厚 1 斗口（原） 參閱原書圖版玖
上金順扒梁	則例	清式營造辭解	三畫	第 4 頁	緊在下金桁上之順扒梁（原）
上金交金瓜柱	則例	清式營造辭解	三畫	第 3 頁	上金順扒梁上，正面及山面上金桁相交處之瓜柱。寬 5.6 斗口，厚 4.8 斗口（原）
上廊桁	法原	附録	二、檢字及辭解	第 106 頁	重檐上檐廊外檐柱上之桁（修訂）
上折簇梁	法式	卷五	大木作制度二·舉折	第一册第 114 頁	參閱“簇角梁”條
上簇角梁	法式	卷五	大木作制度二·舉折	第一册第 114 頁	參閱“簇角梁”條

續表

詞條	書名	卷、章目次	卷、章名稱	頁碼	釋義
上檐金柱	則例	清式營造辭解	三畫	第 4 頁	兩層以上樓閣內，上層之金柱（原）
上檐抱頭梁	則例	清式營造辭解	三畫	第 4 頁	兩層以上樓閣，最上一層廊下之抱頭梁。厚 1.5 下檐柱徑，高 1.9 下檐柱徑（原）
下串	法式	卷八	小木作制度三·叉子	第一册第 171 頁	叉子等用兩串的下面一串。參閱“串”條
下屋	法式	卷四	大木作制度一·總鋪作次序	第一册第 92 頁	多層建築的下層
下昂	法式	卷四	大木作制度一·飛昂	第一册第 80 頁	鋪作上斜置的出跳構件。外跳昂頭垂尖向下，裏跳挑斡，或在於草栿、丁栿之下。使用下昂可以增加出跳長度，而不增加或減少鋪作高度
下澁	法式	卷九	小木作制度四·佛道帳	第一册第 188 頁	參閱“疊澁坐”條
下鑊	法式	卷六	小木作制度一·版門	第一册第 121 頁	門窗轉軸之下端。參閱“鑊”條
下桯	法式	卷六	小木作制度一·烏頭門	第一册第 121 頁	門扇、窗扇等邊框下面的邊框。參閱“桯”條
下枋	則例	第四章	瓦石	第 39 頁	須彌座下梟以下，圭角以上之部分（原） 參閱原書圖版拾柒
下皮	則例	清式營造辭解	三畫	第 4 頁	任何部分之下面；bottom（原）
下梟	則例	第四章	瓦石	第 39 頁	須彌座下枋以上，束腰以下之部分（原） 參閱原書圖版拾柒
下檻	則例	第五章	裝修	第 46 頁	柱與柱之間，安裝門或格扇之構架內，在地上之横木（原） 參閱原書圖版貳拾貳
	法原	第八章	裝折	第 52 頁	安裝門窗之框架，横置於地面之方木。或名“門檻”“門限”“地栿”（修訂）
下幌	法式	卷八	小木作制度三·棵籠子	第一册第 179 頁	參閱“幌”條
下牙頭	法式	卷六	小木作制度一·烏頭門	第一册第 121 頁	即牙脚。參閱“牙脚”條

續表

詞條	書名	卷、章目次	卷、章名稱	頁碼	釋義
下平槫	法式	卷五	大木作制度二·陽馬	第一册第 104 頁	檐柱縫以裏第一槫。參閱“槫”條
下架椽	法式	卷五	大木作制度二·椽	第一册第 110 頁	在最下一椽，即加長出檐的一椽 ［整理者注］原文在此處爲：“椽每架平不過六尺……至下架即加長出檐”
	法式	卷八	小木作制度三·井亭子	第一册第 182 頁	
下金桁	則例	清式營造辭解	三畫	第 4 頁	亦稱“下金檁”。次於檐桁或正心桁之最低之桁，大式徑四斗口，小式徑同檐柱徑（原） 參閱原書圖版玖
下金枋	則例	清式營造辭解	三畫	第 4 頁	在下金桁下，與之平行，而兩端在左右兩下金瓜柱上之枋。高 4 斗口，厚減高 2 寸（原） 參閱原書圖版玖
下昂桯	法式	卷四	大木作制度一·飛昂	第一册第 82 頁	用於不出昂而用挑斡的鋪作構件。具體形象、用法尚不明
下華版	法式	卷八	小木作制度三·鉤闌	第一册第 176 頁	重臺鉤闌束腰之下的華版，又稱“小華版”
下檐柱	法式	卷五	大木作制度二·柱	第一册第 102 頁	即檐柱。又專指多層房屋最小一層的檐柱
下檐枋	則例	清式營造辭解	三畫	第 4 頁	小式檐柱間之枋，高同柱徑，厚按高十分之八（原）
下折簇（角）梁	法式	卷五	大木作制度二·舉折	第一册第 114 頁	參閱“簇角梁”條
下金墊板	則例	清式營造辭解	三畫	第 4 頁	下金桁與下金枋間之墊板（原） 參閱原書圖版玖
下金順扒梁	則例	清式營造辭解	三畫	第 4 頁	下金桁下之順扒梁（原）
千金	法原	第十六章	雜俎	第 96 頁	塔内承塔刹之承重（原）
千金銷	法原	第四章	牌科	第 29 頁	昂尾挑斡後尾所貫之木銷（修訂） ［整理者注］此條未列入原書辭解專條
叉子	法式	卷八	小木作制度三·叉子	第一册第 171 頁	栅欄

續表

詞條	書名	卷、章目次	卷、章名稱	頁碼	釋義
叉子桄	法式	卷十	小木作制度五・壁帳	第一册第 224 頁	斜桄
叉手	法式	卷五	大木作制度二・侏儒柱	第一册第 105 頁	下端立於平梁之上，上端頂於脊槫之下襻間兩側的斜向構件。又名“斜柱”“枝樘”
叉瓣	法式	卷十	小木作制度五・牙脚帳	第一册第 209 頁	榫卯的一種形式，表面成直╟交形
叉瓣造	法式	卷七	小木作制度二・格子門	第一册第 142 頁	參閱“叉瓣”條
叉柱造	法式	卷四	大木作制度一・平坐	第一册第 92 頁	樓閣平坐等上層柱脚與柱下鋪作的結合方法之一——柱脚開十字口，叉於鋪作中心，柱脚至櫨枓之上
川	法原	第二章	平房樓房大木總例	第 16 頁	短梁長一界，一端承桁，一端如步柱，名“川”。《則例》單步梁，《法式》劄牽（修訂）
川口仔	法原	附録	二、檢字及辭解	第 106 頁	柱頭所開，用以承放川梁之卯口（修訂）
川夾底	法原	第二章	平房樓房大木總例	第 17 頁	用於川梁之下（即隨梁枋），但僅邊貼用之（修訂）
川童柱	法原	附録	二、檢字及辭解	第 106 頁	雙步上所立童柱（修訂）

四畫（共 145 條）

瓦 切 心 手 支 文 斗 方 日 月 木 止 水 火 牙 牛 化 天 中 丹 升 五 六 井 分 元 太 内 不 勾 尺 引

詞條	書名	卷、章目次	卷、章名稱	頁碼	釋義
瓦	法式	卷十三	瓦作制度	第二册第 47 頁	瓦有兩種類型：甋瓦、瓪瓦。參閱各專條。又，瓪瓦改成兩片名“線道瓦”，十字分爲四片名“條子瓦”。參閱各專條 ［整理者注］原卡片用字為“瓦”，屬五畫
	法式	卷十五	窰作制度・瓦	第二册第 105 頁	
	則例	清式營造辭解	五畫	第 5 頁	屋頂上陶質薄片之遮蓋構件（修訂）

續表

詞條	書名	卷、章目次	卷、章名稱	頁碼	釋義
瓦口	則例	第四章	瓦石	第 43 頁	大連檐之上，承托瓦隴之木，高 0.7 斗口，厚 0.35 斗口（原）
瓦口子	法式	卷八	小木作制度三・井亭子	第一册第 183 頁	佛道帳等木製屋蓋，檐頭兩角子角梁間用通長木條彫成小連檐燕頷版，名“瓦口子” 卷十三：“小連檐之上用燕頷版，華廢之下用狼牙版”
	法式	卷九	小木作制度四・佛道帳	第一册第 197 頁	
瓦口板（瓦口）	法原	第二章	平房樓房大木總例	第 17 頁	在連檐之上，作成與瓦隴相同的碗形，以對每隴出頭（修訂）
瓦作	法式	卷十三	瓦作制度	第二册第 47 頁	屋面宂工、壘脊工。十三個工種之一。參閱“制度”條 瓦作：結宂，壘屋脊，用鴟尾，用獸頭等 結宂：甋瓪結宂，散瓪結宂 用瓦規格：各類房屋用瓦規格，瓦下鋪襯 走獸（有九品）：1. 行龍、2. 飛鳳、3. 行師、4. 天馬、5. 海馬、6. 飛魚、7. 牙魚、8. 狻猊、9. 獬豸 鴟尾：鴟尾、龍尾 獸頭等：正脊獸、垂脊獸、套獸、嬪伽、蹲獸、火珠、滴當火珠、閥閱 瓦類型：甋瓦、瓪瓦、條子瓦、線道瓦、大當溝、小當溝、華頭甋瓦、重脣瓪瓦、琉璃瓦、青掍瓦（滑土瓦、茶土瓦） ［整理者注］据考證，“瓦”作動詞用時，应寫作“宂”。下同
	法式	卷二十五	諸作功限二・瓦作	第三册第 41 頁	
	法式	卷二十六	諸作料例一・瓦作	第三册第 70 頁	
	則例	清式營造辭解	五畫	第 5 頁	專職塼瓦之工種（修訂）
瓦條	法原	第十一章	屋面瓦作及築脊	第 68 頁	脊面以塼砌出之方形起線，厚約 1 寸（原）
瓦火珠	法式	卷十三	泥作制度・壘射垛	第二册第 69 頁	射垛峰上所安瓦製蓮坐火珠（備用） ［整理者注］原卡片中多張留有“備用”二字，可能是有待考或待定的意思。下同
瓦錢子	法式	卷二十四	諸作功限一・旋作	第三册第 36 頁	小木作佛道帳等屋蓋瓦隴頭所用瓦當，以木旋成（備用）
瓦隴條	法式	卷九	小木作制度四・佛道帳	第一册第 197 頁	佛道帳等屋蓋上的木製瓦隴（備用）

續表

詞條	書名	卷、章目次	卷、章名稱	頁碼	釋義
切几頭	法式	卷四	大木作制度一·栱	第一册第 79 頁	(1)鋪作構件之一。在出跳小栱頭之上。參閱“小栱頭”條。 (2)大木作等構件端部斫去棱角，分成梁卷瓣的形式。如圖 詳見《營造法式研究札記》 ［整理者注］指作者另撰之《營造法式研究札記》
	法式	卷五	大木作制度二·梁	第一册第 99 頁	
心柱	法式	卷六	小木作制度一·破子櫺窗	第一册第 127 頁	窗下隔減坐、障日版、照壁版，佛道帳等内部版壁隔斷等，每間當中直立的構件 破子櫺窗、闌檻鉤窗 佛道帳 牙脚帳、九脊小帳
	法式	卷七	小木作制度二·闌檻鉤窗、殿内截間格子、堂閣内截間格子、障日版、廊屋照壁版	第一册第 147、149、152、155、156 頁	
	法式	卷九	小木作制度四·佛道帳	第一册第 193 頁	
	法式	卷十	小木作制度五·牙脚帳、九脊小帳	第一册第 210、219 頁	
心仔	法原	第八章	裝折	第 54 頁	門窗邊梃以内，安裝櫺條的位置。參閱“窗櫺”條（修訂）
手把飛魚	法式	卷二十四	諸作功限一·彫木作	第三册第 32 頁	立桥（格子門之直立門關）上的彫飾
手栓	法式	卷六	小木作制度一·版門	第一册第 120 頁	門扇上安裝的木插關
支摘窗	則例	第五章	裝修	第 46 頁	住宅所用，上部可以支起，下部可以摘下之窗（原）參閱原書圖版貳拾壹，插圖五十五
文武面	法原	第十三章	做細清水塼作	第 82 頁	起線之一種。用於裝飾者。其斷面爲亞面與渾面相接，即梟混相連的面（修訂）
斗	則例	第三章	大木	第 24 頁	斗栱内承托栱與昂或翹相交處之斗形木塊。《法式》《法原》同（修訂） ［整理者注］“斗栱”的“斗”字在《法式》中寫作“枓”
	法原	第四章	牌科	第 27 頁	牌科最下的斗形方木（修訂）

續表

詞條	書名	卷、章目次	卷、章名稱	頁碼	釋義
斗子	法式	卷三	石作制度·流盃渠	第一册第 66 頁	石造流盃渠之出水、入水口 [整理者注]《法式》用字为“盃”，今通用“杯”字
斗口	則例	第三章	大木	第 27 頁	平身科斗栱，坐斗上安翹或昂之卯口。其寬度爲清代房屋建築設計模數（修訂） 參閱原書圖版伍
	法原	第四章	牌科	第 27 頁	斗上開口，納入栱昂，即斗口（修訂）
斗底	則例	清式營造辭解	四畫	第 5 頁	斗之下部，占斗高五分之二（原） 參閱原書圖版捌
	法原	第四章	牌科	第 28 頁	斗下部斜向下收小之部位名“斗底”。占斗高十分之四（修訂）
斗腰	法原	第四章	牌科	第 28 頁	斗之上部名“斗腰”，腰下名“斗底”。斗腰開口處名“上斗腰”，實即“清式斗口”。其下爲“下斗腰”（修訂）
斗樁榫	法原	第四章	牌科	第 31 頁	牌科大斗之底鑿一寸方眼，並於斗竪方相對位置亦鑿方眼，用榫相固，此榫即“斗樁榫”（修訂）
斗盤枋	法原	第四章	牌科	第 31 頁	柱頭上承牌科之枋。即“平板枋”或“普拍方”（修訂）
斗三升栱	法原	第四章	牌科	第 28 頁	栱長度較短，上架三升的栱，即瓜栱或瓜子栱，又稱“一斗三升”（修訂） [整理者注]《則例》原書未列入辭解專條
斗六升栱	法原	第四章	牌科	第 28 頁	栱長度較長，架於斗三升栱之上的栱，其上亦架三升。合其下三升，故名“斗六升栱”，又稱“一斗六升”（修訂） [整理者注]此條未列入原書辭解專條
方	法原	第一章	地面總論	第 14 頁	習慣用以稱面積，即“方丈”“平方丈”（修訂） [整理者注]此條未列入原書辭解專條
方子	法式	卷六	小木作制度一·地棚	第一册第 140 頁	地板下的龍骨
方木	法式	卷五	大木作制度二·梁	第一册第 97 頁	不作藝術加工的方木料，平棊以上屋架中用以代替駝峰、矮柱等 [整理者注]《法式》“方木”之“方”,《則例》《法原》作“枋”

續表

詞條	書名	卷、章目次	卷、章名稱	頁碼	釋義
方井	法式	卷八	小木作制度三·鬭八藻井	第一册第165頁	藻井最下部分，平面正方形，四邊安鋪作
方坐	法式	卷三	石作制度·笏頭碣	第一册第71頁	碑碣下的一種坐。方直或疊澁無彫飾
方柱	法式	卷十九	大木作功限三·殿堂梁柱等事件功限	第二册第193頁	截面方形的柱
方塼	法式	卷十五	窰作制度·塼	第二册第108頁	正方形塼，用以鋪地面，嵌砌牆面。有：方二尺、厚三寸；方一尺七寸、厚二寸八分；方一尺五寸、厚二寸七分；方一尺三寸、厚二寸五分；方一尺二寸、厚二寸等五種規格。另有鎮子塼，方六寸五分、厚二寸
	法原	第十二章	塼瓦灰砂紙筋應用之例	第74頁	塼之一種。正方形，用以鋪地嵌牆（修訂）［整理者注］《法式》之“塼”字，《則例》《法原》之用字爲“磚”
方澁（平塼）	法式	卷十五	塼作制度·須彌坐	第二册第101頁	塼須彌坐第十二、十三層，共彫成方直出澁
方光	則例	第六章	彩色	第52頁	天花彩畫，井口之內、圓光之外之方形部分（原）參閱原書插圖七十
方八方	法式	卷二十六	諸作料例一·大木作	第三册第65頁	參閱“材植”條
方八子方	法式	卷二十六	諸作料例一·大木作	第三册第65頁	參閱“材植”條
方直混棱造	法式	卷三	石作制度·門砧限	第一册第65頁	石塊表面邊沿鑿造平止，邊沿鑿成圜角，不加彫飾
日月版	法式	卷六	小木作制度一·烏頭門	第一册第123頁	烏頭門挾門柱額上的裝飾構件
日月牌	法原	第九章	石作	第62頁	石牌坊上枋之兩端，所置刻日月之石牌（原）
月版	法式	卷九	小木作制度四·佛道帳	第一册第204頁	小木作佛道帳天宫樓閣踏道圜橋子上所用
	法式	卷二十八	諸作用釘料例·用釘數	第三册第112頁	瓦作“月版”。不詳

續表

詞條	書名	卷、章目次	卷、章名稱	頁碼	釋義
月梁	法式	卷五	大木作制度二·梁	第一册第 97 頁	梁加工成中部向上凸起如弓形“琴面”，截面四邊加工成略凸起的曲線，首尾做成桛項的梁
	則例	第三章	大木	第 32 頁	卷棚屋頂梁架的最上一層梁。亦稱“頂梁”（修訂）參閱原書圖版拾壹，插圖二十二
月臺	法原	附録	二、檢字及辭解	第 107 頁	樓上露天作平臺，即平座（修訂）
月兔牆	法原	第十章	牆垣	第 64 頁	半牆砌於將軍門下檻之下者，名“月兔牆”（修訂）
月洞	法原	第十三章	做細清水塼作	第 87 頁	即花牆洞或漏窗（修訂）
木貼	法式	卷七	小木作制度二·護殿閣檐竹網木貼	第一册第 161 頁	參閱“貼”條
木浮漚	法式	卷十二	旋作制度·殿堂等雜用名件	第二册第 36 頁	木製的門釘帽
木橛子	法式	卷三	壕寨制度·城	第一册第 55 頁	短木樁
木角線	法原	第八章	裝折	第 53 頁	起線之一種。用於裝飾者，其斷面於轉角處成相連之兩小圓線（原）
止扉石	法式	卷三	石作制度·門砧限	第一册第 65 頁	栽入門中線地面下，上露高一尺的石塊。用以阻止門扇外閃。用於城門的稱“將軍石” ［整理者注］陶本《法式》缺此條，據故宫本《法式》補
水平	法式	卷三	壕寨制度·定平	第一册第 52 頁	測量水平的工具。由立樁、水平（水池）、水浮子等組成
水浪	法式	卷三	石作制度·造作次序	第一册第 58 頁	石作制度十一品華文之一
水浪紋	法原	附録	二、檢字及辭解	第 107 頁	水浪形。裝飾花紋之一種（修訂）
水窗	法式	卷三	石作制度·卷輂水窗	第一册第 67 頁	引水涵洞
水槽（水槽子）	法式	卷三	石作制度·水槽子	第一册第 68 頁	（1）石製水槽，用於飲馬或井臺輸水
	法式	卷六	小木作制度一·水槽	第一册第 136 頁	（2）木製水槽，用於屋檐下接導雨水
水榭	法原	第十五章	園林建築總論	第 93 頁	臨水之房屋（修訂）

續表

詞條	書名	卷、章目次	卷、章名稱	頁碼	釋義
水戧	法原	第五章	廳堂總論	第 40 頁	即岔脊（修訂）
水浮子	法式	卷三	壕寨制度・定平	第一册第 53 頁	“水平”的附件。參閲“水平”之六
水文（紋）窗	法式	卷三十二	小木作制度圖様	第四册第 66 頁	窗櫺製曲折弧線如水波 ［整理者注］參閲圖様之“門窗格子門等第一”之六
水池景表	法式	卷三	壕寨制度・取正	第一册第 51 頁	測量方位的工具。由池版、立表組成。簡稱“景表”
水地飛魚、牙魚	法式	卷三	石作制度・殿内鬭八	第一册第 61 頁	石彫刻華紋之一。水浪中間以魚龍
水地魚獸	法式	卷十六	石作功限・柱礎	第二册第 126 頁	石作彫刻紋様之一 ［整理者注］原文爲“四角水地内間魚獸之類”
水地雲龍	法式	卷十六	石作功限・柱礎	第二册第 126 頁	石作彫刻紋様之一
火珠	法式	卷十三	瓦作制度・用獸頭等	第二册第 57 頁	用於脊上的火焰裝飾。用於華頭筒瓦上則名“滴當火珠”或“滴當子”。安於瓦身蔥臺釘上，實爲釘帽子
	法式	卷二十四	諸作功限一・旋作	第三册第 36 頁	佛道帳名件
火焰	法原	第九章	石作	第 62 頁	亦名“火焰珠”，石牌坊上枋之中央所製如火焰狀裝飾（修訂）
牙子	法式	卷八	小木作制度三・棵籠子	第一册第 178 頁	棵籠子下端榥子下安版條製邊飾。又名“垂脚牙子”
	法式	卷二十一	小木作功限二・棵籠子	第二册第 258 頁	
牙子版	法式	卷二十六	諸作料例一・瓦作	第三册第 71 頁	即燕頷版。參閲“燕頷版”條。小木作“牙子”，亦稱“牙子版”
牙魚	法式	卷三	石作制度・殿内鬭八	第一册第 61 頁	石作彫飾紋様之一
牙脚	法式	卷六	小木作制度一・破子櫺窗	第一册第 127 頁	
	法式	卷十	小木作制度五・九脊小帳	第一册第 216 頁	横用於拼合版面的下方，彫出如意頭等線脚，亦稱“下牙頭”。參閲“牙頭護縫”條
牙脚坐	法式	卷十	小木作制度五・牙脚帳	第一册第 208 頁	用牙頭、牙脚做法的帳坐

續表

詞條	書名	卷、章目次	卷、章名稱	頁碼	釋義
牙脚帳	法式	卷十	小木作制度五・牙脚帳	第一册第 207 頁	寺觀中用牙頭、牙脚做法的帳坐
牙脚塼	法式	卷十五	塼作制度・須彌坐	第二册第 101 頁	塼須彌坐自下至上第三層彫成牙脚形
牙頭	法式	卷六	小木作制度一・軟門	第一册第 125 頁	
	法式	卷十	小木作制度五・牙脚帳	第一册第 208 頁	
	法式	卷十四	彩畫作制度・五彩徧裝	第二册第 80 頁	横用於拼合版面的上方，彫出如意頭等線脚。參閲"牙頭護縫"條。彩畫作華文圖案之一 又，"徧"字通"遍"字
牙頭護縫	法式	卷六	小木作制度一・烏頭門	第一册第 121 頁	版門、窗下障水版等用薄版拼合的版面，在四周及各版縫用窄版貼面使成裝飾圖案。横用於上面的名"牙頭"，横用於下面的名"牙脚"或"下牙頭"，竪用於拼縫上的名"護縫"。此種做法通稱"牙頭護縫造"。如祇在版四周用木條護縫，稱"填心難子造"。下牙頭或用如意頭造
	法式	卷六	小木作制度一・軟門	第一册第 124 頁	
牙縫造	法式	卷六	小木作制度一・版門	第一册第 119 頁	
	法式	卷六	小木作制度一・水槽	第一册第 137 頁	
	法式	卷十九	大木作功限三・殿堂梁柱等事件功限	第二册第 195 頁	拼合木版用企口縫
牛頭塼	法式	卷十五	塼作制度・用塼	第二册第 97 頁	塼的類型之一。長一尺三寸、廣六寸五分，一壁厚二寸五分、一壁厚二寸二分
牛脊槫	法式	卷五	大木作制度二・棟	第一册第 108 頁	外檐用下昂鋪作，柱頭縫上不用承椽方，而於外跳第一心之上用槫，名"牛脊槫"
化生	法式	卷十二	彫作制度・混作	第二册第 30 頁	彩畫題材，飛禽走獸上騎跨牽拽的兒童
天王	法原	第十二章	塼瓦灰砂紙筋應用之例	第 79 頁	屋頂竪帶下端之人形裝飾物（修訂）

續表

詞條	書名	卷、章目次	卷、章名稱	頁碼	釋義
天王版	法原	第十六章	雜俎	第 96 頁	塔頂相輪外側，似力士飛天等裝飾（修訂）
天井	法原	第二章	平房樓房大木總例	第 22 頁	前後房屋之間的空院爲“天井”。天井與房屋進深相等。後進庭院則減半至界牆止（修訂）
天溝	法原	第五章	廳堂總論	第 35 頁	屋面排水設備（修訂）
天幔	法原	附録	二、檢字及辭解	第 107 頁	天井上用明瓦或天窗的屋頂（修訂）
天關	法原	第十六章	雜俎	第 97 頁	起重的滑車（修訂） 參閱“地關”“守關”條
天花	則例	第五章	裝修	第 47 頁	房屋内上部用木條拼裝爲方格，上鋪板，以遮蔽梁以上之結構部分（修訂） ［整理者注］《法式》名“平棊”
	則例	第六章	彩色	第 52 頁	參閱原書插圖七十、七十一
天花枋	則例	清式營造辭解	四畫	第 5 頁	左右金柱間，老檐枋之下，與天花梁同高，安放天花之枋。高 4 斗口加 2 寸，厚 4 斗口（原）
天花梁	則例	第五章	裝修	第 47 頁	在大梁及隨梁枋之下，前後金柱間，安放天花之梁。高 7.5 斗口，厚 6.8 斗口（原）
天花墊板	則例	清式營造辭解	四畫	第 5 頁	老檐枋之下，天花枋之上，兩枋間之墊板（原）
天宫樓閣	法式	卷九	小木作制度四・佛道帳	第一册第 187 頁	
	法式	卷十一	小木作制度六・轉輪經藏	第二册第 6 頁	轉輪經藏、佛道帳等帳頭上木製成組小殿閣
中泥	法式	卷十三	泥作制度・用泥	第二册第 61 頁	粉刷牆面的第二道泥。每用土七擔，加素硝八斤
	法式	卷二十七	諸作料例二・泥作	第三册第 81 頁	
中庭	法式	卷三	壕寨制度・立基	第一册第 54 頁	即庭院
中柱	則例	第三章	大木	第 29 頁	房屋内部縱中線上之柱（修訂） 參閱原書插圖十八、二十三
中期	法原	附録	二、檢字及辭解	第 107 頁	木之圍徑在二尺以上者（原）
中線	則例	第三章	大木	第 29 頁	建築物或分件之中心線；centre-line（原）

續表

詞條	書名	卷、章目次	卷、章名稱	頁碼	釋義
中檻	則例	第五章	裝修	第 46 頁	柱與柱之間，安裝門窗之框架中之横向構件。按其位置高下，分上、中、下檻。中檻在門窗之上、横批之下（修訂） 參閱原書圖版貳拾貳
	法原	第八章	裝折	第 55 頁	房屋較高，於窗頂加横風窗時，横風窗下所裝之横木料（原）
中平槫	法式	卷五	大木作制度二・侏儒柱	第一册第 106 頁	下平槫以裏一槫。參閲“槫”條 ［整理者注］原文爲“中下平槫”
中折簇梁（中折簇角梁）	法式	卷五	大木作制度二・舉折	第一册第 114、115 頁	參閲“簇角梁”條
丹粉刷飾屋舍	法式	卷十四	彩畫作制度・丹粉刷飾屋舍	第二册第 88 頁	最簡單的彩畫裝飾。構件刷土朱或黄丹，用白粉闌界緣道，栱頭等用白粉刷燕尾，闌額等刷八白。參閲“彩畫作（彩畫作制度）”條
升	則例	第三章	大木	第 24 頁	栱兩端上，承上一層枋或栱之斗形木塊，左右開口（修訂）
	法原	第四章	牌科	第 27 頁	與斗同形而小，名“升”。其各部如斗名：升底、上升腰、下升腰（參閲“斗”條）。《則例》：位於栱兩端上，承上一層栱、枋，左右開口（修訂）
升腰	則例	清式營造辭解	四畫	第 5 頁	斗或升之中部，占升高五分之一的部分（修訂） 參閲原書圖版玖
升龍	則例	第六章	彩色	第 51 頁	和璽彩畫内，作向上升起勢之龍（原）
五峯	法式	卷十三	泥作制度・壘射垛	第二册第 67 頁	射靶的形式
五斤塼	法原	第十六章	雜俎	第 98 頁	塼之一種。重五斤，砌牆用（修訂）
五出參	法原	第四章	牌科	第 28 頁	内外各出兩跳的牌科。《則例》之“五踩”，《法式》之“五鋪作”（修訂）
五脊殿	法式	卷五	大木作制度二・陽馬	第一册第 105 頁	即四阿。參閲“四阿”條
五椽栿	法式	卷五	大木作制度二・梁	第一册第 96 頁	長五椽的檐栿
五鋪作	法式	卷四	大木作制度一・總鋪作次序	第一册第 89 頁	出兩跳華栱，或出一跳華栱又出一跳下昂的鋪作

續表

詞條	書名	卷、章目次	卷、章名稱	頁碼	釋義
五彩地	法式	卷十四	彩畫作制度・總制度	第二册第 72 頁	刷膠水、白土、鉛粉。五彩偏裝之底襯
五彩偏裝	法式	卷十四	彩畫作制度・五彩偏裝	第二册第 77 頁	彩畫作制度之一。最華麗的彩畫。參閱“彩畫作（彩畫作制度）”條
五架梁	則例	第三章	大木	第 31 頁	長四步架，梁上共承五桁之梁（修訂） 參閱原書圖版玖，插圖二十一
五七寸式	法原	附録	二、檢字及辭解	第 107 頁	牌科規格之一。大斗面寬七寸、高五寸爲標準（修訂）
五花山牆	則例	第三章	大木	第 36 頁	懸山山牆上部，隨排山各層梁及瓜柱之階級形結構（原） 參閱原書插圖三十三
五山屏風牆	法原	第十章	牆垣	第 64 頁	高出屋面如屏風，而分爲五級的山牆（修訂）
五叉拒鵲子	法式	卷十三	瓦作制度・用鴟尾	第二册第 55 頁	鴟尾背上所安的鐵叉。凡鴟尾居高三尺以上者，於鴟尾上用鐵脚子及鐵束子安搶鐵。其搶鐵之上施五叉拒鵲子，身兩面用鐵鞠，身内用柏木樁。或龍尾，唯不用搶鐵、拒鵲，加襻脊鐵索
五間兩落翼	法原	第七章	殿庭總論	第 47 頁	七開間的歇山房屋（修訂）
六椽栿	法式	卷五	大木作制度二・梁	第一册第 96 頁	長六椽的檐栿 ［整理者注］原文爲“六椽至八椽以上栿”
六鋪作	法式	卷四	大木作制度一・總鋪作次序	第一册第 89 頁	出三跳華栱，或出一跳華栱兩跳下昂的鋪作
六分頭	則例	第三章	大木	第 27 頁	木材頭飾之一種（原） 參閱原書插圖十二
六架椽屋	法式	卷三十一	大木作制度圖樣下	第四册第 20 ～ 22 頁	分心有三柱。乳栿對四椽栿用三柱。前乳栿後劄牽用四柱。廳堂六架椽屋有三種梁柱配合形式。參閱：1. 圖樣“殿堂等六鋪作分心槽草架側樣第十四”；2.“間縫内用梁柱”條
井口	則例	第六章	彩色	第 52 頁	天花板彩畫之外緣部分（修訂） 參閱原書插圖七十
井口木	法式	卷六	小木作制度一・井屋子	第一册第 139 頁	安置井匱上沿之木方
井口石	法式	卷三	石作制度・井口石	第一册第 68 頁	蓋在井口上的石塊，上鑿井口，並可彫飾華文

續表

詞條	書名	卷、章目次	卷、章名稱	頁碼	釋義
井口枋	則例	第三章	大木	第 25 頁	裏拽厢栱之上，承托天花之枋，高 3.5 斗口，厚 1 斗口（原） 參閱原書圖版叁
井屋子	法式	卷六	小木作制度一・井屋子	第一册第 137 頁	井外的版屋
井亭子	法式	卷八	小木作制度三・井亭子	第一册第 179 頁	較井屋子大且華麗
井蓋子	法式	卷三	石作制度・井口石	第一册第 68 頁	井口上的蓋子
井匱	法式	卷六	小木作制度一・井屋子	第一册第 137 頁	井屋子之柱間,於地栿上井口木下安版,名“井匱”
井階	法式	卷六	小木作制度一・井屋子	第一册第 139 頁	井的階基
分木	法原	附録	一、量木制度	第 100 頁	木料圍徑在一尺五寸以下,其碼子以分計算者（修訂）
分心石	則例	清式營造辭解	四畫	第 5 頁	建築物中線上，由階條石至檻墊石之間之石（原）
分心斗底槽	法式	卷三十一	大木作制度圖様下	第四册第 3 頁	四種殿閣架構之一。參閲圖様之“殿閣地盤分槽等第十”
分脚如意頭	法式	卷十四	彩畫作制度・五彩徧裝	第二册第 82 頁	兩頭彩畫圖案之一
元寶脊	則例	第三章	大木	第 32 頁	卷棚式屋頂前後屋頂斜坡相接處（原）
太平梁	則例	第三章	大木	第 35 頁	廡殿推山結構内，與三架梁平，承托雷公柱之梁（原） 參閲原書圖版拾
内心仔	法原	第八章	裝折	第 54 頁	窗之流空部分，裝明瓦以採光者（原）
内四界	法原	第二章	平房樓房大木總例	第 16 頁	殿或廳堂房屋，進深之正中多作四界相連的大面積，習稱“内四界”（修訂）
内外槽	法式	卷九	小木作制度四・佛道帳	第一册第 192 頁	殿閣分槽平面,屋内柱以内稱“内槽”或“裏槽”，屋内柱以外，檐柱以内稱“外槽”

續表

詞條	書名	卷、章目次	卷、章名稱	頁碼	釋義
内槽	法式	卷九	小木作制度四・佛道帳	第一册第192頁	殿閣分槽由檐柱、内柱劃分的空間，較寬大或位於中間的叫内槽，又稱“裏槽”。參閲“外槽”條 ［整理者注］原文爲“内外槽柱”，可理解为“内槽柱、外槽柱”
	法式	卷三十一	大木作制度圖樣下・殿閣地盤分槽等第十	第四册第4頁	［整理者注］圖樣用詞爲“内單槽”“内雙槽”
内槽柱	法式	卷九	小木作制度四・佛道帳	第一册第192頁	即“屋内柱”。小木作制度稱“内槽柱” ［整理者注］原文爲“内外槽柱”
内輞	法式	卷十一	小木作制度六・轉輪經藏	第二册第13頁	轉輪經藏中心轉輪内側的輞，内外輞上安輻，置經匣
不厦兩頭	法式	卷十三	瓦作制度・用獸頭等	第二册第59頁	屋蓋形式之一。即“懸山頂”
勾滴	則例	清式營造辭解	五畫	第6頁	勾頭與滴水之合稱，即檐邊之瓦（修訂） 參閲原書圖版拾捌、拾玖
勾頭	則例	清式營造辭解	五畫	第6頁	筒瓦每隴最下有圓盤頭（瓦當）之瓦（修訂） 參閲原書圖版拾捌
勾頭搭掌	法式	卷三十	大木作制度圖樣上	第三册第195頁	大木作構件。參閲圖樣之“梁額等卯口第六”
尺	法式	卷二	總例	第一册第46頁	有三義：長度、平方尺、立方尺，視内容而定
引檐	法式	卷六	小木作制度一・版引檐	第一册第135頁	又名“版引檐”。參閲“版引檐”條

五畫（共129條）

瓜 甘 生 用 皮 四 半 左 出 立 甲 市 包 加 平 石 正 令 功 外 永 由 仔 仙 古 扒 打 布

詞條	書名	卷、章目次	卷、章名稱	頁碼	釋義
瓜子栱	法式	卷四	大木作制度一・栱	第一册第77頁	鋪作重栱造，下一栱長62份，名“瓜子栱”，上承慢栱。如在柱頭，則稱“泥道栱”

續表

詞條	書名	卷、章目次	卷、章名稱	頁碼	釋義
瓜柱	則例	第三章	大木	第 31 頁	在梁或順梁上，將上一層梁墊起，其高大於長寬者爲瓜柱，其高小於長寬者名"柁墩"。《法式》曰"蜀柱""侏儒柱"（修訂） 參閱原書圖版玖 《法原》未列入辭解檢字
瓜栱	則例	第三章	大木	第 25 頁	斗横在坐斗、翹或昂頭上之弓形横木，其長 6.2 斗口。《法式》名"瓜子栱"（修訂） 參閱原書圖版叁、肆、伍，插圖十一、十三 《法原》未列入辭解檢字
甘蔗脊	法原	第十一章	屋面瓦作及築脊	第 67 頁	平房正脊式樣之一。脊之兩端作簡單方形回紋者（修訂） ［整理者注］原文爲"廳堂正脊分游脊、甘蔗……"
生起	法式	卷四	大木作制度一·平坐	第一册第 93 頁	
	法式	卷五	大木作制度二·柱	第一册第 102 頁	柱子自當心間左右向轉角柱加高名"生起"。三間生高二寸，每增加兩間又加二寸，平坐生高減半
生頭木	法式	卷五	大木作制度二·棟	第一册第 108 頁	槫至梢間於槫頭背上所加的楔形木塊
用泥	法式	卷十三	泥作制度·用泥	第二册第 61 頁	粉刷牆面。一般四道工序：先有粗泥找平，次用中泥抹平，次用細泥抹平，末用石灰泥收壓光澤
用獸頭	法式	卷十三	瓦作制度·用獸頭等	第二册第 56 ～ 60 頁	凡獸頭皆順脊用鐵鉤一條，套獸上以釘安之。嬪伽用蔥頭釘，滴當火珠做於華頭甋瓦滴當釘之上
皮條線	則例	第六章	彩色	第 49 頁	彩畫藻頭菱花與旋子間之線條（原） 參閱原書插圖六十三
四阿	法式	卷五	大木作制度二·陽馬	第一册第 105 頁	屋蓋形式之一，四面坡、一道正脊、四道垂脊，故名"五脊殿" 《法原》稱"合舍"
四平枋	法原	第七章	殿庭總論	第 47 頁	即清式井口枋（修訂）
四合舍	法原	第七章	殿庭總論	第 48 頁	即廡殿頂（修訂）
四椽栿	法式	卷五	大木作制度二·梁	第一册第 96 頁	長四椽的檐栿

續表

詞條	書名	卷、章目次	卷、章名稱	頁碼	釋義
四鋪作	法式	卷四	大木作制度一・總鋪作次序	第一册第 89 頁	出一跳華栱或下昂的鋪作
四入瓣科	法式	卷十四	彩畫作制度・五彩徧裝	第二册第 82 頁	彩畫團科之一種。如圖
四六寸式	法原	第四章	牌科	第 30 頁	牌科規格之一。以大斗面寬六寸、高四寸爲標準（修訂）
四出尖科	法式	卷十四	彩畫作制度・五彩徧裝	第二册第 82 頁	彩畫團科之一種。又名"柿蒂科"。如圖
四界大梁	法原	第七章	殿庭總論	第 47 頁	房屋進深中部深四界的大梁。其前爲軒，後爲雙步。即《法式》之"四椽栿"（修訂）
四架椽屋	法式	卷三十一	大木作制度圖樣下	第四册第 23 ～ 26 頁	即進深四椽的房屋。分心用三柱，劄牽三椽栿用三柱，分心劄牽用四柱，通檐用二柱。廳堂四架椽屋有四種梁柱配合形式。參閱"間縫内用梁柱"條
四扇屏風骨	法式	卷六	小木作制度一・照壁屏風骨	第一册第 131 頁	屏風的木骨架，殿内照壁形式之一。分四扇啓閉
四直方格眼	法式	卷七	小木作制度二・格子門	第一册第 144 頁	格子門格眼形式之一
四直大方格眼	法式	卷六	小木作制度一・照壁屏風骨	第一册第 131 頁	照壁屏風骨，桯内分爲大方格。參閱"四直方格眼""照壁屏風骨"條
四裴回轉角	法式	卷五	大木作制度二・椽	第一册第 110 頁	指四阿及厦兩頭屋蓋轉角的椽子，至角逐漸取斜，過角梁後又逐漸回正的做法
四斜毬文格子	法式	卷七	小木作制度二・格子門	第一册第 142 頁	格子門菱花格眼之一
四斜毬文格眼	法式	卷七	小木作制度二・格子門	第一册第 142 頁	格子門格眼形式之一。或作"四斜毬文格子"
四斜毬文上出條桱重格眼	法式	卷七	小木作制度二・格子門	第一册第 142 頁	格子門格眼形式之一。在毬文條桱上又做出直條桱的線脚
半混	法式	卷二十四	諸作功限一・彫木作	第三册第 27 頁	木彫形式之一。即高浮彫
半窗	法原	第八章	裝折	第 54 頁	設於半牆（檻牆）之上的窗，多用於次間或廂房。即檻窗（修訂）

續表

詞條	書名	卷、章目次	卷、章名稱	頁碼	釋義
半牆	法原	第八章	裝折	第 56 頁	窗下矮牆。清稱“檻牆”（修訂）
	法原	第十章	牆垣	第 64 頁	
半欄	法原	第八章	裝折	第 56 頁	裝於和窗或地坪窗下，以代半牆，上設坐檻以資坐息。相當於《法式》“欄件檻鉤窗”之座（修訂）
半黄塼	法原	第十二章	塼瓦灰砂紙筋應用之例	第 75 頁	塼之一種。用以砌牆、牆門及垛頭者，較小者名“半黄塼”（修訂）
左腮右肩	法原	附録	二、檢字及辭解	第 109 頁	即三間兩厢房，去其正間，次邊間闊一丈二尺，除厢房八尺，再余四尺之處，名爲“腮間”（修訂） 參閲《法原》第五章
出際	法式	卷五	大木作制度二・棟	第一册第 108 頁	厦兩頭及不厦兩頭屋蓋，槫至兩山懸挑伸出部分。又名“屋廢”
出跳	法式	卷四	大木作制度一・總鋪作次序	第一册第 88 頁	每一跳長最大 30 分，跳頭枓口内再出一跳即第二跳。每跳上皆可再出跳，至共出五跳，總長 150 分止 《則例》名“出踩”或寫作“出彩”，《法原》名“出参”
出角	法式	卷十	小木作制度五・壁帳	第一册第 224 頁	房屋正面側面形成的轉角部位，其兩面形成的夾角大於 180° 稱“出角”，小於 180° 稱“入角”。凡在此轉角處所用鋪作，即稱爲“出角造”或“入角造”
出踩	則例	第三章	大木	第 27 頁	斗栱之翹昂自中線向外或向裏伸出謂之“出踩”，俗書“出彩”（原） 參閲原書圖版貳
出彩	則例	清式營造辭解	五畫	第 6 頁	即出踩
出参	法原	第四章	牌科	第 29 頁	即出跳。與桁垂直方嚮的栱或昂，逐層向外挑出。依伸出之數，向裏外各伸出一級名“三出参”；向裏外各伸出二級名“五出参”……至“十一出参”爲最大（修訂）
出檐	則例	第三章	大木	第 32 頁	屋頂伸出房身以外，謂之“出檐”（修訂） 參閲原書圖版拾伍
	法原	第五章	廳堂總論	第 38 頁	屋頂伸出牆及桁外之部分（原） 參閲《法原》第五章
出檐牆	法原	第十章	牆垣	第 64 頁	牆位於廊柱出檐處，高至枋底，椽頭挑出牆外者爲“出檐牆”（修訂）

續表

詞條	書名	卷、章目次	卷、章名稱	頁碼	釋義
出檐椽	法原	第五章	廳堂總論	第 38 頁	步桁、廊桁間之椽，外端頭挑出牆外者（修訂）
出瓣	法式	卷五	大木作制度二・梁	第一册第 99 頁	用向外凸的連續弧線組成的邊線、輪廓。參閲“入瓣”條
出頭木	法式	卷四	大木作制度一・枓	第一册第 87 頁	平坐鋪作櫬方頭外跳延伸至跳外，名“出頭木”，用以按雁翅版
出潭雙細	法原	第九章	石作	第 57 頁	造作之第二道工序，雙細後石料運至石作，再加以剥高去潭之工作（修訂）
立表	法式	卷三	壕寨制度・取正	第一册第 51 頁	測量方位的水池景表之組成部分。參閲“水池景表”條
立柣	法式	卷三	石作制度・門砧限	第一册第 65 頁	斷砌門兩頰下，按地栿版的構件。參閲“斷砌門”條
	法式	卷六	小木作制度一・版門	第一册第 121 頁	
立桥	法式	卷六	小木作制度一・軟門	第一册第 124 頁	
	法式	卷六	小木作制度一・照壁屏風骨	第一册第 133 頁	直立的門關
立旌	法式	卷六	小木作制度一・睒電窗	第一册第 128 頁	版壁、編竹抹灰等壁面内所用木骨架，直用者名“立旌”，用於殿堂内壁、門窗等。參閲“横鈐”條
立基	法式	卷三	壕寨制度・立基	第一册第 53 頁	房屋施工前於中庭適當位置壘砌的塼墩。測量的方位、軸線、水平標高等均記録於此墩上，以爲施工標凖
立軸	法式	卷十一	小木作制度六・轉輪經藏	第二册第 13 頁	轉輪經藏中心所用可以轉動的大立軸
立頰	法式	卷三	壕寨制度・取正	第一册第 51 頁	門窗兩頰多稱“立頰”。參閲“兩頰”條
	法式	卷六	小木作制度一・睒電窗	第一册第 128 頁	
	法式	卷六	小木作制度一・烏頭門	第一册第 123 頁	
立椿	法式	卷三	壕寨制度・定平	第一册第 52 頁	測量水平的工具“水平”之組成部分。參閲“水平”條
立竈	法式	卷十三	泥作制度・立竈	第二册第 63 頁	安鍋的竈，較釜鑊竈小而高。又分“轉煙連二竈”“直拔立竈”兩種形式

續表

詞條	書名	卷、章目次	卷、章名稱	頁碼	釋義
立脚飛椽	法原	第七章	殿庭總論	第 48 頁	戧角處之飛椽，平面呈摔網狀。其上端逐根立起，與嫩戧之端相平（修訂）
甲	法原	附録	一、量木制度	第 100 頁	木筏之名稱，每甲分爲二拖，每拖約四五十根（原）
市雙細	法原	第九章	石作	第 57 頁	石材加工之第三道工序，出潭雙細後，再加鑿平（修訂）
包檐牆	法原	第十章	牆垣	第 64 頁	牆頂封護椽頭之牆，名“包檐牆”（修訂）
加官牌	法原	第九章	石作	第 64 頁	石牌坊柱之上端，前後所懸之石牌（修訂）
平	法式	卷四	大木作制度一・枓	第一册第 87 頁	枓中段平直的部分
平水	則例	第三章	大木	第 32 頁	梁頭在桁以下、枋以上之高度（修訂） 参閱原書圖版拾伍
平坐（閣道、飛陛）	法式	卷一	總釋上・平坐	第一册第 18 頁	（1）大木。柱上安鋪作，逐間安草栿，上鋪地面版的構造。一般多在樓閣上屋與下屋間
	法式	卷四	大木作制度一・平坐	第一册第 92 頁	
	法式	卷九	小木作制度四・佛道帳	第一册第 198 頁	
	法式	卷十一	小木作制度六・轉輪經藏	第二册第 5 頁	
	法式	卷十五	窰作制度・壘造窰	第二册第 112 頁	（2）窰。燒製塼瓦的大窰窰身下段垂直壘砌的部分
平柱	法式	卷五	大木作制度二・柱	第一册第 102 頁	房屋心間左右的柱，兩柱等高不加生起
平砌	法式	卷十五	塼作制度・壘階基	第二册第 98 頁	塼砌階基、牆等，表面平直不露齦的砌法
平栿	法式	卷五	大木作制度二・侏儒柱	第一册第 105 頁	即平梁。參閱“平梁”條
平房	法原	第二章	平房樓房大木總例	第 15 頁	房屋三種類型（平房、廳堂、殿堂）之一。平房規模較小，結構、裝修等質量要求較低，爲一般住宅之用。多爲單層房屋，有樓者則稱“樓房”（修訂） ［整理者注］此條未列入原書辭解專條

續表

詞條	書名	卷、章目次	卷、章名稱	頁碼	釋義
平梁	法式	卷五	大木作制度二・梁	第一册第98頁	屋架最上的梁,長兩椽,上立蜀柱承脊槫。亦稱"平栿"
平棊	法式	卷二	總釋下・平棊	第一册第35頁	古謂之"承塵",今宫殿中悉用草架梁栿承屋蓋之重,此樺額、樘柱、敦㮇、方槫之類,及縱横固濟之物,皆不施斧斤。於明栿背上架算桯方,以方椽施版謂之"平闇"。以平版貼華,謂之"平棊"。俗亦呼爲"平起"者,語訛也。長一間、寬一架的天花板。版上用桯、貼等木條分隔成各種幾何圖案,内貼木製的各種華文
	法式	卷八	小木作制度三・平棊	第一册第163頁	
平棊方	法式	卷四	大木作制度一・飛昂	第一册第84頁	架於梁上長一間的方子,用以承托平棊或平闇。"算桯方"或亦稱"平棊方"。參閲"算桯方"條
	法式	卷五	大木作制度二・梁	第一册第100頁	
平棊椽	法式	卷五			平棊上的小方椽,用以遮版縫 [整理者注]整理者尚未在《法式》中找到出處。推測一種可能:作者根據《法式》卷五"平棊方一道"注文"平闇同。又隨架安椽……"之上下文,推測當時有此名詞而《法式》未記
平棊錢子	法式	卷二十四	諸作功限一・旋作	第三册第37頁	旋製的圓形飾件,貼於平棊背版上
平闇	法式	卷八	小木作制度三・平棊	第一册第163頁	用方木條拼成方格網,其上鋪版的天花
平闇椽	法式	卷五	大木作制度二・梁	第一册第100頁	拼逗平闇方格的小木條
平口條	則例	清式營造辭解	五畫	第6頁	正脊或垂脊下線道瓦之一種(修訂) 參閲《則例》第四章第三節"屋頂"
平板枋	則例	第三章	大木	第30頁	在額枋之上承托斗栱之枋,高2斗口,寬3斗口。《法式》稱"普拍方"(修訂)
平身科	則例	第三章	大木	第24頁	位於兩柱頭之間額枋、平板枋之上的斗栱。《法式》稱"補間鋪作"(修訂) 參閲原書圖版伍,插圖十一
平肩頭	法原	第八章	裝折	第55頁	窗之内心仔與邊條起亞面或平面線脚,在十字處或丁字處之接合形式(修訂)

續表

詞條	書名	卷、章目次	卷、章名稱	頁碼	釋義
平屋槫	法式	卷八	小木作制度三・井亭子	第一册第 181 頁	即下平槫。參閱“下平槫”條
平盤枓	法式	卷四	大木作制度一・枓	第一册第 87 頁	用於轉角出跳栱昂之上，其大小同齊心枓，而不做枓耳 ［整理者注］此詞條卡片重複一張，文字略有差异，爲“齊心枓如用於轉角鋪作由昂及轉角出跳上，即不用耳，稱‘平盤枓’”
平頭土襯	則例	第四章	瓦石	第 39 頁	踏跺象眼之下，與硯窩石、土襯石平之石（原）參閱原書圖版拾柒
平臺檐柱	則例	清式營造辭解	五畫	第 6 頁	樓閣上層周圍平臺之檐柱，徑 4 斗口減 3 寸。亦稱“童柱”（原）
石作	法式	卷三	石作制度	第一册第 57 頁	石構件及其彫刻。十三個工序之一。參閱“制度”條
	法式	卷十六	石作功限	第二册第 124 頁	
	法式	卷二十六	諸作料例一・石作	第三册第 61 頁	
	法式	卷二十九	石作制度圖樣	第三册第 142 頁	
	則例	清式營造辭解	五畫	第 5 頁	專職石料之工種（修訂）
	法原	第九章	石作	第 57 頁	石之種類。蘇州用石種類：金山石及焦山石，産地在蘇州西南金焦二縣；青石，産地在吴縣洞庭西山；緑豆石，質鬆脆，不能承重，而易於彫刻。其造石次序另見專條（修訂） ［整理者注］此條未列入原書辭解專條
石札	法式	卷三	壕寨制度・築基	第一册第 54 頁	即碎石
石色	法式	卷十四	彩畫作制度・總制度	第二册第 75 頁	礦物顔料之通稱
石檻	法原	第九章	石作	第 61 頁	石牌坊等之下檻，亦以支撑爲主（修訂）
石灰泥	法式	卷十三	泥作制度・用泥	第二册第 61 頁	粉刷牆壁的最後一道工序。有四種顔色，白色衹用石灰，青色用石灰和軟石灰，黄色用石灰和黄土，紅色用石灰和赤土、土朱。又有破灰、石灰和白蔑土及麥麲

續表

詞條	書名	卷、章目次	卷、章名稱	頁碼	釋義
石欄杆	法原	第九章	石作	第 58 頁	以整條石鑿空而成。兩旁鋪以石柱，柱彫蓮花紋，故亦名“蓮柱”。蓮柱及石欄之下爲“索口石”，與地坪石相平。石欄上部扶手中部下作“花瓶撑”（修訂） ［整理者注］原書以“栏杆（欄杆）”列入辭解
石牌樓	法原	第九章	石作	第 61 頁	有兩式：其一爲柱出頭無樓；其二爲柱不出頭有樓。有三間四柱、一間二柱之分。又有二柱三牌樓、四柱三牌樓、四柱五牌樓之分。三間者，以共開間分作五十份，中間占二十一份，餘數均分爲兩次間。柱間安石檻，柱前後及旁以砷石支撑。柱端架枋（修訂） ［整理者注］原書以“牌樓”列入辭解
石碾玉	則例	第六章	彩色	第 50 頁	旋子彩畫花瓣退暈者（原） 参閲原書圖版貳拾陸
正木	法原	附録	一、量木制度	第 103 頁	木之無病疵者（原）
正房	則例	第二章	平面	第 23 頁	在住宅主要中線上之主要建築物（原） 参閲原書插圖八
正屋	法式	卷五	大木作制度二·棟	第一册第 107 頁	中軸線上朝南的房屋
正脊	法式	卷十三	瓦作制度·壘屋脊	第二册第 52 頁	屋蓋最高處中線上的脊，與正立面平行。屋蓋兩個斜坡相交之處，用瓦件壘砌成高起的矮長墩，均名爲“脊”。在正面見到的前後坡相交處的脊爲“正脊”
	則例	第三章	大木	第 35 頁	屋頂前後兩斜坡相交而成之脊；ridge（原） 参閲原書圖版拾捌
	法原	第十一章	屋面瓦作及築脊	第 67 頁	屋頂進深中線上，脊桁之上，所築之脊爲“正脊”（修訂）
正脊獸	法式	卷十三	瓦作制度·用獸頭等	第二册第 56 頁	正脊兩頭所用的獸頭
正間	法原	第七章	殿庭總論	第 47 頁	殿庭正間之開間較次間寬，次間寬為正間十分之八。即明間或當心間（修訂）
正貼	法原	第二章	平房樓房大木總例	第 16 頁	即屋架位於正間左右的貼（修訂）

續表

詞條	書名	卷、章目次	卷、章名稱	頁碼	釋義
正落	法原	第二章	平房樓房大木總例	第 22 頁	住宅之平面布置：在全宅中線上的房屋稱“正落”。與正落相平行的左右另立中線，稱“邊落”。正落自外而内大抵爲門第、茶廳、大廳、樓廳……每進房屋間隔以天井。樓廳以後臨界築牆，或圍一園囿（修訂）
正樣	法式	卷三十	大木作制度圖樣上・鋪作轉角正樣第九	第三册第 199 頁	正立面圖。例：圖樣之“鋪作轉角正樣第九”
	則例	清式營造辭解	五畫	第 6 頁	正立面圖；front elevation（修訂）
正殿	則例	第二章	平面	第 23 頁	在宫殿寺廟主要中軸線上之主要大殿（修訂） 參閱原書插圖八
正心枋	則例	第三章	大木	第 29 頁	斗栱左右中線上，正心栱以上之枋。高 2 斗口，厚 1.3 斗口（原） 參閱原書圖版叁、伍，插圖十一、十三
正心桁	則例	第三章	大木	第 32 頁	斗栱左右中線上之桁。徑 4.5 斗口（原） 參閱原書圖版叁、伍，插圖十一、十三
正心栱	則例	第三章	大木	第 24 頁	凡在檐柱中心線上，與建築物表面平行的栱，都叫“正心栱”（修訂） ［整理者注］此條未列入原書辭解專條
正心瓜栱	則例	第三章	大木	第 25 頁	在斗栱左右中線上之瓜栱（原） 參閱原書圖版叁、伍，插圖十一、十三
正心萬栱	則例	第三章	大木	第 25 頁	在斗栱左右中線上之萬栱（原） 參閱原書圖版叁、伍，插圖十一、十三
正京塼	法原	第十二章	塼瓦灰砂紙筋應用之例	第 74 頁	方塼之一種。甚大，約二尺方，厚約三寸，用鋪殿庭地面（原）
正昂板	法原	第九章	石作	第 62 頁	石牌坊牌科斗口上所架通長石板，外緣鑿升、昂形狀（修訂）
令栱	法式	卷四	大木作制度一・栱	第一册第 78 頁	凡衹用一重栱的均用令栱，或稱“單栱”，用兩重栱的稱“重栱”。令栱長 72 分。《則例》名“厢栱”
功	法式	卷二	總例	第一册第 45 頁	工作日。約以日出入爲一功。二、三、八、九月爲“中功”。四、五、六、七月爲“長功”。十、十一、十二、一月爲“短功”。計算工程定額以中功爲標準。中功十分，長功加一分，短功減一分

續表

詞條	書名	卷、章目次	卷、章名稱	頁碼	釋義
功限	法式	卷十六～二十五		第二册第 115 頁～第三册第 60 頁	各種工程定額。以中功爲標準。參閲“功”條
外皮	則例	清式營造辭解	五畫	第 5 頁	任何部分向外之表面；outer surface（原） 參閲“上皮”“下皮”條
外拽	則例	第三章	大木	第 25 頁	斗栱柱中心線以外之部分（原） 參閲“外拽栱”“裏拽栱”條
外棱	法式	卷十四	彩畫作制度・五彩偏裝	第二册第 77 頁	彩畫在名件邊緣用線道疊暈。凡名件的邊緣部位，均統稱“外棱”
外跳	法式	卷四	大木作制度一・栱	第一册第 76 頁	鋪作懸挑部分，自柱頭中線分裏外。檐柱中線以外（向屋外）及内柱中線以外（向屋中心）均爲外跳。又名“外轉” 《則例》稱“外拽” 參閲“裏跳”條
外槽	法式	卷九	小木作制度四・佛道帳	第一册第 192 頁	殿堂分槽平面，屋内柱以外空間稱“外槽”。參閲“内槽”“内外槽”條
外槽柱	法式	卷九	小木作制度四・佛道帳	第一册第 192 頁	房屋外圍的柱，即檐柱
外槽帳身	法式	卷十一	小木作制度六・轉輪經藏	第二册第 1 頁	佛道帳、經藏等外面的帳身
外圍	法式	卷十五	窰作制度・壘造窰	第二册第 111 頁	燒製塼瓦的大窰窰身之外
外輞	法式	卷十一	小木作制度六・轉輪經藏	第二册第 13 頁	轉輪藏中心轉輪外側的輞，内外輞上安輻，置經匣
永定柱	法式	卷三	壕寨制度・城	第一册第 55 頁	立於城牆夯土層的木柱
	法式	卷十九	大木作功限三・城門道功限	第二册第 197 頁	自地面立起的平坐柱
由昂	法式	卷四	大木作制度一・飛昂	第一册第 82 頁	轉角鋪作在角昂之上另加一昂，名“由昂”，上以平盤枓安角神
	則例	第三章	大木	第 28 頁	角科 45° 斜線上較平身科增出一昂，與耍頭平，謂之“由昂”（修訂） 參閲原書圖版肆
由額	法式	卷五	大木作制度二・闌額	第一册第 101 頁	用於闌額之下的額，位於副階峻脚椽下

續表

詞條	書名	卷、章目次	卷、章名稱	頁碼	釋義
由額墊板	則例	清式營造辭解	五畫	第 6 頁	大小額枋間之墊板，高 2 斗口，厚 1 斗口（原） 參閱原書圖版玖
由戧	則例	清式營造辭解	五畫	第 6 頁	廡殿正側兩面屋頂相交處之骨幹結構，自仔角梁尾逐架接上至脊槫，高 4.2 斗口，厚 2.8 斗口（修訂）
仔邊	則例	第五章	裝修	第 46 頁	格扇内槅子之邊（原） 參閱原書圖版貳拾貳
仔角梁	則例	第三章	大木	第 33 頁	兩層角梁中之在上而較長者，高 4.2 斗口，厚 2.8 斗口（原） 參閱原書圖版拾叁
仙人	則例	第四章	瓦石	第 43 頁	垂脊在屋角最下端筒瓦上的彫飾（修訂） 參閱原書圖版貳拾
古鏡	則例	清式營造辭解	五畫	第 6 頁	柱頂石上凸形承柱之部分（修訂） 參閱原書圖版拾陸，插圖四十一
扒梁	則例	清式營造辭解	五畫	第 6 頁	兩端安放於梁上或桁上，而非直接放於柱上之梁（原） 參閱原書圖版拾
打剶	法式	卷三	石作制度・造作次序	第一册第 57 頁	石料加工的第一道工序
布細色	法式	卷十四	彩畫作制度・總制度	第二册第 72 頁	彩畫最後一道工序——罩色

六畫（共 110 條）

竹 耳 色 行 合 全 仰 伏 交 共 列 回 地 圭 安 如 光 曲 扛 托 守 字 收 次 朴 池 灰 死 老 西 吊 朶

詞條	書名	卷、章目次	卷、章名稱	頁碼	釋義
竹作	法式	卷十二、二十四、二十六	竹作制度、諸作功限一・竹作、諸作料例一・竹作	第二册第 42 頁 第三册第 38 頁 第三册第 66 頁	竹工。十三個工種之一。參閱“制度”條
竹笆	法式	卷十二	竹作制度・造笆	第二册第 42 頁	欑背上覆蓋的笆箔。用竹條編成的名“笆”，用葦、荻編成的名“箔”

續表

詞條	書名	卷、章目次	卷、章名稱	頁碼	釋義
竹栅	法式	卷十二	竹作制度・竹栅	第二册第 43 頁	即竹籬
竹篾	法式	卷十三	泥作制度・畫壁	第二册第 63 頁	（1）用竹材表層製作的竹片 （2）竹材加工刮下的細竹絲，布於牆面以泥蓋平，用於畫壁等堅固平滑的壁面底層。參閱"畫壁"條
竹笍索	法式	卷十二	竹作制度・竹笍索	第二册第 45 頁	竹篾條編成的繩索
竹雀眼網	法式	卷七	小木作制度二・護殿閣檐竹網木貼	第一册第 161 頁	
	法式	卷十二	竹作制度・護殿檐雀眼網	第二册第 43 頁	鋪作外防護的竹網,即"雀眼網"。參閱"雀眼網"條
耳（枓耳）	法式	卷四	大木作制度一・枓	第一册第 87 頁	各種枓均分爲三段，上段爲耳（枓上段開口的部分），中段爲平，下段爲欹
	則例	清式營造辭解	六畫	第 6 頁	斗或升之上部，按斗高五分之二（原） 參閱原書圖版捌
色額等第	法式	卷二十六	諸作料例一・竹作	第三册第 66 頁	竹料的規格名目。上等：漏三、漏二、漏一；中等：大竿條、次竿條、頭竹、次頭竹；下等：笪竹、大管、小管
行廊	法式	卷九	小木作制度四・佛道帳	第一册第 199 頁	即走廊
	法式	卷十一	小木作制度六・轉輪經藏	第二册第 6 頁	
行龍	法式	卷十四	彩畫作制度・五彩徧裝	第二册第 78 頁	龍爲彩畫、彫刻裝飾的常用題材。有行龍、坐龍、升龍、盤龍等形態。《則例》又稱"走龍"
	則例	第六章	彩色	第 51 頁	即走龍（原）
合角	法原	第八章	裝折	第 55 頁	嫩戧之頭，因前旁與遮檐板相交，所鋸成之尖角，以及門窗料鑲合相成之角（原）
合角吻	則例	第四章	瓦石	第 44 頁	重檐下檐正面側面博脊相交之處之吻（原） 參閱原書圖版拾捌
合角鴟尾	法式	卷十三	瓦作制度・用鴟尾	第二册第 55 頁	廊屋轉角正脊成┏形處所用鴟尾。《則例》稱"合角吻"

續表

詞條	書名	卷、章目次	卷、章名稱	頁碼	釋義
合角劍把	則例	清式營造辭解	六畫	第 7 頁	合角吻上之劍把（原） 參閱原書圖版拾捌
合角鐵葉	法式	卷二十六	諸作料例一・瓦作	第三册第 71 頁	子角梁頭不用獸頭，於燕頷版合角處用鐵葉
合 楷	法式	卷五	大木作制度二・侏儒柱	第一册第 106 頁	梁上蜀柱小所用横木，以承柱脚
合暈	法式	卷十四	彩畫作制度・碾玉裝	第二册第 84 頁	彩畫疊暈之一種
	法式	卷三十三	彩畫作制度圖樣上・碾玉雜華第七	第四册第 150 頁	
合漏	法原	附録	二、檢字及辭解	第 110 頁	屋頂兩斜面相合之陰面處之流水設備，即斜溝（原） [整理者注]《法原》第十二章有“斜溝瓦”的記載
合把啃	法原	第八章	裝折	第 55 頁	窗之内心仔與邊條，起渾面線脚，在十字處之接合式樣成╬形者（原） [整理者注] 原書附録之辭解作“合把肯”
合桃線	法原	第十三章	做細清水塼作	第 82 頁	起線之一種。其斷面中部有小圓線，兩旁成數圓線似合桃殼者（原）
合版造	法式	卷七	小木作制度二・殿閣照壁版	第一册第 154 頁	用木版拼合的做法
合版軟門	法式	卷六	小木作制度一・軟門	第一册第 125 頁	軟門的做法之一。用桯、腰串等内用薄版（厚一寸以下）牙頭護縫
合版用楅軟門	法式	卷六	小木作制度一・軟門	第一册第 124 頁	軟門的做法之一。用厚版（厚一寸以上）背面用楅 [整理者注]《法式》卷六“軟門”條所言“合板軟門……用七楅……用五楅……”，即指卷二十所稱謂之“合版用楅軟門”
	法式	卷二十	小木作功限一・軟門	第二册第 225 頁	
合脊甋瓦	法式	卷十三	瓦作制度・壘屋脊	第二册第 54 頁	脊上所扣甋瓦
合蓮塼	法式	卷十五	塼作制度・須彌坐	第二册第 101 頁	塼須彌坐自下第五層，上彫合蓮瓣。參閱“須彌坐”條
合缸	法原	第十六章	雜俎	第 95 頁	塔頂之覆缽（修訂）

續表

詞條	書名	卷、章目次	卷、章名稱	頁碼	釋義
全條方	法式	卷五	大木作制度二・侏儒柱	第一册第 106 頁	即不作表面加工的方子
全眼與半眼	法原	附録	二、檢字及辭解	第 111 頁	做卯眼，鑿通者爲全眼，鑿深一半、不通者爲半眼（修訂）
仰渾（下梟）	法原	第十三章	做細清水塼作	第 83 頁	复置圓形之起線（原）
仰托榥	法式	卷九	小木作制度四・佛道帳	第一册第 192 頁	佛道帳等内部框架的構件
仰陽版	法式	卷九	小木作制度四・佛道帳	第一册第 205 頁	佛道帳上不作屋蓋，於檐口衹安向外傾斜的華版
	法式	卷十	小木作制度五・牙脚帳	第一册第 207 頁	
仰蓮塼	法式	卷十五	塼作制度・須彌坐	第二册第 101 頁	塼須彌坐自下第七層，上仰蓮瓣。參閲“須彌坐”條
仰覆蓮	法式	卷八	小木作制度三・棵籠子	第一册第 178 頁	仰覆蓮胡桃子破瓣混上出線
	法式	卷八	小木作制度三・鉤闌	第一册第 174 頁	
仰覆蓮華	法式	卷三	石作制度・造作次序	第一册第 58 頁	柱礎形式之一。礎面上彫成兩重蓮瓣，下重花瓣向上，上重花瓣向上托柱礎。凡須彌坐等出、入澁用蓮瓣者，亦稱“仰覆蓮華”
	法式	卷二十一	小木作功限二・叉子	第二册第 253 頁	
仰合楷子	法式	卷十九	大木作功限三・倉廒庫屋功限	第二册第 201 頁	楷頭及合楷的總稱。參閲“楷頭”“合楷”條
伏兔	法式	卷六	小木作制度一・版門	第一册第 120 頁	條形木塊中布開方或圓口，承受門窗轉軸或手栓門關
伏兔荷葉	法式	卷二十四	諸作功限一・彫木作	第三册第 32 頁	彫成荷葉形的伏兔，多用以承受上下軸
交子縫	法原	第十一章	屋面瓦作及築脊	第 68 頁	砌二路瓦條時，中間距離寸餘之凹進部分（原）
交互枓	法式	卷四	大木作制度一・枓	第一册第 87 頁	亦謂之“開枓”。華栱、昂頭上用的枓。上承上一跳栱昂及瓜子栱或令栱

續表

詞條	書名	卷、章目次	卷、章名稱	頁碼	釋義
交角昂	法式	卷十八	大木作功限二·殿閣外檐轉角鋪作用栱枓等數	第二册第 175 頁	轉角鋪作正面、側面正出的昂。此昂不過柱心交於柱頭方之下
交栿枓	法式	卷四	大木作制度一·枓	第一册第 87 頁	出跳栱上須承梁栿的枓，須隨梁栿加長枓身的交互枓
交金橔	則例	第三章	大木	第 35 頁	下金順扒梁上，正面側面下金桁下之柁橔。高按平水加桁椀徑三分之一，厚 5.5 斗口（原） 參閱原書圖版玖
共開間	法原	第一章	地面總論	第 13 頁	建築物正面各間之總和（修訂） ［整理者注］此條未列入原書辭解專條
共進深	法原	第一章	地面總論	第 13 頁	屋側面各間進深之總和（修訂） ［整理者注］此條未列入原書辭解專條
列栱	法式	卷四	大木作制度一·栱	第一册第 79 頁	轉角鋪作出跳上，從正面過角變爲出跳的栱。通名“列栱”
列……栱分首	法式	卷十八	大木作功限二·殿閣外檐轉角鋪作用栱枓等數	第二册第 173 頁	列栱全長超過……（下缺） ［整理者注］原文如此，應是作者思考中輟筆。又，原文爲“列栱分首”，而《法式》原文爲“列……分首……”，例：“令栱列瓜子栱分首……”“瓜子栱列小栱頭分首……”等。整理者揣測原意，姑且調整此條目爲“列……栱分首”。此條之完整釋義可詳見陳明達《營造法式辭解》之“列栱分首”條
回水	則例	第四章	瓦石	第 39 頁	下檐伸出較上檐減少之尺度（原） 參閱原書圖版拾伍
回紋	法原	第八章	裝折	第 55 頁	花紋之一種（原）
回頂	法原	第五章	廳堂總論	第 38 頁	即船廳。參閱“船廳”條，亦即“卷棚頂”（修訂）
回椽眼	法原	附録	二、檢字及辭解	第 110 頁	桁及枋上所開卯眼，用以承軒之彎椽（修訂）
地	則例	第六章	彩色	第 52 頁	彩畫之背底；ground（原）
地方	法原	第八章	裝折	第 53 頁	裝於石門檻中之鐵門臼（原）
地穴	法原	第十三章	做細清水塼作	第 87 頁	牆垣闢有門宕而不裝門户，名“地穴”。牆垣上開有空宕而不開窗户者，謂之“月洞”。地穴有十種形式：汝角、漢瓶、秋茶、蓮瓣、月圓、長八角、執圭、葫蘆、橢圓、海棠（修訂） 參閱原書插圖十三－七、十三－八

續表

詞條	書名	卷、章目次	卷、章名稱	頁碼	釋義
地仗	則例	清式營造辭解	六畫	第 7 頁	天花彩畫之背底（原）
地板	法原	第二章	平房樓房大木總例	第 17 頁	地面所鋪之木板，與地擱柵成直角（原）
地釘	法式	卷三	石作制度・卷輂水窗	第一册第 67 頁	即基樁，較短較密
地栿	法式	卷三	石作制度・重臺鉤闌	第一册第 62 頁	［整理者注］詳見《營造法式辭解》
	法式	卷三	石作制度・地栿	第一册第 65 頁	
	法式	卷五	大木作制度二・闌額	第一册第 101 頁	凡安於兩脚柱之間的枋，上與闌額相對
	法式	卷六	小木作制度一・版門	第一册第 120 頁	
	法式	卷八	小木作制度三・叉子	第一册第 171 頁	
	法式	卷八	小木作制度三・鉤闌	第一册第 176 頁	
	法式	卷三十二	小木作制度圖樣・平棊鉤闌等第二	第四册第 91 頁	例：圖樣“平棊鉤闌等第二”之“槫子雲頭身内一混心出單線壓邊線”
	則例	第四章	瓦石	第 40 頁	欄杆最下層之横石（原） 參閱原書圖版拾柒
	法原	第十三章	做細清水磚作	第 83 頁	或作“地復”。用於牆門，鋪於垛頭扇堂間下檻下之石條（原）
地栿版	法式	卷六	小木作制度一・版門	第一册第 121 頁	斷砌門兩曲栿間安置的版，可以代地栿。可隨時安卸
地棚	法式	卷六	小木作制度一・地棚	第一册第 140 頁	倉庫内的地面版及其骨架
地霞	法式	卷八	小木作制度三・叉子、鉤闌	第一册第 171、175 頁	鉤闌、叉子等地栿之下墊托的彫華裝飾
	法式	卷三十二	小木作制度圖樣・平棊鉤闌等第二	第四册第 92 頁	例：圖樣“平棊鉤闌等第二”之“槫子海石榴頭身内同上”
地關	法原	第十六章	雜俎	第 97 頁	起重用之滑輪，索經滑輪繞於絞車（修訂） 參閲“天關”“守關”條

續表

詞條	書名	卷、章目次	卷、章名稱	頁碼	釋義
地衣簟（地面棊文簟）	法式	卷七	小木作制度二・護殿閣檐竹網木貼	第一册第 161 頁	鋪蓋於地面的竹席，亦名“棊文簟”
	法式	卷十二	竹作制度・地面棊文簟	第二册第 44 頁	
地面方	法式	卷四	大木作制度一・平坐	第一册第 93 頁	平坐鋪作上與建築縱軸平行的木方，與鋪版方正面相交，上鋪地面版
地面石	法式	卷三	石作制度・壓闌石	第一册第 60 頁	鋪墁地面的石塊。殿堂等地面，階基四周邊沿鋪壓闌石，壓闌石以内鋪地面石，殿内地面石中心作“地面鬪八”。參閲各專條
地面鬪八（地面心石鬪八）	法式	卷三	石作制度・殿内鬪八	第一册第 61 頁	或名“殿内鬪八”。殿堂内地面心用石塊拼鬪的鬪八，彫飾華麗
	法式	卷十六	石作功限・殿内鬪八	第二册第 130 頁	
地坪石	法原	第九章	石作	第 58 頁	鋪於露臺、石牌坊地面之石板（原）
地坪窗	法原	第八章	裝折	第 55 頁	位於鉤闌之上，一般寬爲間廣六分之一，窗下用檮檻安於鉤闌上。亦即宋代之“欄檻鉤窗”（修訂）
地盤分槽	法式	卷三十一	大木作制度圖様下	第四册第 3 頁	殿閣結構形式的平面柱額鋪作布置，有四種：分心斗底槽、金箱斗底槽、單槽、雙槽。參閲各專條
圭角	則例	第四章	瓦石	第 39 頁	須彌座最下層部分（原） 參閲原書圖版拾柒
安勘	法式	卷十七	大木作功限一	第二册第 169 頁	即安置工作。有“安勘”“安搭”“安卓”等稱
安搭	法式	卷二十一	小木作功限二・平棊	第二册第 250 頁	安裝鬪八藻井
如意頭	法式	卷六	小木作制度一・軟門	第一册第 124 頁	裝飾圖案之一。彩畫作、小木作等多用之
	法式	卷十四	彩畫作制度・五彩徧裝	第二册第 82 頁	
如意踏跺	則例	清式營造辭解	六畫	第 7 頁	在正面及左右皆有梯級之踏跺（修訂）
如意斗栱	則例	清式營造辭解	六畫	第 7 頁	在平面上除互成正角之翹昂與栱外，在其角内 45° 線上另加翹昂者（原） 參閲原書第三章第一節

續表

詞條	書名	卷、章目次	卷、章名稱	頁碼	釋義
光子	法原	第八章	裝折	第 53 頁	框檔門用木框釘牆，其框内兩邊直框名“邊框”，上下兩端之横料名“横頭料”，上下横頭料中又加二三道横料，即爲“光子”（修訂）
曲尺	法式	卷三	壕寨制度・定平	第一册第 53 頁	即矩尺，木工主要工具之一。《法原》：長邊長一尺八寸、闊一寸六分、厚二分；短邊長一尺、闊六分、厚五分
	法式	卷五	大木作制度二・舉折	第一册第 115 頁	
	法原	附録	二、檢字及辭解	第 111 頁	木工工具。長短兩邊互成直角。長邊稱“苗”，長一尺八寸、闊一寸六分、厚二分；短邊長一尺、闊六分、厚五分（修訂）
曲柣	法式	卷三	石作制度・門砧限	第一册第 65 頁	斷砌門兩頰下安地栿版的構件。參閱“斷砌門”條
曲脊	法式	卷五	大木作制度二・搏風版	第一册第 109 頁	厦兩頭造兩山搏風版下的屋脊。或名“曲闌搏脊”
	法式	卷二十五	諸作功限二・瓦作	第三册第 44 頁	
曲棖	法式	卷二十一	小木作功限二・叉子	第二册第 254 頁	原文記：“曲棖，每一條五厘功。”
曲椽	法式	卷九	小木作制度四・佛道帳	第一册第 196 頁	小木作佛道帳等木屋蓋下椽子，每兩架用椽相連，故爲“曲椽”
	法式	卷十	小木作制度五・九脊小帳	第一册第 222 頁	
曲闌搏脊	法式	卷八	小木作制度三・井亭子	第一册第 183 頁	即曲脊。參閱“曲脊”條
扛坐神	法式	卷二十四	諸作功限一・彫木作	第三册第 25 頁	須彌坐等疊澁外彫刻的力神、大角梁下的角神等的通稱
托柱	法式	卷七	小木作制度二・闌檻鉤窗	第一册第 148 頁	（1）檻面下的立柱
	法式	卷八	小木作制度三・叉子	第一册第 174 頁	（2）地栿下的矮柱

續表

詞條	書名	卷、章目次	卷、章名稱	頁碼	釋義
托渾	法原	第十三章	做細清水塼作	第 83 頁	（即上梟）仰置之渾面起線（修訂）
托脚	法式	卷五	大木作制度二・侏儒柱	第一册第 106 頁	梁頭斜安短木，上托於槫側，又名"托脚木""托槫"
托槫	法式	卷二十八	諸作用釘料例・用釘數	第三册第 105 頁	即托脚木
托泥當溝	則例	清式營造辭解	六畫	第 7 頁	歇山垂脊下端垂獸蓮座下之當溝（原） 參閱原書圖版拾玖
守闕	法原	第十六章	雜俎	第 97 頁	起重用，疑即絞車（原） 參閱"天關""地關"條
字碑	法原	第十三章	做細清水塼作	第 84 頁	正脊或牆門上留備題字之部分。正脊字碑部分，亦稱"過脊枋"（原）
收分	則例	第四章	瓦石	第 41 頁	由下至上逐漸減少之斜度；entasis（原）
收水	法原	第十章	牆垣	第 65 頁	即《則例》之"收分"。牆自下而上漸漸向内傾斜之度數（修訂）
收星	法原	附録	一、量木制度	第 102 頁	圍木尺寸在一寸及半寸以下，另數之計算方法(原）
收頂	法式	卷十五	窰作制度・壘造窰	第二册第 112 頁	燒製塼瓦等大窰的頂部
次間	法式	卷四	大木作制度一・總鋪作次序	第一册第 89 頁	房屋正面當心間與梢間之内的各間
	則例	第二章	平面	第 20 頁	房屋正面明間左右之各間（修訂） 參閱原書圖版壹
	法原	第一章	地面總論	第 13 頁	建築物正面"正間"兩旁之間名"次間"（修訂）
次樓	則例	清式營造辭解	六畫	第 7 頁	三間或五間牌樓，在次間上之樓（原）
朴柱	法式	卷二十六	諸作料例一・大木作	第三册第 64 頁	長 30 尺、徑 2.5～3.5 尺。十四種規格木料之五。參閱"材植"條

續表

詞條	書名	卷、章目次	卷、章名稱	頁碼	釋義
池版	法式	卷三	壕寨制度·取正	第一册第 52 頁	測量工具“水池景表”的部件之一。參閱“水池景表”條
池槽	法式	卷七	小木作制度二·格子門	第一册第 143 頁	裝修構件如門窗邊桯上開的長槽，用以安裝薄版
灰板	法原	第十六章	雜俎	第 98 頁	水作工具。形鏟刀，寬約四寸，短柄木製，粉刷及承灰用（原）
死箍頭	則例	第六章	彩色	第 51 頁	退暈之箍頭（原）
老戧	法原	第四章	牌科	第 29 頁	即老角梁或大角梁（修訂）
老角梁	則例	第三章	大木	第 33 頁	上下兩層角梁中居下而較短者，高 4.2 斗口，厚 2.8 斗口。《法式》名“大角梁”（原） 參閱原書圖版拾叁
老檐枋	則例	清式營造辭解	六畫	第 6 頁	金柱柱頭間，與建築物外檐平行之聯絡材，在老檐桁之下，高 4 斗口，厚減高二寸（原） 參閱原書圖版玖
老檐墊板	則例	清式營造辭解	六畫	第 6 頁	老檐桁下，老檐枋上之墊板（原） 參閱原書圖版玖
老檐桁	則例	第三章	大木	第 32 頁	金柱上之桁，徑 4 斗口（原） 參閱原書圖版玖
西木	法原	第二章	平房樓房大木總例	第 21 頁	江西省所産杉木之簡稱（原）
西蕃草	則例	第六章	彩色	第 49 頁	彩畫或彫刻之母題，藤形杆，兩旁出卷葉之草；acanthus（原）
西蕃蓮	則例	第六章	彩色	第 49 頁	彩畫或彫刻之母題，尖瓣程式化之花；rosette（原）
吊鐵	法原	第八章	裝折	第 53 頁	鐵條對角斜釘於門之背面者（修訂）
朶	法式	卷四	大木作制度一·總鋪作次序	第一册第 89 頁	枓栱組合成的構造單元 《則例》稱爲“攢”

七畫（共110條）

束角步走足身車串夾佛坐吴抄批折抛扶把拒找材沙吞吵吻岔旱牡花芙肘附

詞條	書名	卷、章目次	卷、章名稱	頁碼	釋義
束腰	法式	卷三	石作制度·殿階基	第一册第60頁	石、塼疊澁坐、須彌坐中段收進最多、最高的部分。束腰上多用短柱分隔若干段，內用壼門
	法式	卷三	石作制度·壇	第一册第66頁	
	法式	卷八	小木作制度三·鉤闌	第一册第176頁	
	則例	第四章	瓦石	第39頁	須彌座上梟與下梟間之部分（原） 參閲原書圖版拾柒
束腰塼	法式	卷十五	塼作制度·須彌坐	第二册第101頁	塼須彌坐自下第六層。參閲“須彌坐”條
束細	法原	第十三章	做細清水塼作	第84頁	連於托渾或仰渾，面成方形之起線，較束編細狹（原）
束編細	法原	第十三章	做細清水塼作	第83頁	用於牆門之起線、面平帶狀之塼條，介於仰渾、托渾間（原）
束錦	法式	卷二十八	諸作等第·彩畫作	第三册第132頁	彩畫柱頭、柱脚、槫等周繞的錦文
角内	法式	卷十八	大木作功限二·殿閣外檐轉角鋪作用栱枓等數	第二册第172頁	四阿或厦兩頭轉角鋪作斜縫部位。凡在此部位亦即平面上45°角部位，所用構件均稱“角内華栱”“角内昂”，或簡稱“角栱”“角昂”
角内外華頭子内華栱	法式	卷十八	大木作功限二·殿閣外檐轉角鋪作用栱枓等數	第二册第175頁	轉角鋪作外轉角斜縫上的“華頭子”裹跳爲華栱（備用）
角石	法式	卷三	石作制度·角石	第一册第59頁	殿階基面上轉角處的方石。參閲“地面石”條
角昂	法式	卷四	大木作制度一·栱	第一册第77頁	轉角鋪作上的昂
	法式	卷四	大木作制度一·飛昂	第一册第82頁	轉角鋪作、转角斜縫上的昂

續表

詞條	書名	卷、章目次	卷、章名稱	頁碼	釋義
角昂翼	法原	第九章	石作	第 62 頁	石牌坊角科斗口上，所架之石板，外椽作升昂形狀（原）
角柱	法式	卷三	石作制度・角柱	第一册第 59 頁	石作階基、疊澁坐轉角的柱，上承“角石”
	法式	卷五	大木作制度二・柱	第一册第 102 頁	房屋轉角位置的柱
	法式	卷二十一	小木作功限二・鉤闌	第二册第 254 頁	小木作鉤闌轉角位的柱
	則例	第三章	大木	第 30 頁	在建築物角上之柱；angle column（原） 參閲原書插圖十八
角柱石	則例	第四章	瓦石	第 39 頁	臺基角上或墀頭上半立置之石；corner stone（原） 參閲原書圖版拾陸、拾柒
角科	則例	第三章	大木	第 24 頁	在角柱上之斗栱（原） 參閲原書圖版肆，插圖十五
角背	則例	第三章	大木	第 32 頁	瓜柱脚下之支撑木（原） 參閲原書圖版玖、拾壹
角栿	法式	卷十一	小木作制度六・轉輪經藏	第二册第 12 頁	外檐角柱與屋内角柱上用的梁
	法式	卷十九	大木作功限三・倉厫庫屋功限	第二册第 198 頁	
角栱（角華栱）	法式	卷四	大木作制度一・栱	第一册第 77 頁	轉角鋪作上轉角斜縫上的出跳栱
	法原	附録	二、檢字及辭解	第 112 頁	（角科）栱之位於房屋轉角處者（原） 按：正文提及“角科”而無“角栱”之詞
角脊	法式	卷八	小木作制度三・井亭子	第一册第 183 頁	四阿、厦兩頭屋蓋、垂脊之下轉角斜縫上的脊
角神	法式	卷四	大木作制度一・飛昂	第一册第 82 頁	由昂平盤枓上承托於大角梁小的構件。按其彫製形象名“角神”“寶藏神”或“寶瓶”
	法式	卷十二	彫作制度・混作	第二册第 31 頁	
角梁	法式	卷五	大木作制度二・梁	第一册第 96 頁	即角栿，轉角部位梁的通稱。參閲“角栿”條
	則例	第三章	大木	第 33 頁	正面與側面屋頂斜坡相交處，斜角線上伸出柱外之結構骨幹（修訂） 參閲原書圖版拾叁
	法原	第七章	殿庭總論	第 48 頁	與《則例》同

續表

詞條	書名	卷、章目次	卷、章名稱	頁碼	釋義
角替	則例	清式營造辭解	七畫	第 7 頁	額枋與柱相交處，自柱内伸出，承托額枋下之分件。俗稱“雀替”。《法式》作“楮頭”（修訂） 參閱原書圖版玖
角替頭	則例	清式營造辭解	七畫	第 7 頁	柱頭科斗栱上承托桃尖梁之翹尾（原） 參閱原書圖版叁
角雲	則例	清式營造辭解	七畫	第 7 頁	亭榭墊托兩桁相交處之木塊（原） 參閱原書圖版貳拾肆，插圖三十七
角葉	法式	卷十四	彩畫作制度・五彩徧裝	第二册第 82 頁	彩畫作圖案之一。多用於額兩頭
	則例	第五章	裝修	第 46 頁	格扇大邊與抹頭相交處之金屬連接物（原） 參閱原書圖版貳拾貳
角蟬	法式	卷八	小木作制度三・鬭八藻井	第一册第 166 頁	藻井於方井四角隨瓣方抹去四角，使成八邊形，此方井與八邊形之間的四個三角形稱“角蟬”
角獸	則例	清式營造辭解	七畫	第 7 頁	垂脊下端之獸頭形彫飾，亦稱“垂獸”（原） 參閱原書圖版拾捌、拾玖
角樓子	法式	卷十一	小木作制度六・轉輪經藏	第二册第 6 頁	佛道帳等上天宫樓閣中的“角樓”
角飛椽	法原	附録	二、檢字及辭解	第 112 頁	老戧上不置嫩戧，而以飛椽代之，寬與老戧同（原） 又稱“立脚飛椽”
步	則例	清式營造辭解	七畫	第 8 頁	檩與檩間之水平距離，亦稱“步架”（修訂） 參閱原書圖版拾伍
步架	則例	第三章	大木	第 31 頁	梁架上檩與檩間之水平距離。房屋深度亦以步計（修訂） 參閱原書圖版拾伍
步枋（金枋）	法原	第二章	平房樓房大木總例	第 16 頁	步柱上之枋（原）
步柱	法原	第二章	平房樓房大木總例	第 16 頁	室内前後之柱，柱外爲“廊”，内爲“軒”或“内四界”。在軒前名“軒步柱”，在内四界前後名“前步柱”或“後步柱”（修訂）
步桁（金桁）	法原	第七章	殿庭總論	第 48 頁	步柱上之桁（原）
步間鋪作	法式	卷四	大木作制度一・總鋪作次序	第一册第 89 頁	即補間鋪作。參閱“補間鋪作”條

續表

詞條	書名	卷、章目次	卷、章名稱	頁碼	釋義
步十字牌科	法原	附録	二、檢字及辭解	第 111 頁	位於步柱處之十字牌科（原）
走馬板	則例	第五章	裝修	第 47 頁	大門上檻以下，中檻以上之板，亦稱“門頭板”（原） 參閲原書圖版貳拾叁
走水	法原	第十三章	做細清水塼作	第 84 頁	即翻水（原）
走獅	法原	第九章	石作	第 58 頁	石作彫刻題材之一（修訂）
	法原	第十二章	塼瓦灰砂紙筋應用之例	第 79 頁	殿庭水戧上之脊獸，用以裝飾（原）
走龍	則例	第六章	彩色	第 51 頁	作前進式之龍（原） 參閲原書插圖六十七
走獸	法式	卷十三	瓦作制度・壘屋脊	第二册第 54 頁	瓦作角脊脊瓦上用，有九種：行龍、飛鳳、行獅、天馬、海馬、飛魚、牙魚、狻猊、獬豸。又名“蹲獸”
	法式	卷十四	彩畫作制度・五彩徧裝	第二册第 78 頁	彩畫作等裝飾題材之一。有四種：獅子、天馬、羜羊、白象
	則例	第四章	瓦石	第 43 頁	垂脊下端上之彫飾（原） 參閲原書圖版拾捌、拾玖、貳拾，插圖四十九
走趄塼	法式	卷十五	窰作制度・塼	第二册第 109 頁	塼之類型之一。長一尺二寸，面廣五寸五分，底廣六寸，厚二寸。如圖
足材	法式	卷四	大木作制度一・材	第一册第 75 頁	加高一栔的材，即高 21 分、厚 10 分。參閲“栔”條
足材栱	法式	卷四	大木作制度一・栱	第一册第 76 頁	高一足材的栱
身内	法式	卷十八	大木作功限二・殿閣身内轉角鋪作用栱枓等數	第二册第 180 頁	轉角鋪作列栱及其他相連製作的栱，除去兩頭中線以外的栱頭，當中一段爲“身内”，或簡稱“身”。如“身内交隱鴛鴦栱”
身長	法式	卷十八	大木作功限二・殿閣身内轉角鋪作用栱枓等數	第二册第 180 頁	凡構件兩頭中線至中線的長度
身連	法式	卷十八	大木作功限二・殿閣外檐轉角鋪作用栱枓等數	第二册第 173 頁	轉角鋪作懸挑構件身内與另一構件相連用一木製成，如“華頭子身連間内方桁”
身口版	法式	卷六	小木作制度一・版門	第一册第 118 頁	大型門扇用厚版拼成，最内一版名“肘版”，最外一版名“副肘版”，當中各版通名“身口版”

續表

詞條	書名	卷、章目次	卷、章名稱	頁碼	釋義
車槽	法式	卷九	小木作制度四·佛道帳	第一册第 188 頁	佛道帳等大型龕、橱等最下的底盤，盤下有龜脚
	法式	卷十一	小木作制度六·轉輪經藏	第二册第 7 頁	
車槽澁（車槽上下澁）	法式	卷九	小木作制度四·佛道帳	第一册第 188 頁	車槽上的疊澁
車背	法原	附録	二、檢字及辭解	第 112 頁	戧面成三角形之斜面部分（原）
串	法式	卷六	小木作制度一·烏頭門	第一册第 121 頁	烏頭門、叉子等欞子間的横木
夾底	法原	第七章	殿庭總論	第 47 頁	川或兩步下設枋，枋上安牌科承梁，次枋名“夾底”，與清代穿插枋相類似（修訂）
夾堂	法原	第九章	石作	第 61 頁	石牌坊上枋與下枋間之石板（原）
夾堂板	法原	第二章	平房樓房大木總例	第 17 頁	桁下、枋連機間之板（修訂）
夾塼	法原	附録	二、檢字及辭解	第 111 頁	塼名。塼坯兩塊相連，燒成後可剖爲二塊者（修訂）
夾樓	則例	清式營造辭解	七畫	第 8 頁	牌樓在一間之上，中安一樓，其旁安二小樓，二小樓即夾樓（原）
夾際柱子	法式	卷五	大木作制度二·棟	第一册第 108 頁	厦兩頭造屋蓋，兩山於丁栿上加柱子，柱上承出際槫頭
夾腰華版	法式	卷六	小木作制度一·烏頭門	第一册第 121 頁	腰華版版心内又加“椿子”分爲兩塊，名“夾腰華版”。參閲“腰華版”條
夾桿	則例	清式營造辭解	七畫	第 8 頁	夾住旗杆或夾樓柱脚之石（原）
佛道帳	法式	卷九	小木作制度四·佛道帳	第一册第 187 頁	寺觀殿内安置塑像的木帳（木龕）
坐斗	則例	第三章	大木	第 27 頁	斗栱最下之斗，爲全攢重量集中之點，亦稱“大斗”。《法式》名“櫨枓”（修訂） 參閲原書圖版捌，插圖十一
	法原	第四章	牌科	第 27 頁	牌科最下之斗，爲全組牌科重量集中之點（修訂）
坐腰	法式	卷九	小木作制度四·佛道帳	第一册第 189 頁	即疊澁坐的“束腰”。參閲“束腰”條

續表

詞條	書名	卷、章目次	卷、章名稱	頁碼	釋義
坐龍	法式	卷十二	彫作制度・混作	第二册第 31 頁	彩畫、彫刻常用題材之一。有行龍、坐龍、盤龍等形態
	法式	卷二十四	諸作功限一・彫木作	第三册第 26 頁	
	則例	第六章	彩色	第 51 頁	團龍而正面向前者（原） 參閱原書插圖七十
坐獅	法原	第十二章	塼瓦灰砂紙筋應用之例	第 79 頁	殿庭水戧上之脊獸，用以裝飾（原）
坐檻	法原	附録	二、檢字及辭解	第 112 頁	半欄上鋪之木板，備坐息用（原）
坐面版	法式	卷九	小木作制度四・佛道帳	第一册第 190 頁	木造疊澁坐的面版
	法式	卷十一	小木作制度六・轉輪經藏	第二册第 9 頁	
坐面澁	法式	卷九	小木作制度四・佛道帳	第一册第 189 頁	木造疊澁坐最上一層澁
	法式	卷十一	小木作制度六・轉輪經藏	第二册第 8 頁	
吴殿	法式	卷五	大木作制度二・陽馬	第一册第 105 頁	即四阿。參閱“四阿”條
抄栱	法式	卷四	大木作制度一・栱	第一册第 76 頁	鋪作華栱的别名。參閱“華栱”條
批竹昂	法式	卷四	大木作制度一・飛昂	第一册第 81 頁	昂尖形式之一。自昂上坐枓外至末端斫劄成斜尖，昂面平直
折屋	法式	卷五	大木作制度二・舉折	第一册第 113 頁	按舉屋高定脊槫以下各槫槫背高的方法。先自脊槫背至橑檐方背引直線，於脊槫下第一縫下折舉高的十分之一，再依次自各槫至橑檐槫方背引直線，下折上一折的二分之一。參閱“舉折”條
折檻	法式	卷二	總釋下・鉤闌	第一册第 37 頁	
	法式	卷八	小木作制度三・鉤闌	第一册第 178 頁	殿前鉤闌中兩段不用尋杖，名“折檻”，又名“龍池”
抛枋	法原	第十三章	做細清水塼作	第 86 頁	外牆上部，以清水塼或水作做成形似木枋之枋子（原）

續表

詞條	書名	卷、章目次	卷、章名稱	頁碼	釋義
扶脊木	則例	第四章	瓦石	第 43 頁	承托腦椽上端之木。脊桁之上，與之平行，横斷面作六角形（原） 参閲原書圖版玖、拾捌
扶壁栱	法式	卷四	大木作制度一・總鋪作次序	第一册第 91 頁	鋪作中位於柱頭縱中線上的栱、枋之總稱。又名"柱頭壁栱""影栱"
把臂栱	則例	第三章	大木	第 28 頁	承托腦椽上端之木。在角科上伸過 45° 對角線上之栱，須按其位置加長，並且在正面爲"横栱"，伸出側面則爲"翹"。《法式》名"列栱"（修訂） 参閲原書圖版肆，插圖十五
把頭絞項作	法式	卷十七	大木作功限一・把頭絞項作每縫用栱枓等數	第二册第 164 頁	最簡單的鋪作。櫨枓口内用泥道栱與耍頭相交，不出跳
拒馬叉子	法式	卷八	小木作制度三・拒馬叉子	第一册第 169 頁	攔阻交通的路障。如圖
找頭	則例	第六章	彩色	第 50 頁	彩畫箍頭與枋心間之部分——"藻頭"之俗寫（修訂） 参閲原書插圖六十三、六十七
材	法式	卷四	大木作制度一・材	第一册第 73 頁	（1）建築設計的模數。材高的十五分之一爲份，材厚 10 份。材的實際尺寸分爲八等：第一等每份六分，第二等五分五，第三等五分，第四等四分八，第五等四分四，第六等四分，第七等三分五，第八等三分。高、厚恰爲一材又稱"單材"。增高一栔成爲"足材" 参閲"栔""足材"條
	法式	卷八、九、十、十一	小木作制度三、四、五、六	第一册 163 頁～第二册 27 頁	（2）小木作制度所用材
材植	法式	卷十二	鋸作制度・用材植	第二册第 40 頁	即木料。宋代木料按其長短、截面大小分爲十四種（略）
材子方	法式	卷二十六	諸作料例一・大木作	第三册第 65 頁	十四種規格木料之一。長 16～18 尺，廣 1～1.2 尺，厚 0.6～0.8 尺。参閲"材植"條
沙泥	法式	卷十三	泥作制度・畫壁	第二册第 63 頁	畫壁粉刷的表層，白沙二斤、膠土一斤、麻刀七兩合成
沙泥畫壁	法式	卷十四	彩畫作制度・總制度	第二册第 73 頁	壁畫地，於沙泥壁面上以好白土縱横各刷一遍

續表

詞條	書名	卷、章目次	卷、章名稱	頁碼	釋義
吞金	法原	第十三章	做細清水塼作	第 85 頁	垛頭式樣之一種（原）
吞頭	法原	第十一章	屋面瓦作及築脊	第 69 頁	水戧戧根之兽頭形飾物，張口作吞物狀（原）
吵眼	法式	卷十三	泥作制度・茶鑪	第二册第 67 頁	茶鑪腹下的火門
吻	則例	第四章	瓦石	第 43 頁	正脊兩端龍頭形翹起之彫飾。《法式》名“鴟尾”（修訂） 參閲原書圖版拾捌、拾玖、貳拾
吻座	則例	第四章	瓦石	第 43 頁	正吻背下之承托物（原） 參閲原書圖版拾捌、貳拾
吻下當溝	則例	清式營造辭解	七畫	第 7 頁	廡殿屋頂吻座下之當溝（原） 參閲原書圖版拾捌
岔口	則例	第六章	彩色	第 49 頁	旋子彩畫藻頭與楞心間之線條（原） 參閲原書插圖六十三
岔角	則例	第六章	彩色	第 50 頁	天花彩畫方光内圓光外之四角（原） 參閲原書插圖七十
旱船	法原	第十五章	園林建築總論	第 93 頁	築於水中，仿船形之建築物（原）
牡丹華	法式	卷三	石作制度・造作次序	第一册第 58 頁	石作、彫作、彩畫作均用作裝飾題材
	法式	卷十二	彫作制度・彫插寫生華	第二册第 32 頁	
	法式	卷十四	彩畫作制度・五彩徧裝	第二册第 77 頁	
花心	則例	第六章	彩色	第 49 頁	旋子彩畫。旋子之中心（原） 參閲原書插圖六十三
花作	法原	第八章	裝折	第 52 頁	專業門窗欄杆、掛落等裝修的木工稱“花作”（修訂） ［整理者注］此條未列入原書辭解專條
花枋	法原	第九章	石作	第 63 頁	石牌坊下枋上面之一條石枋。倘在中枋上之石枋，則名“上花枋”（原）
花邊	法原	第十一章	屋面瓦作及築脊	第 67 頁	蓋瓦用於檐口，其邊沿作曲折花紋者，或名“花邊瓦”（修訂）

續表

詞條	書名	卷、章目次	卷、章名稱	頁碼	釋義
花邊瓦	則例	第四章	瓦石	第 43 頁	小式瓦隴最下翻起有邊之瓦（原）
花廳	法原	第五章	廳堂總論	第 32 頁	書廳同。“書廳与花廳爲平時讀書起居之地，多位於邊落。結構式樣回頂、卷棚、貢式、花籃均宜……廳前或闢天井，或營小囿……”此句存疑 ［整理者注］此係作者按語
花籃廳	法原	第五章	廳堂總論	第 39 頁	廳堂之步柱不落地，代以垂蓮柱（亦稱“荷花柱”），柱首彫花籃，故名“花籃廳”（修訂）
花籃靠背	法原	第十一章	屋面瓦作及築脊	第 69 頁	竪帶下端及水戧間，用塼砌成靠背狀，以承天王、坐獅等飾物（原）
花架椽	法原	第七章	殿庭總論	第 48 頁	殿堂用椽依次爲出檐椽、花架椽、頭停椽。界數多時花架椽可作上、中、下之分。兩頭均有金桁承托之椽，徑 1.4 斗口（修訂）
花瓶撐	法原	第九章	石作	第 58 頁	石欄杆中部鑿空，存留花瓶狀之撐頭（原）
花滚砌	法原	第十章	牆垣	第 65 頁	牆垣砌法之一種。空斗與实滚相間者（原）
花牆洞	法原	第十五章	園林建築總論	第 93 頁	牆上開門窗空宕，成各種方圓、多角或瓶圭等形。其邊沿製造精緻，窗宕内或以瓦片搭配爲各種紋飾。門宕名“地穴”，窗宕名“月洞”或“花牆洞”“漏窗”（修訂）
花街鋪地	法原	第十五章	園林建築總論	第 93 頁	以塼、瓦、石片鋪砌地面，構成各種紋飾圖案（修訂）
芙蓉瓣	法式	卷十一	小木作制度六・轉輪經藏	第二册第 16 頁	經藏、轉輪藏、佛道帳等均作芙蓉瓣造，其形制不詳
肘	法式	卷六	小木作制度一・烏頭門	第一册第 122 頁	門扇邊桯加長連帶上下鑊的名“肘”
肘版	法式	卷六	小木作制度一・版門	第一册第 118 頁	大型門扇用厚版拼成，最内一版名“肘版”，此版須加長，做出上下轉軸（鑊）
附角枓	法式	卷四	大木作制度一・平坐	第一册第 93 頁	平坐、纏柱造、轉角櫨枓每面另增一枓，名“附角枓”

八畫（共199條）

金長昂門青侏乳並取卷亞制刷兩直卓固坯夜宕定官空底披抨抽抹押拔抱拍拉拈拖抬拆承版河泥注放枋板枕料松枝庛斧旺明狗和表垂臥雨降

詞條	書名	卷、章目次	卷、章名稱	頁碼	釋義
金枋	則例	第三章	大木	第32頁	金桁之下與之平行，兩端在左右金瓜柱間之聯絡材（修訂）
金柱	則例	第三章	大木	第30頁	在檐柱内，但不在中線上之柱（修訂） 參閱原書插圖十八
	法原	第二章	平房樓房大木總例	第16頁	室内步柱之後，脊柱之前，柱名“金柱”（修訂）
金桁	則例	第三章	大木	第32頁	在老檐桁以上，脊桁以下之桁（原） 參閱原書圖版玖
	法原	第二章	平房樓房大木總例	第16頁	金柱上之桁。金童柱增多時，以其前後而名爲“下、上金桁”（原）
金線	則例	第六章	彩色	第50頁	彩畫所用金色線條（原）
金線箍頭	則例	清式營造辭解	八畫	第8頁	箍頭用金色線條者（原）
金線大點金	則例	清式營造辭解	八畫	第8頁	旋子彩畫用金色線條，花心菱地塗金色者（原） 參閱原書圖版貳拾陸
金線小點金	則例	清式營造辭解	八畫	第8頁	旋子彩畫用金色線條，祇花心塗金色者（原） 參閱原書圖版貳拾陸
金邊	則例	清式營造辭解	八畫	第8頁	建築物任何立體部分上皮邊沿處，其上另立其他構件時均退後少許而留出狹長之邊沿（修訂）
	則例	第四章	瓦石	第39頁	例句：“土襯石的外邊比臺基寬出二三寸，成爲金邊。”
金瓜柱	則例	第三章	大木	第31頁	金桁下之瓜柱（原） 參閱原書圖版玖
金童柱	法原	第二章	平房樓房大木總例	第16頁	亦名“金矮柱”。童柱之位於金桁下者（修訂）

續表

詞條	書名	卷、章目次	卷、章名稱	頁碼	釋義
金檐枋	則例	清式營造辭解	八畫	第 8 頁	箭樓雨搭檐桁下之枋。高 2.5 斗口,厚 2 斗口(原)
金檐桁	則例	清式營造辭解	八畫	第 8 頁	箭樓雨搭之檐桁。徑 3 斗口（原）
金剛腿	法原	第八章	裝折	第 54 頁	斷砌造地栿兩邊的“立柣”（修訂）
金剛座（須彌座）	法原	第九章	石作	第 58 頁	自上而下：擡口石，石面平方。下爲荷花瓣（即仰蓮）。中爲宿腰（束腰）,次爲下荷花瓣（覆蓮）。下爲拖泥,在土襯石之上。土襯石與地面平（修訂） ［整理者注］《法式》須彌坐之“坐”,《則例》《法原》作“座”，詞義相同
金墊板	則例	第三章	大木	第 32 頁	金桁之下，金枋之上之墊板（原） 參閱原書圖版玖
金十字牌科	法原	附録	二、檢字及辭解	第 112 頁	位於金柱、金桁處之十字牌科（修訂）
金箱斗底槽	法式	卷三十一	大木作制度圖樣下	第四册第 3 頁	殿堂結構。地盤分槽構造形式之一。參閱圖樣之“殿閣地盤分槽等第十”
長方	法式	卷二十六	諸作料例一・大木作	第三册第 63 頁	十四種規格木料之一。長 30～40 尺,廣 1.5～2 尺,厚 1.2～1.5 尺。參閱“材植”條
長功、中功、短功	法式	卷二			以十分爲中，長功加一分，短功減一分，功限以軍工計定。若和雇人造作者，減軍工三分之一 諸稱長功者，謂四月、五月、六月、七月；中功謂二月、三月、八月、九月；短功謂十月、十一月、十二月、一月 稱本功者，以本等所得功十分爲率 諸稱高廣之類而加功者，減亦如之。諸造作功並以生材……或有收舊及已造堪就用，而不須更改者，並計數，於元料帳内除豁 諸造作功並依功限。即長廣各有增減者，各隨所用細計 如不載增減者，各以本等合得功限内計分數增減 ［整理者注］此條係作者摘要抄録《法式》卷二所記載有關功限的要點，是爲作的《辭解》的前期準備
長開料	法式	卷四	大木作制度一・料	第一册第 87 頁	即交互料。參閱“交互料”條
長窗	法原	第八章	裝折	第 54 頁	即格扇，意爲落地之窗，裝於上檻、下檻之間。如其上更有横風窗,則裝於中檻、下檻之間（修訂）

續表

詞條	書名	卷、章目次	卷、章名稱	頁碼	釋義
昂	法式	卷四	大木作制度一・飛昂	第一册第 80 頁	鋪作上斜置的出跳構件。有下昂、上昂兩種。亦稱"飛昂"，"下昂"又簡稱"昂"。參閱"上昂""下昂"條
	則例	第三章	大木	第 24 頁	斗栱上在前後中線上，向前後伸出，前端有尖向下斜垂之材（原） 參閱原書圖版叁、肆、伍、柒，插圖十一、十三
	法原	第四章	牌科	第 27 頁	牌科上向地面傾斜之構件，外端加以斫削裝飾，有鞾脚昂、鳳頭昂等名（修訂）
昂尖	法式	卷十七	大木作功限一・栱科等造作功	第二册第 150 頁	
	法式	卷三十	大木作制度圖樣上	第三册第 170 頁	下昂昂頭自昂上枓心加成的部分。做成斜尖形，有批竹昂、琴面昂兩種形式 《則例》稱"昂嘴"
昂身	法式	卷四	大木作制度一・飛昂	第一册第 80 頁	下昂昂尖以内部分
昂栓	法式	卷四	大木作制度一・飛昂	第一册第 82 頁	垂直穿過昂身，插入昂下栱身的闇銷
	法式	卷十七	大木作功限一・殿閣外檐補間鋪作用栱枓等數	第二册第 152 頁	
昂嘴	則例	第三章	大木	第 27 頁	即《法式》的"昂尖"（修訂） 參閱原書圖版柒，插圖十二
門臼	法原	第八章	裝折	第 53 頁	釘於下檻，納門、窗摇梗下端之木塊（原）
門限	法式	卷三	石作制度・門砧限	第一册第 65 頁	石製的地栿
門限梁	法原	第六章	廳堂升樓木架配料之例	第 45 頁	用於騎廊軒，梁之架於下層廊柱、步柱之間，上架上層廊柱者（原）
門釘	則例	第五章	裝修	第 47 頁	門上之圓形突起彫飾，即釘裝門副之釘帽（修訂） 參閱原書圖版貳拾叁，插圖六十二
門框	則例	第五章	裝修	第 47 頁	柱與柱之間安裝門扇框架，立置於左右之構件（修訂） 參閱原書圖版貳拾叁

續表

詞條	書名	卷、章目次	卷、章名稱	頁碼	釋義
門砧	法式	卷三	石作制度・門砧限	第一册第 64 頁	承托門軸的石塊
	法式	卷六	小木作制度一・版門	第一册第 120 頁	
門砧限	法式	卷三	石作制度・門砧限	第一册第 64 頁	砧即門砧，限即地栿，合稱“門砧限”
門景	法原	第十三章	做細清水塼作	第 87 頁	門户框宕，滿嵌做細清水塼者，名“門景”。用回紋者則稱“貢式門景”（修訂）
門鈸	則例	第五章	裝修	第 47 頁	大門門扇上的金屬拍葉門環，亦有做成獸面形者曰“獸面”（修訂） 參閲原書圖版貳拾叁，插圖六十二
門鼓	則例	清式營造辭解	八畫	第 8 頁	將外部做成鼓形之門枕石（原） 參閲原書插圖六十
門簪	法式	卷六	小木作制度一・版門	第一册第 119 頁	將雞栖木固定於門額上的構件
	則例	第五章	裝修	第 47 頁	大門中檻上，將連楹繫於檻上之材（原） 參閲原書圖版貳拾叁，插圖六十一
門環(門鈸)	法原	第八章	裝折	第 54 頁	大門作環形之金屬附件（原）
門樓	法式	卷二十五	諸作功限二・泥作	第三册第 47 頁	“門樓屋”的簡稱。參閲“門樓屋”條
	法原	第十三章	做細清水塼作	第 83 頁	屋頂高出牆垣者爲“門樓”，牆垣高出屋頂者爲“牆門”（修訂）
門樓屋	法式	卷十三	瓦作制度・壘屋脊	第二册第 52 頁	規模質量次於殿堂或廳堂的建築組群總入口。參閲“殿”條
門關（門横關）	法式	卷六	小木作制度一・版門	第一册第 120 頁	版門的横關
門楹	法原	第八章	裝折	第 53 頁	釘於上檻，納門、窗摇梗上端之木塊（原）
門觀	則例	清式營造辭解	八畫	第 9 頁	宫殿之外門，如現存清代之午門、端門等。即“門闕”（修訂）
門心板	則例	第五章	裝修	第 47 頁	大門大邊與抹頭内之板；door panel（原） 參閲原書圖版貳拾叁

續表

詞條	書名	卷、章目次	卷、章名稱	頁碼	釋義
門枕	則例	第五章	裝修	第 47 頁	大門轉軸下承托轉軸之構件，用石材者稱“門枕石”，也有用木者（修訂）
門枕石	則例	清式營造辭解	八畫	第 8 頁	大門轉軸下承托轉軸之石（原） 參閱原書圖版貳拾叁，插圖五十九
門頭枋	則例	清式營造辭解	八畫	第 9 頁	安裝大門之中檻（原）
門頭板	則例	清式營造辭解	八畫	第 9 頁	大門中檻以上，上檻以下之板。亦稱“走馬板”（原） 參閱原書圖版貳拾叁
門當户對（門框）	法原	第八章	裝折	第 54 頁	將軍門兩旁，直立之木框（原）
青瓦	則例	第四章	瓦石	第 42 頁	灰色無釉之瓦，又名“布瓦”（修訂）
青灰	法式	卷十三	泥作制度・用泥	第二册第 61 頁	灰泥之一。以石灰及軟石炭各半合成，或用石灰十斤、墨煤十一兩、粗墨一斤合成（修訂）
青掍瓦	法式	卷十五	窰作制度・青掍瓦	第二册第 110 頁	特别加工的瓦。於乾瓦坯正面加工磨擦，再用洛河石掍研，並加滑石末掍壓後，再入窰燒製。以所用原料不同，又分“滑石掍”“茶土掍”
青緑棱間（地）	法式	卷十四	彩畫作制度・總制度	第二册第 72 頁	青緑疊暈棱間裝的底襯。刷膠水、青澱和茶土 ［整理者注］此處《法式》卷十四原文爲“襯地之法：……貼真金地……五彩地……青緑疊暈者……青緑棱間者……”
青緑棱間（裝）	法式	卷十四	彩畫作制度・總制度	第二册第 72 頁	次於“碾玉裝”的彩畫，用青緑兩色對暈。又名“兩暈棱間裝”。參閱“彩畫作制度”“對暈”條。又有“三暈棱間裝”“三暈帶紅棱間裝”兩種變體
青緑疊暈（地）	法式	卷十四	彩畫作制度・青緑疊暈棱間裝	第二册第 85 頁	先用膠水刷，候乾，白土遍刷，候乾，罩以鉛粉
青緑疊暈棱間裝	法式	卷十四	彩畫作制度・青緑疊暈棱間裝	第二册第 85 頁	即青緑棱間裝
侏儒柱	法式	卷五	大木作制度二・侏儒柱	第一册第 105 頁	即蜀柱。參閱“蜀柱”條
乳栿	法式	卷五	大木作制度二・梁	第一册第 96 頁	屋架最下的梁，長兩椽，一頭在外檐鋪作上，另一頭在屋内柱中檐上，或在鋪作上或入柱

續表

詞條	書名	卷、章目次	卷、章名稱	頁碼	釋義
並……砌（砌……並）	法式	卷十五	塼作制度・壘階基	第二册第 98 頁	塼作以"並……砌"或"砌……並"計壘砌之厚 ［整理者注］此處《法式》卷十五原文爲"壘砌階基之制：……用二塼相並……用三塼相並……用六塼相並……"
	法式	卷二十七	諸作料例二・塼作	第三册第 93 頁	例句："若階基慢道之類，並二或並三砌，應用尺三條塼……"
取正	法式	卷三	壕寨制度・取正	第一册第 51 頁	房屋施工前測量確定方位，定出建築的位置、中線
卷殺	法式	卷四	大木作制度一・栱	第一册第 76 頁	栱頭、月梁等做成弧線，謂之"卷殺"
卷頭	法式	卷四	大木作制度一・栱	第一册第 76 頁	即華栱。參閲"華栱"條
卷輂	法式	卷三	石作制度・卷輂水窗	第一册第 66 頁	即券、券洞
卷蓬	法原	第五章	廳堂總論	第 32 頁	即船廳。參閲"船廳"條 ［整理者注］此條未列入原書辭解專條
卷棚（卷棚式）	則例	第三章	大木	第 32 頁	屋頂前後坡相接處不用脊，而將前後坡用弧線聯絡爲一之結構法（原） 參閲原書圖版拾壹
亞面	法原	第十三章	做細清水塼作	第 82 頁	線脚之凹而帶圓形者，或稱"混"（修訂）
制度	法式	卷三～十五		第一册第 49 頁～第二册第 114 頁	制度包括：建築工程的規模、結構等法則、規範。又按工種分爲：1. 壕寨，2. 石作，3. 大木作，4. 小木作，5. 彫作，6. 旋作，7. 鋸作，8. 竹作，9. 瓦作，10. 泥作，11. 彩畫作，12. 塼作，13. 窰作
刷飾	法式	卷十四	彩畫作制度・丹粉刷飾屋舍	第二册第 91 頁	在門窗等上油飾顔色爲"刷飾"，亦作"裝飾""刷染"。參閲"彩畫""彩畫作"條
刷土黄	法式	卷十四	彩畫作制度・丹粉刷飾屋舍	第二册第 90 頁	即黄土刷飾
刷土黄解墨緣道	法式	卷十四	彩畫作制度・丹粉刷飾屋舍	第二册第 91 頁	"丹粉刷飾屋舍"之變體，以土黄代土朱，並於白緣道内加墨緣道
兩肩	法式	卷五	大木作制度二・梁	第一册第 98 頁	駝峰上留平面承枓，外枓兩側名"兩肩"。多卷殺出瓣或入瓣

續表

詞條	書名	卷、章目次	卷、章名稱	頁碼	釋義
兩頰	法式	卷十五	塼作制度・踏道	第二册第 100 頁	凡左右平行對稱的構件，如踏道兩側的副子、樓梯兩側的梯梁，以及門窗等兩側門框，統名“頰”“兩頰”或“頰子”
兩卷頭	法式	卷四	大木作制度一・栱	第一册第 76 頁	華栱兩頭均做栱頭，故又名“兩卷頭”
兩椽栿	法式	卷十九	大木作功限三・常行散屋功限	第二册第 202 頁	長兩椽的梁，梁首在下一梁駝峰之上，梁尾入柱
兩擺手	法式	卷十一	小木作制度六・壁藏	第二册第 16 頁	即擺手。參閲“擺手”條 ［整理者注］陶本《法式》作“兩擺子”，作者據故宫本等校勘，認定爲“兩擺手”
兩明格子	法式	卷七	小木作制度二・格子門	第一册第 145 頁	又名“充格眼”
兩明格子門	法式	卷七	小木作制度二・格子門	第一册第 145 頁	格子門的格眼。障水版、腰華版等均用兩重，使正面背面完全相同
兩材襻間	法式	卷三十	大木作制度圖樣上	第三册第 198 頁	枓口内逐間用單材方一條，隔間上下相錯開，在下者出瓜子栱，在上者出慢栱，上承替木、槫。參閲“襻間”條
兩瓣駝峰	法式	卷三十	大木作制度圖樣上	第三册第 175 頁	駝峰之一種。兩肩作兩卷頭 ［整理者注］陶本《法式》作“兩辦駝峰”，作者據故宫本等校勘，認定爲“兩瓣駝峰”
兩暈棱間裝	法式	卷十四	彩畫作制度・青緑疊暈棱間裝	第二册第 85 頁	有青緑兩色疊暈的彩畫。參閲“青緑疊暈棱間裝”條
直梁	法式	卷五	大木作制度二・梁	第一册第 97 頁	四面均加工平直的梁，與月梁相對而言
直楞	法原	附録	二、檢字及辭解	第 113 頁	垂直之木條，以作屏藩，但仍通光線（原）
直縫造	法式	卷二十八	諸作等第	第三册第 122 頁	拼合木版用直縫
直卯撥标	法式	卷三十二	小木作制度圖樣	第四册第 71 頁	格子門等額栿上安裝的可以轉動的門栓
卓柏裝	法式	卷十四	彩畫作制度・解緑裝飾屋舍	第二册第 87 頁	“解緑裝飾屋舍”的變體。於朱地上點毬文、松文相間
固濟	法式	卷五	大木作制度二・梁	第一册第 100 頁	使穩固也

續表

詞條	書名	卷、章目次	卷、章名稱	頁碼	釋義
坯	法式	卷十三	泥作制度・壘牆	第二册第 61 頁	塼瓦的泥坯。參閲“墼”條
	法式	卷十五	窰作制度・瓦	第二册第 106 頁	
夜叉木	法式	卷三	壕寨制度・城	第一册第 55 頁	夯土牆内加木筋，由永定柱、夜叉木、紝木組成
宕子	法原	第八章	裝折	第 52 頁	門窗等四周木框統稱“宕子”（修訂）
定平	法式	卷三	壕寨制度・定平	第一册第 52 頁	房屋施工前測定水平、確定基礎、各建築階基等的水平標高
定側樣	法式	卷五	大木作制度二・舉折	第一册第 112 頁	畫房屋的 1：10 横斷面圖
官樣方	法式	卷二十六	諸作料例一・大木作	第三册第 65 頁	十四種規格木料之九。參閲“材植”條
官府廊屋	法式	卷十九	大木作功限三・常行散屋功限	第二册第 202 頁	即廊屋。參閲“廊屋”條
空緣	法式	卷十四	彩畫作制度・五彩徧裝	第二册第 77 頁	彩畫。五彩徧裝在外緣道用疊暈，心内畫五彩諸華，華外留出空地與外緣道對暈，是爲“空緣”
空枋心	則例	第六章	彩色	第 50 頁	枋心之内無畫題之彩畫（原）
空斗砌	法原	第十章	牆垣	第 65 頁	一名“斗子砌”，牆垣砌法之一，以塼縱横相砌，中空似斗。有單丁、雙丁、三丁、大鑲思、小鑲思、大合歡、小合歡等式（原）
底瓦	法原	第十一章	屋面瓦作及築脊	第 67 頁	瓦之仰置成瓦隴者（修訂）
底版	法式	卷六	小木作制度一・水槽	第一册第 136 頁	水槽、裹栿版等的底版
	法式	卷七	小木作制度二・裹栿版	第一册第 160 頁	
底版石	法式	卷十六	石作功限・流盃渠	第二册第 138 頁	造流盃渠襯底的石塊
底盤版	法式	卷十五	塼作制度・井	第二册第 105 頁	井底先鋪墁一層塼，稱“底盤版”
披麻	法式	卷二十五	諸作功限二・泥作	第三册第 47 頁	壁畫牆面中，中泥之下竹篾之上用泥分披麻華一重。參閲“竹篾”“畫壁”條
抨墨	法式	卷十二	鋸作制度・抨墨	第二册第 41 頁	彈墨線

續表

詞條	書名	卷、章目次	卷、章名稱	頁碼	釋義
抽紝牆	法式	卷三	壕寨制度・牆	第一册第 56 頁	夯土牆的一種，厚爲高的 1/2，收分兩面共爲高的 1/5。參閲“牆”條
抹頭	則例	第五章	裝修	第 46 頁	格扇門窗左右大邊或邊挺間之横材；rail（原） 參閲原書圖版貳拾貳、貳拾叁
抹角方	法式	卷十一	小木作制度六・壁藏	第二册第 24 頁	45° 斜角用的枋
抹角栿	法式	卷五	大木作制度二・梁	第一册第 99 頁	即抹角梁。四阿或厦兩頭房屋，轉角部位所用的梁，一端在丁栿之上，另一端在草栿上，與丁栿及草栿成 45° 角，與角栿成直角
	法式	卷九	小木作制度四・佛道帳	第一册第 196 頁	
抹角梁	則例	清式營造辭解	八畫	第 9 頁	房屋轉角處内部，與斜角線成正角之梁（修訂）
抹角隨梁	則例	清式營造辭解	八畫	第 9 頁	抹角梁下與之平行之構材（原）
押甎（塼）板	則例	第四章	瓦石	第 41 頁	山牆墀頭角柱石之上，裙肩與上身間之横石。又，“甎”同“塼”（修訂） 參閲原書圖版拾陸，插圖四十八
拔步	法原	附録	二、檢字及辭解	第 112 頁	梯級之水平部分（修訂）
拔檐	則例	清式營造辭解	八畫	第 9 頁	牆頭向外壘少許之線道（修訂） 參閲原書圖版拾陸
拔撬	法原	附録	二、檢字及辭解	第 112 頁	起重器具，如起石料用鐵撬（修訂）
抱柱	法原	第八章	裝折	第 52 頁	門窗等兩側附柱的立框（修訂）
抱框	則例	第五章	裝修	第 46 頁	柱旁安裝窗門之立框（修訂） 參閲原書圖版貳拾壹、貳拾貳 ［整理者注］《則例》未列入辭解，大致相當於《法原》之“抱柱”
抱寨	法式	卷七	小木作制度二・胡梯	第一册第 157 頁	長榫透出卯口外，於榫上開孔穿插入木栓
抱頭梁	則例	第三章	大木	第 31 頁	檐柱與老檐柱間之梁，一端在檐柱上，一端入老檐柱卯。高 1.5 檐柱徑，厚 1.2 檐柱徑（修訂） 參閲原書圖版拾壹、貳拾壹，插圖十九

續表

詞條	書名	卷、章目次	卷、章名稱	頁碼	釋義
抱榑口	法式	卷五	大木作制度二・梁	第一册第 97 頁	梁頭上開卯口，用以承榑
抱梁雲	法原	第五章	廳堂總論	第 34 頁	梁之兩旁，架於升口，抱於桁兩邊之彫刻花板（原）
拍口枋	法原	第二章	平房樓房大木總例	第 16 頁	枋上直接托桁下，名“拍口枋”（修訂）
拉獅砷	法原	第九章	石作	第 59 頁	石獅子背部連於砷石者，又名“挨獅砷”（原）
拉脚平房	法原	附錄	二、檢字及辭解	第 113 頁	正房後附屬之平房（原）
拈金	法原	附錄	二、檢字及辭解	第 113 頁	廳堂内四界以金柱落地，前作山界梁，後易廊川爲雙步，稱此金柱爲“拈金”（原）
拖泥（下枋）	法原	第九章	石作	第 58 頁	金剛座下部平面部分（原）
抬頭軒	法原	第五章	廳堂總論	第 35 頁	軒梁底與大梁底平，稱“抬頭軒”（修訂）
拆修挑拔	法式	卷十九	大木作功限三・拆修挑拔舍屋功限	第二册第 208 頁	大木作修理工程之一：揭去瓦面，修正滚動榑木，傾斜柱木；飛檐沉陷，重新宽瓦，調正飛檐。另一工程稱“薦拔抽换柱栿”，即抽去已損傷的柱梁
承重	則例	清式營造辭解	八畫	第 9 頁	承托樓板重量之梁。高 1.45 柱徑，厚 1.22 柱徑；girder（原）
	法原	第二章	平房樓房大木總例	第 17 頁	承托樓面之大梁（修訂）
承枴（拐）楅	法式	卷六	小木作制度一・軟門	第一册第 126 頁	軟門及以下小門承門關的木構件
承椽方	法式	卷四	大木作制度一・總鋪作次序	第一册第 91 頁	外檐用五鋪作，於柱頭縫鋪作上加一方承椽，即“承椽方” ［整理者注］宋後，此“方”多寫作“枋”，《則例》《法原》皆如此例
承椽枋	則例	第三章	大木	第 30 頁	重檐上檐之小額枋，但上有孔以承下檐之椽尾（原） 參閲原書圖版拾捌
	法原	第七章	殿庭總論	第 47 頁	兩步柱間之枋子，以承欄重檐下檐椽頭之上端（原）
承椽串	法式	卷四			殿身外檐柱間用方木，承副階、腰檐椽尾，名“承椽串” ［整理者注］出處待查

續表

詞條	書名	卷、章目次	卷、章名稱	頁碼	釋義
承櫺串	法式	卷六	小木作制度一・烏頭門	第一册第 122 頁	烏頭門櫺子間所用横木。參閲“串”條
承縫連塼	則例	第四章	瓦石	第 44 頁	歇山博脊下之連塼（原） 參閲原書圖版拾玖、貳拾
版柱	法式	卷三	石作制度・角柱	第一册第 59 頁	石作、疊澁坐等束腰内又用柱（版柱），分爲若干格（備用）
版門	法式	卷六	小木作制度一・版門	第一册第 118 頁	大型門扇。用肘版一條、身口版若干條、副肘版一條，拼合足一扇之廣。高七尺至二丈四尺，廣與高方，分成兩扇。如窄門，衹作一扇
版棧	法式	卷十三	瓦作制度・用瓦	第二册第 51 頁	屋面椽上鋪版爲“版棧”，或鋪木柴爲“柴棧”，或鋪笆箔。上用泥灰宼瓦。參閲“柴棧”條
版壁	法式	卷七	小木作制度二・格子門	第一册第 145 頁	格子門上段不安格眼，亦用障水版者
版櫺	法式	卷六	小木作制度一・版櫺窗	第一册第 129 頁	窗櫺斷面爲矩形，名“版櫺”
版櫺窗	法式	卷六	小木作制度一・版櫺窗	第一册第 128 頁	用版櫺的窗。參閲“版櫺”條
版引檐	法式	卷六	小木作制度一・版引檐	第一册第 135 頁	即引檐。參閲“引檐”條
版屋造	法式	卷六	小木作制度一・露籬	第一册第 134 頁	凡井屋子、露籬等上用木製屋蓋者，皆稱“版屋造”
河棚	法原	附録	二、檢字及辭解	第 113 頁	濱河之凉棚（原）
泥作	法式	卷十三、二十五、二十七	泥作制度 諸作功限二・泥作 諸作料例二・泥作	第二册、第三册	粉刷牆面，用土墼壘砌牆、爐竈，壘假山等工。十三個工種之一。參閲“制度”條
泥道	法式	卷七	小木作制度二・堂閣内截間格子	第一册第 152 頁	凡全間内安版門、格子門等，門兩側立頰外預留若干裝版或編竹抹灰，統稱爲“泥道”
泥道版	法式	卷六	小木作制度一・版門	第一册第 119 頁	泥道上所安之版
泥道栱	法式	卷四	大木作制度一・栱	第一册第 77 頁	鋪作柱頭縫上櫨枓内與華栱正交的栱，長 62 分

續表

詞條	書名	卷、章目次	卷、章名稱	頁碼	釋義
泥絡	法原	第十六章	雜俎	第 99 頁	水作工具，挑灰泥之繩絡，爲一尺方之木框，四周穿繩絡（原）
泥籃子	法式	卷二十五	諸作功限二・泥作	第三册第 48 頁	盛灰泥的籃子
注水	法原	第十二章	塼瓦灰砂紙筋應用之例	第 80 頁	承晴落、天溝、合漏等處之水，使水下注垂直之落水管（原）
放叉	法原	第五章	廳堂總論	第 40 頁	翼角出檐，隨老戧向外挑出增長成曲線輪廓部分，名“放叉”（修訂）
枋	法原	第二章	平房樓房大木總例	第 16 頁	桁下的輔助材，兩端在柱、重柱上。《法式》寫作“方”（修訂）
	則例	第三章	大木	第 29 頁	較小於梁之輔材（原）
枋心	則例	第六章	彩色	第 50 頁	梁枋彩畫之中心部分（原） 參閲原書插圖六十三、六十七
板瓦	則例	第四章	瓦石	第 43 頁	横斷面約爲 1/4 圓的弧線瓦（修訂）
板壁	法原	附録	二、檢字及辭解	第 113 頁	木板所作之隔斷牆（修訂）
枕頭木	則例	第三章	大木	第 33 頁	屋角檐桁上，將椽子墊托，使椽背與角梁背平之三角形木（原） 參閲原書圖版拾叁
枓	法式	卷四	大木作制度一・枓	第一册第 86 頁	鋪作主要構件之一。分櫨枓、交互枓、齊心枓、散枓、平盤枓五種。參閲各專條 ［整理者注］“枓栱”的“枓”在《則例》《法原》中寫作“斗”
枓子	法式	卷八	小木作制度三・鉤闌	第一册第 174 頁	鉤闌蜀柱頭上作枓形，稱“枓子蜀柱”
枓子蜀柱（枓子蜀柱造）	法式	卷九	小木作制度四・佛道帳	第一册第 202 頁	鉤闌蜀柱穿過盆脣上依小枓承尋杖
枓栱	法式	卷一	總釋上・鋪作	第一册第 17 頁	枓（斗）栱，即鋪作的通稱。今以枓栱出跳多寡次序謂之“鋪作”枓栱。後多寫作“斗栱”

續表

詞條	書名	卷、章目次	卷、章名稱	頁碼	釋義
枓口跳	法式	卷四	大木作制度一・栱	第一册第 77 頁	鋪作形式之一。櫨枓内泥道栱與栿首華栱頭相交。華栱頭上用交互枓承替木橑風槫
	法式	卷十三	瓦作制度・用獸頭等	第二册第 58 頁	
	法式	卷十七	大木作功限一・枓口跳每縫用栱枓等數	第二册第 164 頁	
枓槽版	法式	卷九	小木作制度四・佛道帳	第一册第 189 頁	殿閣形佛道帳、壁藏等鋪作，以通間長木版外嵌入鋪作外半，名“枓槽版”
枓槽臥棍	法式	卷九	小木作制度四・佛道帳	第一册第 197 頁	支承枓槽版的内部構件。做法不詳
松方	法式	卷二十六	諸作料例一・大木作	第三册第 63 頁	十四種規格木料之四，長 23～28 尺、廣 1.4～2 尺、厚 0.9～1.2 尺。參閲“材植”條
松柱	法式	卷二十六	諸作料例一・大木作	第三册第 64 頁	十四種規格木料之六，長 23～28 尺，徑 1.5～2 尺。參閲“材植”條
枝條	則例	第五章	裝修	第 47 頁	構成天花井格之木材，寬厚均按柱徑四分之一（原）參閲原書插圖七十 ［整理者注］原書正文作“支條”，辭解作“枝條”
枝條卷成	法式	卷十四	彩畫作制度・五彩徧裝	第二册第 77 頁	彫刻、彩畫等華文，海石榴華文之顯露枝條者
枝樘	法式	卷五	大木作制度二・梁	第一册第 100 頁	凡梁架至柱間用以加固的，與地面成傾角的斜置構件的通稱。亦作動詞用 又，“叉手”的别名
瓪瓦	法式	卷十三	瓦作制度・用瓦	第二册第 50 頁	瓪瓦，《則例》等作“板瓦”
	法式	卷十五	窰作制度・瓦	第二册第 106 頁	四分之一圓弧形瓦。有七種規格。帶瓦頭的名“重脣瓪瓦”
斧刃石	法式	卷三	石作制度・卷輂水窗	第一册第 67 頁	砌券的石塊
旺鏈	法原	第十六章	雜俎	第 96 頁	塔頂天王版手中所拉掛之鐵鏈。（原）
旺脊木	法原	第十一章	屋面瓦作及築脊	第 68 頁	即脊樁（修訂） ［整理者注］此條未列入原書辭解專條
明瓦	法原	第八章	裝折	第 54 頁	用蜊殼磨製成的瓦，透明可採光（修訂）

續表

詞條	書名	卷、章目次	卷、章名稱	頁碼	釋義
明栿	法式	卷五	大木作制度二・梁	第一册第 97 頁	平棊以下或徹上明造的栿，通稱"明栿"。可以做成直梁，也可以做成月梁
	法式	卷十九	大木作功限三・薦拔抽換柱栿等功限	第二册第 210 頁	
明梁	法式	卷五	大木作制度二・梁	第一册第 99 頁	即明栿。參閱"明栿"條
明間	則例	第二章	平面	第 20 頁	房屋正面正中的一間（修訂） 參閱原書圖版壹
明樓	則例	清式營造辭解	八畫	第 9 頁	（1）陵寢正殿之後，寶頂之前，墓城上之樓 （2）牌樓明間上之樓（原）
明鏡	法式	卷八	小木作制度三・鬭八藻井	第一册第 165 頁	平棊於鬭八藻井頂心或安明鏡
狗死咬	則例	第六章	彩色	第 49 頁	旋子彩畫分配法之一種（原） 參閱原書插圖六十四
和璽	則例	第六章	彩色	第 51 頁	以≷形線爲界線，内繪金龍之彩畫（修訂） 參閱原書圖版貳拾伍
和合窗	法原	第八章	裝折	第 55 頁	即北方的支摘窗。窗之上部可推開掛於鉤上（修訂）
表	法式	卷三	壕寨制度・取正	第一册第 51 頁	測量用的尺規
表揭	法式	卷二	總釋下・烏頭門	第一册第 33 頁	即烏頭門。參閱"烏頭門"條
垂脊	法式	卷十三	瓦作制度・壘屋脊	第二册第 52 頁	與正脊相接的脊，順屋面斜坡砌
	則例	第四章	瓦石	第 43 頁	（1）廡殿屋頂正面與側面相交處之脊；hip （2）歇山屋頂前後兩坡至正吻沿博縫下垂之脊（修訂） 參閱原書圖版拾捌、拾柒
垂脊獸	法式	卷十三	瓦作制度・用獸頭等	第二册第 56 頁	垂脊盡端所用的獸頭
垂蓮	法式	卷八	小木作制度三・鬭八藻井	第一册第 165 頁	鬭八藻井頂心裝飾之一種
垂蓮柱	法原	第五章	廳堂總論	第 39 頁	亦名"荷花柱"。即花籃廳之步柱不落地，所代之短柱（原）

續表

詞條	書名	卷、章目次	卷、章名稱	頁碼	釋義
垂帶（石）	則例	第四章	瓦石	第 39 頁	踏跺兩旁由臺基至地上斜置之石（原） 參閱原書圖版拾柒 [整理者注]原書正文爲“垂帶石”，辭解則爲“垂帶”
垂帶石	法原	第九章	石作	第 58 頁	踏步兩旁，由階臺至地上斜置之石。大致與《法式》之“垂帶”類似（修訂）
垂魚	法式	卷七	小木作制度二・垂魚惹草	第一册第 158 頁	用於搏風版合尖下的裝飾。或與惹草合稱“垂魚惹草”。參閲“垂魚惹草”條
	法原	第五章	廳堂總論	第 40 頁	博風合角處之裝飾，作如意形（原）
垂魚惹草	法式	卷七	小木作制度二・垂魚惹草	第一册第 158 頁	參閲“垂魚”條（備用）
垂脚	法式	卷八	小木作制度三・棵籠子	第一册第 178 頁	即棵籠子等的脚
垂檐	法式	卷六	小木作制度一・井屋子	第一册第 137 頁	即檐。參閲“檐”條
垂獸	則例	清式營造辭解	八畫	第 9 頁	垂脊下端之獸頭形彫飾（修訂） 參閲原書圖版拾捌、拾玖
垂尖華頭瓪瓦	法式	卷十三	瓦作制度・用瓦	第二册第 51 頁	又名“重脣瓪瓦”。參閲“重脣瓪瓦”條
臥柣	法式	卷三	石作制度・門砧限	第一册第 65 頁	斷砌門兩頰下安地栿版的構件。參閲“斷砌門”條
	法式	卷六	小木作制度一・版門	第一册第 120 頁	
臥關	法式	卷七	小木作制度二・闌檻鉤窗	第一册第 148 頁	横用的門關。亦名“横關”
臥檽	法式	卷七	小木作制度二・胡梯	第一册第 158 頁	鉤闌盆脣之下不用華版，横安檽子三或二條，名“臥檽”
雨搭	則例	清式營造辭解	八畫	第 9 頁	箭樓或角樓之一部（原） 參閲原書卷首圖辰，插圖九之 e
雨撻	法原	第八章	裝折	第 55 頁	牆外伸出部分以避雨者，又地坪窗欄杆外所釘之木板（原）
降龍	則例	第六章	彩色	第 51 頁	彩畫内作由上向下勢之龍（原） 參閲原書插圖六十七

九畫（共143條）

飛 面 亮 巻 重 要 亭 促 修 屏 屋 前 城 垜 咬 孩 封 後 扁 柱 柏 枳 相 柎 架 柍 柁 按 挖 挑 拽 挺 掙 映 胡 背 段 洪 活 涎 㭘 界 皇 盆 眉 看 虹 紅 級 斫 香 宮 穿 茶 草 風 計 院 陡 神 退

詞條	書名	卷、章目次	卷、章名稱	頁碼	釋義
飛子	法式	卷五	大木作制度二·檐	第一册第112頁	檐部椽長又加一重椽名“飛子”，飛子所加長的檐名“飛檐”
飛昂	法式	卷四	大木作制度一·飛昂	第一册第80頁	亦作飛枊。鋪作構件之一。參閲“昂”條 ［整理者注］原書“飛昂”條注文：“其名有五，一曰櫼，二曰飛昂，三曰英昂，四曰斜角，五曰下昂”
飛椽	法原	第二章	平房樓房大木總例	第17頁	出檐椽上加鋪椽，以增加出檐深度（修訂）
飛罩	法原	第八章	裝折	第56頁	掛落兩端下垂木條鑲拼花紋之裝飾，其兩端下垂如拱門，稱“飛罩”或“落地罩”。其罩亦有用整塊木板鏤空彫刻而成者（修訂）
飛仙	法式	卷十二	彫作制度·混作	第二册第30頁	
	法式	卷十四	彩畫作制度·五彩偏裝	第二册第79頁	彩畫等裝飾題材之一種。有二品，一曰“飛仙”，二曰“嬪伽”
飛禽	法式	卷十四	彩畫作制度·五彩偏裝	第二册第79頁	彩畫等裝飾題材之一種。有三品：鳳凰、鸚鵡、鴛鴦
飛魁	法式	卷五	大木作制度二·檐	第一册第112頁	即大連檐。參閲“大連檐”條
飛碼	法原	附録	一、量木制度	第100頁	木之圍徑在四尺以上，其碼子應特加，此所加之碼，即爲飛碼（原）
飛檐	法式	卷五	大木作制度二·檐	第一册第111頁	檐上又加飛子，挑出加長檐部名“飛檐”
飛磨石	法原	附録	二、檢字及辭解	第106頁	即石磙，鼓形，四周繫繩，用以打實土壤（原）
面闊	則例	第二章	平面	第20頁	（1）房屋之正面長度 （2）正面各柱與柱間之長度，爲各間面闊，其各間面闊之和爲通面闊。亦稱“開間”
	法原	第一章	地面總論	第14頁	亦名“開間”，建築物正面之長度（原）
亮栱	法原	第四章	牌科	第28頁	栱與栱或枋之間留有空隙（栱眼）者，名“亮栱”。此空隙可以彫花板充塞，即爲“鞋麻板”（修訂）

續表

詞條	書名	卷、章目次	卷、章名稱	頁碼	釋義
亮花筒	法原	第十一章	屋面瓦作及築脊	第 68 頁	屋脊漏空部分，中以五寸筒對合砌成金錢形（原）
巷衖（胡同）	法原	附録	二、檢字及辭解	第 115 頁	街道之狹者（原）
重昂	則例	清式營造辭解	九畫	第 10 頁	斗栱連續用兩重昂，謂之“重昂”（修訂）
重栱	法式	卷四	大木作制度一・總鋪作次序	第一册第 90 頁	用兩重栱（下用瓜子栱，上用慢栱），名“重栱”
重栱眼壁版	法式	卷七	小木作制度二・栱眼壁版	第一册第 159 頁	用於重栱間的栱眼壁版。參閲“栱眼壁版”條
重檐	法式	卷九	小木作制度四・佛道帳	第一册第 200 頁	用副階的殿堂。副階、殿身各有屋檐，外觀立面爲上下兩重屋檐，故稱“重檐”
	則例	第四章	瓦石	第 44 頁	兩層屋檐謂之“重檐”（原） 參閲原書卷首图子，插圖五十
	法原	第七章	殿庭總論	第 47 頁	房屋屋頂用兩重出檐者（修訂）
重翹	則例	清式營造辭解	九畫	第 10 頁	斗栱用兩層翹，謂之“重翹”（原）
重格眼（造）	法式	卷二十一	小木作功限二・格子門	第二册第 236 頁	在格子門等毬文的條桱上，又做出重疊在上的直條桱。參閲“兩明格子門”條
重脣（唇）甋瓦	法式	卷十三	瓦作制度・用瓦	第二册第 51 頁	又名“華頭甋瓦”。參閲“華頭甋瓦”條
重脣（唇）瓪瓦	法式	卷十三	瓦作制度・壘屋脊	第二册第 54 頁	檐頭第一排有邊飾的瓪瓦
重臺鉤闌	法式	卷三	石作制度・重臺鉤闌	第一册第 62 頁	盆脣下、地栿上加束腰，束腰上下均用華版的鉤闌
	法式	卷八	小木作制度三・鉤闌	第一册第 174 頁	
	法式	卷九	小木作制度四・佛道帳	第一册第 200 頁	
重臺癭項鉤闌	法式	卷三十二	小木作制度圖樣・平棊鉤闌等第二	第四册第 90 頁	參閲“重臺鉤闌”條

續表

詞條	書名	卷、章目次	卷、章名稱	頁碼	釋義
耍頭	法式	卷四	大木作制度一・爵頭	第一册第 85 頁	鋪作構件之一。在鋪作最上一跳之上，襯方頭之下，與令栱正交，伸出令栱之外的絞頭裝飾
	則例	第三章	大木	第 25 頁	斗栱前後中線上，翹昂以上與挑檐桁相交之材，亦稱“螞蚱頭”。宋正名“爵頭”（修訂） 參閱原書圖版伍，插圖十一、十二
亭	則例	清式營造辭解	九畫	第 10 頁	平面爲圓、正方或正多角形之建築物（原） 參閱原書圖版貳拾肆，插圖三十六至三十八
	法原	第十五章	園林建築總論	第 91 頁	園林建築。平面爲正圓方或正多角之小型建築，既可停息，又爲園中點景（修訂）
亭榭	法式	卷四	大木作制度一・材	第一册第 75 頁	庭園等内之小建築，厦兩頭或鬬尖屋蓋，用六等以下材
促版（促踏版）	法式	卷七	小木作制度二・胡梯	第一册第 157 頁	樓梯每段平置的版爲“踏版”，直立的版名“促版”，合稱“促踏版”
	法式	卷九	小木作制度四・佛道帳	第一册第 204 頁	
修弓	法原	第十六章	雜俎	第 99 頁	木工、彫花工之工具，弓形，弦以鉛絲製成鋸（修訂）
屏門	法原	第八章	裝折	第 53 頁	用框檔門構造，用於分隔室内空間（修訂）
屏風	法式	卷六	小木作制度一・照壁屏風骨	第一册第 131 頁	原文：“其名有四，一曰皇邸，二曰後版，三曰扆，四曰屏風。”
屏風牆	法原	第十章	牆垣	第 66 頁	山牆高出屋面如屏風狀，有三山屏風牆、五山屏風牆兩式（修訂） ［整理者注］此條未列入原書辭解專條
屋垂	法式	卷六	小木作制度一・版引檐	第一册第 135 頁	房屋出檐部分
屋蓋	法式	卷五	大木作制度二・梁	第一册第 100 頁	屋頂。有四種形式：四阿、厦兩頭、不厦兩頭、鬬尖。參閱各條
屋廢	法式	卷五	大木作制度二・棟	第一册第 107 頁	厦兩頭屋蓋出際挑出部位。又名“出際”
屋子版	法式	卷六	小木作制度一・露籬	第一册第 134 頁	“版屋造”的屋蓋版
屋内柱	法式	卷五	大木作制度二・柱	第一册第 102 頁	房屋内部的柱，即檐柱以内的柱。殿堂或稱“内槽柱”

續表

詞條	書名	卷、章目次	卷、章名稱	頁碼	釋義
屋内額	法式	卷五	大木作制度二・闌額	第一册第 101 頁	屋内柱頭間或駝峰間所用額方
前殿	則例	第二章	平面	第 23 頁	宫殿或廟宇，正殿以前之次要建築物（原） 參閲原書插圖八
城	法式	卷三	壕寨制度・城	第一册第 55 頁	城牆，夯土築造
城基	法式	卷三	壕寨制度・城	第一册第 55 頁	城牆的基礎
城帶	法原	第十六章	雜俎	第 97 頁	城牆土城内所砌之垂直塼牆。又城門左右城垛之内者，則稱城黄（原）
城塼	法原	第十章	牆垣	第 65 頁	塼之一種。用以砌牆（修訂）
城門道	法式	卷十九	大木作功限三・城門道功限	第二册第 196 頁	城牆的門道。宋代多用木構造
城壁水道	法式	卷十五	塼作制度・城壁水道	第二册第 102 頁	自城面沿牆排水至城外地道的水槽
垛頭	法原	第十章	牆垣	第 65 頁	山牆前端位於廊柱以外部分，或牆門兩旁之塼磴（修訂）
咬中	則例	清式營造辭解	九畫	第 10 頁	任何部分包過另一部分之中線，謂之“咬中”（修訂） 參閲原書圖版拾陸
孩兒木	法原	第七章	殿庭總論	第 48 頁	扁擔木外之戧上端所釘之木榫，一端露於嫩戧之外（修訂）
封護檐	則例	第三章	大木	第 36 頁	檐牆砌至屋頂，將椽頭包砌於牆内不使出檐（修訂） 參閲原書圖版拾陸，插圖三十一
後雙步	法原	第一章	地面總論	第 13 頁	廳堂等内四界後連兩步，名“後雙步”（修訂） ［整理者注］此條未列入原書辭解專條
後尾壓科枋	則例	清式營造辭解	九畫	第 10 頁	城樓斗栱後尾之上枋。高 2.5 斗口，厚 2 斗口（原）
扁作廳	法原	第五章	廳堂總論	第 33 頁	廳堂形式之一。廳内結構用材均用方材，故名“扁作”（修訂）
扁擔木	法原	第七章	殿庭總論	第 48 頁	釘於菱角木上，爲使發戧曲勢順適之木（原）

續表

詞條	書名	卷、章目次	卷、章名稱	頁碼	釋義
柱	法式	卷五	大木作制度二・柱	第一册第 102 頁	木結構房屋的主要垂直構件。承受上部荷載傳遞到基礎。截面一般爲圓形，亦有用方形者别名“方柱”。以位置不同，分别爲下檐柱、角柱、平柱、屋内柱。屋内柱或名“内槽柱”
	則例	第三章	大木	第 24 頁	直立承受上部重量之材；column（原）
	法原	第二章	平房樓房大木總例	第 16 頁	支撑梁架直立的木材。因其使用位置，有廊柱、步柱、脊柱、金柱、童柱、矮柱等之分（修訂）
柱門	則例	清式營造辭解	九畫	第 10 頁	砌牆遇有柱處，留出不砌之部分（原） 參閱原書圖版拾陸
柱首	法式	卷五	大木作制度二・柱	第一册第 103 頁	立柱的上端
柱脚	法式	卷五	大木作制度二・柱	第一册第 103 頁	立柱的下端
柱脚方	法式	卷四	大木作制度一・平坐	第一册第 93 頁	（1）平坐柱頭鋪作上的大料，用以承上層柱
	法式	卷九	小木作制度四・佛道帳	第一册第 191 頁	（2）佛道帳、轉輪經藏等帳坐内方木，上承帳身柱
	法式	卷十一	小木作制度六・轉輪經藏	第二册第 9 頁	
柱礎	法式	卷三	壕寨制度・定平	第一册第 53 頁	立柱之下、基礎之上承托柱脚的石塊。有素平、覆盆、鋪地蓮華、仰覆蓮華等形式
	法原	附録	二、檢字及辭解	第 114 頁	柱底之基礎，包括礎石下之石基（原）
柱梁作	法式	卷五	大木作制度二・舉折	第一册第 113 頁	不用鋪作衹用櫨料替木的屋架結構。或稱“單料隻替”
柱頂石	則例	第四章	瓦石	第 38 頁	承托於柱下之石。《法式》作“柱礎”（修訂） 參閱原書插圖四十一
柱頭方	法式	卷四	大木作制度一・總鋪作次序	第一册第 90 頁	鋪作望壁栱上所用方均名“柱頭方”。《則例》作“正心方”
柱頭科	則例	第三章	大木	第 24 頁	在柱頭上之斗栱（原） 參閱原書圖版叁，插圖十三
柱頭鋪作	法式				除角柱以外各柱柱頭上的鋪作。《則例》作“柱頭科” ［整理者注］整理者尚未在《法式》中找到出處。囿於編輯時間緊迫，暫付闕如，以待來日

續表

詞條	書名	卷、章目次	卷、章名稱	頁碼	釋義
柱頭壁栱	法式	卷四	大木作制度一·總鋪作次序	第一册第91頁	即扶壁栱。參閲“扶壁栱”條
柏木樁	法式	卷十三	瓦作制度·用鴟尾	第二册第56頁	屋蓋正脊兩端鴟尾等内所用木樁
枳瓠塼	法原	附録	二、檢字及辭解	第114頁	即橘瓠塼。參閲“橘瓠塼”條
相輪	法原	第十六章	雜俎	第95頁	塔頂之鐵圈，有數套，串於中央刹柱上，俗稱“蒸籠圈”（原）
柎	法式	卷二	總釋下·柎	第一册第26頁	
	法式	卷五	大木作制度二·柎	第一册第109頁	即替木。參閲“替木”條
架	法式	卷五	大木作制度二·椽	第一册第110頁	（1）屋架每相鄰兩槫之空當，又稱爲“椽”。架或椽數表示房屋側面（横向）或屋架的規模 （2）指屋架用檩數，幾架即幾根檩的屋架
梜桭	法式	卷二	總釋下·兩際	第一册第26頁	即屋廢。參閲“屋廢”條
柁橔	則例	第三章	大木	第31頁	梁或順梁上將上層梁墊起的木塊，其本身之高小於其長寬（修訂） 參閲原書圖版玖
按椽頭	法原	第二章	平房樓房大木總例	第17頁	釘於頭停椽上端之通長木板，板厚半寸（原）
挖底	法原	第五章	廳堂總論	第33頁	梁、雙步、川底部自腮嘴外向上挖去少許，使梁底略呈曲線形（修訂）
挑山	則例	第三章	大木	第36頁	兩山屋頂用桁伸至山牆以外之結構，亦稱“懸山”（原） 參閲原書插圖三十二
挑山檩	則例	清式營造辭解	九畫	第9頁	即懸山或歇山伸出山牆外之檩（修訂）
挑白	法式	卷二十四	諸作功限一·彫木作	第三册第33頁	在格子門等毬文格眼的條桱上再彫出透空的小華文
挑斡	法式	卷四	大木作制度一·飛昂	第一册第82頁	本爲動詞，如“挑斡引檐”“挑斡棚栿”，指用懸臂構件上承受荷重。借用爲“昂身裏轉長至下平槫”的專名
	法式	卷六	小木作制度一·版引檐	第一册第136頁	

續表

詞條	書名	卷、章目次	卷、章名稱	頁碼	釋義
挑斡棚栿	法式	卷十七	大木作功限一・樓閣平坐補間鋪作用栱枓等數	第二册第 160 頁	參閲"挑斡"條
挑檐石	則例	第四章	瓦石	第 41 頁	山牆山尖之下、上身之上，橫着伸出檐外之石（原） 參閲原書圖版拾陸，插圖四十八
挑檐枋	則例	第三章	大木	第 29 頁	斗栱外拽厢栱上之枋。高 2 斗口，厚 1 斗口（原） 參閲原書圖版叁，插圖四、六
挑檐桁	則例	第三章	大木	第 32 頁	斗栱厢栱上之桁。徑 3 斗口（原） 參閲原書圖版叁，插圖十一、十三
挑筋石	法原	第九章	石作	第 61 頁	石之挑出於駁岸之外，作河埠或其他用者（原）
拽枋	則例	第三章	大木	第 29 頁	裏外萬栱上之枋。《法式》作"羅漢枋"（修訂） 參閲原書圖版叁、肆，插圖十一、十三
拽架	則例	第三章	大木	第 25 頁	斗栱上翹或昂向前後伸出，每層伸一端謂之一跴，每跴長 3 斗口，謂之一拽架。《法式》作"跳"（修訂） 參閲原書圖版貳
拽脚	法式	卷三	石作制度・重臺鉤闌	第一册第 62 頁	各種斜置構件的底長
	法式	卷七	小木作制度二・胡梯	第一册第 157 頁	
	法式	卷十五	塼作制度・慢道	第二册第 100 頁	慢道、梯等的水平投影長
拽勘	法式	卷十三	瓦作制度・結瓦	第二册第 49 頁	其瓪瓦須先就屋上拽勘隴行，修斫口縫令密，再揭起，方用灰結瓦
拽後榥	法式	卷十一	小木作制度六・轉輪經藏	第二册第 9 頁	詳細做法不詳
挺拘	則例	清式營造辭解	十畫	第 11 頁	支摘窗或牌樓上，支起或拘住窗或樓之鐵杆（原） 參閲原書圖版貳拾壹
挣昂	法式	卷四	大木作制度一・飛昂	第一册第 82 頁	即插昂。參閲"插昂"條 ［整理者注］按原卡片記録，"挣"為"掙"，屬十一畫
映粉碾玉	法式	卷十四	彩畫作制度・碾玉裝	第二册第 84 頁	碾玉裝的變體。詳見《辭解》

續表

詞條	書名	卷、章目次	卷、章名稱	頁碼	釋義
胡梯	法式	卷七	小木作制度二・胡梯	第一册第157頁	即樓梯
背版	法式	卷八	小木作制度三・平棊	第一册第164頁	平棊、藻井等的底版
	法式	卷十	小木作制度五・牙脚帳	第一册第209頁	
背獸	則例	第四章	瓦石	第43頁	正吻背上獸頭形之彫飾（原） 參閲原書圖版拾捌、拾玖、貳拾
段	法原	第六章	廳堂升樓木架配料之例	第41頁	方木之稱。又，木長丈五、丈七，去梢者亦稱“段”（原）
段柱	法原	第三章	提棧總論	第24頁	以數木拼合爲一柱，有三段合、四段合等（修訂）
洪門栿	法式	卷十九	大木作功限三・城門道功限	第二册第196頁	城門道梁架上的主梁
活箍頭	則例	第六章	彩色	第51頁	用連珠或萬字之箍頭（原）
涎衣木	法式	卷十九	大木作功限三・城門道功限	第二册第197頁	城門道上的承重方
垛房	法原	附録	二、檢字及辭解	第115頁	房屋傾折卸瓦，吊裝歸正之工作曰“垛”（修訂）
界	法原	第一章	地面總論	第13頁	兩桁之間的距離稱“界”。殿、廳堂等進深的中央部分，一般作進深四界的大面積，習稱爲“内四界”。即“架”，蘇音“界”（修訂）
皇城内屋	法式	卷二十五	諸作功限二・彩畫作	第三册第50頁	泛指皇城内的房屋（備用）
盆脣（唇）	法式	卷三	石作制度・重臺鉤闌	第一册第62頁	（1）柱礎石上凸起的圓坐，上承柱脚。可彫出各種華文，或彫作蓮瓣。參閲“覆蓮”條 （2）鉤闌尋杖之下、華版之上的横長構件
	法式	卷二十一	小木作功限二・鉤闌	第二册第255頁	
盆脣（唇）木	法式	卷八	小木作制度三・鉤闌	第一册第176頁	鉤闌尋杖之下、華版之上的横木。簡稱“盆脣”
眉川	法原	附録	二、檢字及辭解	第115頁	扁作之短川，形似眉狀彎曲者，亦稱“駱駝川”（原）

續表

詞條	書名	卷、章目次	卷、章名稱	頁碼	釋義
看窗	法式	卷六	小木作制度一·睒電窗	第一册第128頁	一般位置的窗，便於觀望窗外景色
看面	法原	附録	二、檢字及辭解	第115頁	構件之正面（修訂）
看盤（看盤石）	法式	卷三	石作制度·流盃渠	第一册第66頁	壘造流盃面上當中的石塊,渠道均在看盤之外（備用）
虹面壘砌	法式	卷十五	塼作制度·露道	第二册第102頁	塼砌庭院中道路，路面微向上凸，稱“虹面”
紅灰	法式	卷十三	泥作制度·用泥	第二册第61頁	灰泥之一種。用石灰十五斤、土朱五斤、赤土十一斤半合成 ［整理者注］《法式》原書作“赤土一十一斤八兩”，按舊時一斤爲十六兩計，八兩爲半斤
紅或搶金碾玉	法式	卷二十五	諸作功限二·彩畫作	第三册第49頁	彩畫作碾玉裝的變體,於碾玉裝中間以紅或金色。
級石	則例	清式營造辭解	十畫	第11頁	踏跺每級可踏以升降之石；step（原） 參閱原書圖版拾柒
斫砟	法式	卷三	石作制度·造作次序	第一册第57頁	石作加工的第五步，用斧細剁石面，使之平
香扒釘	法原	第二章	平房樓房大木總例	第20頁	釘之一種。手工製，徑方、尾部去扁折彎（修訂）
宫	則例	清式營造辭解	十畫	第11頁	宫殿寺廟之總稱（修訂） ［整理者注］《則例》原辭解：(1)天子所居之室，(2)天子所居建築物全部之總稱 又，原卡片用字為“宫”，屬十畫
宫環	法原	附録	二、檢字及辭解	第117頁	裝修中，用於花紋之木條，其合角處直角相接，無環形花紋者,謂之“宫式”。反之,謂之“環式”，亦名“葵式”（原）
穿梁	則例	第三章	大木	第37頁	歇山大木草架柱子間之聯絡材，亦曰“穿貳根”（原） 參閱原書圖版拾
穿帶	則例	清式營造辭解	十畫	第11頁	大門左右大邊間之次要横材（原） 參閱原書圖版貳拾叁
穿鑿	法式	卷十九	大木作功限三·殿堂梁柱等事件功限	第二册第192頁	開鑿卯眼

續表

詞條	書名	卷、章目次	卷、章名稱	頁碼	釋義
穿心串	法式	卷八	小木作制度三·拒馬叉子	第一册第 170 頁	拒馬叉子兩馬銜木間的横木名“穿心串”，穿過格檽檽首
穿插枋	則例	第三章	大木	第 31 頁	抱頭梁下，與之平行，檐柱與老檐柱間之聯絡輔材（原） 參閱原書圖版貳拾壹，插圖十九
穿貳根	則例	清式營造辭解	十畫	第 11 頁	即穿梁。（修訂）參閱“穿梁”條
茶廳	法原	第五章	廳堂總論	第 32 頁	亦名“轎廳”，位於正落門第之後，深六界，結構扁作、圓科均可。多爲停轎備茶之所（修訂） ［整理者注］此條未列入原書辭解專條
茶樓（茶樓子）	法式	卷九	小木作制度四·佛道帳	第一册第 199 頁	佛道帳等帳上天宫樓閣正閣左右的配閣
	法式	卷十一	小木作制度六·轉輪經藏	第二册第 6 頁	
茶壺檔軒	法原	第五章	廳堂總論	第 36 頁	於廊桁與步枋上架直椽，椽中部高起一望塼，形若茶壺檔（修訂）
草色	法式	卷十四	彩畫作制度·總制度	第二册第 71 頁	植物顔料之通稱
草栿	法式	卷四	大木作制度一·平坐	第一册第 93 頁	在平棊以上的梁，祇須粗糙加工，故名“草栿”
	法式	卷五	大木作制度二·梁	第一册第 96 頁	
草架	法原	第五章	廳堂總論	第 35 頁	廳堂等屋内分爲軒、内四界、後雙步等，每一部分各自成爲一完整的形式構圖，如同將三個房屋合並成一總體，但其外觀則爲一座房屋。所以須在三部分屋頂之上增加草架，使屋面成爲前後兩坡的整體。此草架的各構件前均冠以“草”字（“草架”制度，原書云：係明代創作，見於《園冶》中。余以爲此則古代復合建築之遺迹也。——明達按）
草架柱子	則例	第三章	大木	第 37 頁	歇山山花之内，立在踏脚木上，支托挑出之桁頭之柱。每桁下一根，見方 2 斗口（原） 參閱原書圖版拾

續表

詞條	書名	卷、章目次	卷、章名稱	頁碼	釋義
草架側樣	法式	卷三十一	大木作制度圖樣下	第四册第 5 頁	殿堂結構形式的横斷面圖，一般用 1/10 比尺 參閱图様“殿堂等八鋪作雙槽草架側樣第十一”等
草葽	法式	卷三	壕寨制度·城	第一册第 55 頁	隨用隨打的草繩
草牽梁	法式	卷五	大木作制度二·梁	第一册第 96 頁	加工粗糙的劄牽
草襻間	法式	卷五	大木作制度二·侏儒柱	第一册第 106 頁	平棊以上的襻間，表面不須加工
風圈	法原	第八章	裝折	第 56 頁	釘於器具或窗户之金屬小圈（修訂）
風潭	法原	附録	二、檢字及辭解	第 108 頁	一名“楓栱”，牌科於第一出參時，不用桁向栱，而用彫花之木板，類似棹木，該栱名“風潭”（原）
風檻	則例	第五章	裝修	第 46 頁	檻窗之下檻（原） 參閱原書圖版貳拾貳
風窗	法原	第八章	裝折	第 55 頁	一般在正間居中，然二扇長窗寬，設一橫窗，其下安長窗。此橫窗即爲“風窗”（修訂）
計心	法式	卷四	大木作制度一·總鋪作次序	第一册第 90 頁	鋪作逐跳跳頭上均用栱，謂之“計心”
計料	法式	卷二	總例	第一册第 46 頁	（備用）
院	則例	第二章	平面	第 23 頁	房屋圍繞或圍牆内所包括之面積；court（修訂） 參閱原書插圖八
陡板	則例	第四章	瓦石	第 39 頁	臺基階條石以下，土襯石以上，左右角柱之間之部分（原） 參閱原書圖版拾柒
神龕壼門	法式	卷十一	小木作制度六·壁藏	第二册第 18 頁	佛道帳等的門框做成壼門形
退暈	法式	卷十四	彩畫作制度·碾玉裝	第二册第 84 頁	兩疊暈的淺色與深色相接稱“退暈”。參閱“疊暈”條
	則例	第六章	彩色	第 51 頁	彩畫内同顏色逐漸加深或逐漸減淺之畫法（原）

十畫（共158條）

馬柴庫庯荼荻荷莩徑真高倒剗剔剥剜條展狼峻挟挈栿栽桁栱欹框格桃流海被通連造透倉哺套師射扇時烏釜珠眠砷脊料破粉笏紗紋素書起華貢軒配留

詞條	書名	卷、章目次	卷、章名稱	頁碼	釋義
馬面	法式	卷三	壕寨制度・城	第一册第 55 頁	城牆外側每隔一定距離向外凸出城墩，名"馬面"
馬頭	法式	卷三	壕寨制度・築臨水基	第一册第 56 頁	凡臨水基礎，橋涵墩坐凸出水中，均稱"馬頭"
馬臺	法式	卷三	石作制度・馬臺	第一册第 68 頁	
	法式	卷十五	塼作制度・馬臺	第二册第 104 頁	上馬用的臺坐，多在門外兩側
馬槽	法式	卷十五	塼作制度・馬槽	第二册第 104 頁	飼馬的料槽
馬槽溝	法原	附録	二、檢字及辭解	第 117 頁	屋面流水設備之一。作馬槽形，係窰貨（原）
馬銜木	法式	卷八	小木作制度三・拒馬叉子	第一册第 170 頁	拒馬叉子兩側的立木，兩馬銜木之間用串，穿過櫺子
柴梢	法式	卷三	壕寨制度・築臨水基	第一册第 56 頁	築臨水基礎於基樁上鋪柴木，其上用膠土打築
柴棧	法式	卷十三	瓦作制度・用瓦	第二册第 51 頁	屋面椽上鋪的柴，上托泥灰宽瓦。參閱"版棧"條
庫門	法原	第八章	裝折	第 53 頁	裝於牆門上之木門（原）
庯峻	法式	卷二	總釋下・舉折	第一册第 30 頁	即舉折。參閱"舉折"條
荼土掍	法式	卷十五	窰作制度・青掍瓦	第二册第 111 頁	青掍瓦的一種。參閱"青掍瓦"條
荻箔	法式	卷十三	瓦作制度・用瓦	第二册第 52 頁	椽上鋪箔，用以托泥宽瓦。箔有葦箔、荻箔
荷包梁	法原	第五章	廳堂總論	第 36 頁	軒梁及回頂三界上之短梁，中彎起作荷包狀（月梁之一種）（修訂）
荷花柱	法原	第九章	石作	第 58 頁	牆門上枋子之兩端作垂荷狀之短柱（原）
荷花瓣	法原	第九章	石作	第 58 頁	露臺金剛座上圓形線脚，刻荷花瓣之裝飾者（原）
荷葉凳	法原	第七章	殿庭總論	第 47 頁	坐斗之旁，填以短木，兩頭作卷荷狀者（修訂）

續表

詞條	書名	卷、章目次	卷、章名稱	頁碼	釋義
荷葉墩（橔）	則例	第四章	瓦石	第 41 頁	格扇轉軸之下或簾架邊挺下端之承托者（原） 參閱原書圖版貳拾貳
荷葉拴斗	則例	清式營造辭解	十一畫	第 12 頁	上檻或中檻上，安裝簾架邊挺上端之木塊（原） 參閱原書圖版貳拾貳
荸底磉石	法原	第九章	石作	第 59 頁	磉石上部隆起如荸薺狀者（原）
徑圍斜長	法式	卷二	總例	第一册第 45 頁	宋代建築工程的標準資料。徑指圓形的直徑或多邊形的内切圓直徑。圍指圓周。斜指多邊形的外接圓直徑（略）
真尺	法式	卷三	壕寨制度・定平	第一册第 53 頁	宋代測量水平的工具。於長一丈八尺的木尺上立一垂直的木板，並畫出垂直的墨線用繩垂吊正。如圖
真金地	法式	卷十四	彩畫作制度・總制度	第二册第 72 頁	彩畫貼金處的底襯：刷膠水、白鉛粉、土朱鉛粉等
高墊板（走馬板）	法原	第八章	裝折	第 54 頁	將軍門之上，額枋與脊桁連機間所裝之木板（原）
高門限	法原	第八章	裝折	第 54 頁	又稱“門檔”，將軍門下之門檻，較普通爲高（原） ［整理者注］原書正文作“高門檻”，附録之辭解作“高門限”
倒座	則例	第二章	平面	第 23 頁	四合院之正房應向南，如因各種條件無法向南而成爲向北者，名爲“倒座”（修訂） 參閱原書插圖八
剗削	法式	卷三	壕寨制度・牆	第一册第 56 頁	夯築的城牆等，築畢後將牆面修平
剔地	法式	卷十四	彩畫作制度・五彩徧裝	第二册第 81 頁	彩畫，即剔填。參閱“剔填”條
剔地起突	法式	卷三	石作制度・造作次序	第一册第 57 頁	石作彫刻形式之一。即高浮彫
	法式	卷三	石作制度・重臺鉤闌	第一册第 62 頁	
剔填	法式	卷十四	彩畫作制度・總制度	第二册第 72 頁	彩畫作於華文緣道畫成後，將華文之外的孔隙填畫底色。深色在内，淺色在外，與外緣道對暈
剥腮	法原	第五章	廳堂總論	第 33 頁	亦稱“撥亥”，扁作兩端，兩面較梁身各減薄五分之一，使梁端較薄，易於安裝於坐斗或柱中（修訂） ［整理者注］原卡片用字為“剝”

續表

詞條	書名	卷、章目次	卷、章名稱	頁碼	釋義
剜鑿流盃	法式	卷三	石作制度・流盃渠	第一册第 65 頁	用整石鑿成的流盃。參閲“流盃渠”條
條桱	法式	卷六	小木作制度一・照壁屏風骨	第一册第 131 頁	
	法式	卷八	小木作制度三・鉤闌	第一册第 177 頁	拼鬭各種透空圖案格眼文飾的木條
條塼	法式	卷十五	窰作制度・塼	第二册第 109 頁	塼的類型之一。有兩種規格：（1）長一尺三寸、廣六寸五分、厚二寸五分；（2）長一尺二寸、廣六寸、厚二寸
條墼	法式	卷十六	壕寨功限・總雜功	第二册第 119 頁	詳見《札記》
條子瓦	法式	卷十五	窰作制度・瓦	第二册第 108 頁	用一片瓪瓦十字分割爲四片，名“條子瓦”
展拽	法式	卷十七	大木作功限一・鋪作每間用方桁等數	第二册第 169 頁	大木作鋪作試安裝
	法式	卷十八	大木作功限二・樓閣平坐轉角鋪作用栱枓等數	第二册第 189 頁	
狼牙版	法式	卷十三	瓦作制度・結瓦	第二册第 49 頁	厦兩頭屋蓋兩山華廢下承托仰瓦的木構件，即清代的瓦口
狼牙栿	法式	卷十九	大木作功限三・城門道功限	第二册第 196 頁	城門道梁架的上梁
峻脚	法式	卷五	大木作制度二・梁	第一册第 100 頁	每間四周或兩側沿平棊或平闇與鋪作相接處用版做成斜面，稱“峻脚”
峻脚椽	法式	卷五	大木作制度二・梁	第一册第 100 頁	承托峻脚的小木椽
挾屋	法式	卷四	大木作制度一・材	第一册第 74 頁	即殿挾屋。參閲“殿挾屋”條
	法式	卷九	小木作制度四・佛道帳	第一册第 199 頁	
	法式	卷十一	小木作制度六・轉輪經藏	第二册第 6 頁	

續表

詞條	書名	卷、章目次	卷、章名稱	頁碼	釋義
挾門柱	法式	卷六	小木作制度一・烏頭門	第一册第 123 頁	烏頭門兩柱下載入地，上冠烏頭，名“挾門柱”
栔	法式	卷四	大木作制度一・材	第一册第 75 頁	建築設計模數“材”的輔助模數，高 6 份。參閱“材”條
栿	法式	卷五	大木作制度二・梁	第一册第 96 頁	梁的習稱。參閱“梁”條
	法式	卷二十六	諸作料例一・大木作	第三册第 62 頁	
栿項	法式	卷五	大木作制度二・梁	第一册第 99 頁	月梁兩頭做成高厚同足材，以便與鋪作結合。或做成入柱榫的部分。稱“栿項”或“斜項”。又名“梁栿項”
栿項柱	法式	卷十九	大木作功限三・營屋功限	第二册第 206 頁	柱身中部開卯，承受梁栿榫的柱
栽	法式	卷一	總釋上・牆	第一册第 11 頁	版築的工具。攔於牆兩側的版，名“栽”，夯土用的木杵名“榦” ［整理者注］陶本作“栽”，故宫本爲“栽”。作者采信故宫本
桁	則例	第三章	大木	第 30 頁	梁頭與梁頭間，或柱頭科與柱頭科間之上，橫斷面作圓形，承椽之木；purlin，徑 4.5 斗口或同檐柱徑（原） 參閱原書圖版玖、拾
	法原	第二章	平房樓房大木總例	第 16 頁	橫向兩端置於梁頭，其上承椽的構件，以其位置不同，又有“廊桁”“步桁”“金桁”“脊桁”等名稱，斷面多爲圓形。桁端置梁頭上，桁下依次有：機、夾堂板、枋，層層承托均安置柱頭上桁下（修訂）
桁椀	則例	第三章	大木	第 25 頁	斗栱撑頭木之上，承托桁檁之木（原） 參閱原書圖版肆、伍
桁間牌科	法原	第四章	牌科	第 29 頁	廊桁之下，介於兩柱之間之牌科（修訂）
桁向栱	法原	第四章	牌科	第 28 頁	栱位於廊桁中心以外而與桁平行者（修訂）

續表

詞條	書名	卷、章目次	卷、章名稱	頁碼	釋義
栱	法式	卷四	大木作制度一・栱	第一册第 76 頁	鋪作主要構件之一。華栱是足材栱，泥道栱、瓜子栱、慢栱、令栱爲單材栱
	則例	第三章	大木	第 24 頁	大式建築斗栱上與建築物表面平行，置於翹或昂之端上，略似弓形之木（原） 參閲原書圖版捌，插圖十一、十二、十三
	法原	第四章	牌科	第 27 頁	牌科上弓形之短木，置於斗或升内（修訂）
栱口	法式	卷四	大木作制度一・栱	第一册第 79 頁	栱與栱、方、枓相結合的卯口
栱眼	法式	卷四	大木作制度一・栱	第一册第 78 頁	栱身上面，坐枓部位以外的外棱均鑿去三份，即栱眼
	則例	第三章	大木	第 25 頁	栱上三才升分位與十八斗分位之間，削去棱角，使産生彎曲的外形輪廓（修訂） 參閲原書圖版捌
	法原	附録	二、檢字及辭解	第 116 頁	栱背轉角處，挖去折角三分，使栱之形類弓形而有勢（原）
栱眼壁版（栱眼壁）	法式	卷七	小木作制度二・栱眼壁版	第一册第 159 頁	闌額之上柱頭方之下，兩鋪作間，用版分隔内外，版上用彫飾或彩畫華文。名“栱眼壁版”，亦有編竹造者，即名“栱眼壁”
栱頭	法式	卷四	大木作制度一・栱	第一册第 78 頁	栱兩頭下角斫成圓角，是爲栱頭
栱彎	則例	第三章	大木	第 25 頁	栱兩端下部圓彎，由連續短折線組成（修訂） 參閲原書圖版捌
栱墊板（墊栱板）	法原	第四章	牌科	第 28 頁	正心枋以下、平板枋以上，兩攢斗栱間之板（修訂）
	法原	附録	二、檢字及辭解	第 115 頁	兩牌科間所墊彫刻鏤空之木板（修訂）
栿	法原	第八章	裝折	第 52 頁	和合窗所用直立之木框，統稱爲“栿”（修訂）
框檔門	法原	第八章	裝折	第 53 頁	以枋材拼框，鑲釘木板之門（修訂） ［整理者注］此條未列入原書辭解專條
格眼	法式	卷七	小木作制度二・格子門	第一册第 142 頁	格子門上段用木條拼鬬成各種透空圖案。木條名“條桱”，透空部分名“格眼”。格眼有各種形式，大致分爲方格眼、毬文格眼兩大類
格子門	法式	卷七	小木作制度二・格子門	第一册第 142 頁	門扇分上下兩段，上段安格眼，下段安障水版，名“格子門”。其格眼有各種形式。參閲“格眼”條

续表

詞條	書名	卷、章目次	卷、章名稱	頁碼	釋義
格身版柱	法式	卷三	石作制度・壇	第一册第 66 頁	即版柱。參閱“版柱”條
格抱柱	則例	清式營造辭解	十畫	第 11 頁	中檻、下檻之間安格扇之抱柱（原）
桃尖順梁	則例	第三章	大木	第 36 頁	大式大木柱頭科上與金柱間聯絡之梁（原） 參閱原書圖版叁，插圖十三
桃尖隨梁枋	則例	清式營造辭解	十畫	第 10 頁	大式大木緊在桃尖梁下與之平行之輔材。高 4 斗口，厚減高二寸（原）
流頭	法原	第十六章	雜俎	第 99 頁	木製小滑車，起小重量物件用
流盃渠	法式	卷三	石作制度・流盃渠	第一册第 65 頁	亭榭等内地面用石造的小水渠，迂迴曲折成圖案（依《辭解》）
流盃石渠（渠道）	法式	卷三	石作制度・流盃渠	第一册第 66 頁	石造流盃渠通水的水道
海石榴華	法式	卷三	石作制度・造作次序	第一册第 57 頁	石作常用花纹之一
被篾	法式	卷二十五	諸作功限二・泥作	第三册第 47 頁	畫壁底層上用竹篾一道，名“被篾”。參閱“竹篾”條
通用釘料例	法式	卷二十八	諸作用釘料例・通用釘料例	第三册第 113 頁	各種鐵釘規格（略） 計釘有八種：蔥臺頭釘、猴頭釘、卷蓋釘、圜蓋釘、拐蓋釘、蔥臺長釘、兩入釘
通柱	則例	清式營造辭解	十一畫	第 12 頁	樓房内通上下二層之柱。徑按檐柱徑加二寸（原）
通脊	則例	第四章	瓦石	第 43 頁	正脊之主要部分，整塊脊做成空心塼形（修訂） 參閱原書圖版貳拾
	法原	第十一章	屋面瓦作及築脊	第 68 頁	用於正脊之空心塼料，以代塼砌之五寸或三寸宕（原）
連珠	則例	第六章	彩色	第 51 頁	彩畫内用多數小圓形相連之母題；bead（原）
連珠枓	法式	卷四	大木作制度一・飛昂	第一册第 84 頁	用上昂的鋪作，上昂下的華栱頭上重疊用兩個散枓，名“連珠枓”

續表

詞條	書名	卷、章目次	卷、章名稱	頁碼	釋義
連梯	法式	卷八	小木作制度三・拒馬叉子	第一册第 170 頁	
	法式	卷九	小木作制度四・佛道帳	第一册第 190 頁	拒馬叉子、佛道帳等下木製的盤座。多爲長方形，四邊内加横木如梯形
連楹	法原	第八章	裝折	第 53 頁	門楹之相連者，其外沿作連續之曲線形。大門中檻上安放轉軸之構件（修訂）
連機	法原	第二章	平房樓房大木總例	第 16 頁	桁下之輔助材，全間通長者名“連機”，長僅在柱頭左右（爲間長十分之二三）者名“機”或“短機”。又以所彫花紋式樣不同而有“水浪機”“蝠雲機”“金錢如意機”“滾機”等名（修訂）
連塼	則例	第四章	瓦石	第 43 頁	正脊或垂脊下線道瓦之一種（原） 參閲原書圖版貳拾
連檐	則例	第三章	大木	第 33 頁	椽頭上之聯絡材（原）
連身對隱	法式	卷五	大木作制度二・侏儒柱	第一册第 106 頁	襻間伸出縫外成半栱，縫内在襻間上刻出半栱，名“連身對隱”
連栱交隱	法式	卷四	大木作制度一・總鋪作次序	第一册第 91 頁	轉角鋪作裏跳與補間鋪作裏跳上的栱，如相距不足栱長，即相連製作，名“連栱交隱”
造作（造作功）	法式	卷十九	大木作功限三	第二册第 192、196、198、202、204、205、206 頁	即製造，製造所需的功
造石次序	法原	第九章	石作	第 57 頁	分五步： 雙細，就山場剥鑿高處，令高低就平； 出潭雙細，雙細後運至石作，再剥高去潭； 市雙細，再加鑿造，令深淺齊勻； 鑿細，再加鑿斧，密布斬平； 督細，再用鑾鑿細督，使面平細，俗稱“出白”。石料邊沿鑿一路光口，寬寸餘，名“勒口”（修訂） ［整理者注］此條未列入原書辭解專條
透栓	法式	卷六	小木作制度一・版門	第一册第 120 頁	版門門縫内的小木栓
透空氣眼	法式	卷二十五	諸作功限二・塼作	第三册第 54 頁	牆角上塼彫（彫成各種華文）透空的氣眼，内至柱脚
倉廒庫屋	法式	卷十九	大木作功限三・倉廒庫屋功限	第二册第 198 頁	倉庫類建築。其質量要求同廊屋，或合稱爲“廊庫屋”。參閲“廊屋”條

續表

詞條	書名	卷、章目次	卷、章名稱	頁碼	釋義
哺雞脊	法原	第十一章	屋面瓦作及築脊	第 68 頁	脊兩端有雞形之裝飾者（修訂）
哺龍脊	法原	第十一章	屋面瓦作及築脊	第 68 頁	脊兩端有龍首形之裝飾者（修訂）
套間	則例	第二章	平面	第 20 頁	梢間之外特加之附屬間。一般與梢間有門相連通（修訂） 參閱原書插圖八
套獸	法式	卷十三	瓦作制度・用獸頭等	第二册第 57 頁	安在子角梁頭上的裝飾獸
	則例	第四章	瓦石	第 43 頁	仔角梁頭上之瓦質彫飾（原） 參閱原書圖版拾捌、拾玖、貳拾
套獸榫	則例	第三章	大木	第 33 頁	仔角梁頭上套排套獸之榫（修訂） 參閱原書圖版拾叁
	則例	第四章	瓦石	第 43 頁	
師子	法式	卷十四	彩畫作制度・五彩徧裝	第二册第 79 頁	即獅子
	法式	卷十六	石作功限・角石	第二册第 127 頁	
射垜	法式	卷十三	泥作制度・壘射垜	第二册第 67 頁	練習射箭的靶子，用墼壘成，其上分成五峰，上安蓮華火珠。左右又各建較低的垜牆，名“子垜”。參閱“子垜”條
扇堂	法原	第十三章	做細清水塼作	第 83 頁	牆門兩旁垛頭之向内牆面，作八字形，寬與門同，作爲牆門開啓時依靠之所（原）
扇面牆	則例	第四章	瓦石	第 40 頁	宫殿廟宇室内當中後方左右金柱間之牆（修訂） 參閱原書插圖十八
時樣裝折	法原	附録	二、檢字及辭解	第 112 頁	即時樣裝修之謂（原）
烏頭	法式	卷六	小木作制度一・烏頭門	第一册第 123 頁	烏頭門兩挾門柱上端的瓦製柱帽
烏頭門	法式	卷二	總釋下・烏頭門	第一册第 33 頁	一種獨立的典禮性的門，又名“烏頭綽楔門”“櫺星門”“閥門”
	法式	卷六	小木作制度一・烏頭門	第一册第 121 頁	
釜竈	法式	卷十三	泥作制度・釜鑊竈	第二册第 65 頁	口徑一尺六寸至二尺五寸大釜的專用竈。參閱“釜鑊竈”條

續表

詞條	書名	卷、章目次	卷、章名稱	頁碼	釋義
釜鑊竈	法式	卷十三	泥作制度·釜鑊竈	第二册第 65 頁	安釜或鑊的竈,大而較矮。其竈門一面地面多挖下,使低於前面地平。參閲“釜竈”“鑊竈”條
珠毬(寶珠)	法原	第十六章	雜俎	第 96 頁	塔頂鳳蓋上珠形之飾物(原)
眠檐	法原	第二章	平房樓房大木總例	第 17 頁	即清式之連檐。俗稱“面沿”,釘於出檐椽或飛椽盡頭,其上加厚同望塼之瓦口板,以防望塼下墜(修訂)
砷石	法原	第九章	石作	第 59 頁	又稱“盤柁石”。用於牌坊、欄杆、將軍門兩旁。上部圓鼓形,高低成樣以圓鼓徑爲準,圓徑自二尺至二尺四寸,厚六七寸,全部高約四尺,其座占全高四分之一(修訂)
脊	則例	清式營造辭解	十畫	第 10 頁	屋頂兩斜坡相交處;roof ridge(原)
	法原	第十一章	屋面瓦作及築脊	第 67 頁	同《則例》 按廳堂正脊分:游脊、甘蔗脊、雌尾(亦稱“鴟尾”)、紋頭、哺雞、哺龍等式(修訂)
脊串	法式	卷八	小木作制度三·井亭子	第一册第 181 頁	即“順脊串”。參閲“順脊串”條
脊板	法原	第九章	石作	第 62 頁	有樓之石牌坊,作脊之石板,常作流空金錢等花紋(原)
脊枋	則例	第三章	大木	第 32 頁	脊桁之下,與之平行,兩端在脊瓜柱上之枋。高 4 斗口,厚減高二寸(原) 參閲原書圖版玖
脊柱	法原	第二章	平房樓房大木總例	第 16 頁	房屋邊貼正中之柱,柱上承脊桁者(修訂)
脊桁	則例	清式營造辭解	十畫	第 10 頁	屋脊之主要骨架,在脊瓜柱之上,徑 4.5 斗口;ridge pole(原) 參閲原書圖版玖、拾捌
	法原	第二章	平房樓房大木總例	第 16 頁	脊柱上之桁(原)
脊威	法原	附録	二、檢字及辭解	第 116 頁	正脊最高彎起部分(原)
脊樁	則例	第四章	瓦石	第 43 頁	扶脊木上堅立之木樁,穿入木脊内,以加强脊之穩定(修訂)

續表

詞條	書名	卷、章目次	卷、章名稱	頁碼	釋義
脊槫	法式	卷五	大木作制度二·舉折	第一册第113頁	屋架最上之脊。參閱“槫”條
脊瓜柱	則例	第三章	大木	第31頁	立在三架梁上，頂托脊桁之瓜柱。寬5.5斗口，厚4.8斗口（原） 參閱原書圖版玖
脊角背	則例	清式營造辭解	十畫	第10頁	三架梁上脊瓜柱下的支撑木。高4斗口，厚1斗口（修訂） 參閱原書圖版玖
脊墊板	則例	第三章	大木	第32頁	脊桁之下、脊枋之上之墊板。高4斗口，厚1斗口（原） 參閱原書圖版玖
脊童（柱）	法原	第二章	平房樓房大木總例	第16頁	正貼山界梁上之短柱（修訂） ［整理者注］原書正文作“脊童”，附録之辭解作“脊童柱”
脊筒檐板	法原	第九章	石作	第62頁	有樓之石牌坊，正昂上平鋪作出檐屋面之石板（原）
料例	法式	卷二十六	諸作料例一	第三册第61頁	各項工程應用原材料的標準定額和配合成分
	法式	卷二十七	諸作料例二	第三册第79頁	
	法式	卷二十八	諸作用釘料例、諸作用膠料例	第三册第101頁	
破子櫺窗	法式	卷六	小木作制度一·破子櫺窗	第一册第126頁	截面三角形的櫺子，用一條正方形木料斜破爲二條。△用破子櫺的窗 ［整理者注］此處作者畫“△”，用意不詳
	法式	卷二十	小木作功限一·破子櫺窗	第二册第227頁	
破灰	法式	卷十三	泥作制度·用泥	第二册第62頁	灰泥之一種。以石灰一斤、白蔑土四斤半、麥麩九兩合成
粉地	法式	卷十四	彩畫作制度·五彩徧裝	第二册第79頁	即白色地，用於疊暈
粉道	法式	卷十四	彩畫作制度·碾玉裝	第二册第84頁	彩畫中的白色線
粉暈	法式	卷十四	彩畫作制度·總制度	第二册第72頁	對暈或於淺色間加白色稱“粉暈”

續表

詞條	書名	卷、章目次	卷、章名稱	頁碼	釋義
笏首	法式	卷三	石作制度・笏頭碣	第一册第 71 頁	形如笏的碑頭
笏頭碣	法式	卷三	石作制度・笏頭碣	第一册第 71 頁	碑碣的形式之一
紗窗	法原	第八章	裝折	第 56 頁	亦稱“紗隔”，長窗上部不裝明瓦，改裝青紗，以利通風，均稱“紗窗”（修訂）
紋頭砷	法原	第九章	石作	第 59 頁	砷石之鼓形部分作紋式圖案裝飾者（修訂）
紋頭脊	法原	附録	二、檢字及辭解	第 117 頁	正脊兩端翹起作各種複雜之花紋，稱“紋頭脊”（原）
素方	法式	卷四	大木作制度一・總鋪作次序	第一册第 90 頁	截面爲一材的方
素平	法式	卷三	石作制度・造作次序	第一册第 57 頁	石作彫刻形式之一。斫平後用砂石水磨製光平
素覆盆	法式	卷十六	石作功限・柱礎	第二册第 125 頁	柱礎形式之一。覆盆光平，其上不再彫刻花紋
書包砷	法原	第九章	石作	第 59 頁	砷石式樣之一種（原）
書卷	法原	附録	二、檢字及辭解	第 108 頁	垛頭式樣之一種（原）
書廳	法原	第五章	廳堂總論	第 32 頁	同花廳 ［整理者注］此條未列入原書辭解專條
起秤杆	則例	第三章	大木	第 28 頁	溜金斗栱後尾，向上升高，略與椽子平行之部分（修訂） 參閱原書圖版陸，插圖二十三
起突卷葉華	法式	卷十二	彫作制度・起突卷葉華	第二册第 32 頁	此形式在彫作中自成一項，其形不詳。剔地起突或透突卷葉華有三品。施於梁額（裏貼同）、格子門、腰版、牌帶、鉤闌版、雲栱、尋杖、椽頭盤子（如殿閣内椽頭盤子或盤起突龍鳳之類）及華版。凡貼絡如平棊心中、角内，若牙子版之類皆用之，或於華内間以龍鳳、化生、飛禽、走獸等物。參閱卷二十四“諸作功限一・彫木作”
	法式	卷三十二	彫木作制度圖樣	第四册第 105 頁	剔地起突三卷葉、兩卷葉、一卷葉、剔地窪葉、剔地平卷葉、透突平卷葉
華子	法式	卷八	小木作制度三・鬬八藻井	第一册第 167 頁	平棊背版上粘貼彫製成的各種華文飾物，統名“華子”

續表

詞條	書名	卷、章目次	卷、章名稱	頁碼	釋義
華文（華文制度）	法式	卷十四	彩畫作制度・五彩徧裝	第二册第 77 頁	彩畫作裝飾題材之一。有九品（下略） ［整理者注］作者此處摘要抄録若干條《法式》原文，囿於篇幅，從略
	法式	卷三	石作制度・五彩徧裝	第一册第 57 頁	石作華文制度有十一品（下略） ［整理者注］作者此處摘要抄録若干條《法式》原文，囿於篇幅，從略
華架	法式	卷二十五	諸作功限二・彩畫作	第三册第 50 頁	畫架
華栱	法式	卷四	大木作制度一・栱	第一册第 76 頁	櫨枓口内的出跳栱。柱頭用足材，補間用單材，又名“抄栱”“卷頭”“跳頭”
華版	法式	卷六	小木作制度一・烏頭門	第一册第 121 頁	
	法式	卷八	小木作制度三・鉤闌	第一册第 176 頁	“腰華版”之簡稱。單鉤闌、盆脣、地栿間的華版，多作透空萬字（鉤片）。重臺鉤闌按位置分上華版、下華版（或稱“大華版”“小華版”）
華盆	法式	卷三十二	彫木作制度圖樣	第四册第 104 頁	参阅“彫木作制度圖樣”之“栱眼内彫插第二”
華盆地霞	法式	卷三	石作制度・重臺鉤闌	第一册第 63 頁	石作重臺鉤闌束腰下彫飾構件。木鉤闌束腰下或衹用地霞
華塼	法式	卷十五	塼作制度・慢道	第二册第 101 頁	表面有花紋的塼
華廢	法式	卷十三	瓦作制度・結瓦	第二册第 49 頁	厦兩頭屋蓋外側用瓪瓦排成横向瓦隴，稱“華廢”
華心枓	法式	卷四	大木作制度一・枓	第一册第 87 頁	即齊心枓。参閲“齊心枓”條
華托柱	法式	卷八	小木作制度三・鉤闌	第一册第 177 頁	鉤闌折檻，即略加高蜀柱，並於蜀柱内另加小柱，名“華托柱”
華頭子	法式	卷四	大木作制度一・栱	第一册第 79 頁	櫨枓口内承托於出跳下昂的構件，裏跳作華栱
華頭瓪瓦	法式	卷十三	瓦作制度・結瓦	第二册第 49 頁	檐頭第一排有瓦當的瓪瓦，瓦身用釘釘於小連檐上
華盤	法式	卷八	小木作制度三・平棊	第一册第 164 頁	平棊内的華文圖案
貢式廳	法原	第五章	廳堂總論	第 32 頁	廳堂形式之一。用扁方料而仿效圓料做法（修訂）

續表

詞條	書名	卷、章目次	卷、章名稱	頁碼	釋義
軒	法原	第五章	廳堂總論	第 35 頁	軒内四界之前，於原有屋面之下加重椽，另有一完整的屋内頂棚。軒即隨其頂棚用椽形式命名，計有：船篷軒、鶴脛軒、菱角軒、海棠軒、一枝香軒、弓形軒、茶壺檔軒，凡七種（修訂）
軒步柱	法原	第五章	廳堂總論	第 37 頁	内軒之前，又增廊軒，介於二軒間之柱，名“軒步柱”（修訂）
軒步桁	法原	附録	二、檢字及辭解	第 117 頁	軒步柱上之桁（原）
配殿	則例	第二章	平面	第 23 頁	宫殿或廟宇，正殿之前左右之殿（原） 參閱原書插圖八
留膽	法原	第二章	平房樓房大木總例	第 16 頁	梁端開刻中留寸餘木塊，以與桁端卯口相結合（修訂）

十一畫（共 185 條）

偷 側 琉(瑠) 兜 副 彩 階 虚 剪 勒 塡 宿 廊 麻 衮 堂 雀 彫 從 常 帳 厢 梧 椎 梁 桯 梢 梭 梓 梯 梟 望 斜 曹 毬 混 清 深 淹 涼 軟 旋 菉 菱 菊 排 捧 掛 捺 採 推 揣 將 細 盒 粗(麤) 船 規 訛 黄 頂 魚 象 牽 陽 著 瓻 啞 進 脚

詞條	書名	卷、章目次	卷、章名稱	頁碼	釋義
偷心	法式	卷四	大木作制度一·總鋪作次序	第一册第 91 頁	鋪作出跳上交互枓口内，衹承一跳栱昂，不用栱，謂之“偷心”
側脚	法式	卷五	大木作制度二·柱	第一册第 103 頁	大木主柱向屋中心略做傾側，名“側脚”
側様	法式	卷五	大木作制度二·舉折	第一册第 112 頁	横斷面圖或側立面圖
	則例	清式營造辭解	十一畫	第 11 頁	側面立面；side elevation（原）
側塘石	法原	第一章	地面總論	第 13 頁	房屋基礎出土面後，自土襯石上繼續壘砌階臺，以石塊側砌，名“側塘石”（修訂）

續表

詞條	書名	卷、章目次	卷、章名稱	頁碼	釋義
琉（瑠）璃瓦	法式	卷十五	窰作制度·瑠璃瓦等	第二册第 110 頁	瓦面燒瑠璃釉，其規格同一般瓦 ［整理者注］《法式》寫作“瑠璃瓦”
	則例	第四章	瓦石	第 42 頁	表面用瑠璃釉之瓦。多黄、绿色，亦有藍、黑等色，但極少用（修訂） 參閱原書圖版貳拾 ［整理者注］《則例》寫作“琉璃瓦”
兜肚	法原	第十三章	做細清水塼作	第 83 頁	垛頭之中部成方或長方形之部分，上彫刻各種花紋（原）
副子	法式	卷三	石作制度·踏道	第一册第 61 頁	石作彫刻形式之一。階基踏道兩邊的石條。明清（清前期）的垂帶石
副階	法式	卷四	大木作制度一·總鋪作次序	第一册第 92 頁	殿堂等周邊（或一側）加建部分，一般伸兩椽，上用屋蓋，或稱腰檐。在殿身屋蓋之下
	法式	卷八	小木作制度三·小鬭八藻井	第一册第 169 頁	
副階沿石	法原	第一章	地面總論	第 13 頁	踏步石（修訂） ［整理者注］此條未列入原書辭解專條
副肘版	法式	卷六	小木作制度一·版門	第一册第 118 頁	大型門扇，用厚版拼成，最外一版名“副肘版”
副檐軒	法原	第六章	廳堂升樓木架配料之例	第 45 頁	樓房之下層，廊柱與步柱間，作翻軒，上覆屋面附於樓房者（修訂） ［整理者注］此條未列入原書辭解專條
彩	則例	清式營造辭解	十一畫	第 12 頁	斗栱每出一拽架謂之“一彩”。“彩”，正書作“跴”（修訂）
彩畫	法式	卷二	總釋下·彩畫	第一册第 41 頁	在梁柱鋪作上的彩色裝飾，又稱“裝鑾”，在門窗等上用色“刷染”，又稱“刷飾”，均屬彩畫作。參閱“彩畫作”條。彩畫裝飾題材有六大類：華文、瑣文、飛仙、飛禽、走獸、雲文（略） ［整理者注］作者此處摘要抄錄若干條《法式》原文，囿於篇幅，從略
	則例	第六章	彩色	第 48 頁	建築物上以色彩塗繪之保護層，兼作裝飾（修訂）

續表

詞條	書名	卷、章目次	卷、章名稱	頁碼	釋義
彩畫作（彩畫作制度）	法式	卷十四	彩畫作制度	第二册第 71 頁	彩畫柱梁枓栱，刷飾門窗等工。十三個工種之一。參閱“制度”條 彩畫作制度有五彩徧裝、碾玉裝、青緑疊暈棱間裝、解緑裝飾、丹粉刷飾等五類。又有混合兩種，應用者稱“雜間裝”。詳見各專條 類型：五彩徧裝、碾玉裝、青緑疊暈棱間裝、解緑裝飾屋舍、丹粉刷飾屋舍、雜間裝，以及變體彩畫：裝鑾、刷染（刷飾） 彩畫題材：華文、瑣文、飛仙、飛禽、走獸、雲文 工序：襯地、襯色、布細色 疊暈：合暈、對暈、退暈 疊暈法：布色先淺後深，外緣深色在外，心、內淺色在外。若三暈，內兩暈皆淺色在外（略） ［整理者注］作者此處摘要抄録若干條《法式》原文，囿於篇幅，從略
	法式	卷二十五	諸作功限二・彩畫作	第三册第 48 頁	
	法式	卷二十七	諸作料例二・彩畫作	第三册第 86 頁	
	法式	卷三十三、三十四	彩畫作制度圖樣上、下	第四册第 113 頁、169 頁	
階條（階條石）	則例	第四章	瓦石	第 39 頁	臺基四周邊沿上面之石塊（修訂） 參閱原書圖版拾柒
階唇	法式	卷十五	塼作制度・用塼	第二册第 97 頁	階頭的外緣
階基	法式	卷十五	塼作制度・壘階基	第二册第 98 頁	房屋下的基坐 ［整理者注］《法式》中基坐之“坐”，《則例》《法原》作“座”，詞義相同，作者爲保留歷史信息，二字並用。下同
階頭	法式	卷三	石作制度・殿階基	第一册第 60 頁	階基四周，房屋檐柱以外的部分
	法式	卷十五	塼作制度・壘階基	第二册第 98 頁	
	法式	卷十六	石作功限・地面石	第二册第 130 頁	

續表

詞條	書名	卷、章目次	卷、章名稱	頁碼	釋義
階臺	法原	第一章	地面總論	第 13 頁	房屋之基座，以塼石砌成（修訂）
	法原	第九章	石作	第 58 頁	
階沿	法原	第九章	石作	第 58 頁	房屋基座四面邊沿砌築之條石（修訂）
虛叉	法原	第八章	裝折	第 55 頁	窗之内心仔與邊條起渾面線脚者，於丁字處鑲合，式樣成 [illegible] 形者（原）
虛柱	法式	卷九	小木作制度四·佛道帳	第一册第 192 頁	懸垂的短柱。明清稱“垂蓮柱”
	法式	卷十	小木作制度五·牙脚帳	第一册第 210 頁	
虛柱頭	法式	卷二十四	諸作功限一·旋作	第三册第 37 頁	虛柱柱頭。彫製成各種裝飾形象
虛柱蓮華蓬	法式	卷二十四	諸作功限一·彫木作	第三册第 25 頁	虛柱柱頭常用裝飾形式，作成蓮花形
剪邊	法式	卷十三	瓦作制度·壘屋脊	第二册第 54 頁	不厦兩頭造屋面垂脊之外，順坡用瓪瓦一隴，稱“剪邊”
勒口	法原	第九章	石作	第 57 頁	石料邊沿漸出之一條光口（修訂）
勒望	法原	第二章	平房樓房大木總例	第 17 頁	釘於上下兩椽相近之處，釘小木條，以防望塼下滑（修訂）
勒脚	法原	第十章	牆垣	第 65 頁	牆之上下部高約三尺，較上部牆身放寬一寸（修訂）
埧樁	法原	附録	二、檢字及辭解	第 119 頁	吃水埧下所築木樁（修訂）
宿腰	法原	附録	二、檢字及辭解	第 118 頁	金剛座中部，上下荷花瓣間之平面部分（原）
廊（廊子）	則例	第二章	平面	第 20 頁	房屋周邊，上有屋頂，爲通行孔道（修訂）
	法原	第二章	平房樓房大木總例	第 16 頁	廳堂等房屋内四界之前方連有界，稱“廊”（修訂）
廊舍	法式	卷五	大木作制度二·柱	第一册第 102 頁	即“廊屋”。參閲“廊屋”條
廊枋	法原	第二章	平房樓房大木總例	第 16 頁	廊柱間之枋（原）
廊柱	法原	第二章	平房樓房大木總例	第 16 頁	房屋内四界外連一界爲廊，其外檐柱即廊柱（修訂）

續表

詞條	書名	卷、章目次	卷、章名稱	頁碼	釋義
廊屋	法式	卷四	大木作制度一・材	第一册第 74 頁	殿閣廳堂前方，庭院左右的房屋，又稱“官府廊屋”。規格、質量次於門樓屋。參閲“殿”條
	法式	卷五	大木作制度二・舉折	第一册第 113 頁	
	法式	卷十三	瓦作制度・壘屋脊	第二册第 53 頁	
廊屋照壁版	法式	卷七	小木作制度二・廊屋照壁版	第一册第 156 頁	廊屋所用照壁版（備用）
廊桁	法原	第二章	平房樓房大木總例	第 16 頁	在廊柱上之桁（原）
廊牆	則例	第四章	瓦石	第 40 頁	檐柱與金柱間之牆（原） 參閲原書插圖十八
廊庫屋	法式	卷五	大木作制度二・椽	第一册第 110 頁	“廊屋”“倉庫”的合稱
麻華	法式	卷十三	泥作制度・畫壁	第二册第 63 頁	短麻束分披於畫壁低層上
麻擣	法式	卷十三	泥作制度・用泥	第二册第 62 頁	亂麻，和灰泥用
衮砧	法式	卷八	小木作制度三・叉子	第一册第 174 頁	叉子等望柱下的墊木
	法式	卷二十一	小木作功限二・叉子	第二册第 253 頁	
堂	法式	卷四	大木作制度一・材	第一册第 74 頁	即堂屋。參閲“堂屋”條
	法原	第五章	廳堂總論	第 32 頁	房屋之較廳爲小，内四界用圓料者，亦稱“圓堂”（修訂）
堂屋	法式	卷十三	瓦作制度・壘屋脊	第二册第 52 頁	規模、質量次於殿的建築。參閲“殿”條
堂閣	法式	卷七	小木作制度二・堂閣内截間格子	第一册第 150 頁	多層的“廳堂”。參閲“廳堂”條
堂閣内截間格子	法式	卷七	小木作制度二・堂閣内截間格子	第一册第 150 頁	廳堂等屋内的隔斷。上部安格眼，中用腰華，下用障水版。亦可於其中做兩扇可開閉的格子門
雀替	則例	清式營造辭解	十一畫	第 12 頁	即角替。參閲“角替”條

續表

詞條	書名	卷、章目次	卷、章名稱	頁碼	釋義
雀兒臺	則例	清式營造辭解	十一畫	第 12 頁	墀頭上之一部分（原）
雀眼網	法式	卷二十四	諸作功限一・竹作	第三册第 39 頁	釘掛於檐下鋪作外，防鳥雀的竹網，或稱“竹雀眼網”
雀縮檐	法原	第二章	平房樓房大木總例	第 18 頁	自樓面延伸出短枋，支以斜撑，上覆屋面之短檐（修訂）
彫作	法式	卷十二	彫作制度	第二册第 30 頁	木彫工，又稱“彫木作”。立體圓彫又稱“混作”“彫混作”，又有“半混”之稱。十三個工種之一。參閱“制度”條（下略） ［整理者注］作者此處摘要抄録若干條《法式》原文，囿於篇幅，從略
		卷二十四	諸作功限一・彫木作	第三册第 23 頁	
		卷三十二	彫木作制度圖樣	第四册第 103 頁	
彫作制度	法式	卷十二	彫作制度	第二册第 30 頁	亦稱“彫木作”。其形式有：1. 混作（即立體彫），2. 彫插寫生，3. 剔地起突卷葉，4. 剔地透突卷葉，5. 剔地窪葉，6. 透突窪葉等。後五種均爲浮彫，其具體區别尚不詳 又將彫刻事件作成一定形式的外形輪廓（如雲頭、如意頭），再於其上彫成裝飾紋樣者，名“實彫”，如彫雲栱、地霞、叉子頭等（下略） ［整理者注］作者此處摘要抄録若干條《法式》原文，囿於篇幅，從略
彫木作	法式	卷二十四	諸作功限一・彫木作	第三册第 23 頁	即彫作。參閱“彫作”條
彫混作	法式	卷十二	彫作制度・混作	第二册第 30 頁	即混作。參閱“混作”條
彫雲垂魚	法式	卷三十二	小木作制度圖樣	第四册第 76 頁	彫製出雲頭紋的垂魚
彫華雲捲	法式	卷八	小木作制度三・鬭八藻井	第一册第 165 頁	鬭八藻井頂心的裝飾形式之一
彫鐫制度	法式	卷三	石作制度・造作次序	第一册第 57 頁	石作彫刻有四種形式：剔地起突、壓地隱起、減地平鈒、素平。參閱各專條 ［整理者注］此條未列入原書辭解專條
從角椽	法式	卷八	小木作制度三・井亭子	第一册第 182 頁	檐角所用椽
	法式	卷十	小木作制度五・九脊小帳	第一册第 222 頁	

續表

詞條	書名	卷、章目次	卷、章名稱	頁碼	釋義
常使方	法式	卷二十六	諸作料例一・大木作	第三册第 64 頁	十四種規格木料之八。長 16～27 尺、廣 0.8～1.2 尺、厚 0.4～0.7 尺。參閱“材植”條
常使方八方	法式	卷二十六	諸作料例一・大木作	第三册第 65 頁	十四種規格木料之十三。長 13～15 尺、廣 0.6～0.8 尺、厚 0.4～0.5 尺。參閱“材植”條
常行散屋	法式	卷十三	瓦作制度・壘屋脊	第二册第 53 頁	
	法式	卷十九	大木作功限三・常行散屋功限	第二册第 202 頁	即一般房屋，其規格、質量要求次於“廊屋”。參閱“廊屋”條
帳坐	法式	卷九	小木作制度四・佛道帳	第一册第 188 頁	佛道帳等的坐子，於疊澁坐上安鉤闌，或更於疊澁坐上加平坐、鋪作、鉤闌
帳身	法式	卷九	小木作制度四・佛道帳	第一册第 187 頁	佛道帳等的主體，在帳坐之上，或一間或數間，用帳柱分内外槽，内槽用平棊、藻井等。帳身用鋪作上承屋蓋
	法式	卷十一	小木作制度六・轉輪經藏	第二册第 2 頁	
帳身柱	法式	卷十一	小木作制度六・轉輪經藏	第二册第 1 頁	佛道帳等的帳身柱
帳頭	法式	卷十	小木作制度五・牙脚帳	第一册第 213 頁	佛道帳等帳的上部，或作九脊屋蓋，或作山華蕉葉，或於腰檐上作天宫樓閣
	法式	卷十一	小木作制度六・轉輪經藏	第二册第 11 頁	
廂房	則例	第二章	平面	第 23 頁	正房之前，左右配置之建築物（原） 參閱原書插圖八
	法原	第八章	裝折	第 55 頁	連於正房前後，左右相對之房（修訂）
廂栱	則例	第三章	大木	第 25 頁	在斗栱最外或最裏一踹上，承托挑檐枋或井口枋之栱。長斗口之 7.2 倍（原） 參閱原書圖版叁、捌，插圖十一、十三
廂壁版	法式	卷三	石作制度・卷輂水窗	第一册第 67 頁	（1）涵洞兩側的券脚
	法式	卷六	小木作制度一・水槽	第一册第 136 頁	（2）木水槽、裹栿版兩側直立的木版
	法式	卷七	小木作制度二・裹栿版	第一册第 160 頁	

續表

詞條	書名	卷、章目次	卷、章名稱	頁碼	釋義
梧	法式	卷一	總釋上・斜柱	第一册第 22 頁	今俗謂之“叉手”。參閱“叉手”條
梐枑	法式	卷二	總釋下・拒馬叉子	第一册第 37 頁	今謂之“拒馬叉子”。參閱“拒馬叉子”條
梁	法式	卷五	大木作制度二・梁	第一册第 95 頁	承受屋面荷載的水平構件。《法式》中習稱爲“栿”。以加工精粗分明栿、草栿，以形狀不同分直梁、月梁。梁的長度一般以椽數約計：長一椽名“劄牽”，長兩椽名“乳栿”或“平梁”，長三椽以上即以椽數稱，如長五椽即“五椽栿”。參閱各專條
	則例	第三章	大木	第 30 頁	（1）下面有兩點以上之支點，上面負有荷載之横木 （2）下面兩端有柱支托，上有瓜柱以承上層荷載之横木（修訂）
	法原	第二章	平房樓房大木總例	第 16 頁	兩端置柱上，上承桁，以位置及長短而有四界大梁、山界梁等。較短之梁一端承桁，另一端入柱者名“川”，如長兩界或三界，則名“雙步”或“三步”（修訂）
梁抹	法式	卷五	大木作制度二・陽馬	第一册第 104 頁	“陽馬”之俗稱，即大角梁。參閱“大角梁”條
	法式	卷八	小木作制度三・鬭八藻井	第一册第 167 頁	
梁尾	法式	卷五	大木作制度二・梁	第一册第 98 頁	月梁做榫入柱的一端
梁首	法式	卷五	大木作制度二・梁	第一册第 97 頁	月梁與鋪作結合的一端
梁頭	法式	卷五	大木作制度二・梁	第一册第 99 頁	一般梁的兩頭稱“梁頭”，做成耍頭形或切几頭形
	則例	第三章	大木	第 30 頁	梁之端（原）
梁墊	法原	第五章	廳堂總論	第 33 頁	墊於梁端，下連於柱内之木條（原）
梁栿項	法式	卷四	大木作制度一・科	第一册第 87 頁	即栿項。參閱“栿項”條

續表

詞條	書名	卷、章目次	卷、章名稱	頁碼	釋義
桯	法式	卷六	小木作制度一·烏頭門	第一册第 121 頁	門扇、窗扇的邊框
	法式	卷八	小木作制度三·平棊	第一册第 164 頁	
梢間	法式	卷四	大木作制度一·總鋪作次序	第一册第 89 頁	房屋正面最外一間
	則例	第二章	平面	第 20 頁	房屋左右兩端最後一間（修訂）
梭柱	法式	卷五	大木作制度二·柱	第一册第 102 頁	柱子上下段加工收小，使成梭形
梭葉	則例	第五章	裝修	第 46 頁	格扇上安裝圈子之金屬物（原）
梓桁（挑檐桁）	法原	第五章	廳堂總論	第 38 頁	挑出廊柱中心外，位於牌科或雲頭上之桁條（原）
梯盤	法式	卷十	小木作制度五·牙脚帳	第一册第 209 頁	即連梯。參閲“連梯”條
梟	則例	第四章	瓦石	第 39 頁	凸面之嵌線；ovolo（原）
梟混	則例	第四章	瓦石	第 41 頁	下凸上凹之嵌線；cyma recta（原）
望柱	法式	卷三	石作制度·重臺鉤闌	第一册第 62 頁	（1）獨立的石柱，即明清的華表柱
	法式	卷八	小木作制度三·鉤闌	第一册第 174 頁	（2）鉤闌分間、轉角的柱，柱頭用師子，下用覆蓮坐
	法式	卷八	小木作制度三·叉子	第一册第 172 頁	
	則例	第四章	瓦石	第 40 頁	欄杆地栿上的欄板與欄板間之短柱（修訂） 參閲原書圖版拾柒
望筒	法式	卷三	壕寨制度·取正	第一册第 51 頁	測量方位的儀器，有軸安於兩立頰内
望板	法原	第二章	平房樓房大木總例	第 17 頁	椽上鋪木板（或塼）以承瓦。椽上所鋪以承屋瓦之板（修訂）
望塼	法原	第二章	平房樓房大木總例	第 17 頁	鋪於椽上，用以堆瓦、避塵（修訂）
望山子	法式	卷十四	彩畫作制度·丹粉刷飾屋舍	第二册第 89 頁	丹粉刷飾梁頭等圖案

續表

詞條	書名	卷、章目次	卷、章名稱	頁碼	釋義
望火樓	法式	卷十九	大木作功限三・望火樓功限	第二册第 204 頁	城中監視火警的小高樓
斜昂	則例	第三章	大木	第 28 頁	角科上，在 45° 斜角上之昂（原） 參閱原書圖版肆
	法原	第四章	牌科	第 29 頁	位於屋角牌科上，斜置與栱成 45° 者（修訂）
斜長	則例	清式營造辭解	十一畫	第 12 頁	方形或長方形對角間之距離；Length of the diagonal（原）
斜柱	法式	卷五	大木作制度二・侏儒柱	第一册第 105 頁	叉手的别名
斜項	法式	卷五	大木作制度二・梁	第一册第 97 頁	即栿項。參閲“栿項”條
斜栱	法原	第四章	牌科	第 29 頁	位於屋角牌科上，斜置與房屋正面成 45° 者（修訂）
斜翹	則例	第三章	大木	第 28 頁	角科上，在 45° 斜角上之翹（原） 參閲原書圖版肆
斜當溝	則例	清式營造辭解	十畫	第 12 頁	廡殿屋蓋垂脊下瓦隴間之瓦（修訂） 參閲原書圖版拾捌、拾玖、貳拾
斜插金枋	則例	第三章	大木	第 31 頁	自角檐柱至角金柱間之穿插枋（原）
斜溝瓦	法原	第十二章	塼瓦灰砂紙筋應用之例	第 76 頁	合漏處之用瓦（修訂） 參閲“合漏”條 ［整理者注］此條未列入原書辭解專條
曹殿	法式	卷五	大木作制度二・陽馬	第一册第 105 頁	即厦兩頭造。參閲“厦兩頭”條
毬文	法式	卷七	小木作制度二・格子門	第一册第 142 頁	（1）格子門格眼之一種。用條桱拼鬭而成 （2）彩畫等常用的圖案花紋之一種。常呈六邊形
混	法式	卷七	小木作制度二・格子門	第一册第 142 頁	門窗裝修及塼石作等裝飾線脚之一。突出的圓弧線脚。如圖  。又，木彫形式之一。參閲“混作”條
	則例	清式營造辭解	十二畫	第 13 頁	凹面之嵌線；cavetto。其斷面作 形（原）
混作	法式	卷十二	彫作制度・混作	第二册第 30 頁	彫作之一，即圓彫。參閲“彫作”條

續表

詞條	書名	卷、章目次	卷、章名稱	頁碼	釋義
混肚方	法式	卷九	小木作制度四·佛道帳	第一册第 205 頁	一面做成混形的方子
	法式	卷十	小木作制度五·牙脚帳	第一册第 214 頁	
混肚塼	法式	卷十五	塼作制度·須彌坐	第二册第 101 頁	塼須彌坐最下二層出混作（第一層與地面平）。參閲“混”條
清水脊	則例	第四章	瓦石	第 45 頁	小式瓦作屋脊之一種（原）
《清工部工程做法則例》	則例	序		第 2 頁	清雍正十二年（公元 1734 年）工部編修的官書，記録了 27 座建築物的構件規格及估算限額
《清式營造則例》	則例				梁思成先生根據一批工匠秘本及一些清代官式建築實例，加以歸納整理而成。此書是引進西方科學方法詮釋中國古代建築的初步嘗試，至今仍是學習中國建築歷史的基本讀物
深	法原	第一章	地面總論	第 13 頁	長方形平面的房屋，其短邊名“深”（修訂）
淹細	法原	第八章	裝折	第 53 頁	牆門摇梗下端所箍鐵箍之底（原）
涼棚	法原	附録	二、檢字及辭解	第 116 頁	户外搭架，上覆蘆席，以避日取涼（原）
軟門	法式	卷六	小木作制度一·軟門	第一册第 124 頁	門扇較版門輕便，或不用楅而用腰串、腰華。皆牙頭護縫造
軟挑頭	法原	第二章	平房樓房大木總例	第 18 頁	樓房承重延伸挑出柱外，以斜撑支托之做法稱“軟挑頭”（修訂）
旋子	則例	第六章	彩色	第 50 頁	梁枋上以切線圓形（tangent circle）爲主要母題之彩畫（原） 參閲原書圖版貳拾陸
旋作	法式	卷十二	旋作制度	第二册第 35 頁	十三個工種之一。用車床旋製圓形飾物的工種。參閲“制度”條（略）
	法式	卷二十四	諸作功限一·旋作	第三册第 33 頁	
菉豆褐	法式	卷十四	彩畫作制度·碾玉裝	第二册第 84 頁	彩畫作制度碾玉裝中的處理手法：於青緑二色相並難於分辨之處，在緑暈上加罩藤黄 ［整理者注］按原卡片記録，“菉”為“菉”
菱角木	法原	第七章	殿庭總論	第 48 頁	老戧、嫩戧之間，實以三角形彎曲木條，以轉角曲勢順適，通名“菱角木”（修訂） ［整理者注］此條未列入原書辭解專條

續表

詞條	書名	卷、章目次	卷、章名稱	頁碼	釋義
菱角石	法原	第一章	地面總論	第 13 頁	踏跺兩側三角形石塊（修訂）
菱角軒	法原	第五章	廳堂總論	第 36 頁	軒頂形式之一。軒之彎椽，彎曲尖起如菱角狀者名“菱角軒”（修訂）
菊花頭	則例	第三章	大木	第 26 頁	翹昂後尾彫法之一種（原） 參閱原書插圖十二
排山	則例	第三章	大木	第 36 頁	硬山或懸山山部之骨幹構架（原）
	法原	第十一章	屋面瓦作及築脊	第 69 頁	歇山屋頂豎帶外側，博風板上方一排原隴（修訂）
排山勾滴	則例	第四章	瓦石	第 44 頁	硬山、懸山或歇山，博縫上之勾頭與滴水（原） 參閱原書圖版拾玖
排束	法原	第十六章	雜俎	第 99 頁	亦稱“排杉”，以木梢拼成之脚手板（原）
排叉柱	法式	卷三	石作制度・地栿	第一册第 65 頁	
	法式	卷十九	大木作功限三・城門道功限	第二册第 196 頁	城門道内兩側的立柱，上承洪門栿
排叉楅	法式	卷三十二	小木作制度圖樣	第四册第 65 頁	版門等内安置門關的構件 圖樣“門窗格子門等第一”之五
捧節令栱	法式	卷三十	大木作制度圖樣上	第三册第 198 頁	襻間形式之一。枓口内用令栱承替木、槫。圖樣之“槫縫襻間第八” 参閲“襻間”條
掛尖	則例	第四章	瓦石	第 44 頁	歇山博脊兩端之尖形瓦（原） 參閱原書圖版拾玖、貳拾
掛芽	法原	第十三章	做細清水塼作	第 83 頁	細清水塼牆門上，荷花柱上，端兩旁之耳形飾物（修訂）
掛落	法原	第八章	裝折	第 56 頁	以木條鑲搭成之花紋，裝於廊柱間枋子之下。掛落兩端另加下垂之短花紋，則名“掛落飛罩”（修訂）
掛落飛罩	法原	第八章	裝折	第 57 頁	掛落兩端略加下垂之短花紋。參閱“掛落”條（修訂）
掛空檻	則例	第五章	裝修	第 46 頁	即中檻（原） 參閱原書圖版貳拾貳
掛落枋	則例	清式營造辭解	十一畫	第 12 頁	樓閣平臺四周在斗栱上之聯絡輔材，見方 1 斗口（原）

續表

詞條	書名	卷、章目次	卷、章名稱	頁碼	釋義
捺檻	法原	第八章	裝折	第 55 頁	和合窗之下檻，位於闌之上（修訂）
捺脚木	法原	第七章	殿庭總論	第 48 頁	短木之釘於立脚飛椽下端者，使飛椽固定（修訂）
採梁枋	則例	清式營造辭解	十一畫	第 11 頁	採步梁下之輔材（原）
採步金	則例	第三章	大木	第 36 頁	歇山大木，在梢間順梁上，與其他梁架平行，與第二層梁同高，以承歇山部分結構之梁。兩端做假桁頭，與下金桁交，放在交金墩上（原） 參閲原書圖版拾
採步金枋	則例	清式營造辭解	十一畫	第 11 頁	採步金下與之平行之輔材（原）
採步金梁（採步梁）	則例	第三章	大木	第 36 頁	箭樓檐柱、金柱間之聯絡梁（原）
推山	則例	第三章	大木	第 35 頁	廡殿正脊加長向兩山推出之做法（原） 參閲原書圖版拾肆，插圖二十六、二十七
掐扒頭	則例	清式營造辭解	十一畫	第 12 頁	垂脊或戧脊下端，仙人瓦下最低層之花塼（原） 參閲原書圖版拾玖、貳拾
將軍石	法式	卷三	石作制度・門砧限	第一册第 65 頁	用於城門的止扉石。參閲“止扉石”條
將板枋	法原	第十三章	做細清水塼作	第 83 頁	做細清水塼牆門，斗盤枋繞於荷花柱頂外之凸出部分（修訂）
將軍門	法原	第八章	裝折	第 53 頁	框檔門做法，裝於門第正間脊柱額枋之下，其上正對脊桁，其下檻多爲斷砌造（修訂）
細色	法式	卷十四	彩畫作制度・總制度	第二册第 72 頁	彩畫於“襯色”之上所畫的正色（多爲石色）稱“細色”
細泥	法式	卷十三	泥作制度・用泥	第二册第 61 頁	粉刷牆面的第三道泥。每用土三擔，和麥𪎊十五斤
細漉	法式	卷三	石作制度・造作次序	第一册第 57 頁	石料加工的第三步，用鏨徧（遍）鑿
細錦	法式	卷十四	彩畫作制度・五彩徧裝	第二册第 81 頁	彩畫圖案之一種

續表

詞條	書名	卷、章目次	卷、章名稱	頁碼	釋義
細膩	法原	附録	二、檢字及辭解	第 118 頁	水作用具，俗稱“縲殼匙”，粉圓面用（原）
細壘	法式	卷十五			由經過加工斫造平整的塼壘砌。每塼露齦小，牆面收分小。或用斫磨塼不露齦，祇用於表面“細壘”係相對原書卷十五所謂“粗壘”而言 ［整理者注］整理者在《法式》原書中未檢索到“細壘”一詞，此應是作者據文義，推測宋代有相對“粗壘”而言的“細壘”一詞存在
細眉	法原	第八章	裝折	第 56 頁	須彌坐内部落地罩等下均用之（修訂）
細棊文素簟	法式	卷二十四	諸作功限一・竹作	第三册第 38 頁	竹簟的編織形式之一
盒子	則例	第六章	彩色	第 51 頁	彩畫箍頭内略似方形之部分（原） 參閲原書插圖六十七
粗（麤）壘	法式	卷十五	塼作制度・壘階基	第二册第 98 頁	［整理者注］“麤”，今通用“粗”字
	法式	卷十五	塼作制度・塼牆	第二册第 102 頁	較粗糙的牆。塼不加工，每塼露齦大，牆面收分大。 ［整理者注］疑爲“粗砌”之筆誤
粗（麤）泥	法式	卷十三	泥作制度・用泥	第二册第 61 頁	粉刷牆面打底的泥。每用土七擔，加麥䴬八斤
粗（麤）搏	法式	卷三	石作制度・造作次序	第一册第 57 頁	石料加工的第二步：用鏨略找平石面
船舫	法原	附録	二、檢字及辭解	第 117 頁	泊船之所，上建屋頂者（原）
船廳	法原	第五章	廳堂總論	第 38 頁	廳堂形式之一。又稱“回頂”“卷篷”。深五界稱“五界回頂”，亦有三界者稱“三界回頂”，即清式之卷棚頂（修訂）
船篷軒	法原	第五章	廳堂總論	第 36 頁	軒一般以軒桁爲三界，頂界上安彎椽，亦稱“頂椽”。彎椽兩邊之椽彎曲如船頂者，即船篷軒（修訂）
規方	法原	附録	二、檢字及辭解	第 118 頁	木工工具，即活動之曲尺（修訂） 按：“規方”見於《法原》辭解，而“雜俎”之“曲尺”解釋中却未提及
訛角枓	法式	卷四	大木作制度・枓	第一册第 87 頁	用於補間鋪作，方形，四角加工成圓角。或稱“訛角箱枓”。參閲“櫨枓”條
訛角箱枓	法式	卷三十	大木作制度圖樣上	第三册第 193 頁	即訛角枓。參閲“訛角枓”條

續表

詞條	書名	卷、章目次	卷、章名稱	頁碼	釋義
黄灰	法式	卷十三	泥作制度・用泥	第二册第 62 頁	灰泥之一種。用石灰三斤、黄土一斤合成 [整理者注]按原卡片記録,“黄”為“黃”,屬十二畫
黄道	則例	清式營造辭解	十二畫	第 13 頁	正脊下線道瓦之一種(原) 參閱原書圖版貳拾
黄道塼	法原	第十二章	塼瓦灰砂紙筋應用之例	第 75 頁	塼之一種。用以鋪地,砌天井、道路及單壁者(原)
黄土刷飾	法式	卷十四	彩畫作制度・丹粉刷飾屋舍	第二册第 88 頁	“丹粉刷飾屋舍”之變體,以土黄代土朱。參閱“丹粉刷飾屋舍”條
黄瓜環瓦	法原	第十一章	屋面瓦作及築脊	第 67 頁	卷棚屋面無正脊,於脊桁上用彎曲形瓦,名“黄瓜環瓦”(修訂)
頂蓋	法原	第十三章	做細清水塼作	第 83 頁	架於牆門垛頭牆上,與下檻相平之石過梁(原)
頂梁	則例	清式營造辭解	十一畫	第 12 頁	卷棚大木最上之一層梁,亦稱“月梁”(原) 參閱原書圖版拾壹,插圖二十二
頂椽	法原	第五章	廳堂總論	第 38 頁	卷棚屋頂(回頂)兩脊桁間的彎椽。卷棚式最上之曲釁,亦稱“螻蟈椽”(修訂)
頂瓜柱	則例	第三章	大木	第 32 頁	卷棚式大木頂梁下之瓜柱(原) 參閱原書圖版拾壹
魚龍吻	法原	第十一章	屋面瓦作及築脊	第 68 頁	殿庭正脊兩端,作魚龍形之飾物(原)
象眼	法式	卷三	石作制度・踏道	第一册第 61 頁	
	法式	卷十五	塼作制度・踏道	第二册第 100 頁	階基踏道副子石下三角形部分。蘇式之菱角石
	則例	清式營造辭解	十二畫	第 13 頁	(1)建築物上直角三角形部分之通稱 (2)臺階下三角形部分 (3)懸山山牆上瓜柱梁上皮,及椽三者所包括之三角形部分(原) 參閱原書圖版拾柒
象鼻	法原	附録	檢字及辭解	第 120 頁	木之根端鑿孔以穿繩者(修訂)

續表

詞條	書名	卷、章目次	卷、章名稱	頁碼	釋義
牽	法式	卷十九	大木作功限三·薦拔抽換柱栿等功限	第二册第 210 頁	劄牽的簡稱
牽尾	法式	卷五	大木作制度二·梁	第一册第 98 頁	劄牽做榫入柱的一端
牽首	法式	卷五	大木作制度二·梁	第一册第 98 頁	劄牽與鋪作結合的一端
陽馬	法式	卷一	總釋上·陽馬	第一册第 20 頁	
	法式	卷五	大木作制度二·陽馬	第一册第 104 頁	（1）又名“梁抹”。即大角梁。參閲“大角梁”條
	法式	卷八	小木作制度三·鬬八藻井	第一册第 167 頁	（2）小木作鬬八藻井，鬬八所用斜方
陽臺	法原	第二章	平房樓房大木總例	第 17 頁	亦名“洋臺”。樓面之挑出半界，臨空憑欄向陽者（原）
著蓋腰釘	法式	卷十三	瓦作制度·結瓦	第二册第 49 頁	正脊下方瓦隴，第四及第八甋瓦背用釘並釘帽，名“著蓋腰釘”
甋瓦	法式	卷十三	瓦作制度·結瓦	第二册第 48 頁	甋瓦，後寫作“筒瓦”
	法式	卷十五	窰作制度·瓦	第二册第 106 頁	
甋瓪結瓦	法式	卷二十八	諸作等第	第三册第 129 頁	屋面宼瓦，仰瓦用瓪瓦，合瓦用甋瓦 ［整理者注］“瓪瓦”，今寫作“板瓦”
啞叭椽	則例	清式營造辭解	十畫	第 11 頁	歇山大木在採步金以外、踏脚木以内之椽（原）
進深	則例	第二章	平面	第 20 頁	建築物由前至後之深度（原） 參閲原書圖版壹
	法原	第一章	地面總論	第 13 頁	“開間”之深稱“進深”，數間的總深稱“共進深”。殿庭之深自六界至十二界（修訂）
脚木	法原	附録	二、檢字及辭解	第 121 頁	木之有空、疤、破、爛、尖、短、曲病疵者（原） ［整理者注］按原卡片記録，“脚”為“腳”，屬十三畫

十二畫（共189條）

葵 落 葫 葦 惹 萬 雁 厦 厫 搭 插 提 備 項 補 順 畫 須 尋 單 棼 楷 棖 棟 棵 棚 棧 棹 棊 普 替 景 減 散 敦 琵 琴 欹 貼 等 筒 絍 結 絞 裙 趄 觚 雲 開 閑 間 隔 博 喜 壺 寒 就 帽 御 晴 朝 渾 滑 游 猢 發 短 硬 硯 窗 童 跌 鈕 雅 牌 塔 腔 圍

詞條	書名	卷、章目次	卷、章名稱	頁碼	釋義
葵花碑	法原	第九章	石作	第59頁	碑石之鼓形部分彫刻葵花花紋者（原）
落翼（梢間）	法原	第七章	殿庭總論	第48頁	歇山房兩端一間稱"虛翼"，如五間歇山殿，稱"三間兩落翼"（修訂）
落地罩	法原	第八章	裝折	第57頁	飛罩亦名"落地罩"。參閱"飛罩"條（修訂）
葫蘆尖（葫蘆）	法原	第十六章	雜俎	第95頁	塔頂葫蘆形之飾物（原）
葦箔	法式	卷十三	瓦作制度·用瓦	第二册第51頁	椽上鋪箔，用以托泥宼瓦。有"葦箔""荻箔"
惹草	法式	卷七	小木作制度二·垂魚惹草	第一册第158頁	搏風版中段的裝飾。參閱"垂魚"條
萬栱	則例	第三章	大木	第25頁	在瓜栱之上，承托正心枋或拽枋之栱，長9.2斗口。《法式》稱"慢栱"（修訂） 參閱原書圖版叁、捌，插圖十一、十三
萬字版	法式	卷三	石作制度·重臺鉤闌	第一册第64頁	單鉤闌的華版多作"萬字版"，或透空，或不透空。或稱"鉤片"
	法式	卷八	小木作制度三·鉤闌	第一册第177頁	即鉤片。參閱"鉤片"條 ［整理者注］此處之《法式》原文爲"若萬字或鉤片造者……"，無"版"字，作者認爲此"萬字"爲"萬字版"的簡稱
雁翅版	法式	卷四	大木作制度一·平坐	第一册第93頁	平坐四周遮擋雨水的木版，釘於跳上出頭木之外。明清之滴珠版
	法式	卷十七	大木作功限一·鋪作每間用方桁等數	第二册第168頁	
雁脚釘	法式	卷五	大木作制度二·椽	第一册第111頁	釘之一種（《通用釘料例》中缺漏）

續表

詞條	書名	卷、章目次	卷、章名稱	頁碼	釋義
廈瓦版	法式	卷六	小木作制度一・井屋子	第一册第 137 頁	小木作中用木版做成屋面或彫出瓦隴
	法式	卷八	小木作制度三・井亭子	第一册第 182 頁	
廈兩頭	法式	卷五	大木作制度二・陽馬	第一册第 105 頁	屋蓋形式之一。下兩椽用角梁轉過側面，即下兩椽屋蓋四面坡；兩椽以上各椽不用角梁成兩面坡，稱“廈兩頭”或“九脊殿”“曹殿”“漢殿”，亦稱“轉角殿”
廈頭椽	法式	卷十	小木作制度五・九脊小帳	第一册第 222 頁	廈兩頭造側面的椽
廈頭下架椽	法式	卷八	小木作制度三・井亭子	第一册第 182 頁	廈兩頭造下架的椽
厫房	法原	附録	二、檢字及辭解	第 119 頁	堆存糧食之所（修訂）
搭鈕	法原	第八章	裝折	第 56 頁	釘於檻上之釘圈，以搭雞骨（原）
搭袱子	則例	第六章	彩色	第 50 頁	蘇式彩畫將檐桁墊板、檐枋心聯合成半圓形之枋心（原） 參閲原書插圖六十九
搭頭木	法式	卷四	大木作制度一・平坐	第一册第 93 頁	平坐柱上的額方
搭角鬧昂	則例	清式營造辭解	十三畫	第 14 頁	角科上由正面伸出至側面之昂（原） 參閲原書插圖十五
搭角鬧翹	則例	第三章	大木	第 28 頁	角科上由正面伸出至側面之翹（原） 參閲原書插圖十五
插角	法原	第十三章	做細清水塼作	第 86 頁	用於紗隔内心仔邊條與方宕間，轉角處之回紋裝飾（原）
插枝	法原	附録	二、檢字及辭解	第 119 頁	掛芽、花籃内所插之花枝（原）
插昂	法式	卷四	大木作制度一・飛昂	第一册第 82 頁	祇做昂尖插在枓下，内無昂身
提棧	法原	第三章	提棧總論	第 23 頁	即清式之舉架、宋式之舉折，使屋面桁條逐漸提高的原則、方法（修訂）
備弄	法原	附録	二、檢字及辭解	第 114 頁	建築組群中之過道、更道、直道等之總稱（修訂）

續表

詞條	書名	卷、章目次	卷、章名稱	頁碼	釋義
項子	法式	卷十三	瓦作制度・壘屋脊	第二册第 54 頁	脊下瓦隴第一塊瓪瓦頭上所開刻的槽口，上與當溝瓦相銜
項子石	法式	卷三	石作制度・流盃渠	第一册第 66 頁	石作流盃渠，彫刻出入水口的石塊
補間鋪作	法式	卷四	大木作制度一・總鋪作次序	第一册第 89 頁	兩柱之間闌額、普拍方上的鋪作
順梁	則例	第三章	大木	第 36 頁	與主要梁架成正角之梁（原） 參閱原書圖版拾
順扒梁	則例	第三章	大木	第 35 頁	兩端或一端放在桁或梁上之順梁（原） 參閱原書圖版拾
順脊串	法式	卷五	大木作制度二・侏儒柱	第一册第 107 頁	蜀柱柱頭之間、脊槫下方的拉扯構件，或名“脊串”
順身串	法式	卷十九	大木作功限三・殿堂梁柱等事件功限	第二册第 194 頁	屋内柱柱身之間、與屋蓋上槫平行的拉扯構件，清代名“金枋”
順栿串	法式	卷五	大木作制度二・侏儒柱	第一册第 107 頁	屋内柱身之間、與梁栿平行方嚮的拉扯構件，清代名“隨梁枋” ［整理者注］按陶本《法式》卷五“侏儒柱”條之“凡順脊串並出柱作丁頭栱……”句，北京圖書館藏南宋刻本及故宫本均寫作“凡順栿串並出柱作丁頭栱……”
順桁枓	法式	卷四	大木作制度一・枓	第一册第 88 頁	即散枓。參閱“散枓”條
順桃尖梁	則例	第三章	大木	第 36 頁	順梁而伸出至檐柱上，放在柱頭科上者（原） 參閱原書圖版拾 ［整理者注］原書正文作“桃尖順梁”，辭解作“順桃尖梁”
順隨梁枋	則例	第三章	大木	第 36 頁	順桃尖梁下與之平行之輔材，大小同小額枋（原）
畫壁	法式	卷十三	泥作制度・畫壁	第二册第 62 頁	作壁畫的牆壁。用粗泥、竹篾、粗泥、麻華、粗泥共五道，再用中泥一道，面上再用沙泥一重壓光。參閱“沙泥畫壁”條
畫松文裝	法式	卷十四	彩畫作制度・雜間裝	第二册第 92 頁	“解緑裝飾屋舍”的變體，身内土黄地上畫松文

續表

詞條	書名	卷、章目次	卷、章名稱	頁碼	釋義
須彌坐（座）	法式	卷十五	塼作制度・須彌坐	第二册第101頁	最華麗的疊澁坐。多層疊澁彫刻出混肚、牙脚、罨牙、合蓮、束腰等花紋，共高十三層。參閱“疊澁坐”條
	則例	第四章	瓦石	第39頁	上下皆有梟混之臺基或壇座（原） 參閱原書圖版拾柒，插圖四十二、四十三
尋杖	法式	卷三	石作制度・重臺鉤闌	第一册第62頁	鉤闌最上的扶手，至角入望柱。如木鉤闌不用望柱，即“合角”或“絞角”。參閱“尋杖合角”“尋杖絞角”條
	法式	卷七	小木作制度二・闌檻鉤窗	第一册第147頁	
	法式	卷八	小木作制度三・鉤闌	第一册第174頁	
尋杖合角	法式	卷八	小木作制度三・鉤闌	第一册第174頁	木鉤闌轉角不用望柱，尋杖於癭項雲栱上相交成方角。參閱“尋杖”條 ［整理者注］原書“尋杖或合角”係相對“尋文絞角”而言，則應有與之相對的專有名詞“尋杖合角”
尋杖絞角	法式	卷八	小木作制度三・鉤闌	第一册第174頁	木鉤闌轉角不用望柱，尋杖於癭項、雲栱上相交出絞頭。參閱“尋杖”條
單材	法式	卷四	大木作制度一・栱	第一册第76頁	即一材高厚。參閱“材”條
單材栱	則例	第三章	大木	第24頁	不在正心線上之栱，高1.4斗口（原） 參閱原書圖版捌
單材襻間	法式	卷三十	大木作制度圖樣上	第三册第198頁	枓口内隔間用單材方一條，兩頭伸出作令栱，上承替木、槫（修訂） 參閱“襻間”條；圖樣之“槫縫襻間第八”
單昂	則例	清式營造辭解	十二畫	第12頁	在斗栱前後中線上，自斗口伸出一昂，謂之“單昂”（原）
單栱	法式	卷四	大木作制度一・栱	第一册第77頁	跳上栱衹用一重栱名“單栱”，其長72分
	法式	卷四	大木作制度一・總鋪作次序	第一册第91頁	
單栱眼壁版	法式	卷七	小木作制度二・栱眼壁版	第一册第160頁	用於單栱間的栱眼壁版。參閱“栱眼壁版”條

續表

詞條	書名	卷、章目次	卷、章名稱	頁碼	釋義
單槽	法式	卷三十一	大木作制度圖様下	第四册第 4 頁	殿堂結構形式，地盤分槽形式之一。參閲圖様之"殿閣地盤分槽等第十"
單翹	則例	清式營造辭解	十二畫	第 12 頁	在斗栱前後中線上，自斗口伸出一翹，謂之"單翹"（原）
單檐	法原	第十一章	屋面瓦作及築脊	第 69 頁	房屋之衹用一層屋蓋者（修訂）
單托神	法式	卷三	石作制度・重臺鉤闌	第一册第 62 頁	石鉤闌如間廣大，即於尋杖下加用彫飾承托。有單托神、雙托神兩種形式
單步梁	則例	第三章	大木	第 31 頁	長一步架，一端梁頭上有桁，另一端無桁而入柱卯，高厚同"三步架"（修訂）
單鉤闌	法式	卷三	石作制度・重臺鉤闌	第一册第 62 頁	盆脣之下、地栿之上用一重華版的鉤闌。其華版或作萬字
	法式	卷八	小木作制度三・鉤闌	第一册第 174 頁	
單腰串	法式	卷六	小木作制度一・烏頭門	第一册第 121 頁	格子門等門扇，桯内用一條腰串。參閲"腰串"條
	法式	卷六	小木作制度一・軟門	第一册第 124 頁	
單額枋	則例	清式營造辭解	十二畫	第 12 頁	檐柱頭與檐柱頭之間，無小額枋及由額墊板之額枋（原） 參閲原書圖版玖
單科隻替	法式	卷十九	大木作功限三・薦拔抽換柱栿等功限	第二册第 211 頁	即柱梁作。參閲"柱梁作"條
單眼卷輂	法式	卷三	石作制度・卷輂水窗	第一册第 67 頁	單券
單撮項鉤闌	法式	卷三十二	小木作制度圖様	第四册第 89 頁	圖様"平棊鉤闌等第二"之十三"單撮項鉤闌" ［整理者注］故宫本"平棊鉤闌等第二"，陶本誤作"第三"
棼	法式	卷二	總釋下・柎	第一册第 26 頁	即替木。參閲"替木"條

續表

詞條	書名	卷、章目次	卷、章名稱	頁碼	釋義
楷頭	法式	卷四	大木作制度一・栱	第一册第77頁	華栱頭和丁頭栱上用以承梁栿的構件。亦名"壓跳"
	法式	卷五	大木作制度二・闌額	第一册第101頁	
	法式	卷五	大木作制度二・侏儒柱	第一册第107頁	
楷頭綽幕（蒂）	法式	卷三十	大木作制度圖樣上	第三册第174頁	圖樣"梁柱等卷殺第二"之四。綽蒂頭的一種藝術加工形式。參閱"綽蒂"條
棖桿	法式	卷五	大木作制度二・舉折	第一册第114頁	圓或正多邊形亭榭簇角梁鬬尖屋蓋，於中心用垂柱，即棖桿。各角大角梁尾端均出榫入柱身
棟	法式	卷五	大木作制度二・棟	第一册第107頁	即槫，明清稱"檩"。參閱"槫"條
棵籠子	法式	卷八	小木作制度三・棵籠子	第一册第178頁	圍護庭院花木的木籠
棚閣	法式	卷二十五	諸作功限二・泥作	第三册第46頁	屋内滿堂脚手架
棧板	法原	第九章	石作	第62頁	石牌坊之有樓者，其屋頂前後所架傾斜之石板（原）
棹木	法原	第五章	廳堂總論	第33頁	架於大梁底兩旁蒲鞋頭上之彫花木板（修訂）
棊枋板	則例	清式營造辭解	十二畫	第13頁	重檐下檐，承椽枋之下，挑尖頭以上之板（原）參閱原書圖版拾捌
棊盤頂	法原	第七章	殿庭總論	第47頁	即方塊天花（修訂） ［整理者注］《法原》原書辭解將"棊盤頂"等同藻井，似可商榷
棊文簟	法式	卷十二	竹作制度・地面棊文簟	第二册第44頁	鋪地面的竹席，或名"地衣簟"
普拍方	法式	卷四	大木作制度一・平坐	第一册第93頁	平坐等柱頭搭頭木之上的構件，上坐鋪作櫨枓
替木	法式	卷五	大木作制度二・棟	第一册第108頁	兩槫相接處下方所用的短木，形似栱，上不用枓
景表	法式	卷三	壕寨制度・取正	第一册第51頁	即水池景表。參閱"水池景表"條

續表

詞條	書名	卷、章目次	卷、章名稱	頁碼	釋義
減地平鈒	法式	卷三	石作制度·造作次序	第一册第 57 頁	石作彫刻形式之一。彫去花紋外之空地，使花紋高出但仍爲平面
散水	法式	卷十五	塼作制度·鋪地面	第二册第 99 頁	階基、壇坐等周邊所鋪塼石，略做斜坡向外，外緣與地面平
散水塼	則例	清式營造辭解	十二畫	第 14 頁	臺基下四周與土襯石平之墁塼，以受檐上滴下之水者（原）
散枓	法式	卷四	大木作制度一·枓	第一册第 88 頁	栱兩頭上有的枓。亦謂之“小枓”，或謂之“順桁枓”，又謂之“騎互枓”
散子木	法式	卷十九	大木作功限三·城門道功限	第二册第 197 頁	城門道盝頂版上所布木椽
散瓪結瓦	法式	卷十三	瓦作制度·用瓦	第二册第 51 頁	屋面宄瓦，仰瓦、合瓦均用瓪瓦
敦㮇	法式	卷五	大木作制度二·梁	第一册第 100 頁	同方木。參閲“方木”條
	法式	卷六	小木作制度一·地棚	第一册第 140 頁	
琵琶科	法原	第四章	牌科	第 29 頁	牌科用長至步桁之昂，名“琵琶科”。其加長之昂名“琵琶撑”（修訂）
琵琶撑	法原	第四章	牌科	第 29 頁	即昂尾延伸至桁之部分，宋名“挑斡”（修訂）
琴面	法式	卷五	大木作制度二·梁	第一册第 98 頁	凡木構件表面做成微凸的曲面，均稱爲琴面，如昂尖、月梁等
琴面昂	法式	卷四	大木作制度一·飛昂	第一册第 81 頁	昂尖面上訛殺成微凸的曲面，即琴面昂
欹	法式	卷四	大木作制度一·枓	第一册第 87 頁	枓下段向裏斜收的凹面部分
貼	法式	卷八	小木作制度三·平棊	第一册第 163 頁	薄版與四周邊桯間護縫的小木條，小於難子，在難子的外側。參閲“難子”條
	法原	第二章	平房樓房大木總例	第 16 頁	由柱、梁、桁組成的沿房屋進深方嚮，承托屋面的木架總稱爲“貼”（修訂） ［整理者注］此條未列入原書辭解專條
貼式	法原	第二章	平房樓房大木總例	第 18 頁	房屋建築所用的貼，按其所在位置而有不同的組合形式，稱“貼式”。如在正者名“正貼”，在左右各間及山牆内者名“邊貼”（修訂）

續表

詞條	書名	卷、章目次	卷、章名稱	頁碼	釋義
貼生	法式	卷八	小木作制度三·井亭子	第一册第 181 頁	槫頭之上加生頭木，謂之“貼生”
貼絡	法式	卷八	小木作制度三·鬬八藻井	第一册第 167 頁	凡由彫、旋等作預製成形的物件裝飾等。將此物件裝飾貼粘固定於構件上稱“貼絡”
	法式	卷九	小木作制度四·佛道帳	第一册第 188 頁	
貼絡華文	法式	卷八	小木作制度三·平棊	第一册第 164 頁	有十三品
	法式	卷十	小木作制度五·九脊小帳	第一册第 220 頁	
	法式	卷十一	小木作制度六·轉輪經藏	第二册第 12 頁	
貼梁	則例	第五章	裝修	第 47 頁	安天花用，貼在天花梁旁之木材（原）
等第	法式	卷二十八	諸作等第	第三册第 117 頁	各工種均按工作難易分爲上、中、下三等，名“等第”
筒瓦	則例	第四章	瓦石	第 43 頁	橫斷面作半圓形之瓦（原） 參閱原書圖版貳拾 [整理者注] 在《法式》中“筒”寫作“甋”
絍木	法式	卷三	壕寨制度·城	第一册第 55 頁	夯土城牆内加固的横木筋，每夯土高五尺用一條
結瓦（宼）	法式	卷十三	瓦作制度·結瓦	第二册第 48 頁	鋪蓋瓦面的工作名“結宼” [整理者注]《法式》文淵閣本、故宫本等其他版本，結瓦有“結宼”或“結凥”等寫法。在釋義方面，沿用作者所採信的寫法“宼”
結子	法原	第八章	裝折	第 55 頁	用於欄杆及窗之空當，彫成花卉之木塊（原）
結角交解	法式	卷十二	鋸作制度·抨墨	第二册第 41 頁	凡尖斜構件，均用方料斜角破爲兩件，名“結角交解”
絞割	法式	卷十七	大木作功限一·鋪作每間用方桁等數	第二册第 169 頁	大木作鋸造榫卯的工作
	法式	卷十八	大木作功限二·樓閣平坐轉角鋪作用栱枓等數	第二册第 189 頁	

續表

詞條	書名	卷、章目次	卷、章名稱	頁碼	釋義
絞頭	法式	卷八	小木作制度三・叉子	第一册第 173 頁	凡木材縱横相交，於卯口外延長少許，名“絞頭”
	法式	卷十	小木作制度五・牙脚帳	第一册第 213 頁	
絞井口	法式	卷五	大木作制度二・梁	第一册第 100 頁	凡方木縱横相交，四角均成直角，名“絞井口”
絞昂栿	法式	卷四	大木作制度一・栱	第一册第 80 頁	栱與梁栿作榫卯相交
絞脚石	法原	第一章	地面總論	第 13 頁	柱脚疊石之上，四周駁砌石條，稱爲“絞脚石”。以石料的整亂，又分爲塘石及亂紋絞脚石。或以塼砌，謂之“糙塼絞脚”（修訂） ［整理者注］此條未列入原書辭解專條
裙肩	則例	第四章	瓦石	第 41 頁	牆之下部，高按檐柱三分之一（原） 參閲原書圖版拾陸
裙板	則例	第五章	裝修	第 46 頁	格扇下部主要之心板（原） 參閲原書圖版貳拾貳，插圖五十二、五十三
	法原	第八章	裝折	第 54 頁	裝於窗下欄杆内之木板，又長窗中夾堂及下夾堂横頭料間之木板（原）
趄面塼	法式	卷二十五	諸作功限二・塼作	第三册第 53 頁	走趄塼、趄條塼、牛頭塼的總稱 如圖 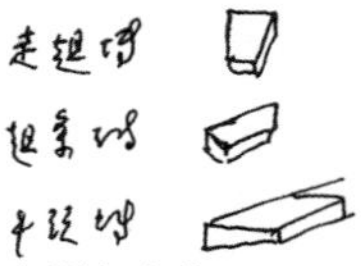 走趄塼 趄條塼 牛頭塼 參閲各專條
趄條塼	法式	卷十五	塼作制度・用塼	第二册第 97 頁	塼的類型之一。面長一尺一寸五分，底長一尺二寸，廣六寸，厚二寸。 如圖 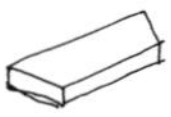
	法式	卷十五	窰作制度・塼	第二册第 109 頁	
趄模塼	法式	卷十五	塼作制度・城壁水道	第二册第 102 頁	塼的類型之一。形制、規格不詳。砌築城壁水道用
趄塵盝頂	法式	卷十一	小木作制度六・轉輪經藏	第二册第 15 頁	盒、匣等蓋的形式之一。四面斜上收小 如圖 

續表

詞條	書名	卷、章目次	卷、章名稱	頁碼	釋義
觚棱	法式	卷五	大木作制度二·陽馬	第一册第 104 頁	即大角梁。參閱“大角梁”條
雲栱	法式	卷三	石作制度·重臺鉤闌	第一册第 63 頁	鉤闌癭項上的彫飾構件，上承尋杖
	法式	卷七	小木作制度二·闌檻鉤窗	第一册第 146 頁	
	法式	卷八	小木作制度三·鉤闌	第一册第 175 頁	
	法式	卷三十二	彫木作制度圖樣	第四册第 107 頁	圖樣“雲栱等雜樣第五”
雲冠	法原	第九章	石作	第 62 頁	石牌坊柱頭之頂，成圓柱形，彫流雲裝飾者（原）
雲文	法式	卷三	石作制度·造作次序	第一册第 58 頁	見《法式》卷三所載華文制度十一品之五
雲紋	法式	卷十四	彩畫作制度·五彩徧裝	第二册第 80 頁	彩畫作等裝飾題材之一。有“吴雲”“曹雲”“蕙草雲”“蠻雲”等
	法原	附録	二、檢字及辭解	第 108 頁	用於裝飾花紋之一種（原）
雲捲	法式	卷三	石作制度·殿内鬬八	第一册第 61 頁	鬬八中心的彫飾
	法式	卷八	小木作制度三·鬬八藻井	第一册第 165 頁	
雲頭	法式	卷七	小木作制度二·垂魚惹草	第一册第 158 頁	垂魚惹草文飾之一種
	法原	第四章	牌科	第 28 頁	牌科最上一栱挑出，彫刻成雲頭形，上承梓桁（修訂）
雲盤	法式	卷三	石作制度·贔屓鼇坐碑	第一册第 70 頁	（1）碑首彫雲龍文的部位
	法式	卷八	小木作制度三·平棊	第一册第 164 頁	（2）平棊内的華文圖案
雲頭挑梓桁	法原	第五章	廳堂總論	第 38 頁	牌科最外側雲頭上承一較小之梓桁。爲牌科做法之宋式（修訂）
開刻（面闊）	法原	第二章	平房樓房大木總例	第 16 頁	梁端開圓卯以受桁，此卯下方留子榫高寸餘，名爲“留膽”，故須於桁下端開槽與此子榫相會，名爲“開刻”（修訂）

續表

詞條	書名	卷、章目次	卷、章名稱	頁碼	釋義
開脚	法原	第一章	地面總論	第 14 頁	即開挖基礎，因其深掘負重大小而有深淺（修訂）
開間	法原	第一章	地面總論	第 13 頁	各間正面之寬名“開間”。正面各間之總寬稱“總開間”（修訂）
開基址	法式	卷三	壕寨制度・築基	第一册第 54 頁	挖掘基槽
開閉門子	法式	卷七	小木作制度二・殿内截間格子	第一册第 149 頁	可以開閉的門窗
閑游	法原	第八章	裝折	第 56 頁	鐵製連接構件（修訂）
間	法式	卷四	大木作制度一・材	第一册第 74 頁	房屋正面（縱向）外檐相鄰兩柱間的空當。用二柱爲一間，三柱爲兩間，四柱爲三間……十四柱爲十三間。間數表示房屋正面的規模
	法式	卷五	大木作制度二・梁	第一册第 100 頁	
	則例	第二章	平面	第 20 頁	四柱間所包含之面積（原）
	法原	第一章	地面總論	第 13 頁	寬、深兩柱之間的面積爲“間”。正面正中一間名“正間”，兩旁一間爲“次間”（修訂）
間枋	則例	清式營造辭解	十二畫	第 13 頁	樓房金柱間，其頂面與承重平之枋（原）
間裝	法式	卷十四	彩畫作制度・五彩徧裝	第二册第 83 頁	彩畫各種顔色配合的原則，如青地上華文即用赤、黄、紅、緑等色之類
間縫内用梁柱	法式	卷三十一	大木作制度圖樣下	第四册第 9 頁	廳堂結構形式。梁架的梁柱配合形式、構造形式。按四架、六架、八架、十架四類共有十八種形式。詳見各架椽屋條 ［整理者注］“各架椽屋條”指《法式》卷三十一所載圖樣“廳堂等（自十架椽至四架椽）間縫内用梁柱”，該份圖樣共 18 張
隔減（隔減窗坐）	法式	卷六	小木作制度一・破子櫺窗	第一册第 127 頁	牆及窗下的塼坐
	法式	卷二十八	諸作用釘料例・用釘料例	第三册第 102 頁	
隔刷	法原	附録	二、檢字及辭解	第 121 頁	隔丈及粉刷，即修理之謂（原）

續表

詞條	書名	卷、章目次	卷、章名稱	頁碼	釋義
隔牆	法原	第十章	牆垣	第 64 頁	分隔房間的牆（修訂） 參閱“半牆”條 [整理者注]此條未列入原書辭解專條
隔科版	法式	卷十	小木作制度五·牙脚帳	第一册第 210 頁	佛道帳、壁藏等鋪作内的横版（備用）
隔（格）扇	則例	第五章	裝修	第 46 頁	柱與柱間用木材做成之隔斷。每間分成四或六扇，每扇上部做成透空菱花，下部裝板（修訂） 參閱原書圖版貳拾貳 [整理者注]原書正文“隔扇”“格扇”混用，辭解作“格扇”
隔（槅）心	則例	第五章	裝修	第 46 頁	格扇上部之中心部分（原） 參閱原書圖版貳拾貳 [整理者注]原書正文作“槅心”，辭解作“隔心”
隔抱柱	則例	清式營造辭解	十畫	第 11 頁	中檻、下檻之間安格扇之抱柱（原） [整理者注]原文作“格抱柱”，屬十畫
隔斷牆	則例	第四章	瓦石	第 40 頁	房屋内部前後金柱間之牆（修訂） 參閱原書插圖十八
隔口包耳	法式	卷四	大木作制度一·枓	第一册第 88 頁	榫卯形式之一種。開口内預留闇榫
隔身版柱	法式	卷三	石作制度·殿階基	第一册第 60 頁	即版柱。參閱“版柱”條
隔截編道	法式	卷十二	竹作制度·隔截編道	第二册第 42 頁	屋内隔斷木框架内用竹編織（外抹灰泥）
隔截横鈐立旌	法式	卷六	小木作制度一·隔截横鈐立旌	第一册第 133 頁	殿堂内照壁、門窗之上的隔斷牆内的骨架，外用版或編竹造
博脊	則例	第四章	瓦石	第 44 頁	一面斜坡之屋頂與建築物垂直之部分相交處，如歇山屋頂兩山之脊（修訂） 參閱原書圖版拾捌
博脊枋	則例	清式營造辭解	十二畫	第 13 頁	樓房下檐博脊所倚之枋（原） 參閱原書圖版拾捌
博縫	則例	第四章	瓦石	第 41 頁	見“博縫板”；gable-board（原）
博縫板	則例	第三章	大木	第 36 頁	懸山或歇山屋頂兩山沿屋頂斜坡釘在桁頭上之板，寬 6 椽徑或 8.5 斗口，厚 1 斗口（原） 參閱原書圖版拾玖

續表

詞條	書名	卷、章目次	卷、章名稱	頁碼	釋義
博縫塼	則例	清式營造辭解	十二畫	第 13 頁	硬山上部隨前後坡做成博縫形之塼（原） 參閲原書圖版拾陸，插圖二十八、二十九、四十八
博風塼	法原	第七章	殿庭總論	第 48 頁	硬山形屋面兩端與屋面曲勢平行砌塼博風（修訂）
博風板	法原	第七章	殿庭總論	第 49 頁	歇山屋頂兩頭桁條挑出山花板外，桁端隨曲勢所釘木板（修訂）
喜相逢	則例	第六章	彩色	第 49 頁	旋子彩畫分配法之一種（原） 參閲原書插圖六十四
壺鎮	法原	附録	二、檢字及辭解	第 117 頁	盤柁石（即砷石）之方者（原）
壺細口	法原	第十三章	做細清水塼作	第 85 頁	包檐牆逐皮挑出作葫蘆形曲線，稱“壺細口”（修訂）
寒梢栱	法原	第七章	殿庭總論	第 47 頁	大梁背上安大斗，出栱承上層梁頭，此栱即寒梢栱，有一斗三升和一斗六升之分（修訂）
就餘材	法式	卷十二	鋸作制度・就餘材	第二册第 41 頁	用圓木鋸解方料後，所鋸下的邊料爲“餘材”，此意爲鋸作工應利用餘材鋸解成適當的小料（備用）
就璺解割	法式	卷十二	鋸作制度・就餘材	第二册第 41 頁	鋸作，解割圓料應避裂縫（備用） ［整理者注］璺，玉破，出自《集韻》
帽兒梁	則例	清式營造辭解	十二畫	第 13 頁	天花井支條之上，安於左右梁架上以掛天花之圓木（原）
御路	則例	第四章	瓦石	第 40 頁	宫殿臺基之前、踏跺之中，不作級式而彫龍鳳等花紋之部分（原） 參閲原書插圖四十四
	法原	第九章	石作	第 58 頁	殿庭露臺之前，踏步中央不作階級，以大石板彫龍鳳等花紋者名“御路”（修訂）
晴落	法原	附録	二、檢字及辭解	第 119 頁	沿檐四周以聚屋檐之水，使下達於垂直注水之設備（原）
朝式	法原	第十三章	做細清水塼作	第 85 頁	垛頭式樣之一種（原）
渾面	法原	第十三章	做細清水塼作	第 82 頁	線脚之一種。其斷面凸出成半圓形者（原）
滑石掍	法式	卷十五	窰作制度・青掍瓦	第二册第 110 頁	即“青掍瓦”。參閲“青掍瓦”條
游脊	法原	第十一章	屋面瓦作及築脊	第 67 頁	正脊用瓦相疊而斜鋪者（原）

續表

詞條	書名	卷、章目次	卷、章名稱	頁碼	釋義
猢猻面	法原	第七章	殿庭總論	第 48 頁	嫩戧頭作斜面，似猢猻面者（原）
發戧	法原	第七章	殿庭總論	第 49 頁	房屋於轉角處配設老戧、嫩戧，使屋角翹起之結構制度（原）
短川	法原	第二章	平房樓房大木總例	第 16 頁	"川"或作"穿"，長一界，一端承桁（修訂）
短（矮）柱	法原	第二章	平房樓房大木總例	第 16 頁	立於梁上的柱瘄短柱，亦名"童柱"。或寫作"矮柱"（修訂） ［整理者注］此條未列入原書辭解專條
短抱柱	則例	清式營造辭解	十二畫	第 13 頁	上檻、中檻之間安橫批之抱柱。亦稱"短抱框"（原） 參閱原書圖版貳拾貳
硬山	則例	第三章	大木	第 36 頁	山牆直上至與屋頂前後坡平之結構（原） 參閱原書插圖二十八、二十九、四十八
硬挑頭	法原	第二章	平房樓房大木總例	第 18 頁	樓房之承重延伸至柱外，於承重段立柱承上面出檐，此種做法名"硬挑頭"（修訂）
硯窩石	則例	第四章	瓦石	第 39 頁	踏跺之最下一級，較地面微高一二寸之石（原） 參閱原書圖版拾柒 ［整理者注］原文作"硯窩石"，辭解作"硯窩"
窗	法原	第八章	裝折	第 52 頁	窗以形式不同，分長窗、地坪窗、橫風窗、半窗、和合窗、風窗等（修訂） ［整理者注］此條未列入原書辭解專條
窗檻	法原	第二章	平房樓房大木總例	第 20 頁	即窗之下檻（修訂）
窗間抱柱	則例	清式營造辭解	十二畫	第 13 頁	在一間面闊正中之抱柱（原） 參閱原書圖版貳拾壹
童柱	則例	清式營造辭解	十二畫	第 13 頁	立於梁或枋上之柱（原）
	法原	第二章	平房樓房大木總例	第 16 頁	立於梁上的柱名"童柱""短柱""矮柱"（修訂）
跌脚	法原	第二章	平房樓房大木總例	第 20 頁	裙板內之垂直木檔，以釘裙板者（原）
鈕頭圈子	則例	第五章	裝修	第 46 頁	格扇梭葉上之圈子（原）
雅五墨	則例	第六章	彩色	第 50 頁	旋子彩畫之不用金色者（原） 參閱原書圖版貳拾陸

續表

詞條	書名	卷、章目次	卷、章名稱	頁碼	釋義
牌	法式	卷八	小木作制度三·牌	第一册第 184 頁	殿、門等外懸掛的匾
	法式	卷三十二	小木作制度圖樣	第四册第 93 頁	
牌舌	法式	卷八	小木作制度三·牌	第一册第 184 頁	牌下的邊版
牌面	法式	卷八	小木作制度三·牌	第一册第 184 頁	牌中心題字的平版，爲牌的主體
牌首	法式	卷八	小木作制度三·牌	第一册第 184 頁	牌上的邊版
牌帶	法式	卷八	小木作制度三·牌	第一册第 184 頁	牌兩側的邊版
牌科	法原	第二章	平房樓房大木總例	第 16 頁	規模較大的房屋立柱與屋頂之間傳遞荷重的構造。清代稱“斗科”，宋代稱“鋪作”。每一單元由栱、斗、升、昂等構件組合而成。共有六種形式：1. 一斗三升，2. 一斗六升，3. 丁字科，4. 十字科，5. 琵琶科，6. 網形科。牌科之權衡比例有五七式、四六式、雙四六式三種（修訂）
牌科牆門	法原	第十三章	做細清水塼作	第 84 頁	做細清水塼牆門，用塼砌牌科者，有硬山、發戧二式（修訂）
牌條	法原	第四章	牌科	第 28 頁	架於桁向栱三升上的木條（修訂）
牌樓	則例	清式營造辭解	十三畫	第 14 頁	兩立柱間施額枋，其上安斗栱，下可通行之紀念性建築物，亦名“牌坊”（修訂）
	法原	第九章	石作	第 61 頁	亦名“牌坊”，兩柱上架額枋及牌科屋頂等，下可通行之紀念性建築物（原）
塔	法式	卷五	大木作制度二·柱	第一册第 104 頁	“若樓閣柱側脚，祇以柱以上爲則，側脚上更加側脚，逐層仿此。塔同”（備用） ［整理者注］此條係記録《法式》中有關“塔”的記載，未及作詞義詮釋
塔心木	法原	第十六章	雜俎	第 96 頁	塔中心自下至上直立之柱（修訂）
腔内後項子	法式	卷十三	泥作制度·立竈	第二册第 64 頁	項子内斜高入突，謂之搶煙
圍牆	則例	清式營造辭解	十三畫	第 14 頁	上面無蓋，不蔽風雨，祇分界限之牆（原）
圍篾	法原	第二章	平房樓房大木總例	第 21 頁	量木材圓周之工具，用薄篾條製成，可以卷成一卷（修訂）

十三畫（共125條）

壼蓋蒲蜀毿蓮填當罨罩搖搘搏搶搕搯椽楣楞榻楓楹歇溜煙塞圓禁照殿腰腦督碑暗鼓盝矮睒群聖蜂蜈裹(裡)裝解跳跴鉤閘雷障遞竪

詞條	書名	卷、章目次	卷、章名稱	頁碼	釋義
壼門	法式	卷三	石作制度・殿階基	第一册第60頁	陶本作“壺門”，誤。依故宫本等，作“壼門”
	法式	卷十	小木作制度五・牙脚帳	第一册第215頁	一種尖拱形門框。塼石作、小木作多利用爲彫刻裝飾的外框。如圖
壼門牙頭	法式	卷十一	小木作制度六・壁藏	第二册第18頁	壼門上部做成尖拱形的版
壼門神龕	法式	卷十一	小木作制度六・轉輪經藏	第二册第7頁	壼門形的神龕
壼門柱子塼	法式	卷十五	塼作制度・須彌坐	第二册第101頁	須彌坐自下第八層至第十層，三層合彫壼門、柱子
蓋瓦	法原	第十一章	屋面瓦作及築脊	第67頁	瓦之俯置，覆於兩底瓦上者（修訂）
蓋樁石	法原	第九章	石作	第61頁	砌於駁岸樁上之一皮石料（原）
蓋口拍子	法式	卷十六	石作功限・井口石	第二册第141頁	即井蓋子。參閲“井蓋子”條
蓋蔥臺釘筒子	法式	卷十二	旋作制度・殿堂等雜用名件	第二册第36頁	木蔥臺釘釘帽（鉤闌上用）
蒲鞋頭	法原	附録	二、檢字及辭解	第122頁	栱頭下無斗、升者，即插栱（修訂）
蜀柱	法式	卷三	石作制度・重臺鉤闌	第一册第64頁	（1）屋架平梁之上所立短柱，用承槫脊。又名“侏儒柱”“上楹”。凡屋架梁上、槫下所用短柱，均可稱“蜀柱”
	法式	卷四	大木作制度一・飛昂	第一册第83頁	
	法式	卷五	大木作制度二・侏儒柱	第一册第105頁	
	法式	卷八	小木作制度三・鉤闌	第一册第175頁	（2）鉤闌中所用短柱，上部彫成癭項雲栱等
	法原	第二章	平房樓房大木總例	第17頁	分隔夾堂板之短木柱（原）

續表

詞條	書名	卷、章目次	卷、章名稱	頁碼	釋義
甃井	法式	卷十五	塼作制度・井	第二册第 104 頁	壘砌塼井筒
蓮柱	法原	第九章	石作	第 59 頁	石欄杆兩邊之石柱，即望柱（修訂）
蓮座	則例	清式營造辭解	十四畫	第 15 頁	垂獸下之座（原） 參閲原書圖版貳拾
蓮瓣	則例	清式營造辭解	十四畫	第 15 頁	彩畫或彫刻内形似蓮花瓣之母題（原）
蓮花頭	法原	第九章	石作	第 59 頁	蓮柱上部彫蓮花形之部分（原）
蓮華坐（座）	法式	卷十三	泥作制度・壘射垛	第二册第 69 頁	（備用）
蓮華柱頂	法式	卷十二	旋作制度・殿堂等雜用名件	第二册第 36 頁	虚柱（垂蓮柱）柱頭，多彫飾蓮花
蓮蓬缸	法原	第十六章	雜俎	第 96 頁	塔頂之飾物，下爲仰蓮座，上套合尖之葫蘆（原）
填心	法式	卷六	小木作制度一・破子櫺窗	第一册第 127 頁	
	法式	卷十	小木作制度五・牙脚帳	第一册第 208 頁	門窗等腰串以下安障水版，四周用難子，稱“填心難子造”。參閲“牙頭護縫”條
當溝	則例	第四章	瓦石	第 43 頁	正脊或垂脊之下，在瓦隴之間之瓦（原） 參閲原書圖版拾捌、拾玖、貳拾
當心間	法式	卷四	大木作制度一・總鋪作次序	第一册第 89 頁	房屋正面當中一間
當溝瓦	法式	卷十三	瓦作制度・壘屋脊	第二册第 53 頁	脊下瓦隴頭上的瓦，嵌入瓪瓦項子内。有“小當溝瓦”“大當溝瓦”。參閲各專條
罨牙塼	法式	卷十五	塼作制度・須彌坐	第二册第 101 頁	塼須彌坐自下至上第四層。參閲“須彌坐”條
罨頭版	法式	卷六	小木作制度一・水槽	第一册第 137 頁	水槽等兩頭的擋版

續表

詞條	書名	卷、章目次	卷、章名稱	頁碼	釋義
罨澁塼	法式	卷十五	塼作制度・須彌坐	第二册第 101 頁	塼須彌坐自下至上第十一層。參閲“須彌坐”條
罩心	法式	卷十四	彩畫作制度・五彩徧裝	第二册第 81 頁	疊暈中心石色上更用草色加深，稱“罩心”
罩亮	法原	第十章	牆垣	第 66 頁	牆上加刷煤灰及上蠟等，使其光亮（原）
摇梗	法原	第八章	裝折	第 53 頁	門窗之旋轉軸（原）
搘角梁寶瓶（缾）	法式	卷十二	旋作制度・殿堂等雜用名件	第二册第 35 頁	即寶瓶。參閲“寶瓶”條 [整理者注]《法式》所用“缾”字，後世通用“瓶”字
搏肘	法式	卷六	小木作制度一・照壁屏風骨	第一册第 132 頁	“……所用立㮇搏肘……”一句，陶本誤抄作“槫肘”
	法式	卷七	小木作制度二・格子門	第一册第 146 頁	格子門的一側，安於邊桯背面的木軸
搏脊	法式	卷九	小木作制度四・佛道帳	第一册第 197 頁	副階、纏腰四面的屋脊
搏脊槫	法式	卷十一	小木作制度六・轉輪經藏	第二册第 3 頁	承搏脊的槫
搏風版	法式	卷五	大木作制度二・搏風版	第一册第 109 頁	厦兩頭、不厦兩頭屋蓋，兩山槫頭上的擋版
搶柱	法式	卷六	小木作制度一・烏頭門	第一册第 123 頁	烏頭門挾門柱兩側的斜柱
搶煙	法式	卷十三	泥作制度・立竈	第二册第 64 頁	茶鑪作搶煙
搕鏁柱	法式	卷六	小木作制度一・版門	第一册第 120 頁	版門等受横關的短柱（備用） [整理者注]《法式》卷二十作“搕鎖柱”，疑“鎖”係“鏁”之訛
搯瓣駝峰	法式	卷三十	大木作制度圖樣上	第三册第 175 頁	兩側各做成入瓣的駝峰 參閲圖樣之“梁柱等卷殺第二”之五

續表

詞條	書名	卷、章目次	卷、章名稱	頁碼	釋義
椽	法式	卷五	大木作制度二·椽	第一册第110頁	（1）屋蓋最上構件，斷面圓形，釘於兩槫之間。上鋪版、笆，用灰泥宼瓦 （2）梁長的概數。如四椽栿即四個椽平長的梁 （3）表示房屋側面或屋架的規模。如四椽屋即深四個椽平長的房屋。參閲“架”條
	法式	卷十九	大木作功限三·殿堂梁柱等事件功限	第二册第192頁	
	則例	第三章	大木	第32頁	桁上與桁成正角排列以承望板及屋頂之木材，其横斷面或圓或方；rafter（原）
	法原	第二章	平房樓房大木總例	第17頁	椽爲房屋建築最上之構材，釘於兩桁之間。最上一椽，一頭在脊桁上，一頭在金桁上，稱“頭停椽”，以下依次爲花架椽（又分爲上花架、中花架、下花架等）、出檐椽。出檐椽上又可加飛檐椽，以加長出檐深度（修訂）
椽椀	則例	第三章	大木	第33頁	桁上承椽之木。高2斗口，厚0.5斗口（原）
椽豁	法原	第二章	平房樓房大木總例	第17頁	兩椽間的距離（原）
椽穩板	法原	第二章	平房樓房大木總例	第17頁	椽與桁間空隙處所釘之通長木板。桁條中心略後釘木板，板上按椽子直徑即間距靠槽口以安椽，名“椽穩板”。亦可分段按椽距作小木板，於椽側開小槽插入，則名“閘椽”（修訂）
椽頭盤子	法式	卷十二	旋作制度·殿堂等雜用名件	第二册第35頁	下架椽頭上加用旋作的圓盤上彫華文
楣板	法原	第二章	平房樓房大木總例	第17頁	川或雙步與夾底間所鑲之木板，厚約半寸（原）
楞	法原	第十一章	屋面瓦作及築脊	第67頁	屋面蓋瓦一排稱“楞”，即隴（修訂）
楞心	則例	第六章	彩色	第49頁	彩畫枋心外之一周（原） 參閲原書插圖六十三
楞木	則例	清式營造辭解	十三畫	第14頁	承重上承托之木，以承樓板者，今俗稱“龍骨”，joist（原）
楅	法式	卷六	小木作制度一·版門	第一册第119頁	版門背面的横木。於版上開槽，楅嵌固於槽内。凡拼合版背面所用横木，均稱爲“楅”

續表

詞條	書名	卷、章目次	卷、章名稱	頁碼	釋義
楓栱	法原	第四章	牌科	第 28 頁	一名“風潭”，牌科第一出參上不用桁向栱，改用彫花木板，名“風潭”（修訂）
楹條	法原	附録	二、檢字及辭解	第 122 頁	凡門、窗、裙板等四周虛隙之處所釘之小木條(修訂）
歇山	則例	第三章	大木	第 36 頁	屋頂形式之一。兩正面斜坡到頂；兩側面斜坡僅長一間，其上爲垂直之尖山（修訂） 參閱原書圖版玖、拾，插圖三十四 ［整理者注］《法式》稱爲“九脊殿”“厦兩頭”等
	法原	第七章	殿庭總論	第 48 頁	屋頂形式之一。山面屋坡僅轉過一至二椽，其上直上無屋面，成山尖，桁頭釘博風板（修訂）
溜金斗	則例	第三章	大木	第 28 頁	斗科在屋内部分起枰杆（修訂） 參閱原書圖版陸，插圖十六、二十三
煙琢墨	則例	第六章	彩色	第 50 頁	旋子彩畫石碾玉之用墨線者（原） 參閱原書圖版貳拾陸
塞板	法原	附録	二、檢字及辭解	第 121 頁	商店步柱間所裝之排束板,收歇時作爲屏障者(原）
塞口牆	法原	第十章	牆垣	第 64 頁	用以分隔左右前後及天井之牆，名“塞口牆”（修訂）
圓光	則例	第六章	彩色	第 52 頁	天花彩畫正中圓形部分（原） 參閱原書圖版貳拾捌
圓堂	法原	第五章	廳堂總論	第 32 頁	廳堂形式之一。較廳略小。内四界結構用圓料，故稱“圓堂”，簡稱“堂”（修訂） ［整理者注］此條未列入原書辭解專條
禁槅	法式	卷二	總釋下·椽	第一册第 28 頁	用於檐角的短椽
照牆（照壁）	法原	第十三章	做細清水塼作	第 86 頁	位於牆門外,相對之單牆,不負重,上覆短檐（修訂）
照壁	法式	卷六	小木作制度一·隔截横鈐立旌	第一册第 133 頁	門窗額上或殿堂内心間後側兩内柱間的隔斷牆。一般用版或編竹造。殿堂内心間照壁或於版上貼絡寶床等裝飾，或分四扇，亦名“屏風”
照壁方	法式	卷十九	大木作功限三·殿堂梁柱等事件功限	第二册第 195 頁	殿堂内照壁屏風上的方

續表

詞條	書名	卷、章目次	卷、章名稱	頁碼	釋義
照壁版	法式	卷二十一	小木作功限二・殿閣照壁版	第二册第 244 頁	殿堂内照壁屏風上的構件（備用）
照壁屏風骨	法式	卷六	小木作制度一・照壁屏風骨	第一册第 131 頁	殿内心照壁骨架。分截間屏風骨、四扇屏風骨兩種形式
照壁版上寶床	法式	卷十二			殿内屏風上貼絡彫旋的裝飾 ［整理者注］此條出處待查
殿	法式	卷一	總釋上・殿	第一册第 6 頁	倉頡篇，殿，大堂也
	法式	卷四	大木作制度一・材	第一册第 74 頁	規模最大、質量標準最高的建築。宋代單體建築分爲：殿閣、殿堂、廳堂、門樓屋、廊屋、常行散屋、營房屋七類（或七個等級）。宋代建築規模，按殿閣、廳堂（包括堂屋、廳屋、門樓屋）、餘屋（包括廊屋、常行散屋、營房屋）三類分别制定。宋代建築結構形式有殿堂、廳堂兩類
	則例	清式營造辭解	十三畫	第 14 頁	堂之高大者，地位尊貴之大堂（修訂）
	法原	第七章	殿庭總論	第 47 頁	
殿挾屋	法式	卷四	大木作制度一・材	第一册第 74 頁	殿左右的耳房，如清代的朵殿。或稱“挾殿”“殿挾”
	法式	卷十三	瓦作制度・用鴟尾	第二册第 55 頁	
殿閣	法式	卷五	大木作制度二・柱	第一册第 102 頁	多層的殿。參閲“殿”條 ［整理者注］陶本《法式》此處寫作“若殿間”，故宫本《法式》作“若殿閣”，作者採信故宫本
	法式	卷三十一	大木作制度圖樣下	第四册第 3 頁	（1）即“殿”。參閲“殿”條 （2）結構形式之一種。按地盤分槽有四種標準形式
殿庭	法原	第七章	殿庭總論	第 47 頁	三種房屋類型之一：平房、廳堂、殿庭。其中殿庭類型的結構最複雜，裝飾華麗，質量要求最高，多爲宫殿、宗教寺廟所用（修訂） ［整理者注］此條未列入原書辭解專條
殿内鬬八	法式	卷三	石作制度・殿内鬬八	第一册第 60 頁	即地面鬬八。參閲“地面鬬八”條
殿階螭首	法式	卷三	石作制度・殿階螭首	第一册第 60 頁	殿階基邊緣排雨水的管口，彫成螭首形

續表

詞條	書名	卷、章目次	卷、章名稱	頁碼	釋義
腰串	法式	卷六	小木作制度一・烏頭門	第一册第 121 頁	
	法式	卷七	小木作制度二・擗簾竿	第一册第 161 頁	
	法式	卷八	小木作制度三・棵籠子	第一册第 179 頁	格扇門等於四周邊桯之内劃分上下的横木。串上安格眼，串下安障水版。如用一條，即單腰串；或用雙腰串，兩串間安腰華版
	法式	卷九	小木作制度四・佛道帳	第一册第 193 頁	
腰枋	則例	第五章	裝修	第 47 頁	大門門框與抱柱間之横枋（原） 參閲原書圖版貳拾叁
腰華	法式	卷六	小木作制度一・烏頭門	第一册第 121 頁	即腰華版。參閲“腰華版”條
腰華版（腰華）	法式	卷六	小木作制度一・烏頭門	第一册第 122 頁	兩腰串間的彫華版，或稱“腰華”。參閲“腰串”條
腰檐	法式	卷九	小木作制度四・佛道帳	第一册第 187 頁	樓閣上屋下屋間或下屋平坐間的一周屋檐。副階、纏腰的屋檐
	法式	卷十一	小木作制度六・轉輪經藏	第二册第 1 頁	
腰線石	則例	第四章	瓦石	第 41 頁	山牆裙肩之上，上身以下，前後壓於塼砌體上之石塊（修訂） 參閲原書圖版拾陸，插圖四十八
腦椽	則例	第三章	大木	第 32 頁	房頂最上之椽，一端在扶脊木上，一端在上金桁上，徑 1.4 斗口（修訂） 參閲原書圖版玖
督細	法原	第九章	石作	第 57 頁	造石次序之第四工序（修訂）
碑首	法式	卷三	石作制度・贔屓鼇坐碑	第一册第 70 頁	碑的頭部，上彫碑額
碑身	法式	卷三	石作制度・贔屓鼇坐碑	第一册第 70 頁	碑的主體，刻碑文的部分
暗鼓卯	法式	卷三十	大木作制度圖樣 上	第三册第 196 頁	拼和木構件（如柱），在内部所用的鼓卯
鼓卯	法式	卷三十	大木作制度圖樣上	第三册第 196 頁	即“榫卯”

續表

詞條	書名	卷、章目次	卷、章名稱	頁碼	釋義
盝頂	法式	卷八	小木作制度三・平棊	第一册第 164 頁	（1）平頂四面作斜坡的屋蓋 （2）平頂兩面作斜面的券洞
	法式	卷十一	小木作制度六・轉輪經藏	第二册第 15 頁	經匣之蓋作盝頂形，名“趄塵盝頂” ［整理者注］按原卡片記録，“盝”為“盝”
盝頂版	法式	卷十九	大木作功限三・城門道功限	第二册第 197 頁	城門道梁架上的蓋版（盝頂形）
矮昂	法式	卷四	大木作制度一・飛昂	第一册第 82 頁	即插昂。參閲“插昂”條
矮柱	法式	卷五	大木作制度二・梁	第一册第 100 頁	（1）梁栿背上的短柱，用承上架梁首
	法式	卷二十一	小木作功限二・鉤闌	第二册第 254 頁	（2）鉤闌構件
矮撻	法原	第八章	裝折	第 54 頁	南方常用的一種便門，裝於大門外。此門上半作空櫺，下半裝裙板（修訂） ［整理者注］此條未列入原書辭解專條
睒電窗	法式	卷六	小木作制度一・睒電窗	第一册第 127 頁	窗櫺屈曲的窗
	法式	卷三十二	小木作制度圖樣	第四册第 66 頁	圖樣“門窗格子門等第一”之六
群色條	則例	第四章	瓦石	第 43 頁	正脊或垂脊下線道瓦之一種（修訂） 參閲原書圖版拾捌、拾玖、貳拾
聖旨牌	法原	第九章	石作	第 62 頁	石牌坊上枋之中央所立石牌（修訂）
蜂頭	法原	第五章	廳堂總論	第 38 頁	梁墊之前部，彫花卉植物。又，雲頭之前端成尖形合角者亦名“蜂頭”（修訂）
	法原	第五章	廳堂總論	第 33 頁	
蜈蚣圈	則例	第六章	彩色	第 50 頁	旋子彩畫之别名（原） 參閲原書插圖六十三
裏（裡）皮	則例	清式營造辭解	十四畫	第 15 頁	任何部分内面之表面；inter surface（原）
裏拽	則例	第三章	大木	第 25 頁	斗栱正心線以内之拽架（修訂）

續表

詞條	書名	卷、章目次	卷、章名稱	頁碼	釋義
裏跳	法式	卷四	大木作制度一·總鋪作次序	第一册第 91 頁	鋪作懸挑部分，自柱頭中線分裏外，檐柱中線以内（向屋内）及屋内柱中線（向屋外）均爲裏跳或裏轉。參閲“外跳”條
	法式	卷三十	大木作制度圖樣上	第三册第 189 頁	
裏槽	法式	卷十	小木作制度五·牙脚帳	第一册第 211 頁	即“内槽”
	法式	卷三十二	小木作制度圖樣	第四册第 86 頁	參閲圖樣之“平棊鉤闌等第二”之十
裏槽坐	法式	卷十一	小木作制度六·轉輪經藏	第二册第 6 頁	内槽的基坐
裏口木	法原	第二章	平房樓房大木總例	第 17 頁	飛檐椽與檐椽間之配件，釘於檐椽前端上開口以受飛檐椽尾端 ［整理者注］疑似作者未寫完，現付之闕如
裏掖角金檩	則例	清式營造辭解	十四畫	第 15 頁	用於轉角陰角内，斜梁與正梁間之檩（原）
裝鑾	法式	卷二	總釋下·彩畫	第一册第 42 頁	即彩畫。參閲“彩畫”條
裝修	則例	第五章	裝修	第 45 頁	柱與柱間，用木製能透光透氣、可關可開之隔斷物（原） 參閲原書圖版貳拾壹、貳拾貳、貳拾叁
解割	法式	卷十二	鋸作制度·用材植	第二册第 40 頁	鋸作。鋸製圓料，使自成方、版等，謂之“解割”
解撟	法式	卷十三	瓦作制度·結瓦	第二册第 48 頁	斫修瓪瓦邊棱，使四角平穩，謂之“解撟”
	法式	卷二十五	諸作功限二·瓦作	第三册第 42 頁	
解緑刷飾	法式	卷十四	彩畫作制度·解緑裝飾屋舍	第二册第 86 頁	即“解緑裝飾屋舍”的簡稱
解緑裝飾屋舍	法式	卷十四	彩畫作制度·解緑裝飾屋舍	第二册第 86 頁	彩畫作制度的第四類，次於青緑疊暈棱間裝。外緣道及燕尾八白用青緑，身内通刷朱紅，除檐額梁栿兩頭相對作如意頭圖案外，不用其他圖案華文。參閲“彩畫作制度”條
解緑赤白裝	法式	卷十四	彩畫作制度·雜間裝	第二册第 92 頁	即“解緑裝飾屋舍”

續表

詞條	書名	卷、章目次	卷、章名稱	頁碼	釋義
解緑結華裝	法式	卷十四	彩畫作制度・解緑裝飾屋舍	第二册第 86 頁	“解緑裝飾屋舍”的變體。於枓栱、方桁朱地上間以簡單華文。參閲“解緑裝飾屋舍”條
跳	法式	卷四	大木作制度一・總鋪作次序	第一册第 88 頁	華枓或昂自枓口内向外懸挑出的長度。宋代規定每一跳最多挑出 30 份。每出一華栱或一下昂，名“出一跳”。每一朵鋪作最多出五跳
跳椽	法式	卷六	小木作制度一・版引檐	第一册第 136 頁	挑承版引檐的椽子
跳頭	法式	卷四	大木作制度一・栱	第一册第 76 頁	出跳、昂的端部。出跳的中線位置
踩	則例	第三章	大木	第 25 頁	斗栱上每出一拽架謂之“一踩”，俗書爲“彩”（修訂） 参閲原書圖版貳
鉤片	法式	卷八	小木作制度三・鉤闌	第一册第 177 頁	單鉤闌用“卍”組成的華版。又稱“萬字版”
鉤窗	法式	卷七	小木作制度二・闌檻鉤窗	第一册第 146 頁	即闌檻鉤窗。參閲“闌檻鉤窗”條
鉤闌	法式	卷八	小木作制度三・鉤闌	第一册第 174 頁	欄杆。分單鉤闌、重臺鉤闌。參閲各專條
鉤頭筒	法原	第十一章	屋面瓦作及築脊	第 67 頁	筒瓦用於檐口，作圓形舌片狀者（原）
鉤頭獅	法原	第十一章	屋面瓦作及築脊	第 69 頁	鉤亦作勾。殿庭水戧尖端連於鉤頭筒上之飾物(修訂) ［整理者注］此條未列入原書辭解專條
閘椽	法原	第二章	平房樓房大木總例	第 17 頁	桁上於桁中釘板，按椽開口，使封閉兩椽間空當，此板即椽穩版，如不用通長模板，改爲按椽檔之小木板，則名爲“閘椽”（修訂）
閘檔板	則例	清式營造辭解	十三畫	第 14 頁	椽頭間之板，高 1.4 斗口，厚 0.3 斗口（原）
雷文	法原	第十三章	做細清水塼作	第 83 頁	裝飾花紋之一種（修訂）
雷公柱	則例	第三章	大木	第 36 頁	（1）廡殿推山太平梁上承托桁頭並正吻之柱 （2）鬭尖亭榭正中之懸柱（原） 参閲原書圖版拾、貳拾肆
障日版	法式	卷七	小木作制度二・障日版	第一册第 155 頁	門窗等額上的版

續表

詞條	書名	卷、章目次	卷、章名稱	頁碼	釋義
障日篛	法式	卷十二	竹作制度・障日篛等簟	第二册第 45 頁	竹編的版片。遮陽，用於檐口、窗外
障水版	法式	卷六	小木作制度一・烏頭門	第一册第 122 頁	門扇、截間格子等腰串之下的版
遞角梁	則例	清式營造辭解	十四畫	第 15 頁	由角檐柱上至角金柱上之梁（原）
遞角隨梁枋	則例	清式營造辭解	十四畫	第 15 頁	遞角梁下與之平行之輔材（原）
竪帶	法原	第十一章	屋面瓦作及築脊	第 69 頁	即歇山、四阿屋蓋之垂脊（修訂）

十四畫（共 100 條）

齊 裹 實 寬 遮 鳳 劄 對 綱 綽 慢 墫 嫩 廣 甍 圖 團 榭 榮 榥 槺 榻 榍 槙 槅 膊 塾 戧 截 榦 摘 捽 瑣 漢 滿 滴 滾 盡 端 管 箍 算 聚 蒠 蔴 褊 銀 閥 閣 隨 雌 領 駁 鼻 臺(台、枱) 舞 趄

詞條	書名	卷、章目次	卷、章名稱	頁碼	釋義
齊心枓	法式	卷四	大木作制度一・枓	第一册第 87 頁	亦謂之“華心枓”，用於栱中心的枓
裹栿版	法式	卷七	小木作制度二・裹栿版	第一册第 160 頁	包於梁栿底及兩側面的彫華版
實栱	法原	第四章	牌科	第 28 頁	加高的栱，使上下兩栱相緊貼。即宋代的“足材栱”（修訂）
實彫	法式	卷十二	彫作制度・剔地窪葉華	第二册第 34 頁	彫刻形式之一。參閲“彫作”條
實拼門	法原	第八章	裝折	第 53 頁	用厚板拼合之門扇（修訂） ［整理者注］此條未列入原書辭解專條
實滾砌	法原	第一章	地面總論	第 14 頁	牆垣砌法之一種。將墫逐皮扁砌（原）

續表

詞條	書名	卷、章目次	卷、章名稱	頁碼	釋義
實拍襻間	法式	卷三十	大木作制度圖樣上	第三册第 198 頁	枓口内隔間用單材方一條，兩端伸出成如令栱，方上不用小枓，與替木重疊，上承槫。参閲“襻間”條。参閲圖様之“槫縫襻間第八”
寬	法原	第一章	地面總論	第 13 頁	長方形平面的房屋，其長邊名“寬”（修訂）
遮羞版	法式	卷六	小木作制度一·地棚	第一册第 140 頁	屋内地棚邊沿、門道位置的擋版
遮羞窗	法原	第八章	裝折	第 55 頁	於半窗之内更加一層窗，名爲“遮羞窗”（修訂）
遮椽版	法式	卷四	大木作制度一·總鋪作次序	第一册第 90 頁	
	法式	卷十七	大木作功限一·鋪作每間用方桁等數	第二册第 166 頁	鋪作各跳上方子之間的蓋版
遮軒板	法原	第五章	廳堂總論	第 35 頁	磕頭軒内四界前，軒屋頂旁，遮擋草架之木板（修訂）
遮檐板	法原	第七章	殿庭總論	第 48 頁	或作摘檐板，飛檐下端釘通長木板以隱椽頭（修訂） ［整理者注］原書辭解列“摘檐板”條，言其又名“摘風板”
鳳蓋	法原	第十六章	雜俎	第 95 頁	塔頂刹上珠毬之下的蓋形飾物，上作龍鳳等（修訂）
鳳凰臺	則例	第三章	大木	第 26 頁	昂嘴上之一部（原） 参閲原書插圖十二
鳳頭昂	法原	第四章	牌科	第 27 頁	昂頭彫作鳳頭形（修訂）
劄牽	法式	卷五	大木作制度二·梁	第一册第 98 頁	長一椽的梁，或名“牽”
對暈	法式	卷十四	彩畫作制度·五彩徧裝	第二册第 77 頁	兩疊暈相對，如外緣疊暈深色在外，剔地疊暈深色在内，即按内外兩暈的淺色相對，稱爲“對暈”
對照廳	法原	第二章	平房樓房大木總例	第 23 頁	兩進房屋之間不設界牆，前後兩廳正面相對，稱“對照廳”（修訂） ［整理者注］原書辭解列“對照”，而未列“對照廳”
對脊欄栅	法原	第二章	平房樓房大木總例	第 17 頁	兩步柱間，僅與對脊外設加欄栅，稱“對脊欄栅”（修訂）
網形科	法原	第四章	牌科	第 29 頁	牌科除四向出栱外，更於四斜向出栱昂，並排放緊密，使全部牌科上之栱昂均相互連接，形如網路（修訂）

續表

詞條	書名	卷、章目次	卷、章名稱	頁碼	釋義
綽幕方	法式	卷五	大木作制度二・闌額	第一册第 101 頁	檐額下與檐額重疊的構件，用於次梢間，至心間作楮頭、三瓣頭或蟬肚
綽幕三瓣頭	法式	卷十九	大木作功限三・殿堂梁柱等事件功限	第二册第 193 頁	綽幕頭的一種藝術加工形式。參閲“綽幕方”條
慢栱	法式	卷四	大木作制度一・栱	第一册第 78 頁	鋪作重栱造，瓜子栱上用慢栱，長 92 分，上承羅漢方 陶本《法式》卷四缺“五曰慢栱……”一條，據故宫本補充 《則例》稱“萬栱”
慢道	法式	卷三	石作制度・重臺鉤闌	第一册第 62 頁	斜坡道（不作踏道）。分城門慢道（清名“馬道”）、廳堂慢道（清稱“踜蹽”）
	法式	卷十五	塼作制度・慢道	第二册第 100 頁	
塼	法式	卷十五	窰作制度・塼	第二册第 108 頁	塼有九種類型：方塼、塼碇、條塼、壓闌塼、走趄塼、趄條塼、趄模塼（？）、牛頭塼、鎮子塼 ［整理者注］作者《營造法式辭解》記爲八種，缺“趄模塼”。似此卡片爲作者對其《辭解》稿的修訂，但也有可能是寫作《辭解》時，認定“趄模塼”不是一個獨立的類型
塼作（塼作制度）	法式	卷十五	塼作制度	第二册第 96 頁	十三個工種之一。牆、階基、地面、須彌坐等，凡用砌築的工。參閲“制度”條 塼作（範圍）：階基、地面、隔減、踏道、慢道、須彌坐、塼牆、露道、城壁水道、卷輂河渠口、接甑口、馬臺、馬槽、井 塼類型：方塼、塼碇、壓闌塼、走趄塼、趄條塼、趄模塼（？）、牛頭塼、鎮子塼。還有華塼 壘砌：龘壘、細壘、露齦砌、平砌、虹面砌
	法式	卷二十五	諸作功限二・塼作	第三册第 53 頁	
	法式	卷二十七	諸作料例二・塼作	第三册第 92 頁	
塼碇	法式	卷十五	窰作制度・塼	第二册第 109 頁	塼的類型之一。加厚的小方塼。方一尺一寸五分、厚四寸三分
塼牆	法式	卷十五	塼作制度・塼牆	第二册第 102 頁	條塼壘砌的牆
嫩戧	法原	第七章	殿庭總論	第 48 頁	即老戧上所立之戧，相當於宋式子角梁（修訂）
廣厚方	法式	卷二十六	諸作料例一・大木作	第三册第 63 頁	十四種規格木料之二。長 50～60 尺，廣 2～3 尺，厚 1.8～2 尺。參閲“材植”條
廣木	法原	附録	一、量木制度	第 100 頁	湖南、兩廣所産木材之俗稱（修訂）

續表

詞條	書名	卷、章目次	卷、章名稱	頁碼	釋義
甍	法式	卷二	總釋下・棟	第一册第 25 頁	今謂之“榑”，亦謂之“檁”，又謂之“榜”
圖樣	法式	卷二十九	總例圖樣、壕寨制度圖樣、石作制度圖樣	第三册第 137 頁、138 頁、142 頁	總例、壕寨、石作等圖樣
	法式	卷三十	大木作制度圖樣上	第三册第 169 頁	栱枓、梁柱等
	法式	卷三十一	大木作制度圖樣下	第四册第 3 頁	殿閣地盤、殿堂側樣、廳堂間縫内用梁柱
	法式	卷三十二	小木作制度圖樣、彫木作制度圖樣	第四册第 61 頁、103 頁	
	法式	卷三十三	彩畫作制度圖樣上	第四册第 113 頁	
	法式	卷三十四	彩畫作制度圖樣下、刷飾制度圖樣	第四册第 169 頁、199 頁	
團科	法式	卷十四	彩畫作制度・五彩徧裝	第二册第 77 頁	彩畫圖案形式之一種。於華文地上圈出一定面積，其内畫另一種華文，即團科。有六入團科、四入團科、四出尖團科等形式
榭	法式	卷一	總釋上・臺榭	第一册第 8 頁	榭，即今之“堂壇”
桊	法式	卷二	總釋下・搏風	第一册第 26 頁	即“搏風版”。參閲“搏風版”條
榥	法式	卷七	小木作制度二・胡梯	第一册第 157 頁	木製器物内部框架的小木方
	法式	卷九	小木作制度四・佛道帳	第一册第 195 頁	
槏柱	法式	卷六	小木作制度一・截間版帳	第一册第 130 頁	截間版帳等榑柱之内分間的方柱
	法式	卷十九	大木作功限三・倉廒庫屋功限	第二册第 200 頁	
榻板	則例	第五章	裝修	第 46 頁	檻牆上、風檻下所平放之板；window（原） 參閲原書圖版貳拾壹、貳拾貳
榻（踏）脚木	則例	第三章	大木	第 37 頁	歇山大木在兩山承托草架柱子之木，見方同桁徑（原） 參閲原書圖版玖

續表

詞條	書名	卷、章目次	卷、章名稱	頁碼	釋義
榻頭木	法式	卷六	小木作制度一・露籬	第一册第 134 頁	承露籬屋檐的木方（備用）
	法式	卷十一	小木作制度六・轉輪經藏	第二册第 9 頁	
槶面	法原	第十三章	做細清水塼作	第 82 頁	起線之一種。其斷面凸出轉角帶圓面形者（原）
楨子草	則例	清式營造辭解	十三畫	第 14 頁	卷草花紋之有葉無枝者；Acanthus（原）
槅（隔）心	則例	第五章	裝修	第 46 頁	格扇上部之中心部分（原） 參閱原書圖版貳拾貳 ［整理者注］《則例》正文寫作“槅心”，辭解寫作“隔心”
膊椽	法式	卷三	壕寨制度・城	第一册第 55 頁	夯築工具，用於牆兩側的欄版，又名“栽”
墊板	則例	第三章	大木	第 30 頁	位於檁下枋上，竪立之板（修訂）
	法原	第八章	裝折	第 54 頁	即餘塞板。將軍門之門檔户對與抱柱間所墊之板（原）
墊栱板	法原	第四章	牌科	第 28 頁	牌科左右與相鄰牌科的間隙，用彫空花板填充，名爲“墊栱板”（修訂）
戧木	則例	清式營造辭解	十四畫	第 15 頁	斜支於建築物旁以防傾斜之木；bracing（原）
戧角	法原	第七章	殿庭總論	第 48 頁	歇山或四合舍屋頂，在轉角處之屋面結構（修訂）
戧山木	法原	第五章	廳堂總論	第 40 頁	摔網椽下所填之齒形斜木（原）
戧檐塼	則例	第四章	瓦石	第 41 頁	墀頭上面向前部之方塼（原）
截頭方	法式	卷二十六	諸作料例一・大木作	第三册第 65 頁	十四種規格木料之十。長 18～20 尺、廣 1.1～1.3 尺、厚 0.75～0.9 尺。參閱“材植”條
截間格子	法式	卷七	小木作制度二・殿内截間格子	第一册第 148 頁	殿堂内分間的木隔斷，其上分兩間如格子門形式，但固定不能開閉
截間版帳	法式	卷六	小木作制度一・截間版帳	第一册第 129 頁	殿堂内分間的隔斷木版牆
	法式	卷二十	小木作功限一・截間版帳	第二册第 230 頁	

續表

詞條	書名	卷、章目次	卷、章名稱	頁碼	釋義
截間屏風骨	法式	卷六	小木作制度一・照壁屏風骨	第一册第 131 頁	殿内照壁形式之一。全間固定，上貼絡寳床等裝飾
截間帶門格子	法式	卷三十二	小木作制度圖樣	第四册第 75 頁	圖樣“門窗格子門等第一”之十五（備用）
截間開門格子	法式	卷七	小木作制度二・堂閣内截間格子	第一册第 152 頁	殿堂内分間的木隔斷，當中作兩扇毬文格子門，兩側作泥道，其上亦作毬文格子
榦	法式	卷一	總釋上・牆	第一册第 11 頁	築牆夯土用的木杵
摘檐板	法原	第七章	殿庭總論	第 48 頁	即遮檐板。參閲“遮檐板”條
摔網椽	法原	第五章	廳堂總論	第 40 頁	檐椽、飛椽至角，依次伸長彎曲與戧端相平，似摔網狀，故名“摔網椽”（修訂）
瑣文	法式	卷十四	彩畫作制度・五彩徧裝	第二册第 78 頁	彩畫圖案形式之一種（略）
漢殿	法式	卷五	大木作制度二・陽馬	第一册第 105 頁	即廈兩頭造。參閲“廈兩頭”條
滿式	法原	附録	二、檢字及辭解	第 122 頁	梁頭兜肚或拋枋中央隆起半寸餘者（原）
滿軒	法原	第五章	廳堂總論	第 32 頁	廳堂形式之一。廳之貼式係連接而成，故名“滿軒”，均以柱相隔，軒梁相連（修訂）
滿面黄	則例	第四章	瓦石	第 44 頁	博脊與博脊枋間之空隙掩蓋瓦，黄色（修訂） 參閲原書圖版拾捌、貳拾
滿面緑	則例	第四章	瓦石	第 44 頁	博脊與博脊枋間之空隙掩蓋瓦，緑色（修訂）
滴水	則例	第四章	瓦石	第 43 頁	瓦隴最下端如意形舌片下垂之板瓦（修訂） 參閲原書圖版拾捌、拾玖、貳拾
	法原	第十一章	屋面瓦作及築脊	第 72 頁	底瓦用於檐口，底瓦端有如意形舌片下垂者（原）
滴珠板	則例	清式營造辭解	十四畫	第 15 頁	樓閣上平臺四周保護斗栱之板（原）
滴當子	法式	卷二十四	諸作功限一・旋作	第三册第 36 頁	即滴當火珠。參閲“滴當火珠”條

續表

詞條	書名	卷、章目次	卷、章名稱	頁碼	釋義
滴當火珠	法式	卷十三	瓦作制度・用獸頭等	第二册第 57 頁	用於華頭甋瓦上的火珠。參閲“火珠”條
滚場	法原	附録	二、檢字及辭解	第 122 頁	滚軋空場（原）
滚機	法原	第五章	廳堂總論	第 38 頁	即花機。見“連機”條。短機之彫花者亦稱“滚機”（修訂）
滚筒	法原	第十一章	屋面瓦作及築脊	第 69 頁	正脊下部分，成圓弧形之底座，用兩筒瓦對合築成者（原）
盡間	則例	第二章	平面	第 20 頁	七間九間大殿正面兩盡端之一間（修訂）
端石	法原	附録	二、檢字及辭解	第 122 頁	即石錘，方一尺二寸，用金山石製，打樁用（原）
管脚榫	則例	清式營造辭解	十四畫	第 15 頁	柱下凸出以防柱脚移動之榫（原）
箍頭	則例	第六章	彩色	第 50 頁	梁頭彩畫兩端部分（原） 參閲原書插圖六十三、六十七
箍頭脊	則例	清式營造辭解	十四畫	第 15 頁	卷棚式屋頂兩山牆上由前坡引過後坡之垂脊（原）
箍柱頭口仔	法原	附録	二、檢字及辭解	第 123 頁	或稱“箍頭”。在梁端鑿圓形之中部相連之口仔，以受柱頭。此口仔頂面即鋸成桁椀（修訂）
算桯方	法式	卷四	大木作制度一・栱	第一册第 78 頁	鋪作裏跳最上用令栱所承的方。此方之上亦承平棊，故又名“平棊方”。參閲“平棊方”條
聚魚合榫	法原	附録	二、檢字及辭解	第 122 頁	兩枋端部,在柱内成相互交錯之榫,似聚魚狀（原）
蔥臺釘（蔥臺頭釘）	法式	卷十二	旋作制度・殿堂等雜用名件	第二册第 36 頁	釘之一種。長一尺、一尺一寸或一尺二寸，有蓋，蓋下方四分六厘、四分八厘、五分。鉤闌上用的木釘（備用）
蔴葉頭	則例	第三章	大木	第 27 頁	翹昂後尾彫飾法之一種（原） 參閲原書插圖十二
褊棱	法式	卷三	石作制度・造作次序	第一册第 57 頁	石料加工的第四步，用褊鏨鑿出四周邊棱
銀珠漆	法原	附録	二、檢字及辭解	第 122 頁	漆之配入銀珠，乾後顯紅者（修訂）

續表

詞條	書名	卷、章目次	卷、章名稱	頁碼	釋義
閥閱	法式	卷二十五	諸作功限二・瓦作	第三册第 45 頁	即烏頭。係“烏頭門”的別稱。參閱“烏頭”條
	法原	第八章	裝折	第 54 頁	將軍門額枋之上圓柱形之裝飾面以置匾額者(修訂)
閣	法原	附録	二、檢字及辭解	第 122 頁	平面为方形，可以登樓，重檐雙滴，四面開窗之建築物（原）
隨梁枋	則例	第三章	大木	第 30 頁	緊貼大梁之下，與之平行之輔材，高同檐柱徑，厚減高 2 寸（原）
	法原	第七章	殿庭總論	第 47 頁	俗名“擡梁枋”，在大梁下與大梁平行之枋（原）
隨瓣方	法式	卷八	小木作制度三・鬭八藻井	第一册第 167 頁	藻井的方井與八角井間的構件。參閱“角蟬”條
雌毛脊（鼻子）	法原	第十一章	屋面瓦作及築脊	第 67 頁	正脊之兩端如鴟尾之上翹者,又名“鴟尾脊”（原）
領夯石	法原	第一章	地面總論	第 13 頁	基礎開挖後先於上鋪三角石，並以木夯夯緊，此三角石即領夯石（修訂）
駁岸	法原	第九章	石作	第 61 頁	沿河房屋須打樁，靠樁裏面用蘆席，中實以土。樁頂用原大平整之“蓋樁石”，其上用側塘石，最上蓋於岸頂者爲鎖口石（修訂）
駁脚	法原	第一章	地面總論	第 14 頁	即砌築牆角（修訂） ［整理者注］此條未列入原書辭解專條
鼻子	則例	第四章	瓦石	第 45 頁	清水脊上兩端翹起部分（原）
臺（台）基	則例	第四章	瓦石	第 38 頁	塼石砌成之平臺，上立房屋者（修訂） ［整理者注］《法式》基本寫作“臺”字，《則例》中“臺”與“台”兩種寫法混用
臺（台）石	法原	第九章	石作	第 58 頁	位於階臺口之石（修訂）
臺（枱）塼	法原	第十二章	塼瓦灰砂紙筋應用之例	第 75 頁	塼之一種。甚大，方形，用以做臺面。鋪於琴桌上者稱“琴塼”（修訂） ［整理者注］《法原》原書作“枱塼”
舞鑽	法原	第十六章	雜俎	第 99 頁	木工工具。鑽杆横套扶手，扶手兩端以繩繞杆頂，杆下端有一木盤裝鑽頭。上下扶手舞動木盤鑽頭以鑽孔（修訂）
趕宕脊	法原	第十一章	屋面瓦作及築脊	第 69 頁	即歇山屋蓋兩山之“博脊”（修訂）

十五畫（共78條）

衕 徹 影 幡 樓 横 槽 槫 椿 劍 墀 廡 撐 搌 墨 窰 潑 熟 蕙 盤 碼 篠 磕 磊 碾 線 編 緣 蝦 篆 箭 膝 踏 踢 蝱(寅) 錠 鋪 鋒 鞍 餘 駝 閣 貓

詞條	書名	卷、章目次	卷、章名稱	頁碼	釋義
衕脊柱	法式	卷十九	大木作功限三・倉廒庫屋功限	第二册第 198 頁	十架椽屋縱中線上的柱子
徹上明造	法式	卷四	大木作制度一・飛昂	第一册第 82 頁	屋内上部不用平棊等，全部構架顯露可見
	法式	卷五	大木作制度二・梁	第一册第 97 頁	
	法式	卷五	大木作制度二・侏儒柱	第一册第 106 頁	
影作	法式	卷十四	彩畫作制度・解緑裝飾屋舍	第二册第 88 頁	彩畫栱眼壁上畫出的人字栱等
影栱	法式	卷四	大木作制度一・總鋪作次序	第一册第 91 頁	即扶壁栱。參閲“扶壁栱”條
影身	法原	附録	二、檢字及辭解	第 123 頁	樓梯每級之直立部分，即踏板（修訂）
幡竿頰	法式	卷三	石作制度・幡竿頰	第一册第 69 頁	固定旗杆等的石頰
樓	則例	清式營造辭解	十五畫	第 15 頁	（1）高兩層以上之建築物 （2）牌坊上有斗栱及檐屋之部分 （原）
	法原	第二章	平房樓房大木總例	第 17 頁	二層以上之房屋總稱“樓房”，樓房上層構架與平房同，其下層進深四界間用大梁，稱“承重”。承重長二界者，稱“雙步承重”。承重上安與之成直角的櫊栅，上鋪樓板。每界用櫊栅一條（修訂） ［整理者注］此條未列入原書辭解專條
樓板	則例	清式營造辭解	十五畫	第 15 頁	樓之地板；floor（原）
	法原	第二章	平房樓房大木總例	第 17 頁	樓面所鋪之木板，與櫊栅成直角（原）

續表

詞條	書名	卷、章目次	卷、章名稱	頁碼	釋義
樓閣	法式	卷四	大木作制度一・總鋪作次序	第一册第 92 頁	多層建築的泛稱
	法式	卷五	大木作制度二・柱	第一册第 103 頁	
樓下軒	法原	第三章	提棧總論	第 26 頁	軒之在樓房之下層者（原）
橫批	則例	第五章	裝修	第 46 頁	格扇上檻以下、中檻以上之部分；transom（原） 參閲原書圖版貳拾貳 ［整理者注］原文作"橫披"。按原卡片記録，"橫"為"橫"，屬十六畫
橫鈐	法式	卷六	小木作制度一・睒電窗	第一册第 128 頁	版壁、編竹抹灰等壁面内部所用木骨架，橫用的名"橫鈐"，直用的稱"立旌"。用於殿堂等内照壁、門窗等上
橫關	法式	卷二十	小木作功限一・版門	第二册第 217 頁	橫用的門關
橫風窗	法原	第八章	裝折	第 55 頁	裝於中檻上檻間的橫窗（修訂）
橫頭料	法原	第八章	裝折	第 53 頁	門窗框上下兩端的橫頭（修訂）
槽	法式	卷二十一	小木作功限二・裹栿版	第二册第 248 頁	殿堂平面由柱額鋪作劃分的空間。參閲"地盤分槽"條
槽内	法式	卷三十一	大木作制度圖樣下	第四册第 5 頁	殿堂分槽之内 參閲"殿堂等八鋪作雙槽草架側樣第十一"
槽升子	則例	第三章	大木	第 24 頁	正心栱兩端之升（原） 參閲原書圖版伍、捌，插圖十一
槫	法式	卷五	大木作制度二・梁	第一册第 97 頁	屋蓋上截面圓形的承重構件。安於梁頭，上承椽子，每架用一條。每屋架檐柱縫上一般不用槫，自檐柱以裏自下至上各槫分别名"下平槫""脊槫"
槫柱	法式	卷六	小木作制度一・截間版帳	第一册第 130 頁	截間版帳等兩邊的方子
椿子	法式	卷六	小木作制度一・烏頭門	第一册第 121 頁	較寬的門扇於腰華中間加用一立桯，名"椿子"
劍把	則例	第四章	瓦石	第 43 頁	正吻上之彫飾（原） 參閲原書圖版拾捌、拾玖、貳拾

續表

詞條	書名	卷、章目次	卷、章名稱	頁碼	釋義
墀頭	則例	第四章	瓦石	第 41 頁	山牆伸出至檐柱外之部分（原） 參閱原書圖版拾陸，插圖四十七、四十八
廡殿	則例	第三章	大木	第 35 頁	屋頂前後左右成四坡之殿；hipped ridge roof（原） 參閱原書卷首图子，插圖二十五
撑頭	則例	第三章	大木	第 25 頁	斗栱前後中線上，要頭以上、桁椀以下之木材（原） 參閱原書圖版伍
撮項造	法式	卷三	石作制度・重臺鉤闌	第一册第 63 頁	即科子蜀柱造。參閱“科子蜀柱造”條
撮項雲栱造	法式	卷九	小木作制度四・佛道帳	第一册第 198 頁	如圖 （備用）
墨斗	法原	第十六章	雜俎	第 99 頁	木工工具，彈墨線用（修訂）
墨道	法式	卷十四	彩畫作制度・總制度	第二册第 72 頁	彩畫中的黑色線
墨線	則例	第六章	彩色	第 50 頁	彩畫線道用墨者（原）
墨線大點金	則例	第六章	彩色	第 50 頁	旋子彩畫線道用墨，花心菱地用金者（原） 參閱原書圖版貳拾貳
墨線小點金	則例	第六章	彩色	第 50 頁	旋子彩畫線道用墨，花心用金者（原） 參閱原書圖版貳拾陸
窰作（窰作制度）	法式	卷十五	窰作制度	第二册第 105 頁	製坯，燒製塼、瓦、瑠璃等工，十三個工種之一 參閱“制度”條（略）
	法式	卷二十五	諸作功限二・窰作	第三册第 55 頁	
	法式	卷二十七	諸作料例二・窰作	第三册第 94 頁	
潑水	法原	第七章	殿庭總論	第 49 頁	凡山霧雲、抱梁雲、嫩戧、水戧等類，上部向外傾斜，其傾斜形式名“潑水”（修訂）
熟材	法式	卷二	總釋下・總例	第一册第 45 頁	大木。已經加工成形的木材
蕙草	法式	卷三	石作制度・造作次序	第一册第 58 頁	石作華文之四。其形制不詳（備用）
盤車	法原	第十六章	雜俎	第 97 頁	起重工具，即滑車與絞車（修訂）

續表

詞條	書名	卷、章目次	卷、章名稱	頁碼	釋義
盤頭	則例	第四章	瓦石	第 41 頁	硬山墀頭戧檐塼下之二線道塼（原）
碼	法原	附録	一、量木制度	第 100 頁	木材及石料計值之單位（原）
磉石	法原	第一章	地面總論	第 13 頁	柱脚下之方石，與地面平，其上置礅磴（修訂）
磉墩	則例	第四章	瓦石	第 38 頁	柱頂石下之基礎（原）
磕頭軒	法原	第五章	廳堂總論	第 35 頁	軒梁底低於大梁時名"磕頭軒"（修訂）
磊磊	法原	附録	二、檢字及辭解	第 123 頁	石牌坊之基座（原）
碾玉地	法式	卷十四			彩畫碾玉裝的底襯。刷膠水、青澱和茶土 ［整理者注］原書無此名詞，似作者據文義認為因有此詞
碾玉裝	法式	卷十四	彩畫作制度・總制度	第二册第 72、83 頁	次於五彩徧裝的彩畫。參閱"彩畫作（彩畫作制度）"條。又有"紅或戧金碾玉"變體
線道（線道石）	法式	卷三	石作制度・卷輂水窗	第一册第 67、68 頁	（備用）
	法式	卷十五	塼作制度・鋪地面	第二册第 99 頁	凡塼石鋪砌地面，其邊緣立砌塼石皆稱"線道"，線道用石名"線道石"
	法式	卷十五	塼作制度・踏道	第二册第 100 頁	
線道瓦	法式	卷十三	瓦作制度・結瓦	第二册第 49 頁	用一片瓪瓦改製成兩片長條，名"線道瓦"，用於當溝之上、脊之下
	法式	卷十五	窰作制度・瓦	第二册第 108 頁	
	則例	清式營造辭解	十五畫	第 15 頁	山牆墀頭上，挑檐石以上、戧檐塼以下之瓦（原）
編竹	法式	卷六	小木作制度一・破子櫺窗	第一册第 127 頁	"隔截編道"的簡稱
緣道	法式	卷十四	彩畫作制度・五彩徧裝	第二册第 77 頁	梁栿枓栱等彩畫，於構件上下或四周所畫的邊框。多用石色疊暈
蝦須栱	法式	卷四	大木作制度一・栱	第一册第 77 頁	指裏跳轉角的鋪作（入角造），用丁頭栱代，稱"蝦須栱"。參閱"丁頭栱"條
篆額天宫	法式	卷三	石作制度・贔屓鼇坐碑	第一册第 70 頁	碑頭上題字的部分
箭樓	則例	清式營造辭解	十五畫	第 15 頁	城門甕城牆上之樓（原） 參閱原書卷首图辰

續表

詞條	書名	卷、章目次	卷、章名稱	頁碼	釋義
膝褲通	法原	第十六章	雜俎	第 95 頁	即塔刹柱，套於塔心柱之飾物，鐵製，與相輪等相連（修訂）
踏	法式	卷十五	塼作制度・馬臺	第二册第 104 頁	樓梯等每一級稱爲“踏”
踏版	法式	卷七	小木作制度二・胡梯	第一册第 157 頁	樓梯每級平置的版名“踏版”。參閱“促版”條
	法式	卷九	小木作制度四・佛道帳	第一册第 204 頁	
踏版榥	法式	卷九	小木作制度四・佛道帳	第一册第 204 頁	踏版下之横木
踏跺	則例	第四章	瓦石	第 39 頁	由一高度達另一高度之階級；step（原） 參閱原書圖版拾柒
踏道	法式	卷三	石作制度・踏道	第一册第 61 頁	塼石砌築的梯級。清之臺階、踏跺。蘇式作階沿、踏朶
	法式	卷十三	泥作制度・壘射垜	第二册第 68 頁	
	法式	卷十五	塼作制度・踏道	第二册第 100 頁	
	法式	卷十五	窰作制度・壘造窰	第二册第 113 頁	
踏臺	法式	卷十三	泥作制度・壘射垜	第二册第 68 頁	踏道之上或轉折處的平臺
踏道圜橋子	法式	卷九	小木作制度四・佛道帳	第一册第 203 頁	小木作天宫樓閣間的踏道，側面成圓弧形
踢	則例	清式營造辭解	十五畫	第 15 頁	階級竪立之部分；riser（原）
䖿（虻）翅	法式	卷十九	大木作功限三・營屋功限	第二册第 208 頁	枝樘於蜀柱下段兩側的斜木。如圖
鋜脚	法式	卷三	石作制度・幡竿頰	第一册第 69 頁	小木作、石作等安於地面之上的一條横料（備用）
	法式	卷六	小木作制度一・烏頭門	第一册第 121 頁	
	法式	卷八	小木作制度三・井亭子	第一册第 184 頁	

續表

詞條	書名	卷、章目次	卷、章名稱	頁碼	釋義
錠脚版	法式	卷六	小木作制度一・烏頭門	第一册第 122 頁	門扇等於邊桯内最下一塊横版。如用障水版，即在障水版下
	法式	卷八	小木作制度三・棵籠子	第一册第 179 頁	
鋪	法式	卷四	大木作制度一・總鋪作次序	第一册第 91 頁	枓栱用構件一層稱“一鋪”，平均每一層高一足材
鋪作	法式	卷四	大木作制度一・飛昂、總鋪作次序	第一册第 81、88 頁	即枓栱組合成的構造單元。每一單元稱“一朵”。有四鋪作至八鋪作五種規格
鋪地面	法式	卷十五	塼作制度・鋪地面	第二册第 98 頁	用塼石鋪砌的地面（備用）
鋪地卷成	法式	卷十四	彩畫作制度・五彩徧裝	第二册第 77 頁	詳見《營造法式辭解》
鋪地蓮華	法式	卷三	石作制度・造作次序	第一册第 58 頁	（1）柱礎形式之一。覆盆彫成蓮花瓣，瓣尖向下 （2）凡須彌坐等出澁彫蓮瓣尖向下者，均可稱“鋪地蓮華”，又稱“覆蓮”，形式亦同
鋪版方	法式	卷四	大木作制度一・平坐	第一册第 93 頁	平坐鋪作之上，與鋪作襯方頭相列，與地面方相交的木方，上承地面版（樓板）。清之“楞木”
鋒	則例	清式營造辭解	十五畫	第 16 頁	兩斜面相交凸出之尖角部分（修訂）
鞍子脊	則例	清式營造辭解	十五畫	第 15 頁	即元寶脊（原） 參閱“元寶脊”條
餘屋	法式	卷五	大木作制度二・柱	第一册第 102 頁	廊屋、常行散屋、營房屋的總稱。參閱“殿”條
餘側	法原	附録	二、檢字及辭解	第 112 頁	餘地、側地，不能成方形者（原）
餘塞板	則例	第五章	裝修	第 47 頁	大門門框與抱柱間之板（原） 參閱原書圖版貳拾貳、貳拾叁
駝峰	法式	卷五	大木作制度二・梁	第一册第 99 頁	（1）大木作。坐於梁上承托一梁梁頭的構件，藝術加工成各種形式，有鷹嘴駝峰、兩瓣駝峰、掐瓣駝峰、氈笠駝峰多種形式。參閱各專條
	法式	卷十九	大木作功限三・殿堂梁柱等事件功限	第二册第 193 頁	
	法式	卷三	石作制度・贔屓鼇坐碑	第一册第 70 頁	（2）石作。碑坐之鼇背留下略凸起的平面，以便承托碑身

續表

詞條	書名	卷、章目次	卷、章名稱	頁碼	釋義
闌頭栿	法式	卷五	大木作制度二·棟	第一册第108頁	厦兩頭房屋，承受兩山出際部位荷重的大梁。安於兩山丁栿之上
貓耳	法原	附録	二、檢字及辭解	第120頁	釘名，釘端成貓耳形（原）

十六畫（共69條）

儘 薦 鴟 鴛 壇 墼 壁 學 機 橘 橑 圜 獨 磨 擗 擎 擁 擔 舉 燈 燕(鶯) 營 緣 縫 螭 螞 築 頰 輻 踥 錐 鋸 錢 錦 頭 龍 整 燙 糙 隱

詞條	書名	卷、章目次	卷、章名稱	頁碼	釋義
儘間階沿石	法原	第一章	地面總論	第13頁	房屋基礎側塘石之上又砌一石與室内地面相平，稱“儘間階沿石”（修訂） ［整理者注］此條未列入原書辭解專條
薦拔	法式	卷十九	大木作功限三·薦拔抽換柱栿等功限	第二册第209頁	用槓桿吊起梁柱等，稱“薦拔”，以便抽换損壞梁柱
鴟尾	法式	卷十三	瓦作制度·用鴟尾	第二册第55頁	殿堂等正脊兩端的彫飾物，或作“鴟尾”或作“龍尾”“獸頭”，即清代的“正吻”
鴛鴦廳	法原	第五章	廳堂總論	第32頁	廳堂形式之一。進深較大，用脊柱分隔爲前後廳，兩廳平行對稱，一半用扁作，另一半用圓料，故名“鴛鴦廳”（修訂）
鴛鴦交手栱	法式	卷四	大木作制度一·栱	第一册第80頁	轉角鋪作上，兩栱相距不足栱長，即相連製作，於中間刻畫出兩個相交的栱頭
壇	法式	卷三	石作制度·壇	第一册第66頁	石砌的露天臺坐
墼	法式	卷十三	泥作制度·壘牆	第二册第61頁	用潮濕土夯打成的土塼。參閲“坯”條 參閲《營造法式研究札記》
	法式	卷十六	壕寨功限·總雜功	第二册第119頁	
壁帳	法式	卷十	小木作制度五·壁帳	第一册第224頁	寺觀内殿内沿壁面安放的帳（龕）

續表

詞條	書名	卷、章目次	卷、章名稱	頁碼	釋義
壁藏	法式	卷十一	小木作制度六・壁藏	第二册第 16 頁	寺觀内殿内沿壁面安放的經橱
壁隱假山	法式	卷二十五	諸作功限二・泥作	第三册第 47 頁	牆壁面上塑作的假山
壁齒	法式	卷十二	竹作制度・隔截編道	第二册第 42 頁	横經，凡上下貼桯者，俗謂之“壁齒”
學子	則例	清式營造辭解	十六畫	第 16 頁	即旋子之俗寫（原）
機枋	則例	清式營造辭解	十六畫	第 16 頁	裏拽廂栱上所承之枋，高 2 斗口，厚 1 斗口（原）
機面線	法原	第五章	廳堂總論	第 37 頁	桁、桁下連機均與梁頭相交。桁之高低爲提棧所確定。施工前確定提棧後，即於梁頭先畫出連機與桁交界的位置，以爲開鑿桁、連機榫卯的標準，此線即爲機面線。定機面線是立貼施工的重要步驟（修訂） ［整理者注］此段與原書有較大差异
橘瓤塼	法原	第十二章	塼瓦灰砂紙筋應用之例	第 74 頁	塼之一種。似枳（橘）瓤狀用以砌發券（修訂） ［整理者注］原書正文寫作“橘瓤塼”，而辭解祇列“枳瓤塼”，應是同一物件
橑檐方	法式	卷五	大木作制度二・梁	第一册第 99 頁	鋪作最外跳上用方承槫，名“橑檐方”。如用槫代方，即稱“橑風槫”
	法式	卷五	大木作制度二・棟	第一册第 108 頁	
橑風槫	法式	卷五	大木作制度二・棟	第一册第 108 頁	鋪作最外跳上所用之槫。如用方代槫，即稱“橑檐方”
圜淵方井	法式	卷二	總釋下・鬭八藻井	第一册第 36 頁	即藻井。參閱“藻井”條
圜枓	法式	卷四	大木作制度一・枓	第一册第 86 頁	即圓形的枓。參閱“櫨枓”條
獨扇版門	法式	卷六	小木作制度一・版門	第一册第 118 頁	版門窄，即衹作一扇，稱“獨扇版門”
磨礲	法式	卷三	石作制度・造作次序	第一册第 57 頁	石料加工的第六道工序（最後一道），用沙石水磨令平

續表

詞條	書名	卷、章目次	卷、章名稱	頁碼	釋義
擗石樁	法式	卷三	石作制度・卷輂水窗	第一册第 68 頁	卷輂水窗上下出入水處最外側竪砌的石塊
擗簾竿	法式	卷七	小木作制度二・擗簾竿	第一册第 161 頁	用於殿堂等出跳栱或椽頭之下，其用途不詳
擎檐柱	則例	清式營造辭解	十六畫	第 16 頁	城樓上檐四角下用以支檐角之柱（原）
擁脚土	法原	第一章	地面總論	第 15 頁	填平基礎坑槽之土壤（修訂）
擔檐角梁（由戧）	法原	第十六章	雜俎	第 96 頁	尖頂屋面轉角處，老戧以上之角梁（原）
舉折	法式	卷五	大木作制度二・舉折	第一册第 112 頁	使屋蓋瓦面斜坡成略向下凹的曲線的方法。參閲"舉屋""折屋"條
舉屋	法式	卷五	大木作制度二・舉折	第一册第 113 頁	定屋蓋總高（自橑檐方背至脊槫背）的方法。以前後橑檐方中線至中線長爲標準，最高爲長的 1/3，最低爲長的 1/2。參閲"折屋"條
舉架	則例	清式營造辭解	十七畫	第 16 頁	爲使屋頂成斜坡曲線，而將每層桁較下層比例的加高方法（修訂） 參閲原書圖版拾伍
燈籠榫	則例	清式營造辭解	十六畫	第 16 頁	牌樓柱上伸起以安斗栱之長榫（原）
燕（鷰）尾	法式	卷十四	彩畫作制度・解緑裝飾屋舍	第二册第 86 頁	彩畫作丹粉刷飾屋舍，於頭白粉刷成 形，名"燕尾"
	則例	第六章	彩色	第 52 頁	天花枝條相交處之彩畫（原） 參閲原書圖版貳拾玖，插圖七十
燕尾枋	則例	第三章	大木	第 36 頁	懸山伸出桁頭下之輔材，厚按柱徑十分之三，寬加厚二寸（原）
燕頷（版）	法式	卷十三	瓦作制度・結瓦	第二册第 49 頁	在小連檐之上，按瓦隴開槽口承仰瓦。即清代的瓦口，又名"牙子版"
	法式	卷二十六	諸作料例一・瓦作	第三册第 71 頁	
營屋	法式	卷十九	大木作功限三・營屋功限	第二册第 206 頁	即營房屋。參閲"營房屋"條
營房屋	法式	卷十三	瓦作制度・壘屋脊	第二册第 53 頁	營屋。規格、質量要求最低的房屋。參閲"殿"條

續表

詞條	書名	卷、章目次	卷、章名稱	頁碼	釋義
《營造法式》					宋代李誡於元符三年（公元 1100 年）編，崇寧二年（公元 1103 年）刊印頒行（略，詳見《營造法式辭解》）
《營造法原》					清末民國初蘇州匠師姚承祖先生原著，1937 年張至剛先生增編，並經劉敦楨先生校閲定稿，於 1959 年出版。此書記録了明代以來以蘇州爲中心的建築做法，是研究建築學、建築歷史的重要典籍
縧環板	則例	第五章	裝修	第 46 頁	格扇下部之小芯板（修訂） ［整理者注］此條未列入原書辭解專條
縫	法式	卷五	大木作制度二・棟	第一册第 108 頁	中線。如間縫即相鄰兩間的前後檐柱中線，槫縫即槫的中線
螭子石	法式	卷三	石作制度・螭子石	第一册第 64 頁	鉤闌蜀柱之下的石塊
螞蚱頭	則例	第三章	大木	第 27 頁	耍頭或翹昂頭上彫飾法之一種（原） 參閱原書斗栱各圖，插圖十二
築城	法式	卷三	壕寨制度・城	第一册第 55 頁	版築城牆
築牆	法式	卷三	壕寨制度・牆	第一册第 56 頁	版築牆，有三種規格
築基	法式	卷三	壕寨制度・築基	第一册第 54 頁	用石劄、碎塼瓦、土等分層夯築基礎
頰子（頰）	法式	卷七	小木作制度二・格子門	第一册第 143 頁	即兩頰。參閲“兩頰”條
	法式	卷九	小木作制度四・佛道帳	第一册第 193 頁	
輻	法式	卷十一	小木作制度六・轉輪經藏	第二册第 13 頁	輪中直木。轉輪經藏、立軸上用以承經匣
踜蹽	法原	第九章	石作	第 58 頁	不用階級的升降道，其斜面做成鋸齒形的緩坡（修訂） ［整理者注］此二字疑爲工匠造字
錐眼	法式	卷四	大木作制度一・爵頭	第一册第 86 頁	在鋪作耍頭上，又名“龍牙口”。其具體形式不明
鋸作	法式	卷十二	鋸作制度	第二册第 40 頁	
	法式	卷二十四	諸作功限一・鋸作	第三册第 37 頁	鋸解木料的工種。十三個工種之一。參閲“制度”條

續表

詞條	書名	卷、章目次	卷、章名稱	頁碼	釋義
錢木	法原	附録	一、量木制度	第 100 頁	木之圍徑在一尺五寸以上者（原）
錦	則例	清式營造辭解	十六畫	第 16 頁	彩畫内作錦形之母題（原） 參閲原書圖版貳拾柒
錦袱	法原	第十三章	做細清水塼作	第 83 頁	牆門上下枋子中央施彫刻之部分（修訂）
錦枋心	則例	清式營造辭解	十六畫	第 16 頁	彩畫用錦爲母題之枋心（原） 參閲原書圖版貳拾柒
錦枋線	則例	第六章	彩色	第 50 頁	彩畫各部分間之線道（原） 參閲原書插圖六十三、六十四
頭停椽	法原	第七章	殿庭總論	第 48 頁	屋面最高之椽，釘於脊桁與金桁間，以下依次爲花架椽、出檐椽（修訂）
龍池	法式	卷八	小木作制度三・鉤闌	第一册第 178 頁	即折檻。參閲“折檻”條
龍尾	法式	卷十三	瓦作制度・用鴟尾	第二册第 56 頁	殿堂等正脊兩端的彫飾物，或作“鴟尾”或作“龍尾”“獸頭”，即清代的“正吻”
龍筋	法原	第十一章	屋面瓦作及築脊	第 71 頁	攀脊内横置之木筋，以增脊之堅固（修訂）
龍頭	則例	清式營造辭解	十七畫	第 16 頁	須彌座四角或欄杆望柱下之龍頭形彫飾（原） 參閲原書插圖四十二
龍牙口	法式	卷四	大木作制度一・爵頭	第一册第 86 頁	又名“錐眼”，在鋪作耍頭上。其具體形象不明
龍吻脊	法原	第十一章	屋面瓦作及築脊	第 68 頁	殿庭正脊兩端用龍吻或點龍吻，以開間大小分數塊製成。計：三開間，龍吻套（塊）數五套，高 3.5～4 尺；五開間，龍吻套（塊）數七套，高 4～4.5 尺；七開間，龍吻套（塊）數九套，高 4.5～5 尺；九開間，龍吻套（塊）數十三套，高 5 尺以上（修訂） ［整理者注］此條未列入原書辭解專條
龍鳳枋心	則例	第六章	彩色	第 51 頁	枋心彩畫上用龍鳳爲母題者（修訂）
龍錦枋心	則例	第六章	彩色	第 50 頁	枋心彩畫上用龍與錦相間爲母題者（原） 參閲原書圖版貳拾柒
龍鳳間華	法式	卷十六	石作功限・角石	第二册第 127 頁	石作彫刻形式之一。華文間插龍鳳或雲文
整紋、亂紋	法原	第八章	裝折	第 55 頁	用於裝飾之木條，其材料、花紋式様，係通長相連者爲整紋，斷續者爲亂紋（原）

續表

詞條	書名	卷、章目次	卷、章名稱	頁碼	釋義
燙樣	則例	清式營造辭解	十七畫	第 16 頁	用紙漿壓製成的房屋模型（修訂） ［整理者注］原文作“盪樣”
糙塘石	法原	第一章	地面總論	第 13 頁	房屋基礎疊石上壘砌的毛石條（修訂） 參閱原書辭解之“側塘石”條 ［整理者注］此條未列入原書辭解專條
隱脊	法原	第十三章	做細清水塼作	第 83 頁	牆門上，荷花柱上端，前邊之耳形飾物（原）
隱角梁	法式	卷五	大木作制度二·陽馬	第一册第 104 頁	在大角梁上，前接子角梁，後接續角梁

十七畫（共 53 條）

闌 闇 簇 簚 壓 壕 幫 檐 檁 爵 轂 氈 牆 點 縮 總 豁 翼 螻 螳 鞠 嬪

詞條	書名	卷、章目次	卷、章名稱	頁碼	釋義
闌額	法式	卷五	大木作制度二·闌額	第一册第 100 頁	以榫安於柱頭卯口内的額枋。或做成月梁形
闌額栿	法式				廈兩頭屋蓋，承受兩山出際部位重量的大梁，安於兩山丁栿上 ［整理者注］此條之出處，作者未注明，整理者亦未查實，暫且存疑
闌檻鉤窗	法式	卷七	小木作制度二·闌檻鉤窗	第一册第 146 頁	外檐裝修之一種。下作窗坐可供坐息，名“檻面”，上作三扇格子窗，窗外側有鉤闌
闇柱	法式	卷十九	大木作功限三·殿堂梁柱等事件功限	第二册第 193 頁	包砌在牆内的柱
闇栔	法式	卷四	大木作制度一·材	第一册第 75 頁	栱上兩料之間加填的木塊，高一栔
簇角梁	法式	卷五	大木作制度二·舉折	第一册第 114 頁	圓形或正多邊形平面、鬭尖屋頂的做法。於大角梁背上立簇角梁，按其位置分爲：上折簇梁、中折簇梁、下折簇梁
簚青	法原	第十六章	雜俎	第 99 頁	木工畫線工具，竹青片，下端依次劈開，濺墨畫線（修訂）

續表

詞條	書名	卷、章目次	卷、章名稱	頁碼	釋義
篾片混	法原	第七章	殿庭總論	第 49 頁	老戧底所作圓形（原）
壓心	法式	卷十四	彩畫作制度・五彩徧裝	第二册第 81 頁	彩畫疊暈梁方從淺色至深色，最後再用草色加深中心
壓脊	法式	卷六	小木作制度一・露籬	第一册第 135 頁	
	法式	卷八	小木作制度三・井亭子	第一册第 183 頁	小木作版屋造屋蓋上的脊
壓跳	法式	卷四	大木作制度一・栱	第一册第 77 頁	即楷頭。參閲“楷頭”條
壓暈	法式	卷十四	彩畫作制度・五彩徧裝	第二册第 81 頁	彩畫疊暈用赤黄色，於粉地上以朱華合粉畫淺暈，名“壓暈”
壓帶條	則例	第四章	瓦石	第 43 頁	正脊和垂脊線道瓦之一種（修訂） 參閲原書圖版拾捌、拾玖、貳拾 [整理者注] 原書正文作“押帶條”，辭解作“壓帶條”
壓槽方	法式	卷五	大木作制度二・梁	第一册第 99 頁	鋪作柱頭方上作梁墊的大方
壓闌石	法式	卷三	石作制度・壓闌石	第一册第 60 頁	階基四周邊沿鋪砌的石塊，清式稱“階條石”，蘇式稱“階沿”。參閲“地面石”條
壓闌塼	法式	卷十五	塼作制度・用塼	第二册第 97 頁	塼的類型之一。特大的條塼。長二尺一寸，廣一尺一寸，厚二寸五分
	法式	卷十五	窰作制度・塼	第二册第 109 頁	
壓地隱起華	法式	卷三	石作制度・造作次序	第一册第 57 頁	即淺浮彫，石作彫刻形式之一
壕寨	法式	卷三	壕寨制度	第一册第 50 頁	十三個工種之一。包括施工前定方位水平，及挖築基礎、夯築城牆、版築牆等工。參閲“制度”條
	法式	卷十六	壕寨功限	第二册第 116 頁	
	法式	卷二十九	壕寨制度圖樣	第三册第 138 ～ 141 頁	
幫脊木	法原	第二章	平房樓房大木總例	第 17 頁	重疊於脊桁之上，加强脊桁的構件（修訂）

續表

詞條	書名	卷、章目次	卷、章名稱	頁碼	釋義
檐	法式	卷二	總釋下・檐	第一册第 28 頁	
	法式	卷四	大木作制度一・栱	第一册第 76 頁	
	法式	卷五	大木作制度二・檐	第一册第 111 頁	屋蓋外緣用椽挑出橑檐方以外的部分
	則例	清式營造辭解	十七畫	第 16 頁	屋頂伸出至牆或柱以外之部分；eave（原） [整理者注]《則例》中“檐”“簷”兩種寫法通用
檐人（釘）	法原	第十一章	屋面瓦作及築脊	第 72 頁	一名“釘帽子”，屋面出檐頭，蓋瓦上之小瓦人裝飾（原） [整理者注] 原書正文作“檐人釘”，附録之辭解作“檐人”
檐柱	法式	卷五	大木作制度二・柱	第一册第 102 頁	房屋最外一周的柱，通稱“檐柱”
	則例	第三章	大木	第 29 頁	承支屋檐之柱（原） 參閱原書插圖十八
檐高	法原	第七章	殿庭總論	第 47 頁	殿庭檐高以正間面闊加牌科高爲準（修訂） [整理者注] 此條未列入原書辭解專條
檐版	法式	卷六	小木作制度一・版引檐	第一册第 135 頁	版引檐的主體部分
檐栿	法式	卷五	大木作制度二・梁	第一册第 96 頁	長四椽以上的大梁，通稱“檐栿”
檐椽	則例	清式營造辭解	十七畫	第 16 頁	屋檐部分之椽，上端在老檐桁上，下端搭過正心及挑檐桁（原）
檐牆	則例	第四章	瓦石	第 40 頁	檐柱與檐柱間之牆（原） 參閱原書插圖十八
檐額	法式	卷五	大木作制度二・闌額	第一册第 101 頁	安於柱頭之上的額方。額下用綽幕方
檐瓦槽	法原	第七章	殿庭總論	第 50 頁	嫩戧與老戧相交處，老戧面所開之槽，用以承嫩戧者（原）
檐門方	法式	卷十九	大木作功限三・城門道功限	第二册第 197 頁	城門道口上的橫方
檐墊板	則例	第三章	大木	第 30 頁	小式大木檐檩及檐枋間之墊板（原） 參閱原書圖版拾壹
檩	則例	第三章	大木	第 30 頁	小式大木之桁，徑同檐柱；purlin（原）

續表

詞條	書名	卷、章目次	卷、章名稱	頁碼	釋義
爵頭	法式	卷一	總釋上・爵頭	第一册第 16 頁	即耍頭。參閱“耍頭”條
	法式	卷四	大木作制度一・爵頭	第一册第 85 頁	
轂轤	則例	第六章	彩色	第 52 頁	天花支條彩畫，燕尾正中之圓心（原） 參閱原書插圖七十
氈笠駝峰	法式	卷三十	大木作制度圖樣上	第三册第 175 頁	駝峰形式之一種。如圖 參閱圖樣之“梁柱等卷殺第二”之五
牆	法式	卷三	壕寨制度・牆	第一册第 55 頁	（1）用土夯築的牆。以高厚比及收分不同分三種：牆、露牆、抽紝牆 （2）牆高爲厚的三倍，兩面收分共爲牆厚的 1/2，用塼石壘砌的隔斷物
	法式	卷十三	泥作制度・壘牆	第二册第 60 頁	
	則例	第四章	瓦石	第 40 頁	用塼石壘砌之隔斷物（原）
	法原	第一章	地面總論	第 14 頁	用塼石壘砌之隔斷、封閉體（修訂）
牆肩	則例	第四章	瓦石	第 41 頁	牆頂上或斜坡或圓坡部分。亦稱“簽尖”（原） 參閱原書圖版拾陸
牆門	法原	第八章	裝折	第 53 頁	亦稱“庫門”，裝於牆上的外門，多用實拼門，拼增用各種鐵件，亦有於門正面敷方塼者（修訂）
牆下隔減	法式	卷十五	塼作制度・牆下隔減	第二册第 99 頁	夯土或土墼牆下的塼坐
點水	法原	附録	二、檢字及辭解	第 115 頁	木材之圍量手（原） 參閱原書附録一
點草架	法式	卷五	大木作制度二・舉折	第一册第 113 頁	即定側樣。參閱“定側樣”條
縮率	法原	第十一章	屋面瓦作及築脊	第 69 頁	屋頂水戧及豎帶三寸宕下端，所作之回紋形花飾（原）
總例	法式	卷二	總釋下・總例	第一册第 44 頁	列舉全書的共同慣用原則（略） 參閱《營造法式辭解》
總釋	法式	卷一、卷二	總釋上、總釋下	第一册第 1 ～ 47 頁	總釋：凡考證古名均不録，惟録今名，即註中之“今謂之”等 ［整理者注］此處所謂“註中之‘今謂之’等”，指“總釋”原文的註文中每以“今謂之”“今俗謂之”等説明古代名詞在宋代的名稱

續表

詞條	書名	卷、章目次	卷、章名稱	頁碼	釋義
總鋪作次序	法式	卷四	大木作制度一・總鋪作次序	第一册第 88 ～ 92 頁	鋪作構造的總説明
豁	法原	第十一章	屋面瓦作及築脊	第 67 頁	兩瓦隴於椽子間之距離（修訂）
翼角翹(飛)椽	則例	第三章	大木	第 34 頁	屋角部分如翼形展開而翹起之椽（修訂） 參閲原書圖版拾叁 ［整理者注］原書正文作"翼角翹飛椽"，辭解作"翼角翹椽"
螻蟈椽	則例	第三章	大木	第 32 頁	卷棚式大木最上一段之曲椽（原） 參閲原書圖版拾壹
螳螂肚（托泥當溝）	法原	第十一章	屋面瓦作及築脊	第 72 頁	竪帶下端花籃座下，瓦楞間螳螂形之飾物（原）
螳螂頭口	法式	卷三十	大木作制度圖樣上	第三册第 195 頁	大木榫卯之一種。參閲圖樣之"梁額等卯口第六"之二 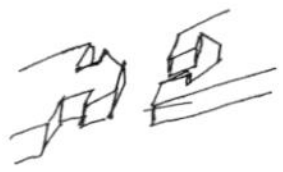
鞠	法式	卷二十六	諸作料例一・瓦作	第三册第 75 頁	鐵鋦子
	法式	卷三十	大木作制度圖樣上	第三册第 196 頁	參閲圖樣之"合柱鼓卯第七"之一
鞠榫	法原	第六章	廳堂升樓木架配料之例	第 42 頁	成鴿尾狀或定勝形，又稱"羊勝勢之榫"，用以相互鉤搭結合（原） ［整理者注］原書正文作"鞠"，附録之辭解作"鞠榫"
嬪伽	法式	卷十三	瓦作制度・用獸頭等	第二册第 57 頁	（1）屋蓋角脊端部第一個裝飾，其後爲走獸
	法式	卷十二	彫作制度・混作	第二册第 30 頁	（2）彩畫作、彫木作等常用的裝飾題材，多作人首鳥身形
	法式	卷十四	彩畫作制度・五彩徧裝	第二册第 79 頁	
	法式	卷二十四	諸作功限一・彫木作	第三册第 25 頁	（3）連翅並蓮華坐，或雲子或山子

十八畫（共60條）

壘 檼 檻 檷 雙 擺 藕 覆 斷 礅 礎 翹 蟬 雞 雜 鎮 鎖 額 䪿 轉 鵝 騎 邊 龜 隴

詞條	書名	卷、章目次	卷、章名稱	頁碼	釋義
壘造流盃	法式	卷三	石作制度・流盃渠	第一册第 65 頁	用石塊壘砌的流盃渠。參閲“流盃渠”條
檼襯角栿	法式	卷五	大木作制度二・梁	第一册第 99 頁	大角梁之下、鋪作明梁之上，轉角處的草栿
檻	則例	第五章	裝修	第 45 頁	柱與柱間安裝格扇横架内之横木；sill 或 rail（原） 參閲原書圖版貳拾壹、貳拾貳、貳拾叁
檻面版（檻面）	法式	卷七	小木作制度二・闌檻鉤窗	第一册第 147 頁	闌檻鉤窗的檻面，可供坐息，上安鉤窗。參閲“闌檻鉤窗”條
檻窗	則例	第五章	裝修	第 46 頁	窗扇上下有轉軸，可以向内或向外啓閉之窗；casement window（原） 參閲原書圖版貳拾貳，插圖五十四
檻牆	則例	第五章	裝修	第 40 頁	檻窗以下之矮牆（原） 參閲原書圖版貳拾壹、貳拾貳，插圖五十四
檻墊石	則例	第四章	瓦石	第 39 頁	門檻下，與檻平行，上皮與臺基面平，墊於檻下之石（原）
檷柵（龍骨木）	法原	第二章	平房樓房大木總例	第 17 頁	架於承重上架之小梁，上鋪樓面板（修訂）
雙細	法原	第九章	石作	第 57 頁	造石次序之第一步，就山場石坯粗去其棱角（修訂）
雙步	法原	第一章	地面總論	第 13 頁	殿、廳堂等房屋内四界之前方連作兩界稱“雙步”。如在内四界之後，則稱爲“後雙步”（修訂）
雙步承重	法原	第二章	平房樓房大木總例	第 17 頁	承重之長爲二界者（修訂） ［整理者注］此條未列入原書辭解專條
雙四六式	法原	第四章	牌科	第 30 頁	牌科規格之一。以大門面寬一尺二寸、高八寸（即四六式之一倍）爲標準（修訂）
雙托神	法式	卷三	石作制度・重臺鉤闌	第一册第 62 頁	石鉤闌間廣大，於尋杖下加彫飾，有單托神、雙托神兩種形式

續表

詞條	書名	卷、章目次	卷、章名稱	頁碼	釋義
雙步梁	則例	第三章	大木	第 31 頁	長兩步架，一端梁頭上有桁，另一端無桁而入柱卯（修訂） 參閱原書插圖二十三
雙腰串	法式	卷六	小木作制度一・烏頭門	第一册第 121 頁	格子門等門扇，桯内用腰串一條（單腰串），或用二條（雙腰串），其間安腰華版。參閱“腰串”條
雙槽	法式	卷三十一	大木作制度圖樣下	第四册第 4 頁	殿堂結構、地盤分槽形式之一。參閱圖樣之“殿閣地盤分槽等第十”
雙卷眼造	法式	卷三	石作制度・卷輂水窗	第一册第 67 頁	石作卷輂水窗有“雙卷眼”“單卷輂”，即兩個券洞、一個券洞
雙扇版門	法式	卷六	小木作制度一・版門	第一册第 118 頁	小木作版門等，有雙扇、單扇兩種形式，門寬大即作雙扇，稱“雙扇版門”
擺手	法式	卷三	石作制度・卷輂水窗	第一册第 68 頁	（1）卷輂水窗等泉洞墩臺與兩岸相接成三角形的部分名“擺手”。擺手或袛砌築地面或砌築護牆 （2）凡於門牆、壁藏等兩側對稱成八角形的部分均稱“擺手”
藕批搭掌	法式	卷三十	大木作制度圖樣上	第三册第 194 頁	大木榫卯之一種。參閱圖樣之“梁額等卯口第六”
覆盆	法式	卷三	石作制度・柱礎	第一册第 58 頁	（1）柱礎形式之一。礎上彫鑿出高出石面大於柱脚的圓形突起坐。其上或更浮彫花紋。礎面上盆脣彫成尖瓣向下的蓮瓣，名“鋪地蓮華” （2）彩畫、彫刻常用裝飾題材
覆蓮	法式	卷三	石作制度・柱礎	第一册第 58 頁	柱礎上之覆盆彫飾 參閱“仰覆蓮華”條
覆背塼	法式	卷十五	塼作制度・卷輂河渠口	第二册第 103 頁	塼券上的繳背。清代名“伏”
覆蓮櫺	則例	清式營造辭解	十八畫	第 17 頁	溜金斗後尾穿通各層枰杆之櫺（原） 參閱原書圖版陸 ［整理者注］原書正文第 28 頁寫作“伏蓮梢”
斷砌	法式	卷三	石作制度・門砧限	第一册第 65 頁	即斷砌門。參閱“斷砌門”條
斷砌（門）	法式	卷六	小木作制度一・版門	第一册第 121 頁	版門等不用地栿，於兩頰下安臥柣、立柣，上開槽口，安地栿版。如臥柣、立柣相連製作，即名“曲柣” ［整理者注］原文“如斷砌，即臥柣、立柣並用石造”，結合上下文分析，可知此處的“斷砌”係一種版門的名稱縮寫

續表

詞條	書名	卷、章目次	卷、章名稱	頁碼	釋義
磩磴	法原	第一章	地面總論	第 13 頁	柱礎上之石鼓（修訂）
礎（磉）	法式	卷一	總釋上・柱礎	第一册第 12 頁	即柱礎
翹	則例	第三章	大木	第 25 頁	斗栱上在前後中線上伸出之弓形木。高 2 斗口，寬 1 斗口（原） 參閱原書斗栱各圖，插圖十二
翹飛椽	則例	第三章	大木	第 34 頁	屋角部分翹起之飛椽（原） 參閱原書圖版拾叁
蟬翅	法式	卷十五	塼作制度・慢道	第二册第 100 頁	廳堂等慢道下邊展寬的部分
蟬肚綽幕	法式	卷三十	大木作制度圖樣上	第三册第 174 頁	綽幕頭的一種藝術加工形式。參閱“綽幕方”條。參閱圖樣之“梁柱等卷殺第二”之四
雞骨	法原	第八章	裝折	第 56 頁	鸊骨搭鈕之鸊骨俗稱“雞骨”，係窗上金屬附件，長扁形，一端有空之鐵片（修訂）
雞栖木	法式	卷六	小木作制度一・版門	第一册第 119 頁	門內與額平行的木材，自額外用門簪固定於額內側，兩頭穿孔以受門扇上鑲。《法原》稱“連楹”；蘇式稱“門楹”
雜間裝	法式	卷十四	彩畫作制度・雜間裝	第二册第 91 頁	彩畫作制度之一。混合兩種制度於一處的畫法，如“五彩徧裝間碾玉裝”“碾玉裝間畫松文裝”等
鎮子塼	法式	卷十五	窰作制度・塼	第二册第 109 頁	一種最小的塼，方 6.5 寸、厚 2 寸
鎖口石	法原	第九章	石作	第 59 頁	石欄杆下之石條，或駁岸頂上一皮石料（原）
鎖殼石	法原	第九章	石作	第 62 頁	石牌坊，聖旨牌下所懸似鎖片形之裝飾物（原）
額	法式	卷六	小木作制度一・烏頭門	第一册第 123 頁	凡門窗之上，固定於兩柱之間的橫木，皆名“額”。又，“闌額”“檐額”等的簡稱
顱	法式	卷一	總釋上・飛昂	第一册第 16 頁	凡構件表面做成凹進的曲面，均名爲“顱”。又作動詞用
	法式	卷四	大木作制度一・飛昂	第一册第 80 頁	
	法式	卷五	大木作制度二・梁	第一册第 98 頁	

續表

詞條	書名	卷、章目次	卷、章名稱	頁碼	釋義
轉輪	法式	卷十一	小木作制度六・轉輪經藏	第二册第1頁	轉輪經藏中心竪立的轉軸
轉角造	法式	卷五	大木作制度二・棟	第一册第108頁	即厦兩頭造。參閲“厦兩頭”條
轉角鋪作	法式	卷四	大木作制度一・總鋪作次序	第一册第91頁	角柱柱頭上的鋪作
轉輪經藏	法式	卷十一	小木作制度六・轉輪經藏	第二册第1頁	中心安轉軸可以移動的經橱。上施以木屋檐平坐、天宫樓閣
鵝臺	法式	卷六	小木作制度一・版門	第一册第121頁	版門等門扇的鐵製下鑲
鵝項	法式	卷七	小木作制度二・闌檻鉤窗	第一册第147頁	闌檻鉤窗、檻外側的鉤闌，尋杖下用鵝項，彎曲如鵝頭，以代蜀柱
騎栿（騎栿令栱）	法式	卷四	大木作制度一・栱	第一册第78頁	鋪作用栱適在梁栿背上與梁栿正交，稱“騎栿”。如騎栿令栱之類
	法式	卷十八	大木作功限二・殿閣身内轉角鋪作用栱枓等數	第二册第180頁	（備用）
騎互枓	法式	卷四	大木作制度一・枓	第一册第88頁	即散枓。參閲“散枓”條
騎枓栱	法式	卷四	大木作制度一・飛昂	第一册第85頁	不用枓，直接騎在昂身上的栱
騎廊軒	法原	第三章	提棧總論	第26頁	樓廳上廊柱之下端，架於樓下廊柱與步柱間之軒梁上，其貼式名爲“騎廊軒”（原）
騎槽檐栱	法式	卷四	大木作制度一・栱	第一册第76頁	跨越鋪作中線，内外皆出跳的栱。因跨越於槽内槽外或兩槽之間，故名“騎槽”
邊挺	則例	第五章	裝修	第46頁	格扇左右竪立之木材；style（原） 參閲原書圖版貳拾貳
	法原	第八章	裝折	第53頁	門窗兩邊之木框（修訂）
邊間	法原	第七章	殿庭總論	第47頁	硬山房屋正面最外一間（修訂） ［整理者注］此條未列入原書辭解專條
邊樓	則例	清式營造辭解	十八畫	第17頁	牌樓上兩邊之樓（原）

續表

詞條	書名	卷、章目次	卷、章名稱	頁碼	釋義
邊游磉石	法原	第一章	地面總論	第 13 頁	邊貼柱下之磉石（原）
邊貼	法原	第二章	平房樓房大木總例	第 16 頁	房屋建築用於次間、山牆間的貼（修訂）
邊落	法原	第二章	平房樓房大木總例	第 23 頁	住宅等房屋在地盤中線上者爲“正落”，此中線兩旁另立的中線上房屋稱“邊落”（修訂）
龜脚	法式	卷九	小木作制度四·佛道帳	第一册第 188 頁	佛道帳的橱、龕最下的木塊，與地面相接
龜頭	法式	卷九	小木作制度四·佛道帳	第一册第 199 頁	殿堂等於殿身中心之外又加建一間，明清稱爲“抱厦”
	法式	卷十一	小木作制度六·壁藏	第二册第 26 頁	
	法式	卷二十二	小木作功限三·佛道帳	第二册第 269 頁	
隴	則例	第四章	瓦石	第 43 頁	屋面用瓦賡續排列成行，謂之“隴”（修訂）

十九畫（共 33 條）

攀 櫍 曝 羅 蘇 藻 賨 獸 瀝 瓣 蹲 簾 簽 簫 繳 鏨 鏇 鏂 鵲 鞾 難

詞條	書名	卷、章目次	卷、章名稱	頁碼	釋義
攀脊	法原	第十一章	屋面瓦作及築脊	第 67 頁	前後屋面合角處所築之脊，高出蓋瓦二三寸，上築築脊（原）
櫍	法式	卷五	大木作制度二·柱	第一册第 103 頁	石柱礎上，又加木盤名“櫍”，上承柱脚。亦有用“石櫍”的做法
曝窑	法式	卷十五	窑作制度·壘造窑	第二册第 111 頁	燒製塼瓦的一種較小的窑。參閲“大窑”條
羅文楅	法式	卷六	小木作制度一·烏頭門	第一册第 123 頁	小木作。凡矩形邊框内對角線上所加十字斜木，均名“羅文楅”

續表

詞條	書名	卷、章目次	卷、章名稱	頁碼	釋義
羅漢方	法式	卷四	大木作制度一·總鋪作次序	第一册第 90 頁	鋪出跳之上，橑檐方或算桯方以内，各跳上的方均名“羅漢方”
蘇式枋心	則例	清式營造辭解	二十畫	第 17 頁	枋心用蘇式彩畫（修訂） 參閲原書插圖六十九
蘇式彩畫	則例	第六章	彩色	第 50 頁	用寫生形式，以花鳥、人物、器皿等日常習見物爲題材之彩畫（修訂） 參閲原書插圖六十九
藻井	法式	卷四	大木作制度一·材	第一册第 75 頁	殿堂内平棊或平闇中部的裝飾性構造。或稱“鬬八藻井”“圜泉方井”。規定用八等材。自下至上分方井、八角井、鬬八三段構造而成。用於副階内者爲“小藻井”，又名“小鬬八藻井”。下無方井，僅八角井、鬬八兩段構造
	法式	卷八	小木作制度三·鬬八藻井	第一册第 165 頁	
	法式	卷八	小木作制度三·小鬬八藻井	第一册第 168 頁	
	則例	清式營造辭解	二十畫	第 17 頁	即天花（原） ［整理者注］原書此説似不準確，或可定義爲：“天花之一部分，凸起向上多作八角形，沿邊作小斗栱。彩畫華麗”
	法原	第七章	殿庭總論	第 47 頁	［整理者注］《法原》正文及辭解均將“棊盤頂”視作北方之“藻井”，可商榷
藻頭	則例	第六章	彩色	第 50 頁	彩畫箍頭與枋心間之部分，俗書“找頭”（原） 參閲原書插圖六十三、六十七
寶瓶	法式	卷四	大木作制度一·飛昂	第一册第 82 頁	由昂上承托大角梁的構件。參閲“角神”條
	則例	第三章	大木	第 28 頁	原書辭解中此條爲：“斗科斗栱由昂之上，承托老角梁下之瓶形木塊”，“斗科”應爲“角科”之排印失誤（修訂） 參閲原書圖版肆
	法原	第四章	牌科	第 29 頁	轉角出跳最上加由昂，昂上坐寶瓶或角神，以承托老角梁（修訂）
寶階	法式	卷三	石作制度·造作次序	第一册第 58 頁	以上八品通用（？） ［整理者注］原卡片如此，文意待考

續表

詞條	書名	卷、章目次	卷、章名稱	頁碼	釋義
寶藏神	法式	卷四	大木作制度一·飛昂	第一册第 82 頁	由昂上承托大角梁的構件。參閱“角神”條
寶裝蓮華	法式	卷三	石作制度·造作次序	第一册第 58 頁	石作。蓮花瓣上又浮彫華文圖案，多用於石柱礎
	法式	卷三	石作制度·柱礎	第一册第 59 頁	
獸	則例	清式營造辭解	十九畫	第 17 頁	獸形或獸頭形之彫飾（原）
獸面	則例	第五章	裝修	第 47 頁	大門上做成獸頭形之門鈸（原） 參閱原書插圖六十二
獸前	則例	第四章	瓦石	第 43 頁	垂脊垂獸以前之部分（原） 參閱原書插圖四十九
獸後	則例	第四章	瓦石	第 43 頁	垂脊垂獸以後之部分（原）
獸頭	法式	卷十三	瓦作制度·用獸頭等	第二册第 56 頁	殿堂等正脊兩端或垂脊頭所用裝飾
瀝水版（瀝水牙子）	法式	卷六	小木作制度一·露籬	第一册第 135 頁	版屋造。檐口所用木版
	法式	卷六	小木作制度一·井屋子	第一册第 139 頁	
瓣	法式	卷四	大木作制度一·栱	第一册第 76 頁	栱頭、柱、月梁等卷殺處均分爲若干小段，名“瓣”。又，小木作佛道帳等坐或分爲若干段製作，亦名“瓣”
	則例	清式營造辭解	二十畫	第 17 頁	1. 栱翹頭分瓣，2. 彩畫之花瓣（修訂） 參閱原書圖版柒，插圖十二
	法原	第四章	牌科	第 28 頁	（1）翹或栱頭爲求曲線而斫成之短平面。《法原》作“板”。三板即三瓣（修訂） 例句：“栱之兩端，鋸彎成三段小平面相連，稱爲‘三板’，各栱板數相同，不似北方建築瓣數隨各栱而异”
	法原	第九章	石作	第 58 頁	（2）彫飾、彩畫内之花瓣（修訂）
蹲獸	法式	卷十三	瓦作制度·用獸頭等	第二册第 57 頁	即走獸。參閱“走獸”條
簾架	則例	第五章	裝修	第 46 頁	格扇之外，特加可以掛簾之架（原） 參閱原書圖版貳拾貳

續表

詞條	書名	卷、章目次	卷、章名稱	頁碼	釋義
簾架心	則例	第五章	裝修	第 47 頁	簾架上部，用櫺子做成之部分（原） 參閱原書圖版貳拾貳
簽尖	則例	清式營造辭解	十九畫	第 17 頁	牆肩之俗書。參閱“牆肩”條（修訂）
簫眼穿串	法式	卷三十	大木作制度圖樣上	第三册第 194 頁	榫卯上鑿小孔，插入木栓。參閱圖樣之“梁額等卯口第六”之一
繳背	法式	卷五	大木作制度二・梁	第一册第 97 頁	（1）大木作。梁栿背上所加木材，與梁栿等長
	法式	卷三	石作制度・卷輂水窗	第一册第 67 頁	（2）石券等拱券背上，又加一層較券石薄的石塊
	法式	卷十五	塼作制度・卷輂河渠口	第二册第 103 頁	
鏨細	法原	第九章	石作	第 57 頁	石作造作工序之四。石料經雙細、市雙細等工作後，再細鏨鑿，使其面均匀細整（修訂）
鏟口	法原	第八章	裝折	第 53 頁	門窗框裝門窗扇處，刨低半寸之部分（原） ［整理者注］原書正文作“摧口”，辭解作“鏟口”
鏂	法式	卷二	總釋下・門	第一册第 32 頁	浮漚釘（備用）
鵲臺	法式	卷四	大木作制度一・爵頭	第一册第 85 頁	鋪作耍頭上三角形斜面
韡楔	法式	卷四	大木作制度一・飛昂	第一册第 85 頁	用上昂的鋪作，連珠枓口内用以承托上昂的構件
韡脚昂	法原	第四章	牌科	第 27 頁	牌科上與桁成正角方嚮，並向下斜置的構件，尖端部向外延伸，末端斜殺之昂（修訂）
難子	法式	卷六	小木作制度一・烏頭門	第一册第 123 頁	薄版與四周邊框相接處用以護縫的小木條 又，用於桯内的或名“大難子”，用於子桯内的或名“小難子”
	法式	卷八	小木作制度三・平棊	第一册第 165 頁	

二十畫（共 7 條）

懸 攔 櫨 護 竈 鐙

詞條	書名	卷、章目次	卷、章名稱	頁碼	釋義
懸山	則例	第三章	大木	第 36 頁	將桁頭伸出至山牆中線以外，以支屋檐之結構法。亦稱“挑山”（修訂） 參閱原書插圖三十二
	法原	第七章	殿庭總論	第 48 頁	房屋屋蓋形式之一。將桁頭伸出邊貼中線之外，於桁頭釘博風板（修訂）
攔土	則例	第四章	瓦石	第 38 頁	磉墩與磉墩間之矮牆，高同磉墩（原）
櫨枓	法式	卷四	大木作制度一・枓	第一册第 86 頁	鋪作最下的大枓，坐於柱頭或闌額上。一般爲方形，也可於柱頭用圓形，則補間須有訛角枓
護縫	法式	卷六	小木作制度一・烏頭門	第一册第 121 頁	用於版縫上的竪向木版，上起線脚。參閱“牙頭護縫”條
護殿閣檐竹網木貼	法式	卷七	小木作制度二・護殿閣檐竹網木貼	第一册第 161 頁	安裝固定於外檐鋪作外竹網的木條
竈突	法式	卷十三	泥作制度・立竈	第二册第 65 頁	即煙筒
鐙口	法式	卷四	大木作制度一・飛昂	第一册第 81 頁	榫卯結合於斜向構件（如下昂）上所開的卯口

二十一畫（共 41 條）

櫺 欄 欖 攛 續 纏 歡 贔 露 霸 鐵 鑊 鶴 夔 襯

詞條	書名	卷、章目次	卷、章名稱	頁碼	釋義
櫺（櫺子）	法式	卷六	小木作制度一・烏頭門	第一册第 121、122 頁	門窗、扇、叉子等所用的木條。多爲垂直密集排列
	法式	卷六	小木作制度一・破子櫺窗	第一册第 126 頁	
	法式	卷八	小木作制度三・拒馬叉子	第一册第 170 頁	

續表

詞條	書名	卷、章目次	卷、章名稱	頁碼	釋義
櫺首	法式	卷八	小木作制度三・拒馬叉子	第一册第170頁	叉子所用櫺的上端，多製成各種華様 ［整理者注］原文爲“櫺子其首”，作者按其文意，推測名詞爲“櫺首”
櫺條	則例	清式營造辭解	二十一畫	第18頁	格扇上部仔邊以内横直支撑之細條；sash bar（原）
櫺星門	法式	卷六	小木作制度一・烏頭門	第一册第121頁	又名“烏頭門”。參閲“烏頭門”條
	則例	清式營造辭解	二十一畫	第17頁	二立柱一横枋構成之門（原）
欄杆	則例	第四章	瓦石	第40頁	臺、壇、樓或廊邊上防人物下墜之障礙物；balustrade（原） 參閲原書圖版拾柒，插圖四十二、四十六
	法原	第八章	裝折	第56頁	多裝於走廊兩柱之間，若裝於和合窗、地坪窗下，則稱“半欄”。欄杆下部名“宕”，以木條配合成各種花紋（修訂）
欄板	則例	第四章	瓦石	第40頁	欄杆之石板（原） 參閲原書圖版拾柒
欄馬	法原	第十六章	雜俎	第97頁	城牆上之城垛（原）
欃	法式	卷四	大木作制度一・飛昂	第一册第80頁	欃即昂。參閲“飛昂”條
攛尖入卯	法式	卷七	小木作制度二・格子門	第一册第142頁	小木作榫卯形式之一，其表面成尖角。如圖
攛窠	法式	卷十三	瓦作制度・結瓦	第二册第48頁	檢驗瓦的規格。以木製成半圓形爲標準，每片瓶瓦於圈内測試
攛（竄）頭	則例	第四章	瓦石	第43頁	屋角垂脊端上仙人之座塼之一（原） 參閲原書圖版貳拾
續角梁	法式	卷十九	大木作功限三・殿堂梁柱等事件功限	第二册第194頁	四阿屋蓋隱角梁逐架接續至脊，廈兩頭屋蓋接續至中平槫，均稱“續角梁”
纏腰	法式	卷四	大木作制度一・總鋪作次序	第一册第92頁	屋身周邊又加一周立柱、鋪作及屋檐，名“纏腰”。纏腰衹使外觀有兩重檐，其所增之柱與殿身柱並立，並未增加建築面積

續表

詞條	書名	卷、章目次	卷、章名稱	頁碼	釋義
纏柱造	法式	卷四	大木作制度一·平坐	第一册第93頁	樓閣平坐等上層柱脚與柱下鋪作的結合方法之一——於柱下鋪作上用柱脚方，上層柱立於鋪作櫨枓裏側、柱脚方之上
纏柱龍	法式	卷十二	彫作制度·混作	第二册第31頁	盤龍、坐龍、牙魚之類同。施之於帳及經藏柱之上（或纏寶山），或盤於藻井之内
纏柱邊造	法式	卷四	大木作制度一·平坐	第一册第93頁	即纏柱造。參閲"纏柱造"條
歡門	法式	卷十	小木作制度五·牙脚帳	第一册第210頁	用於小木作牙角帳等帳上。其形制不詳
贔屓	法式	卷三	石作制度·贔屓鼇坐碑	第一册第70頁	碑首形式之一
贔屓鼇坐碑	法式	卷三	石作制度·贔屓鼇坐碑	第一册第70頁	碑碣形式之一。碑頭彫贔屓盤龍，碑身立於鼇座
露道	法式	卷十五	塼作制度·露道	第二册第102頁	庭院中塼砌道路
露籬	法式	卷二	總釋下·露籬	第一册第38頁	用於室外的隔牆。以木作骨架，上作版屋，骨架間用竹編道抹灰（略）
	法式	卷六	小木作制度一·露籬	第一册第134頁	
	法式	卷十二	竹作制度·隔截編道	第二册第43頁	
露臺	法式	卷十五	塼作制度·慢道	第二册第100頁	城門等慢道轉折處的小平臺
	法原	第九章	石作	第58頁	階臺前所築平臺，較階臺低四五寸，其寬較殿減兩間，進深同寬，四周繞以石欄。華麗者作金剛座（即須彌坐）（修訂）
露牆	法式	卷三	壕寨制度·牆	第一册第56頁	夯土牆之一種。厚爲高的1/2，收分兩面共爲高的1/4。參閲"牆"條
露齦砌	法式	卷十五	塼作制度·壘階基	第二册第98頁	砌塼每一皮較下一皮略收進，露出下一皮塼的邊緣
霸王拳	則例	第三章	大木	第27頁	梁枋頭飾之一種。由兩凸半圓線、三凸半圓線連續而成之花頭（原） 參閲原書插圖十二
鐵釧	法式	卷六	小木作制度一·版門	第一册第121頁	門高二丈以上，於雞栖木上安鐵釧以受鐵鐧

續表

詞條	書名	卷、章目次	卷、章名稱	頁碼	釋義
鐵索	法式	卷十三	瓦作制度・壘屋脊	第二册第 54 頁	屋脊之下預裝鐵索，以備修理時縮繫脚手架
鐵鐧	法式	卷六	小木作制度一・版門	第一册第 121 頁	門高二丈以上，用鐵製的門上鑲
鐵袱	法原	第八章	裝折	第 53 頁	鐵片，厚約二分，寬約二寸，釘於門之背面，上下二道（原）
鐵桶子	法式	卷六	小木作制度一・版門	第一册第 118 頁	門高一丈二尺以上，上鑲外套鐵桶子
鐵鵝臺	法式	卷六	小木作制度一・版門	第一册第 121 頁	門高一丈二尺以上的鐵釧下鑲
鐵燎杖	法式	卷十三	泥作制度・茶鑪	第二册第 67 頁	爐膛下承煤炭的鐵條
鐵鞾臼	法式	卷六	小木作制度一・版門	第一册第 121 頁	門高一丈二尺以上，於門砧上安鐵鞾臼，以承鐵鵝臺
鑊竈	法式	卷十三	泥作制度・釜鑊竈	第二册第 65 頁	口徑三尺至八尺大鑊專用的竈。參閲“釜鑊竈”條
鶴嘴	法原	附録	二、檢字及辭解	第 124 頁	一端尖，一端作錘形，用以砌街之鐵器（原）
鶴脛軒	法原	第五章	廳堂總論	第 37 頁	軒頂形式之一。軒頂彎椽兩旁椽彎曲如鶴脛形者，即鶴脛軒（修訂）
夔龍	則例	第六章	彩色	第 52 頁	用槓子草畫成程式化之龍（原）
襯地	法式	卷十四	彩畫作制度・總制度	第二册第 71 頁	彩畫先用膠水刷一遍，稱“襯地”。各種彩畫襯地，用色方法等各不相同。參閲各專條
襯色	法式	卷十四	彩畫作制度・總制度	第二册第 71 ～ 72 頁	彩畫於襯地之上，先用草色畫出圖案華文，稱“襯色”
襯方頭	法式	卷五	大木作制度二・梁	第一册第 100 頁	鋪作構件之一。在耍頭之上，前至橑檐方，後至平棊方或昂背
襯石方	法式	卷三	石作制度・卷輂水窗	第一册第 67 頁	卷輂水窗之類基礎，於基樁上直接鋪砌的底層石塊

二十二畫及以上（共 27 條）

囊 鱉 攢 癭 疊 灘 鼇 鷹 觀 襻 蠻 廳 鬬 鑷 鑽 鑿 麤

詞條	書名	卷、章目次	卷、章名稱	頁碼	釋義
囊裹	法原	附録	二、檢字及辭解	第 124 頁	每界之間用木板分隔之謂也（原）
鱉殼	法原	第五章	廳堂總論	第 38 頁	回頂建築頂椽上安置脊桁，椽部分之結構（原）
攢	則例	第三章	大木	第 29 頁	斗栱結合成一組之總名稱（原）
癭項	法式	卷三	石作制度・重臺鉤闌	第一册第 62 頁	鉤闌蜀柱上端加工收小的一種形象。上承雲栱
	法式	卷八	小木作制度三・鉤闌	第一册第 175 頁	
癭項雲栱造（坐）	法式	卷九	小木作制度四・佛道帳	第一册第 188 頁	鉤闌盆脣上用癭項雲栱托尋杖的做法（備用） ［整理者注］陶本作“癭項雲栱坐”，竹島卓一校本作“癭項雲栱造”
疊暈	法式	卷十四	彩畫作制度・五彩徧裝	第二册第 77 頁	彩畫中緣道或剔地，由淺至深用石色，稱“疊暈”。如大緑、二緑、三緑、緑華等。一般緣道深色在外，剔地淺色在外。有對暈、退暈、粉暈等區別。參閲各專條
疊澁坐	法式	卷三	石作制度・角柱	第一册第 59 頁	用石或塼壘造，層層收分挑出的基坐。均可分三段，下段層層向内收進，爲下澁；中段較高爲束腰；上段又層層向外挑出，爲上澁
灘尺	法原	附録	一、量木制度	第 100 頁	圍木用之篾尺（修訂） ［整理者注］此條未列入原書辭解專條
鼇坐	法式	卷三	石作制度・贔屓鼇坐碑	第一册第 70 頁	碑坐之一種
鷹架	法式	卷十二	竹作制度・竹笍索	第二册第 45 頁	脚手架
鷹嘴駝峰	法式	卷三十	大木作制度圖樣上	第三册第 175 頁	駝峰形式之一。枓下有兩肩作出瓣，兩頭卷尖。參閲圖樣之“梁柱等卷殺第二”之五。如圖

續表

詞條	書名	卷、章目次	卷、章名稱	頁碼	釋義
觀音兜	法原	第十章	牆垣	第 64 頁	山牆由下檐至脊聳起者名“觀音兜”（修訂）
襻竹	法式	卷十三	泥作制度・壘牆	第二册第 61 頁	土墼牆中的加固措施。每壘砌三重，鋪竹篾一層
襻間	法式	卷五	大木作制度二・侏儒柱	第一册第 106 頁	榑下加强榑及聯繫屋架的結構。駝峰蜀柱上用料，口内用方、栱承替木、榑。有單材襻間、實拍襻間、捧節令栱等。參閱各專條
鑾鑿	法原	第九章	石作	第 57 頁	鑿石之工具（修訂）
廳屋	法式	卷十三	瓦作制度・壘屋脊	第二册第 52 頁	規模、質量次於堂屋的建築。參閱“殿”條
廳堂（屋）	法式	卷四	大木作制度一・材	第一册第 74 頁	殿堂、廳屋等的總稱。參閱“殿”條。又，結構形式之一種。參閱“間縫内用梁柱”條
	法式	卷五	大木作制度二・柱	第一册第 102 頁	
	法原	第二章	平房樓房大木總例	第 15 頁	房屋三種類型（平房、廳堂、殿堂）之一。廳堂結構，裝修質量較高，爲較高級住宅，或作宗祠之用。有樓者稱“樓廳”。廳堂較高深，前必有軒，一般用扁方料造者爲廳，用圓料造者爲堂。共有八式：1. 扁作廳，2. 圓堂，3. 貢式廳，4. 船廳回頂，5. 卷篷，6. 鴛鴦廳，7. 花籃廳，8. 滿軒。又，按用途分：1. 大廳，2. 茶廳，3. 花廳，4. 對照廳，5. 女廳（修訂）
	法原	第五章	廳堂總論	第 32 頁	
廳堂梁栿	法式	卷五	大木作制度二・梁	第一册第 97 頁	廳堂結構形式使用的梁栿，其截面規格小於殿堂
廳堂平面布置	法原	第五章			扁作廳、圓堂，進深分三部：軒，内四界，後雙步（亦有作後軒者）（修訂） ［整理者注］原書無此名詞。此係作者歸納的這部分内容要義
鬬八	法式	卷八	小木作制度三・鬬八藻井	第一册第 165 頁	藻井的最上部分。平面八邊形向上斜收成穹窿狀。頂部彫飾垂蓮雲卷盤龍等或安明鏡。參閱“藻井”條。又，殿内地面中心石砌鬬八。參閱“地面鬬八”條
鬬八藻井	法式	卷八	小木作制度三・鬬八藻井	第一册第 165 頁	鬬（斗）八藻井，即藻井。參閱“藻井”條

續表

詞條	書名	卷、章目次	卷、章名稱	頁碼	釋義
鬭尖	法式	卷五	大木作制度二・舉折	第一册第114頁	屋蓋形式之一。平面爲圓形或正多邊形的建築，屋蓋多爲尖錐形
鑷口鼓卯	法式	卷三十	大木作制度圖樣上	第三册第194頁	梁柱榫卯之一種。參閲圖樣之"梁額等卯口第六"之一。如圖
鑲	法式	卷六	小木作制度一・版門	第一册第118頁	版門、軟門、烏頭門等所用肘版均加長，於上下做成開閉門扇用的軸。在上面的稱"上鑲"，在下面的稱"下鑲"
鑿	法原	第十六章	雜俎	第99頁	木作工具。用於鑿榫眼者，寬自二分至一寸（修訂）
麤泥	法式	卷十三	泥作制度・用泥	第二册第61頁	粉刷牆面打底的泥。每用土七擔，加麥䴸八斤［整理者注］"麤"，今通用"粗"字
麤搏	法式	卷三	石作制度・造作次序	第一册第57頁	石料加工的第二步：用鏨略找平石面

（2005年3月17日起初次録入，2005年7月27日起再次补録，2010年5至9月初步整理，2020年1月至3月核對、初定，2022年11月7日定稿。共計詞條2141條。——整理者記）

附録一

原工作卡片僅録名目而未及釋義者

（共348條）

一畫（共2條）

一混四擸尖（《法式》，小木作）、一混心出單線壓邊線（《法式》，小木作）

二畫（共6條）

二緑（《法式》，彩畫作）、二青（《法式》，彩畫作）、二朱（《法式》，彩畫作）、八混（《法式》，小木作）、入柱（《法式》，大木作）、十字套軸版（《法式》，小木作）

三畫（共11條）

大緑（《法式》，彩畫作）、大青（《法式》，彩畫作）、三緑（《法式》，彩畫作）、三青（《法式》，彩畫作）、三朱（《法式》，彩畫作）、三暈帶紅棱間裝名件（《法式》，彩畫作）、上棍（《法式》，小木作）、上下串制度（《法式》，小木作）、上粉貼近出□（《法式》，彩畫作）、下棍（《法式》，小木作）、子門（《法式》，窑作）

四畫（共21條）

天馬（《法式》，彩畫作）、太平華（《法式》，彩畫作）、不出線（《法式》，小木作）、方絞眼（《法式》，小木作）、方勝（《法式》，彩畫作）、方勝合羅（《法式》，彩畫作）、方直（《法式》，小木作）、方直不出線（《法式》，小木作）、方直破瓣（《法式》，小木作）、方直出線壓邊線或壓白（《法式》，小木作）、方直笏頭（《法式》，小木作）、五瓣雲頭挑瓣（《法式》，小木作）、五彩平棊（《法式》，彩畫作）、六出（《法式》，彩畫作）、六入圜華（《法式》，小木作）、六混（《法式》，小木作）、牙頭版（《法式》，小木作）、牙頭護縫軟門（《法式》，小木作）、井（《法式》，塼作）、井口榥（《法式》，小木作）、瓦頭子（《法式》，瓦作）

五畫（共28條）

立榥（《法式》，小木作）、立絞榥（《法式》，小木作）、用釘料例（《法式》，諸作料例）、用膠料例（《法式》，諸作料例）、用鴟尾（《法式》，瓦作）、用瓦（《法式》，瓦作）、用塼（《法式》，塼作）、白版（《法式》，小木作）、白土（《法式》，彩畫作）、白象（《法式》，彩畫作）、平出線（《法式》，小木作）、平屋椽（《法式》，小木作）、平棊事件（《法式》，小木作）、出單線（《法式》，小木作）、出雙線（《法式》，小木作）、出没水地（《法式》，石作）、出煙口子（《法式》，窨作）、出焰明珠（《法式》，彩畫作）、四瓣方直（《法式》，小木作）、四出（《法式》，彩畫作）、四混（《法式》，小木作）、四混絞雙線（或單線）（《法式》，小木作）、四混中心出雙線－入混内出單線（《法式》，小木作）、卯口（《法式》，大木作）、代赭石（《法式》，彩畫作）、石灰（《法式》，泥作）、石混（《法式》，石作）、石澁（《法式》，石作）

六畫（共17條）

安卓功（《法式》，小木作）、朱紅（《法式》，彩畫作）、朱華（《法式》，彩畫作）、地藏（《法式》，小木作）、地架（《法式》，大木作）、如意頭造（《法式》，彩畫作、小木作）、托棖（《法式》，小木作）、托脚木（《法式》，大木作）、托輻牙子（《法式》，小木作）、托關柱（《法式》，小木作）、托匙（《法式》，泥作）、合角貼（《法式》，小木作）、合版櫳桯（《法式》，小木作）、合螺瑪瑙（《法式》，彩畫作）、曲水（《法式》，彩畫作）、芍藥華（《法式》，彩畫作、彫作）、交圜華（《法式》，小木作）

七畫（共9條）

佛道帳上名件（《法式》，旋作）、角鈴（《法式》，旋作）、芙蓉（《法式》，彩畫作）、拒霜華（《法式》，彩畫作）、車釧毬文（《法式》，小木作）、夾截（《法式》，竹

作）、夾料槽版（《法式》，小木作）、束闌方（《法式》，大木作）、吴雲（《法式》，彩畫作）

八畫（共 26 條）

明金版（《法式》，小木作）、抽換（《法式》，大木作）、拆修（《法式》，大木作）、臥榥（《法式》，小木作）、臥櫺子（《法式》，小木作）、並二横砌（《法式》，石作）、承重托柱（《法式》，窰作）、長生草（《法式》，彩畫作）、垂脊木（《法式》，小木作）、垂牙豹脚造（《法式》，彫作）、兩丁栿（《法式》，大木作）、兩下栿（《法式》，大木作）、兩暈棱間内畫松文裝名件（《法式》，彩畫作）、門窗背版（《法式》，小木作）、門扇（《法式》，小木作）、青華（《法式》，彩畫作）、青蜻蜓（《法式》，小木作）、青緑疊暈棱間裝名件（《法式》，彩畫作）、枓槽（《法式》，小木作）、枓柱挑瓣方直（《法式》，小木作）、松文（《法式》，彩畫作）、取石色法（《法式》，彩畫作）、泥假山（《法式》，泥作）、直拔立竈（《法式》，泥作）、刷飾制度圖樣（《法式》，彩畫作）、卷頭蕙草（《法式》，彫作）

九畫（共 25 條）

穿串上層柱身（《法式》，大木作）、穿串透栓（《法式》，小木作）、穿攏（《法式》，大木作）、穿心鬬八（《法式》，小木作）、面上出心線兩邊壓線（《法式》，小木作）、面版（《法式》，小木作）、神仙（《法式》，彩畫作）、挑瓣雲頭（《法式》，小木作）、挑肩破瓣（《法式》，小木作）、挑拔（《法式》，大木作）、柘枝（《法式》，彫木作）、柿蒂（《法式》，小木作）、柱窠（《法式》，小木作）、柱門枴（《法式》，小木作）、柱頭鵅子（《法式》，小木作）、柱頭仰覆蓮華胡桃子（《法式》，旋作）、茶鑪（《法式》，泥作）、孩兒（《法式》，彫作）、後壁版（《法式》，小木作）、後駝項突（《法式》，泥作）、玻璃地（《法式》，彩畫作）、胡瑪瑙（《法式》，彩畫作）、胡桃子撮項（《法式》，小木作）、城壁（《法式》，泥作）、盆山（《法式》，泥作）

十畫（共30條）

格版（《法式》，小木作）、格棂（《法式》，小木作）、破子檽（《法式》，小木作）、破瓣（《法式》，小木作）、破瓣單混（《法式》，小木作）、破瓣不出線（《法式》，小木作）、破瓣雙混平地出雙線或單混出單線（《法式》，小木作）、破瓣仰覆蓮（《法式》，小木作）、素訛角（《法式》，小木作）、素通混（《法式》，小木作）、通混（《法式》，小木作）、通混出雙線（《法式》，小木作）、通混壓邊線（《法式》，小木作）、通混壓邊線心内後雙線（《法式》，小木作）、連梯棂（《法式》，小木作）、連梯臥棂（《法式》，小木作）、連梯混（《法式》，小木作）、連梯馬頭棂（《法式》，小木作）、連梯桯（《法式》，小木作）、連珠合暈（《法式》，彩畫作）、海石榴（《法式》，小木作）、海石榴頭（《法式》，小木作）、豹脚合暈（《法式》，彩畫作）、華表柱（《法式》，彩畫作）、華瓣（《法式》，小木作）、華楢（《法式》，大木作）、涼棚（《法式》，竹作）、馬銜（《法式》，小木作）、馬頭棂（《法式》，小木作）、剔地窪葉華（《法式》，彫作）

十一畫（共20條）

帳帶（《法式》，小木作）、帳身版（《法式》，小木作）、梯盤棂（《法式》，小木作）、梯脚（《法式》，大木作）、梭身合暈（《法式》，彩畫作）、側項額（《法式》，大木作）、側面上出心線壓邊線或壓白（《法式》，小木作）、偏暈（《法式》，彩畫作）、頂版（《法式》，小木作）、黄葵華（《法式》，彫作）、菩薩（《法式》，彫木作、彩畫作）、圈頭合子（《法式》，彩畫作）、圈頭柿蒂（《法式》，彩畫作）、羚羊（《法式》，彩畫作）、曹雲（《法式》，彩畫作）、接甑口（《法式》，塼作）、推薦（《法式》，大木作）、魚鱗旗脚（《法式》，彩畫作）、彩畫作圖樣（《法式》，彩畫作）、深朱（《法式》，彩畫作，雕作）

十二畫（共23條）

雲捲水地（《法式》，石作）、雲地升龍（《法式》，石作）、雲盆或雲氣（《法式》，彫作）、隔科（《法式》，小木作）、隔煙（《法式》，泥作）、隔鍋項子（《法式》，泥作）、帽耳（《法原》）、猴面版（《法式》，小木作）、猴面榥（《法式》，小木作）、猴面馬頭榥（《法式》，小木作）、蛾眉壘砌（《法式》，窑作）、絞單線（《法式》，小木作）、絞雙線（《法式》，小木作）、絞鑰匙順身榥（《法式》，小木作）、萬歲藤（《法式》，彫作）、單胡桃子（《法式》，小木作）、單盤龍鳳（《法式》，小木作）、結裹（《法式》，大木作）、絡周造（《法式》，石作）、貼絡門盤浮漚（《法式》，小木作）、筍文（《法式》，彩畫作）、紫礦（《法式》，彩畫作）、開帶（《法式》，小木作）

十三畫（共23條）

殿挾（《法式》，小木作）、殿宇樓閣（《法式》，彩畫作）、殿閣照壁版（《法式》，小木作）、殿階基（《法式》，石作）、殿内截間格子（《法式》，小木作）、鉛粉（《法式》，彩畫作）、鈿面版（《法式》，小木作）、鈿面榥（《法式》，小木作）、經匣（《法式》，小木作）、蓮荷華（《法式》，彫作）、搏水（《法式》，小木作）、暗突底脚（《法式》，窑作）、蓋鞠明鼓卯（《法式》，大木作）、脚版（《法式》，大木作）、跳方（《法式》，大木作）、跳舍行牆（《法式》，大木作）、跳子（《法式》，大木作）、煙匱子（《法式》，泥作）、壼門柱（《法式》，大木作）、碎塼瓦（《法式》，壕寨）、圓混（《法式》，小木作）、鞾窨（《法式》，窑作）、解緑結華裝名件（《法式》，彩畫作）

十四畫（共10條）

摺疊門子（《法式》，小木作）、鳳皇（《法式》，彫作、彩畫作、混作）、瑪瑙地（《法式》，彩畫作）、團科－海錦－净地錦－素地錦（《法式》，彩畫作）、團窠柿蒂（《法式》，彩畫作）、團窠寶照（《法式》，彩畫作）、瑣子（《法式》，彩畫作）、緑華（《法式》，彩畫作）、隨間栿（《法式》，小木作）、劄（《法式》，小木作）

十五畫（共16條）

樓臺（《法式》，大木作）、樽頞（《法式》，小木作）、橫經（《法式》，竹作）、橫抹（《法式》，大木作）、膠土（《法式》，泥作）、劍環（《法式》，彩畫作）、盤毬（《法式》，小木作）、盤鳳（《法式》，石作）、盤龍（《法式》，石作）、盤截解割（《法式》，鋸作）、窰池（《法式》，窰作）、窰床（《法式》，窰作）、窰門（《法式》，窰作、泥作）、調色法（《法式》，彩畫作）、撻澁（《法式》，石作）、影作華脚（《法式》，彩畫作）

十六畫（共9條）

壁（《法式》，窰作）、壁内（《法式》，大木作）、壁版柱（《法式》，大木作）、龍水（《法式》，石作）、龍牙蕙草（《法式》，小木作）、頭子版（《法式》，石作）、頭子石（《法式》，石作）、燒變次序（《法式》，窰作）、燒鐵爐（《法式》，泥作）

十七畫（共15條）

壓厦版（《法式》，小木作）、壓邊線（《法式》，小木作）、壓青牙子（《法式》，小木作）、簇六毬文（《法式》，小木作）、簇六毬文錦（《法式》，彩畫作）、簇六雪華（《法式》，小木作）、簇三簇四毬文（《法式》，小木作）、簇七車釧明珠（《法式》，彩畫作）、甕城（《法式》，壕寨）、霞光（《法式》，彩畫作）、闌頭木（《法式》，小木作）、臨水基（《法式》，壕寨）、螺青（《法式》，彩畫作）、縱緯（《法式》，竹作）、總制度－彩畫（《法式》，彩畫作）

十八畫（共16條）

檻面（《法式》，小木作）、簟文（《法式》，彩畫作）、雙腰串造（《法式》，小木作）、雙頭蕙草（《法式》，彫作）、雙盤龍鳳（《法式》，石作）、龜背（《法式》，小木作）、龜殼竈眼（《法式》，窰作）、壘階基（《法式》，塼作）、壘牆（《法式》，窰作）、壘屋脊（《法式》，瓦作）、壘造窰（《法式》，窰作）、轉道（《法式》，小木作）、轉煙連二竈（《法式》，泥作）、藤黄（《法式》，彩畫作）、騎跨仙真第四（《法式》，彩畫作）、歸瓣造（《法式》，小木作）

十九畫（共24條）

寳山（《法式》，石作）、寳柱（《法式》，小木作）、寳柱子（《法式》，旋作）、寳相華（《法式》，石作）、寳床（《法式》，彫作、彩畫作）、寳牙華（《法式》，彫作、彩畫作）、繳貼（《法式》，大木作）、蹬踏（《法式》，塼作）、瓣内單混出線（《法式》，小木作）、瓣内單混面上出心線（《法式》，小木作）、瓣内雙混（《法式》，小木作）、麗卯插栓（《法式》，小木作）、麗口絞瓣雙混（《法式》，小木作）、麗口素絞瓣（《法式》，小木作）、羅文（《法式》，小木作）、羅文疊勝（《法式》，小木作）、羅文榥（《法式》，小木作）、羅地龜文（《法式》，小木作、彩畫作）、搕鎖柱（《法式》，小木作）、鞾頭出煙（《法式》，泥作）、礦石灰（《法式》，泥作）、攏（《法式》，小木作）、攏桯（《法式》，小木作）、攏裹（《法式》，小木作）

二十畫（共8條）

襯版（《法式》，小木作）、襯關楅（《法式》，小木作）、竈門（《法式》，泥作）、竈身（《法式》，泥作）、竈臺（《法式》，泥作）、護嶮牆（《法式》，壕寨功限）、櫳桯（《法式》，小木作）、櫳桯連梯（《法式》，小木作）

二十一畫以上（共9條）

鐵鐗釧（《法式》，小木作）、鐵鵝臺桶子（《法式》，小木作）、露明斧刃卷輂水窗（《法式》，石作）、疊勝（《法式》，小木作）、疊暈寳珠（《法式》，彩畫作）、鑰匙頭版（《法式》，小木作）、鸚鵡（《法式》，彩畫作）、鑾雲（《法式》，彫作）、鬬二十四（《法式》，小木作）

附録二

原工作卡片輯略

八划

英表金長门附雨 63
注斧乳狗和空取花
板枕料松枝步河泥
抬承放青昂旺明枋
押拔抱拍担拉拈拖
定官底披拒坪抽抹
卓卷固垂坯夜要宕
並亜侏兩?風刮刷直

抨?

大木作：①

材份制度。

铺作、平坐、举折、出檐。

地盘分槽。殿堂草架侧样。厅堂间缝用梁柱。

柱梁作。单斗只替。

各种构件。

余屋：城门道。仓廒库屋。常行散屋。官府廊屋。跳舍行墙。望火楼。营屋。

拆修挑拔：槫衮转脱落全拆重修。揭箔番修挑拔柱木修整檐宇。连瓦挑拔推荐柱木。重别结裹飞檐。

大木作②

荐拔抽换：

殿宇楼阁：

平柱、副阶平柱、明栿、牵、椽。

枓口跳以下六椽以上屋舍：

六架椽栿、牵、栿项柱、下檐柱

单斗只替以下四架椽以上：

四架椽栿、牵、栿项柱、椽。

注：法式则例之大木包括门窗栏杆等在内，即凡房屋建筑之木工在内，小木则指家具等之装作。

制度　　　　　　　　　　　　　　0—32

总释总例。
制度、工作、料例、等第、图样

卷三—十五、

卷三、壕寨。石作	卷十、小木作五：牙脚等帐。
卷四　大木作一：材栔铺作	卷十一、小木作六：经藏。
卷五　大木作二：梁柱举折。	卷十二、雕、旋、锯、竹等制度。
卷六　小木作一：门窗等。	卷十三、瓦、泥作制度。
卷七　小木作二：格子门~~窗~~等	卷十四、彩画作制度。
卷八　小木作三：平棊钩阑等	卷十五、砖、窑作制度
卷九　小木作四：佛道帐	

北京卡片商店0101

说明见背面　8—399

制度包括

建筑工程的规模、结构等的法则、规范。又按工种分为：1壕寨、2石作、3大木作、4小木作、5雕作、6旋作、7锯作、8竹作、11彩画作、9瓦作、10泥作、12砖作、13窑作。等十三种制度。参阅各作条。

大斗 《则例》《法原》

斗栱一攒最下之斗，亦称坐斗。

法式之栌斗，於斗长广均32分，角柱设上者加大至方36分。高20分，耳8分，平4分，欹8分。斗底方22分

大式 《则例》

~~有斗栱或带纪念性之建筑形式。~~

房屋建筑按工、料形式，分为两种做法，即大式、小式。房屋规模较大、用材料比较好、做工较精致的房子大式。使用斗科，用料尺寸较大的为大木大式。~~不用斗科，使用材料的等级，加工较粗，装手的为小式~~ 参阅"小式"条

斗口（则例）

平身科斗栱坐斗上安翘或昂之卯口。其宽度为清代房屋建筑设计之模数。

北京卡片商店0101

斗底（法原）　　　　四章　卅科

斗下部斜向下收小之部位为斗底。佔斗高 4/10。

（则例同）

4－15

斗腰（[illegible]）

斗之上部名斗腰。腰下为斗底。斗腰间斗口处名上斗腰，其下为下斗腰。

（实即清式斗口。）

4—13

瓜柱（[illegible]）

在梁或顺梁上，将上一层梁垫起。其高大于其长宽者为瓜柱，其高小于其长宽者名柁墩。

（式）~~瓜子柱~~蜀柱，侏儒柱

北京卡片商店0101

间　大木作　3—

房屋正面（纵向）外檐相邻两柱的空档。用二柱为一间，三柱为二间，四柱为三间……十四柱为十三间。间数表示房屋正面的规模。

北京卡片商店0101

12—

間（則例）

四柱间所包含的面积。

北京卡片商店0101

四入瓣科　　团 11-85

卷十四、彩画作制度、五彩遍装。

彩画团科之一种。

北京卡片商店0101　　5-227

四出尖科　　团 11-86

卷十四、彩画作制度、五彩遍装。

彩画团科之一种
又名柿蒂科。

北京卡片商店0101　　5-228

合桃线（压厦）　　图

起线之一种，其断面中部有小圆线，两旁成椭圆线似合桃壳者。

用瓦　　9—13

卷十三、瓦作制度

	甋瓦	长	广		瓪瓦 长	广
		1.4尺	6.5寸		1.6尺	10寸
14—6	〃	1.2	5.0	16—9.5～8.5	1.4	8
12—5	〃	.9	3.5	14—7～6	1.2	6.5
10—4	〃	.8	3.5	13—6.5～5.5	1.0	6
8—3.5	〃	.6	2.5	12—6～5	0.85	5.5
6—3.0	〃	.4	2.3	10—5～4	0.6	4.5
4—2.5	〃			8—4.5～4		
				8—4～3.5	1.3	7

北京卡片商店0101　　5-193

中槛（则例）

柱与柱间按装门窗之框架中之横向构件。依其位置分为上、中、下槛。中槛在门窗之上，横披之下。

《法原》　长窗与横风窗间之横方。

北京卡片商店0101

上槛《则例》

柱与柱之间，安装门或槅扇之构架内最上之横木。

《法原》同　　《法式》额。

北京卡片商店0101

山頭搭掌　　图 3—424

卷卅、图样、大木作、

较：样份之一种。

　　4—153

角内　　3—325

卷十八、大木作功限二、转角铺作用栱料

角内耍头、角内华栱、角内由昂、角内昂、

四阿或厦两头转角铺作斜缝部位。凡在此部位所用构件均称"角内华栱"、"角内昂"……亦即平面上45°角部位。或简称"角栱"、"角昂"……

　　7—354

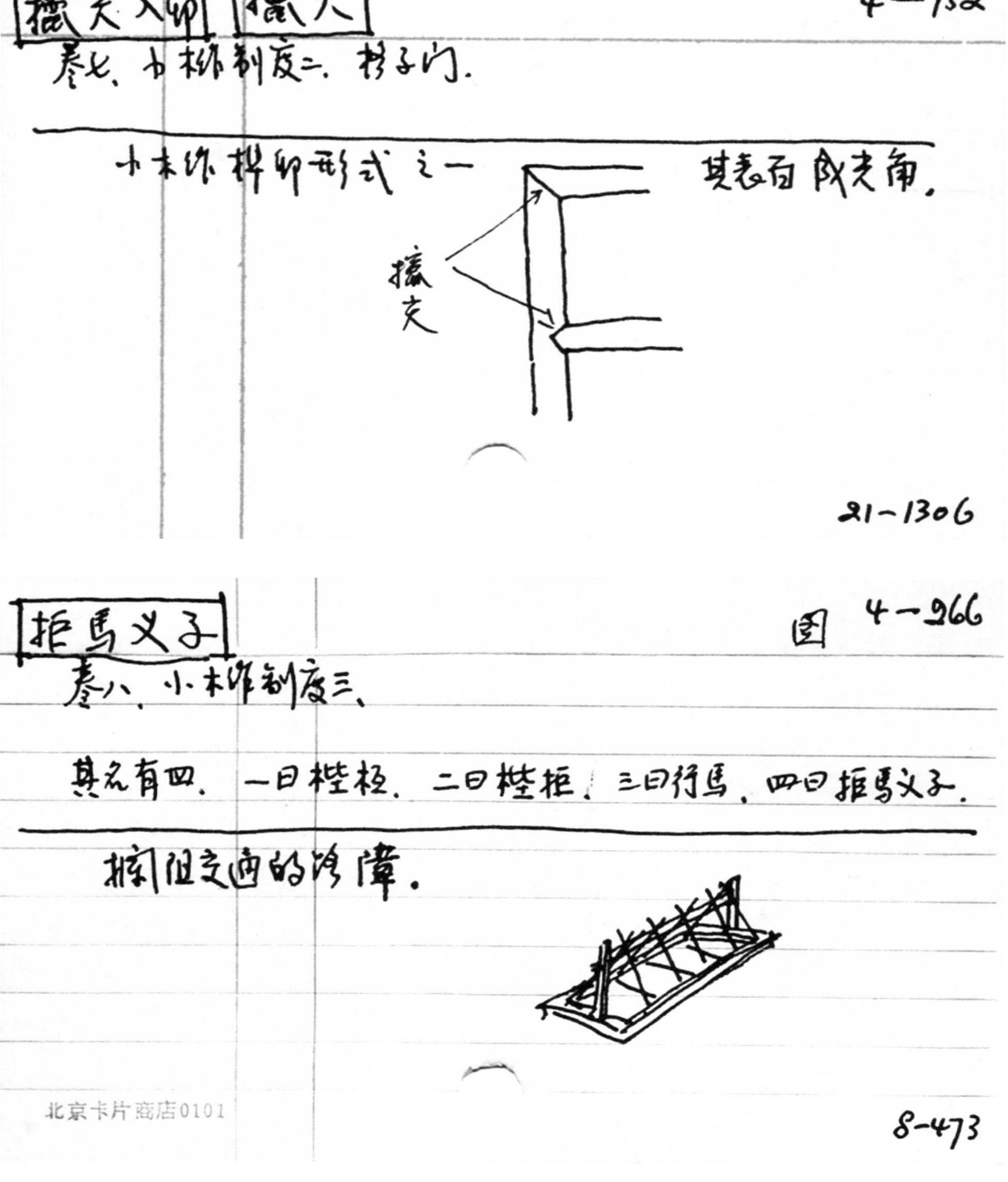

搕尖入卯　搕尖　4—152

卷七、小木作制度二、格子门.

小木作榫卯形式之一　其表面成尖角.

21-1306

拒馬叉子　图 4—266

卷八、小木作制度三、

其名有四、一曰梐枑、二曰梐拒、三曰行馬、四曰拒馬叉子.

拦阻交通的路障.

北京卡片商店0101

8-473

射垛　　10—30

卷十三、泥作制度。

~~箭靶~~

古代练习射箭的靶子。以墼垒成，其上分成五峯，正上安莲华大珠。左右又分造较低的垛子，名子垛。参见子垛条

北京卡片商店0101　　10-688

壼门　　4—465

卷十、小木作制度五、牙脚帐。

石作、砖作　卷三、石作制度殿阶基

卷三　石作制度　殿阶基

一种尖拱形门框。塼石作、小木作多利用为雕刻装饰的外框。

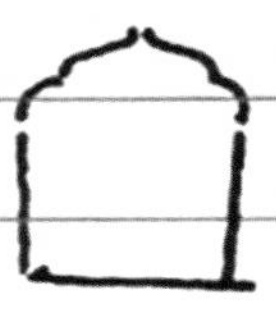

北京卡片商店0101　　13-924

金邉（则例）

建筑物任何主体部分上皮沿边处。其上另立其他构件时均退收少许而留出狭长之边沿。

博缝板（则例）

悬山或歇山屋顶，两山沿屋顶斜坡钉在檩头上之板，宽六椽径或8.5斗口，厚一斗口。

博风板（法原）　　七章殿庭总

歇山面两头桁条挑出山花板外，桁端随屋面曲势而钉木板。

採步金（则例）

歇山大木在梢间顺梁上，与其他梁架平行，与第二层梁同高，以承歇山部分结构之梁。两头做假桁头与下金桁交，放在交金墩上。

彩画作①：五彩遍装、碾玉装、青绿叠晕棱间装

数种　解绿装、解绿装饰屋舍、丹粉刷饰屋舍。及杂间装。

彩画：装銮、刷染（刷饰）

彩画题材七：1.华文 2.琐文 3.飞仙 4.飞禽 5.走兽 6.云文。

工序：衬地、衬色、布细色。

叠晕：合晕、对晕、退晕。

叠晕法：布色先浅后深。外缘深色在外，心内浅色在外。若三晕内两晕——浅色在外（退晕）

彩画作②

间装法：1.青地上华文，以赤黄红绿相间，外棱用红叠晕。

（配色法）2.红地上华文青绿，心内以红相间，外棱青或绿。

（配合华文图案法）3.绿地上华文，以赤黄红青相间，外棱用青红赤黄叠晕。

1.华文九品：1.海石榴华（枝条卷成。宝牙华、太平华同）2.宝相华（牡丹华同）3.莲荷华 4.团科宝照（团科柿蒂、方胜合罗同）5.圈头合子 6.豹脚合晕（梭身合晕、连珠合晕同）7.玛瑙地（玻璃地同）8.鱼鳞旗脚——偏晕。9.圈头柿蒂（胡琴窠同）

彩画作③

玛瑙琐、密环

2. 琐文六品：1. 琐子（联环琐、玛瑙琐、叠环） 2. 簟文（金铤文、银铤文、方环） 3. 罗地龟文（六出龟文、交脚龟文） 4. 四出（六出） 5. 剑环 6. 曲水（王字、万字、斗底、钥匙头）、丁字、工字、天字、香印。

3. 飞仙二品 1. 飞仙、2. 嫔伽（共命鸟） 仙鹤、山鸡。

4. 飞禽三品 1. 凤凰（鸾、孔雀、鹤） 2. 鹦鹉（山鹧、练鹊、锦鸡） 3. 鸳鸯（溪鶒、鹅、鸭）（骑跨人物五品 1. 真人 2. 女真 3. 仙童 4. 玉女 5. 化生）

5. 走兽四品：1. 师子（麒麟、狻猊、獬豸） 2. 天马（海马、仙鹿）

彩画作④

3. 羜羊（山羊、华羊） 4. 白象（驯犀、黑熊）（骑跨牵拽人物三品：1. 拂菻 2. 獠蛮 3. 化生）

6. 云文二品：1. 吴云 2. 曹云（蕙草云、蛮云）

类型名件：五彩间金、青绿间红三晕棱间、解绿结华、卓柏装、红或抢金碾玉、丹粉刷饰、三晕棱间装、解绿赤白装、杂间通造、解绿结华。

7. 额柱：豹脚、合蝉燕尾、叠晕、单卷如意头、剑环、云头、三卷如意头、簇三、牙脚。

11—1

彩画作 制度

卷十四、制度、
卷二十五、功限、
卷二十七、料例、
卷三十三、三十四、图样、

彩画柱梁斗栱、刷饰门窗等工。十三个工种之一，参阅“制度”条。
彩画制度有：五彩编装、碾玉装、青绿叠晕棱间装、解绿装饰、~~丹粉刷饰~~、丹粉刷饰、杂间装、（详见专条。

又有混合两种
应用名称“棱间装”。

北京卡片商店0101

10-689

象眼（制例）

① 建筑物上直角三角形部分之通称。
② 台阶下之三角形部份。
③ 悬山山墙上瓜柱、梁上皮及椽三者所包括之三角形部份。

卷三　石作制度　踏道
卷十五　砖作制度　踏道

北京卡片商店0101

趄塵盝頂　　4—525

卷十一．小木作制度六．轉輪經藏．經匣．

盒、匣等盖的形式之一．四面斜上收小．

　　12-853

蜜翅　　3—379

圖

卷十九、大木作功限三、營屋

枝樘於蜀柱下段兩側的斜木

　　9-580

拽架（则例）

斗栱上翘或昂向前、后伸出，每层伸一段谓之一跳，每跳长三斗口，谓之一拽架。

《法式》 跳。

北京卡片商店0101

翼角翘椽（则例）

屋角部分如翼形或扇形展开而翘起之椽。

北京卡片商店0101

踏道 Q-47

卷三，石作制度。 泥、射垛。 砖作。 窑作垒造窑

卷十五 砖作制度——窑作制度，垒造窑。

砖石砌筑的梯级。

卷十三 泥作制度 射垛

[illegible]

[illegible]

北京卡片商店0101

15-1074

造石次序（法原） 法原 石作

其次序：

双细 就山场剥凿高处，令其底就平；

出潭双细 双细运至石作，再剥之出潭；

市双细 再加錾凿，令深浅齐匀；

錾细 再以錾斧密布斩平；

督细 再用密錾细督，使面平细，俗称去白。石料毛面经錾一路者为一，二遍再加。

北京卡片商店0101

瓣 3—287

卷四、大木作制度一、栱

瓣又谓之胥，亦谓之棖，或谓之生。

栱头、柱、脚等卷杀成曲线时分为若干小段，名"瓣"。又小木作佛道帐等坐或均分为若干段制作，亦名"瓣"

(见例) 1、拱翘头分瓣

2、彩画内之花瓣

北京卡片商店0101

19—1239

鹰嘴驼峰 3—412

卷卅、图样大木作。

驼峰形式之一。斗下两肩作出瓣，两头卷尖。

北京卡片商店0101

24—1329